新编21世纪高等职业教育电子信息类规划教材·机电一体化技术专业

Pro/Engineer Wildfire 4.0 中文版零件设计

魏加兴　主　编

刘朝福
秦国华　副主编

王树勋　主　审

電子工業出版社

Publishing House of Electronics Industry

北京·BEIJING

内容简介

本书以 Pro/Engineer Wildfire 4.0 软件为操作平台，系统、全面地介绍了 Pro/Engineer 的基本实体建模和造型功能。

本书共分 8 章：第 1 章介绍 Pro/Engineer Wildfire 4.0 中文版使用基础；第 2 章介绍二维草绘基础；第 3 章介绍基本特征的创建；第 4 章介绍构造特征；第 5 章介绍特征的操作；第 6 章介绍零件的装配；第 7 章介绍工程图的绘制；第 8 章为实训部分。

本书内容包括了软件的设置、基本操作方法、软件的工作模式、草绘图、零件几何实体建模方法、零件构造特征建模、装配图的绘制、三维零件生成工程图的方法，以及各种典型零件图和装配图的绘制方法。本书在整个讲解过程中注意理论联系实际，使读者在建模过程中即学到了理论知识，又掌握了软件操作技能。通过对本书的学习可以使读者快速掌握使用 Pro/Engineer 进行常用的机械零件设计。本书适用于从事三维机械设计的相关工程人员，特别是刚刚接触三维机械设计的技术人员。同时本书也可以作为各大专院校机械类专业、工业设计专业师生的参考教材。

本书所用到的所有练习文件等学习资料都可以在电子工业出版社网站(http://www.phei.com.cn/)下载。

图书在版编目(CIP)数据

Pro/Engineer Wildfire 4.0 中文版零件设计/魏加兴主编. —北京：电子工业出版社，2010.5
新编21世纪高等职业教育电子信息类规划教材·机电一体化技术专业
ISBN 978-7-121-10630-9

Ⅰ.①P… Ⅱ.①魏… Ⅲ.①机械设计:计算机辅助设计－应用软件,Pro/Engineer Wildfire 4.0－高等学校:技术学校－教材 Ⅳ.①TH122

中国版本图书馆 CIP 数据核字(2010)第 056109 号

策　　划：陈晓明
责任编辑：赵云峰　　特约编辑：王　芳
印　　刷：北京季蜂印刷有限公司
装　　订：三河市皇庄路通装订厂
出版发行：电子工业出版社
　　　　　北京市海淀区万寿路 173 信箱　邮编 100036
开　　本：787×1092　1/16　　印张：16.5　　字数：422 千字
印　　次：2010 年 5 月第 1 次印刷
印　　数：4 000 册　　定价：26.00 元

凡所购买电子工业出版社的图书，如有缺损问题，请向购买书店调换。若书店售缺，请与本社发行部联系，联系及邮购电话：(010) 88254888。

质量投诉请发邮件至 zlts@phei.com.cn，盗版侵权举报请发邮件至 dbqq@phei.com.cn。

服务热线：(010) 88258888。

前　言

Pro/Engineer 是由美国参数技术公司（PTC）推出的一套三维 CAD/CAM 参数化设计软件系统，它涵盖了产品从概念设计、工业造型设计、三维建模设计、分析计算、动态模拟与仿真、工程图的输出、生产加工成产品的全过程。用户可同时用于模具设计、机械设计、功能仿真制造和数据管理领域的工程，从而缩短了产品开发的时间并简化了开发的流程。

由于其强大而完美的功能，Pro/Engineer 几乎成为三维 CAD/CAM 领域的一面旗帜和标准。在国内外很多大学，它已成为学生必修的专业课程，也成为了工程人员必备的技术之一。

本书是根据 PTC 公司发布的 Pro/Engineer Wildfire 4.0 而编写的。本书作者多年从事 CAD 教学及工程设计工作，具有一定的 Pro/Engineer 使用经验，清楚地了解工程技术人员及相关专业学生的需求。作者根据多年从教的经验，编写该书采用了软件功能操作讲述与工程实际应用相结合的方式，在讲述软件主要功能与操作的同时，配以大量实用性的典型实例，方便初学者快速入门，并使读者达到学以致用的目的。

在读者容易出错的知识点和操作上，该书都以醒目的“提示”内容来点拨读者，以便读者快速理解与掌握，少走弯路，起到画龙点睛之效。在每章后面都配以相应的综合练习题，用以考核和巩固读者对相应章节的学习。在第 8 章设置了针对整书内容的实训题目，以供本软件实训所需。

参与本书编写的有桂林电子科技大学魏加兴，桂林电子科技大学信息科技学院刘朝福和秦国华，由魏加兴主编。江门职业技术学院王树勋博士主审了全书。本书编写过程中曾得到桂林电子科技大学信息科技学院刘跃峰的指导与帮助。在此谨向他们表示感谢。

本书配有相关资料，可登录电子工业出版社华信教育资源网，网址：http//www. hxedu. com. cn。

本书疏漏之处在所难免，欢迎读者批评指正。

编　者

2009 年 12 月

参加“新编21世纪高等职业教育电子信息类规划教材”编写的院校名单（排名不分先后）

桂林工学院南宁分院
江西信息应用职业技术学院
江西蓝天职业技术学院
吉林电子信息职业技术学院
保定职业技术学院
安徽职业技术学院
杭州中策职业学校
黄石高等专科学校
天津职业技术师范学院
福建工程学院
湖北汽车工业学院
广州铁路职业技术学院
台州职业技术学院
重庆科技学院
济宁职业技术学院
四川工商职业技术学院
吉林交通职业技术学院
连云港职业技术学院
天津滨海职业技术学院
杭州职业技术学院
重庆电子工程职业学院
重庆工业职业技术学院
广州大学科技贸易技术学院
湖北孝感职业技术学院
江西工业工程职业技术学院
四川工程职业技术学院
广东轻工职业技术学院
广东技术师范职业技术学院
西安理工大学
辽宁大学高职学院
天津职业大学
天津大学机械电子学院
九江职业技术学院
包头职业技术学院
北京轻工职业技术学院
黄冈职业技术学院
郑州工业高等专科学校
泉州黎明职业大学
浙江财经学院信息学院
南京理工大学高等职业技术学院
南京金陵科技学院
无锡职业技术学院
西安科技学院
西安电子科技大学
河北化工医药职业技术学院
石家庄信息工程职业学院
三峡大学职业技术学院
桂林电子科技大学

桂林工学院
南京化工职业技术学院
湛江海洋大学海滨学院
江西工业职业技术学院
江西渝州科技职业学院
柳州职业技术学院
邢台职业技术学院
漯河职业技术学院
太原电力高等专科学校
苏州经贸职业技术学院
金华职业技术学院
河南职业技术师范学院
新乡师范高等专科学校
绵阳职业技术学院
成都电子机械高等专科学校
河北师范大学职业技术学院
常州轻工职业技术学院
常州机电职业技术学院
无锡商业职业技术学院
河北工业职业技术学院
天津中德职业技术学院
安徽电子信息职业技术学院
合肥通用职业技术学院
安徽职业技术学院
上海电子信息职业技术学院
上海天华学院
浙江工商职业技术学院
河南机电高等专科学校
深圳信息职业技术学院
河北工业职业技术学院
湖南信息职业技术学院
江西交通职业技术学院
沈阳电力高等专科学校
温州职业技术学院
温州大学
广东肇庆学院
湖南铁道职业技术学院
宁波高等专科学校
南京工业职业技术学院
浙江水利水电专科学校
成都航空职业技术学院
吉林工业职业技术学院
上海新侨职业技术学院
天津渤海职业技术学院
驻马店师范专科学校
郑州华信职业技术学院
浙江交通职业技术学院
江门职业技术学院
广西工业职业技术学院
广州市今明科技公司
无锡工艺职业技术学院
江阴职业技术学院
南通航运职业技术学院
山东电子职业技术学院
潍坊学院
广州轻工高级技工学校
江苏工业学院
长春职业技术学院

目　录

第 1 章　Pro/Engineer Wildfire 4.0 中文版使用基础

重点与难点

- Pro/E 软件安装。
- Pro/E 界面介绍。
- 鼠标操作。

Pro/Engineer Wildfire 4.0 中文版是由美国参数技术公司推出的一套 CAD/CAM 参数化设计软件系统，他涵盖了产品设计的整个过程，包括概念设计、工业造型设计、3D 模型设计、分析计算、动态模拟与仿真、工程图的输出、生产加工等。本章主要介绍 Pro/Engineer Wildfire 4.0 的入门基础知识。

1.1　PTC 公司简介

PTC 公司（Parametric Technology Corporation，美国参数技术公司）成立于 1985 年。1989 年上市即引起机械 CAD/CAM/CAE 界的极大振动，其销售额及净利润连续 45 个季度递增，现股市价值已突破 70 亿美元，年营业收入超过 10 亿美元，成为 CAID/CAD/CAE/CAM/PDM 领域最具代表性的软件公司之一。

PTC 公司提出的单一数据库、参数化、基于特征、全相关性及工程数据再利用等概念改变了传统 MDA（Mechanica Design Automation）的观念，成为 MDA 领域的新业界标准。利用此概念写成的第三代产品 Pro/Engineer 软件能将设计至生产的过程集成在一起，让所有的用户同时进行同一产品的设计制造工作，即并行工程。

PTC 公司目前在中国国内拥有客户近 1500 家，包括航空航天、汽车、模具、电工电气、仪器仪表、家用电器、通用机械等各行各业。

1.2　Pro/Engineer Wildfire 4.0 中文版简介

自 1988 年 Pro/Engineer 问世以来，该软件不断发展和完善，目前已是世界上最为普及的 CAD/CAM/CAE 软件之一，基本上成为三维 CAD 的一个标准平台。最新 Pro/Engineer Wildfire 4.0 版本在功能和软件的易用性上作了进一步的改进。

1.2.1　Pro/Engineer Wildfire 4.0 的功能

（1）完整的 3D 建模功能，使用户能提高产品质量和缩短新产品开发周期。

（2）通过自动生成相关的模具设计、装配指令和机床代码，可有效提高生产效率，降低技术人员的劳动强度，避免人为差错的出现。

（3）能够仿真和分析虚拟样机，从而改进产品性能和优化产品设计。

（4）能够在所有适当的团队成员之间完美地共享数字化产品数据，避免重复劳动。

（5）与各种 CAD 工具（包括相关数据交换）和业界标准数据格式兼容，生成模型文件的通用性高，便于相关技术人员的技术交流与合作。

1.2.2 Pro/Engineer Wildfire 4.0 的特点

最新 Pro/Engineer Wildfire 4.0 版在继承以前 Pro/Engineer 优秀功能的基础上，还具备以特点：

（1）装配速度加快。

（2）制作工程图速度加快。

（3）草绘速度加快。

（4）钣金件创建速度加快。

（5）CAM 速度加快。

（6）模型智能化。

（7）共享智能化。

（8）具有 Mechanica 的智能化过程向导。

（9）互操作性更加智能。

1.3 Pro/Engineer Wildfire 4.0 中文版系统要求

Pro/Engineer Wildfire 4.0 中文版对计算机的软件和硬件有一定的要求。Pro/Engineer Wildfire 4.0 中文版支持的操作系统如表 1-1 所示。

表 1-1 Pro/Engineer Wildfire 4.0 中文版支持的操作系统

操作系统	版本及说明
MS Windows 2000	Base OS，Service Pack4；IE6.0 SP1 或更高
MS Windows XP	Windows XP Profession Edition，Windows XP Home Edition，Base On，SP1，SP2；IE6.0 SP1 或更高
MS Windows XP x64	Windows XP Profession Edition，Base On；IE6.0 SP1 或更高
MS Windows Vista	家庭普通版、商业版等
Linux	Red Halt Linux Enterprise3.2 WS Edition 等
Sun Solaris	附有 Ultra Sparc Ⅱ 或更新处理器的 Solaris8、9 和 10（仅限 64 位）
Hewlett-Packard HP-UX	HP-UX11.0（紧限 64 位）和附有 PA800 或更新处理器的 11iV1（仅限 64 位）

Pro/Engineer Wildfire 4.0 中文版对计算机硬件的要求如表 1-2 所示。

表 1-2　Pro/Engineer Wildfire4. 0 中文版对计算机硬件的要求

硬　件	基 本 配 置	推 荐 配 置
内存	512MB	1GB
硬盘	2. 5GB	3GB 以上
CPU 速度	500MHz	2. 4GHz 以上
显示器	1024×768，24 位颜色分辨率或更高	
显卡	支持 OpenGL，64MB 显存	支持 OpenGL，128MB 显存或更高
网卡	100Mb/s 以太网卡	
鼠标	三键鼠标	
光驱	CD-ROM 或 DVD 驱动器	

1. 4　Pro/Engineer Wildfire 4. 0 中文版安装

下面以 Pro/Engineer Wildfire 4. 0 中文版压缩软件在 Windows XP 上的安装为例，介绍整个安装过程的详细步骤（不同计算机上操作系统不同，具体的界面会有所不同）。

1. 环境变量的设置

(1) 右击“我的电脑”→“属性”，在弹出的“系统属性”对话框（见图 1-1）中单击“高级”，并单击“环境变量”按钮，系统弹出如图 1-2 所示的“环境变量”对话框。

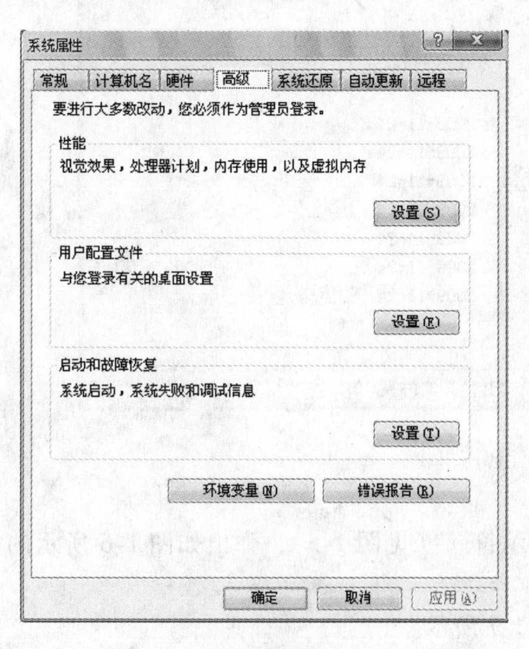

图 1-1　“系统属性”对话框

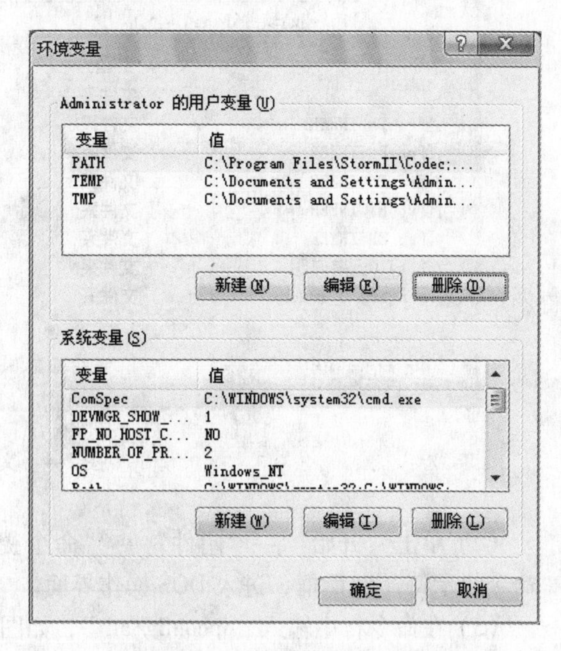

图 1-2　“环境变量”对话框

（2）在“环境变量”对话框中单击“新建”按钮，在弹出的“新建用户变量”对话框中，新建一个变量名为“lang”，值“chs”的变量，如图 1-3 所示。

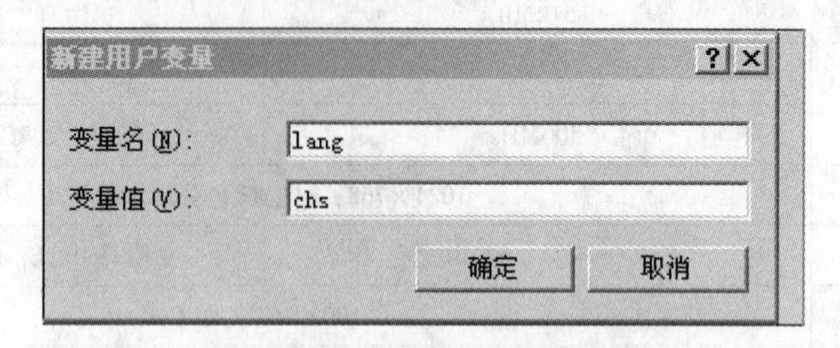

图 1-3 “新建用户变量”对话框

（3）单击“确定”按钮退出“环境变量”对话框，再一次单击“确定”按钮退出“系统属性”对话框。如此设置之后，系统的环境变量就会自动生效，可以进行 Pro/Engineer Wildfire 4.0 中文版的安装了。

2. Pro/Engineer Wildfire 4.0 中文版安装

（1）解压下载文件到磁盘上，如图 1-4 所示。

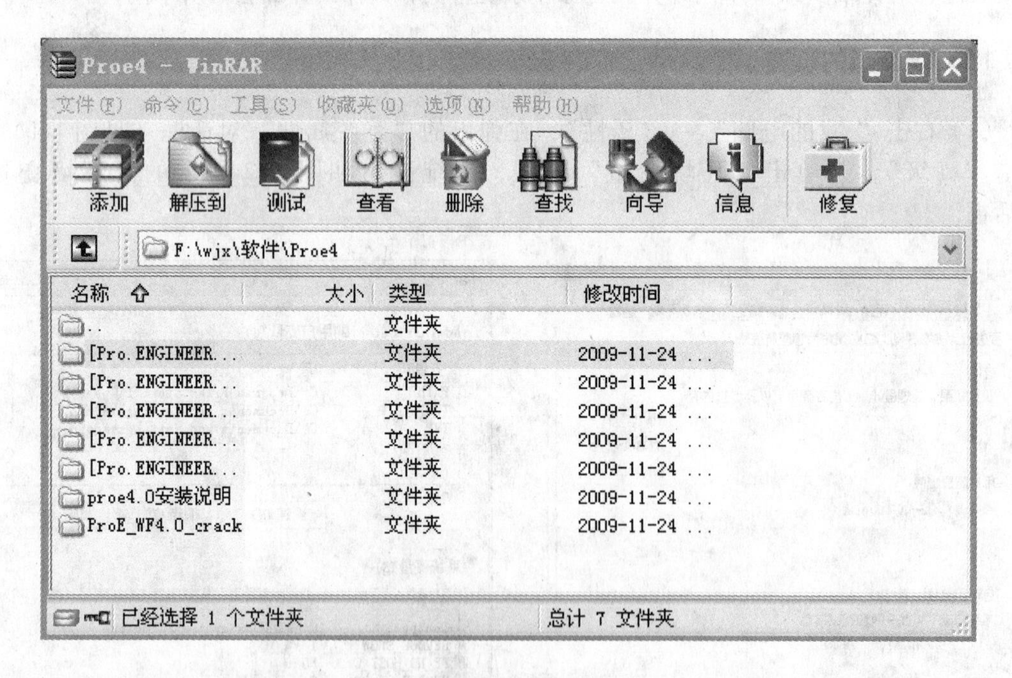

图 1-4 文件解压

（2）单击“开始”→“附件”→“命令提示符”（见图 1-5），弹出如图 1-6 所示的“命令提示符”对话框，进入 DOS 操作界面。

（3）在命令行中输入“ipconfig/all ”，如图 1-7 所示。

（4）将显示的物理地址“xx-xx-xx-xx-xx-xx”记下来，如图 1-8 所示。

图1-5　命令提示符

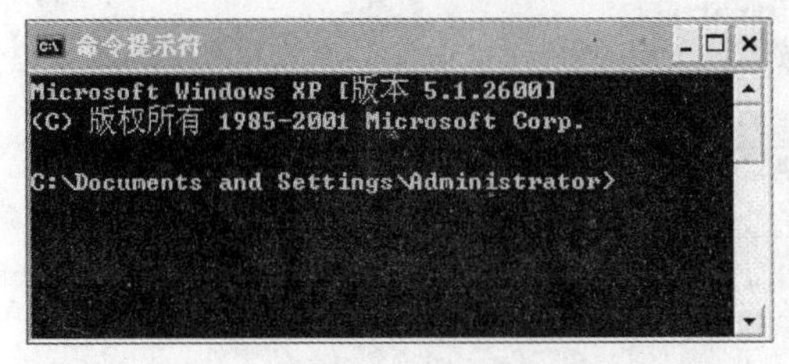

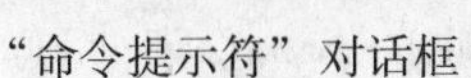

图1-6　“命令提示符”对话框

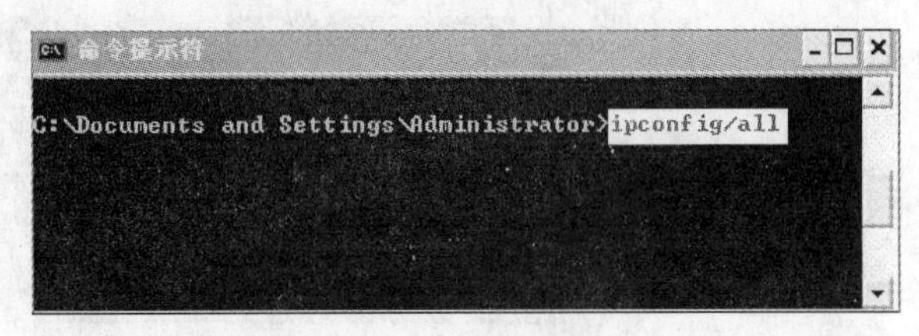

图1-7　输入“ipconfig/all”命令

图1-8　物理地址

（5）用“记事本”或者“Word”打开解压目录下的“crack \ license. dat”文件。

（6）选择“编辑”→“替换”命令，如图1-9所示。

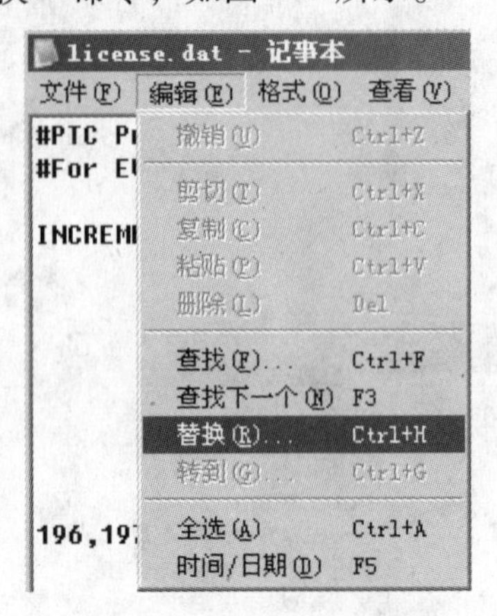

图1-9　选择“替换”命令

（7）将原来的“xx-xx-xx-xx-xx-xx”替换成刚才你记下的本机物理地址“xx-xx-xx-xx-xx-xx”，单击“全部替换”，保存后退出，如图1-10所示。

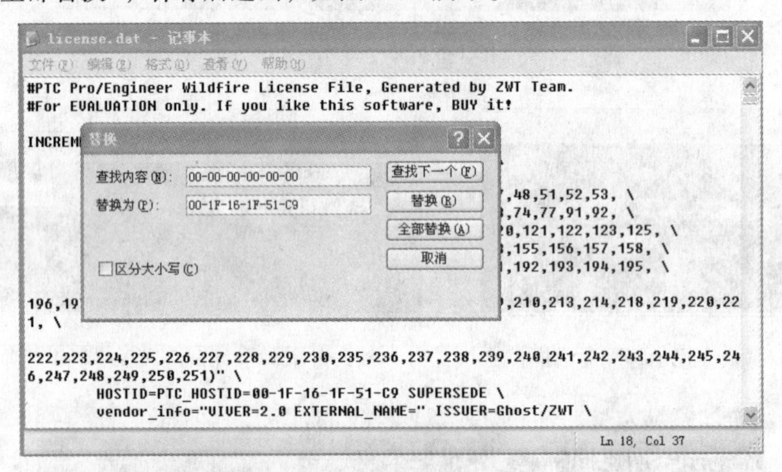

图1-10　替换物理地址

（8）到此，许可文件就算做好了。然后双击解压文件夹中的setup开始安装，如图1-11所示。

图1-11　开始安装

（9）单击“下一步”，如图1-12所示。

图 1-12

（10）接受许可证协议，如图 1-13 所示。

（11）不用安装服务器，所以直接选择第二项 Pro/Engineer，如图 1-14 所示。

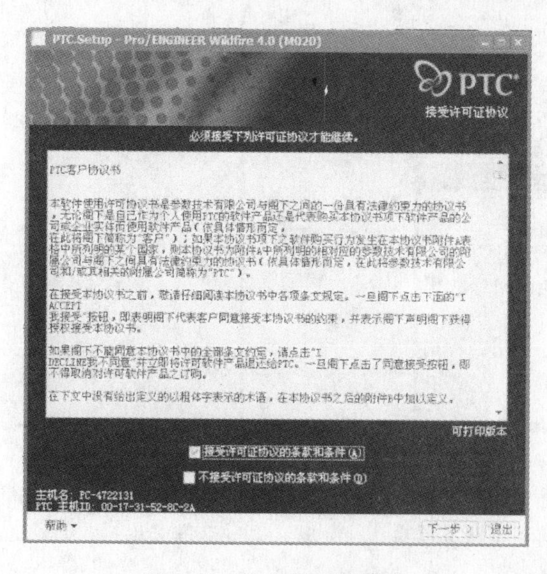

图 1-13　许可证协议选项

图 1-14　选择需要安装的软件

（12）确定安装目录，安装到你自己所要的目录下，作者安装到 d:\program files\ 下，如图 1-15 所示。

（13）接下来要选取第三项锁定许可文件（见图 1-16），并选择许可文件“crack\license.dat”

（14）依次按提示向下安装。

（15）安装完成之后，软件即可使用。

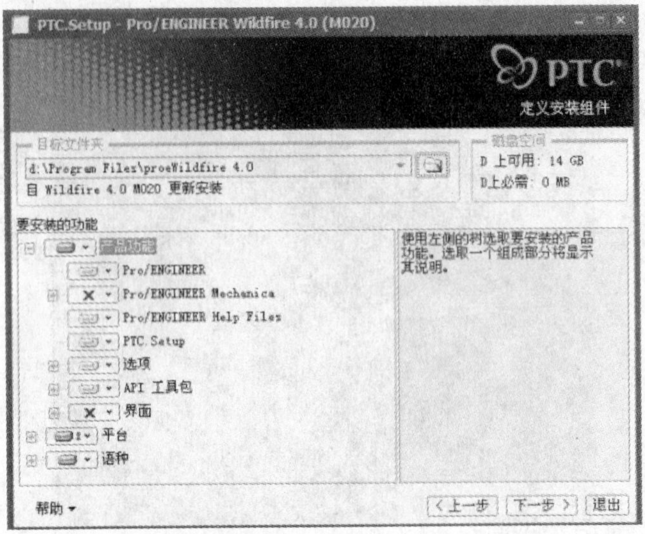

PTC.Setup - Pro/ENGINEER Wildfire 4.0 (M020)

PTC 定义安装组件

目标文件夹
d:\Program Files\proeWildfire 4.0
目 Wildfire 4.0 M020 更新安装

磁盘空间
D 上可用：14 GB
D上必需：0 MB

要安装的功能
产品功能
Pro/ENGINEER
Pro/ENGINEER Mechanica
Pro/ENGINEER Help Files
PTC.Setup
选项
API 工具包
界面
平台
语种

使用左侧的树选取要安装的产品功能。选取一个组成部分将显示其说明。

帮助　＜上一步　下一步＞　退出

图 1-15　选择软件安装路径

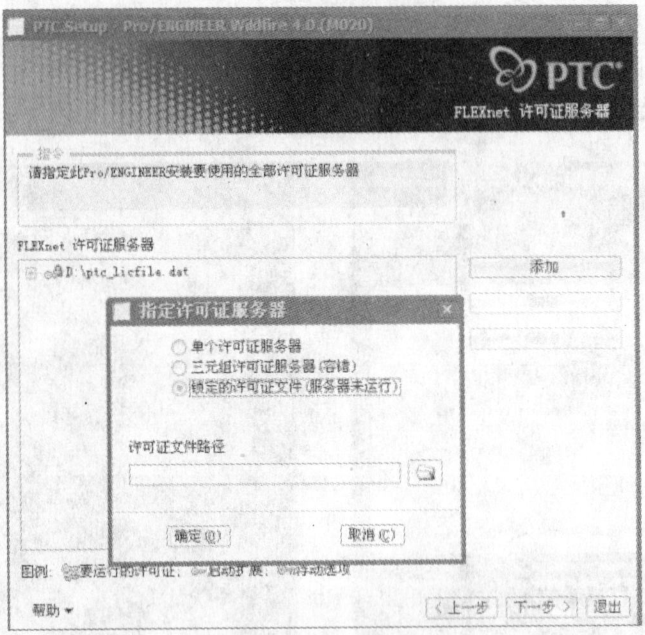

PTC.Setup - Pro/ENGINEER Wildfire 4.0 (M020)

PTC FLEXnet 许可证服务器

指令
请指定此Pro/ENGINEER安装要使用的全部许可证服务器

FLEXnet 许可证服务器
D:\ptc_licfile.dat

添加

指定许可证服务器
单个许可证服务器
三元组许可证服务器（容错）
锁定的许可证文件（服务器未运行）
许可证文件路径
确定(O)　取消(C)

图例：要运行的许可证；启动扩展；可浮动选项

帮助　＜上一步　下一步＞　退出

图 1-16　指定许可证服务器

提示：以上设置是 Pro/Engineer Wildfire 4.0 安装中文版的设置方法。如果想在中文版与英文版之间进行切换，只要使用建立和删除此环境变量即可实现。

3. 无网卡时，Pro/Engineer Wildfire 4.0 的安装过程

在没有硬件网卡时，可以使用系统的虚拟网卡来代替，效果是一样的。Windows XP 系统下安装虚拟网卡的方法如下：

(1) 选择开始→设置→控制面板→添加/删除硬件，弹出如图1-17所示“添加硬件向导”对话框。

(2) 单击“下一步”按钮，弹出如图1-18所示的硬件连接选项对话框，选择 是，我已经连接了此硬件(Y) 选项，并单击“下一步”按钮，弹出如图1-19所示的对话框。

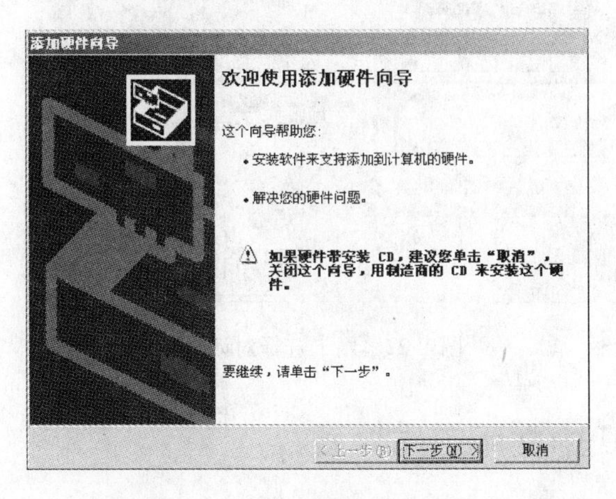

图1-17 “添加硬件向导”对话框

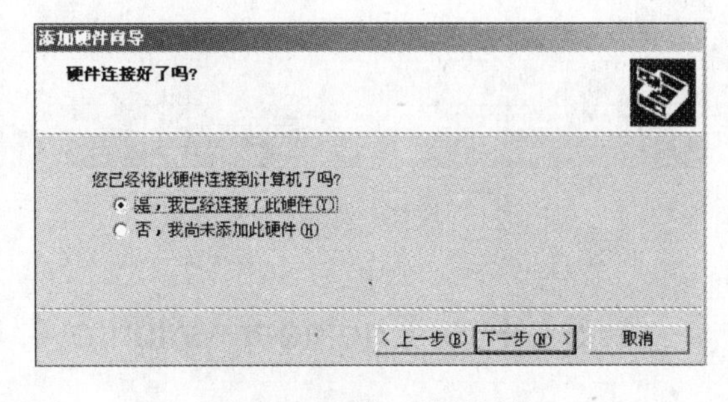

图1-18 硬件连接对话框

(3) 在图1-19的对话框中选择“添加新的硬件设备” 添加新的硬件设备 选项，单击“下一步”按钮。

(4) 在弹出的如图1-20所示的对话框中选择“安装我手动从列表选择的硬件（高级）” 安装我手动从列表选择的硬件(高级)(M) 选项，单击“下一步”，弹出如图1-21所示对话框。

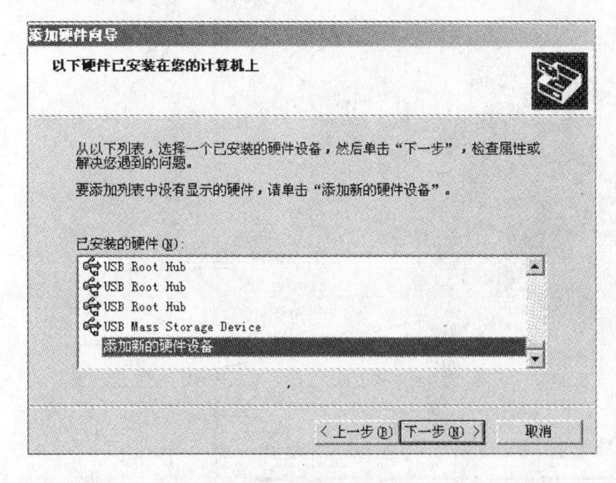

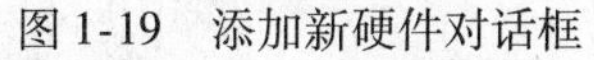

图1-19 添加新硬件对话框

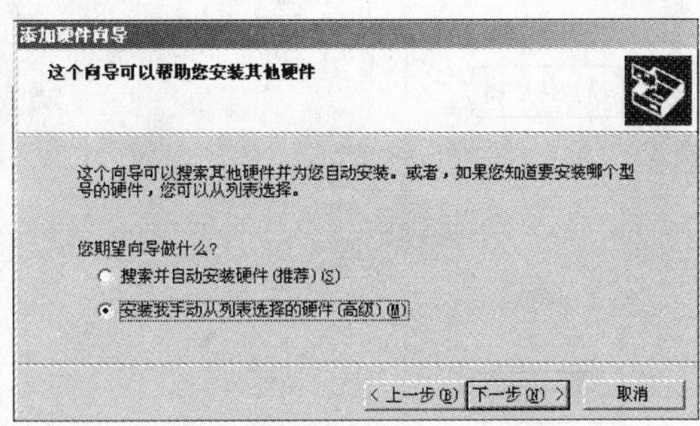

图1-20 硬件安装选项

(5) 在图1-21所示的对话框中选择“网络适配器”选项，单击“下一步”，弹出如图1-22所示对话框。

(6) 在图1-22所示的对话框中，选择“Microsoft\Microsoft Loopback Adapter”，单击“下一步”→“下一步”，单击“完成”，结束安装。

再次在命令提示界面输入ipconfig/all→回车，就可以看到虚拟网卡及其物理地址。

建立完虚拟网卡后，其他安装过程与前面所述的有网卡的安装过程一样。

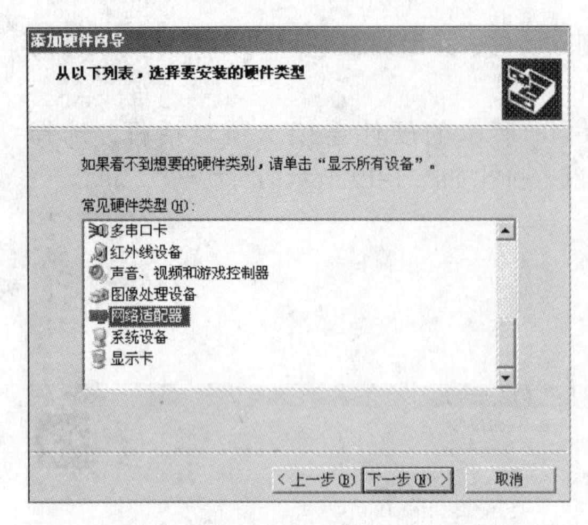

图1-21　常见硬件类型对话框

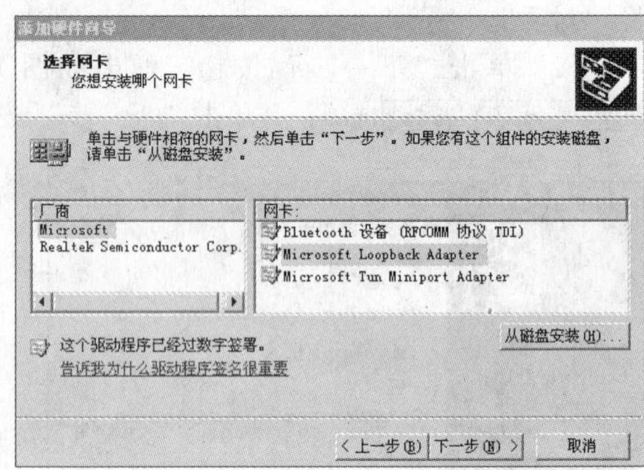

图1-22　网卡选择对话框

1.5　Pro/Engineer Wildfire 4.0 中文版工作界面

Pro/Engineer Wildfire 4.0 主窗口由导航区、浏览器、图形区、菜单条、工具箱、消息区、提示区和状态条所组成，如图1-23所示。

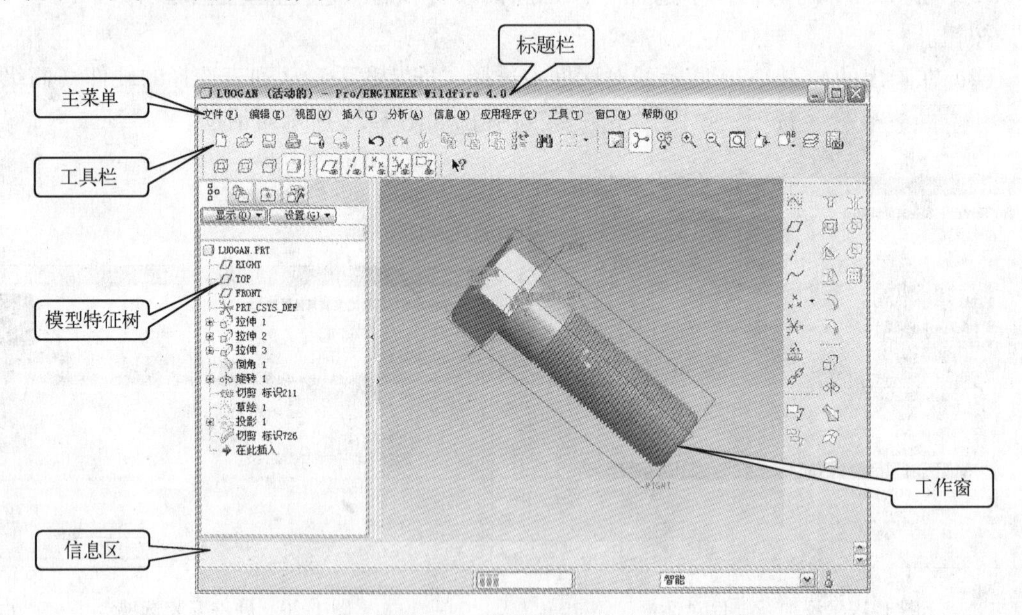

图1-23　Pro/Engineer Wildfire4.0 中文版工作界面

1. 标题栏

在此区域，主要显示模型文件名、文件类型及文件的激活状态。

2. 主菜单

主菜单为下拉式菜单，它随系统应用模块的不同而不同。Pro/Engineer Wildfire 4.0 的主菜单包含如下分支菜单，如图 1-24 所示。

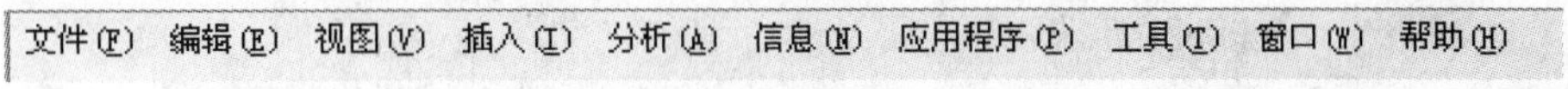

文件(F)　编辑(E)　视图(V)　插入(I)　分析(A)　信息(N)　应用程序(P)　工具(T)　窗口(W)　帮助(H)

图 1-24　主菜单

主菜单涉及内容如下：

(1)“文件”菜单：包含了对文件进行管理的各种命令，如新建文件、打开文件、保存文件、打印等常用的文件操作。

(2)“编辑”菜单：主要用于特征编辑操作，如特征阵列、修改、删除等功能。

(3)“视图”菜单：提供各种有关调整视图显示的命令。

(4)“插入”菜单：它将全部的“特征”命令汇集于此，使操作更加快捷，设计更加顺畅。

(5)“分析”菜单：提供一切可能用到的分析工具，用于模型测量、模型物理性质及曲线、曲面性质的分析等。

(6)“信息”菜单：用于显示模型的各种相关信息，以文本方式记录特征、模型等数据。

(7)“应用程序”菜单：可以拓展软件系统的功能。根据用户安装模块的多少不同，应用程序菜单的内容会有所不同。

(8)“工具”菜单：提供环境配置的各种命令，用以控制工作环境、定制界面、连接网络等。

(9)“窗口”菜单：提供对工作窗口进行管理的工具，可进行单个主窗口操作和多个主窗口间的切换，即实现系统的多文件管理。

(10)“帮助”菜单：使用 Pro/Engineer 的在线帮助功能，针对操作和使用中遇到的问题查询相关的使用手册。

3. 工具箱

位于 Pro/Engineer 窗口顶部、右侧和左侧的工具箱可包含工具栏、按钮和菜单。使用“定制”对话框可定制工具箱的内容和位置。

图 1-25 ~ 图 1-32 列出了各工具栏中快捷按钮的含义和作用。

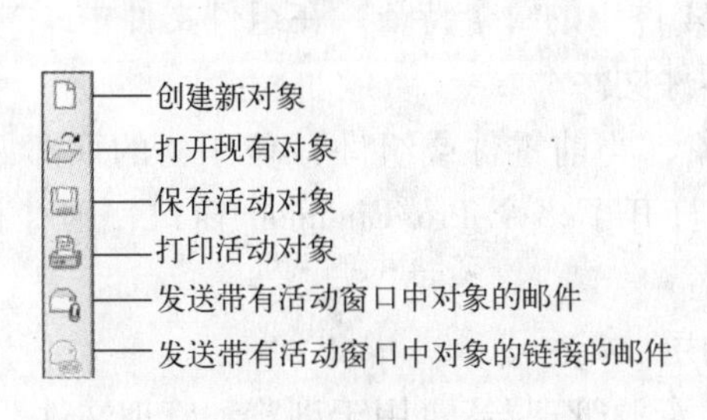

图 1-25　文件工具栏

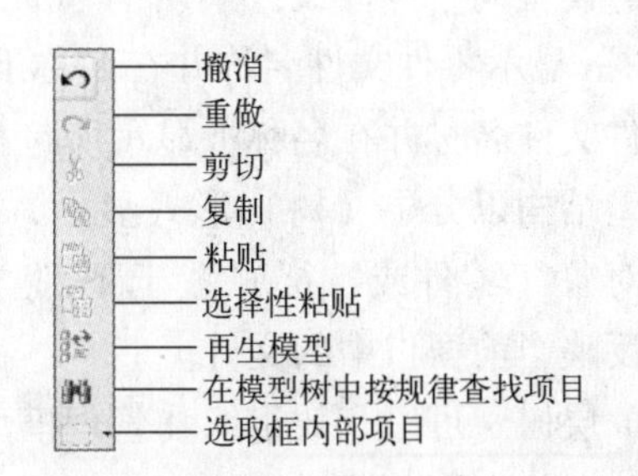

图 1-26　编辑工具栏

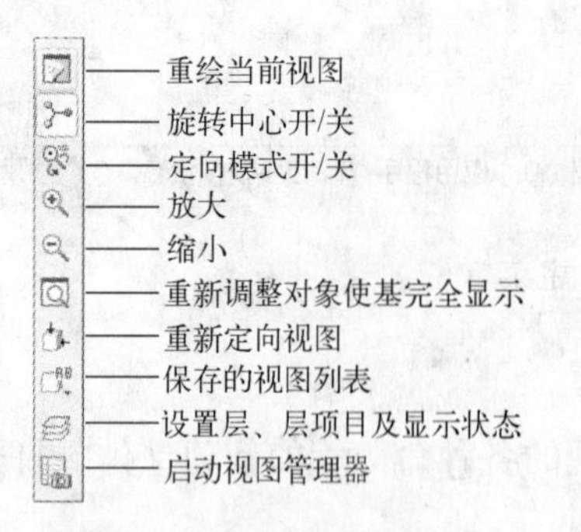

图 1-27　视图工具栏

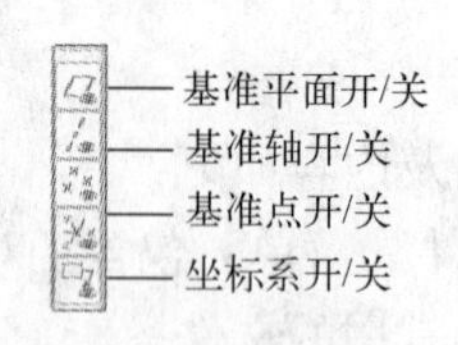

图 1-28　基准显示工具栏

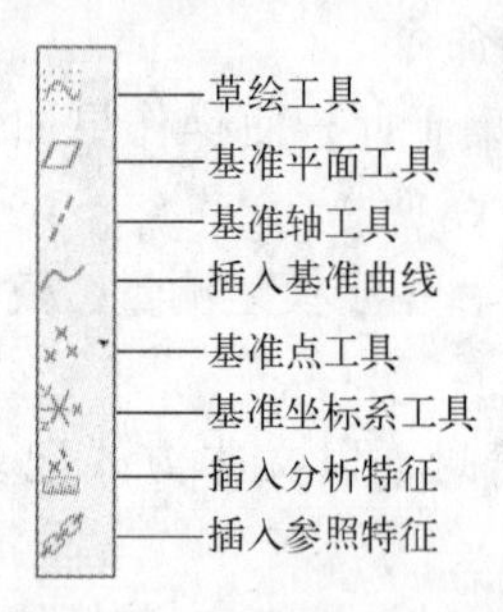

图 1-29　基准工具栏

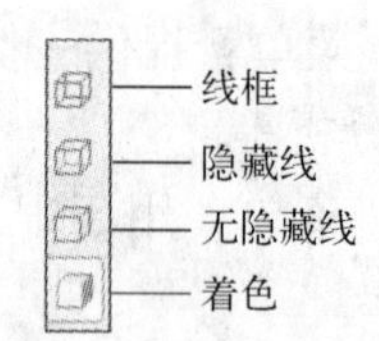

图 1-30　模型显示工具栏

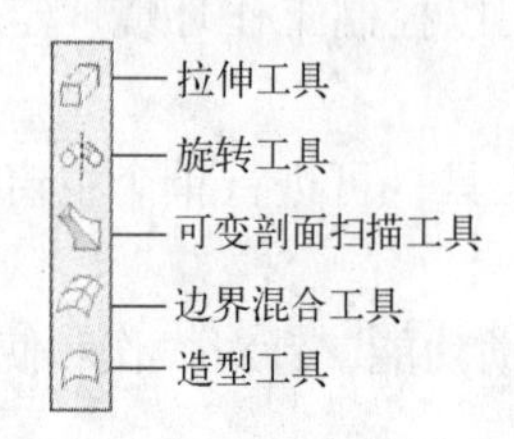

图 1-31　基础特征工具栏

图 1-32　工程特征工具栏

4. 导航区

导航区包括“模型树”、“层树”、“文件夹浏览器”、“收藏夹”和“连接”。

（1）模型树。零件文件中所有特征的列表，其中包括基准和坐标系。在零件文件中，“模型树”显示零件文件名称并在名称下显示零件中的每个特征。在组件文件中，“模型树”显示组件文件名称并在名称下显示所包括的零件文件。

模型结构以分层（树）形式显示，根对象（当前零件或组件）位于树的顶部，并将从属附属对象（零件或特征）置于下部。如果打开了多个 Pro/Engineer 窗口，则“模型树”内容会反映当前窗口中的文件。

（2）层树。可以有效组织和管理模型中的层。

（3）文件夹浏览器。类似于 Windows 的“资源管理器”，用于浏览和管理文件。

（4）收藏夹。类似于 IE 的“收藏夹”，用于有效地组织和管理个人资源，提高工作效率。

（5）连接。用于连接网络资源以及网上协同工作。

5. Pro/Engineer 浏览器

使用 Pro/Engineer 浏览器，可访问网站、在线目录或其他在线信息。此浏览器已嵌入 Pro/Engineer 窗口，在图形窗口之上滑动。

6. 图形区

Pro/Engineer 各种模型图像的显示区，用户可以直观地在图形区中观察所创建模型的外形。配合放大、缩小、旋转及隐藏工具，用户可以自由地观察三维实体模型。

7. 信息区

信息区中显示与窗口中的工作相关的单行消息。使用信息区的标准滚动条可查看历史消息记录。

1.6 配置 Pro/Engineer

1.6.1 定制用户界面

在使用时，设计者可根据个人、组织或公司需要定制 Pro/Engineer 用户界面，可以 添加一些常用的按钮，删除不常用的按钮或选项，以达到提高工作效率的目的。

选择“工具”→“定制屏幕”命令，打开“定制”对话框，如图 1-33 所示，默认状态下显示“命令”选项卡。

在定制屏幕对话框中，包含有“工具栏”、“命令”、“导航选项卡”、“浏览器”、“选项”5 个选项卡。

(1)“工具栏”选项卡。通过该选项卡可以进行添加或删除工具栏操作，步骤如下：

① 单击“工具栏”选项卡，如图 1-34 所示。

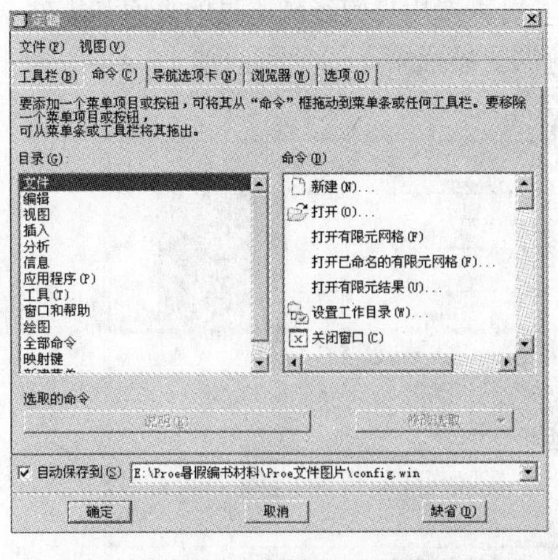

图 1-33 “定制”对话框

图 1-34 定制工具栏选项卡

② 要从显示画面上删除工具栏，清除其复选框，单击“确定”关闭对话框。

③ 要增加工具栏，选取其复选框，在位置列表中选取“顶部”、“左侧”或“右侧”来

指定工具栏的位置，单击“确定”关闭对话框。

(2)“命令”选项卡。单击“工具”→“定制屏幕”，打开“定制”对话框，默认状态下显示“命令”选项卡，见图1-35所示。

用户可以采用鼠标拖移的方法来改变工具栏中的内容。

如图1-35所示，选中“文件”→“设置工作目录”命令，并按住鼠标左键不放将其拖动到工具栏中所需位置。

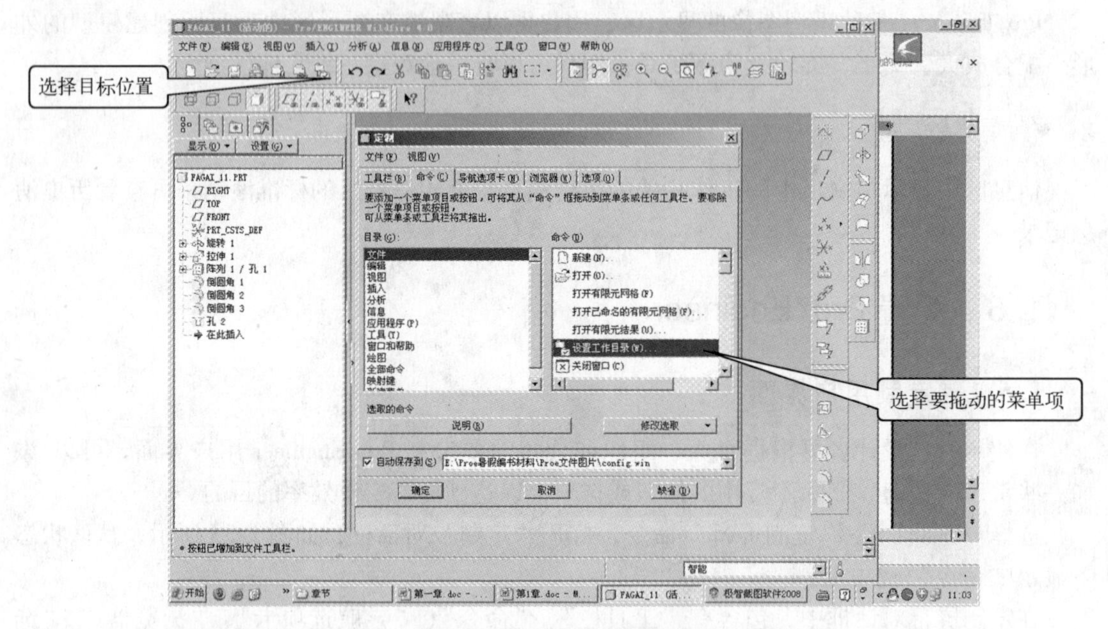

图1-35　改变命令图标位置

(3)“导航”选项卡。利用该选项卡可方便地管理“导航窗口”和“模型树”。如图1-36所示，通过滑动图中滑动条可直观地改变导航窗口的宽度，并可以将“历史导航器”添加到“导航器”中，通过“历史导航器”可查看用户曾经浏览过的页面和零件。

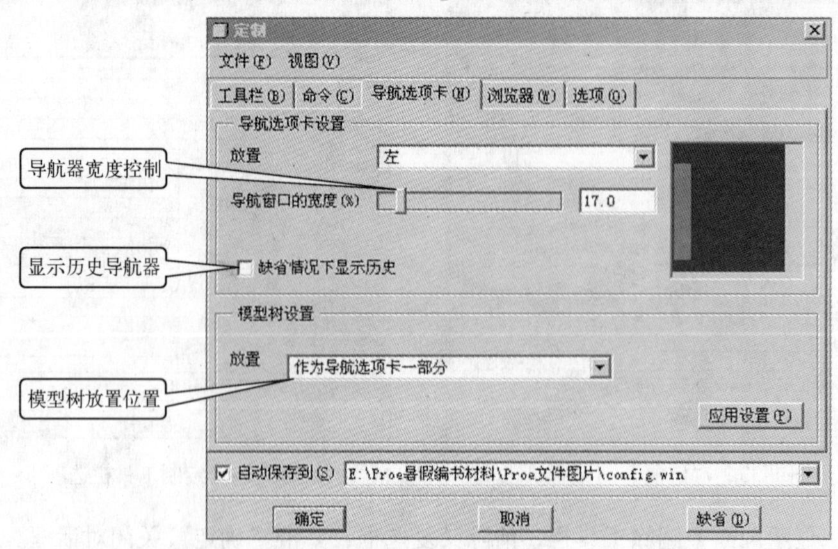

图1-36　定制导航器和模型树

(4)“浏览器”选项卡。用于设置浏览器的宽度，每次打开或者关闭 Pro/E 时是否进行动画演示，并设置启动软件时是否打开浏览器，如图 1-37 所示。

(5)“选项”选项卡。用于设置信息区的显示位置、次窗口的尺寸及菜单是否显示图标，如图 1-38 所示。

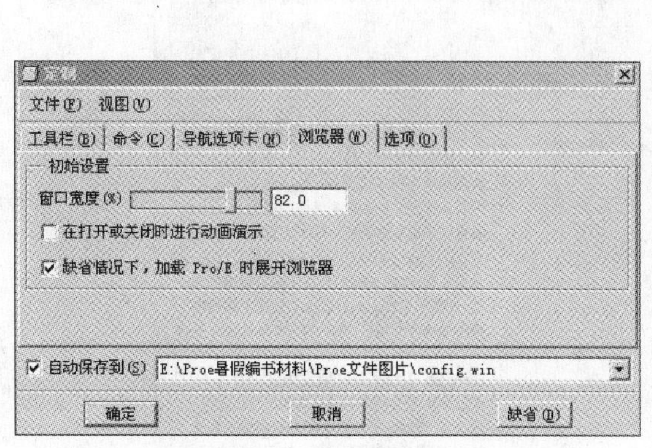

图 1-37 定制浏览器

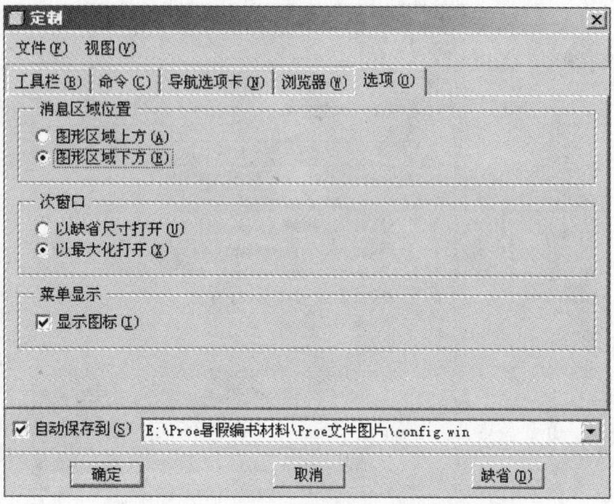

图 1-38 “选项”选项卡

1.6.2 系统颜色设置

系统颜色用来标示模型几何、基准面和其他显示元素的颜色。

选择“视图”→“显示设置”→“系统颜色”命令，系统将弹出“系统颜色”对话框，如图 1-39 所示，其中包括“基准”、“几何”、“图形”、“草绘器”、“用户界面”5 个选项卡，通过这些选项卡可进一步进行系统颜色的设置。

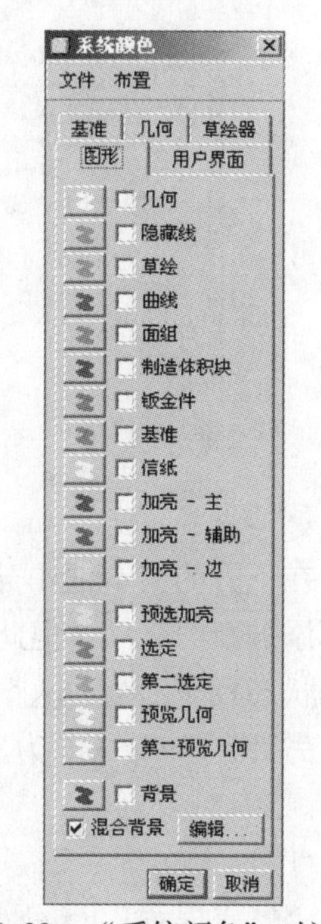

图 1-39 “系统颜色”对话框

1.6.3 鼠标的使用

在 Pro/Engnieer 操作界面上，鼠标是重要的交互工具。鼠标三个键在键盘按键配合下实现对 3D 模型的操作功能：

平移：按住 Shift 键 + 鼠标中键推移。

旋转：按住鼠标中键。

缩放：直接滚动中键滚轮。

1.7 配置文件 config. pro 文件的作用及配置

config. pro 是 Pro/Engineer 使用过程中最重要的配置文件，用户通过 config. pro 能够对系统的颜色、界面、单位、公差、显示、精度等项目进行所需的设定。通常 config. pro 位于 Pro/E 的起始目录（Pro/Engineer 默认的工作目录）之下，在系统每次启动时都会被读取，并加载其中的设定。

一般使用下拉菜单“工具”→“选项”命令，对配置文件进行设定，“选项”对话框如图 1-40 所示。对话框中列出了 config. pro 文件中的内容，左侧栏中是设置的选项，右侧栏中分别是选项的设置值、状态和具体说明。

图 1-40　“选项”对话框

在下方的文本框中分别输入“选项”名称和设置“值”，单击“添加/更改”按钮后，便可添加新的选项，但此时并未生效，状态栏的显示为“✳”，再单击“应用”按钮才会生效，状态栏显示为“◆”。添加或者更改配置选项后，单击按钮“💾”进行保存。

另外，config. pro 为文本文件，也可以使用文本编辑器（如记事本、Word 等）进行编辑。

提示： Pro/Engineer 安装好之后，并不会在起始目录下建立 config. pro 文件，用户在选项对话框中，根据需要建立好配置选项后，单击“💾”按钮将其保存成名为 config 文件即可。

本章小结

本章共 7 节，分别对 PTC 公司和 Pro/Engineer Wildfire 4.0 中文版的功能和特点进行了简要介绍；详细介绍了 Pro/Engineer Wildfire 4.0 中文版的安装系统要求及安装过程和 Pro/Engineer Wildfire 4.0 中文版的工作界面；并简要介绍了 Pro/Engineer Wildfire 4.0 中文版的基本配置和设置以及鼠标的使用和 Pro/Engineer Wildfire 4.0 中文版的 config 文件的作用和配置。

本章的重点和难点是：

Pro/Engineer Wildfire 4.0 中文版的安装过程。

Pro/Engineer Wildfire 4.0 中文版的工作界面。

Pro/Engineer Wildfire 4.0 中文版的 config 文件的作用与设置三键鼠标的使用。

第2章　2D草绘基础

重点与难点

- 草绘模式。
- 基本几何图元。
- 尺寸标注。
- 约束运用。
- 草绘参数和约束设置。

在Pro/Engineer的三维实体建模中，利用平面二维（2D）草绘产生的实体、曲面占了绝大部分。在以X和Y轴尺寸定义好2D轮廓后，系统会提供一个Z轴尺寸（或深度），使其成为三维模型。因此，2D草绘在Pro/Engineer建模方面扮演着及其重要的角色。

对于Pro/Engineer而言，2D草绘是由一组线段组合而成的具有特定意义的图形，在实际绘图中人们通常称之为截面、断面或剖面。本章介绍2D草绘的基本绘图命令的使用和绘图技巧。

2.1　草绘常用相关术语

首先，让我们了解一下在草绘模式中常用的相关术语。

图元：截面几何的任何元素（如直线、圆弧、圆、样条、圆锥、点或坐标系）。

参照：创建截面或轨迹时，所参照的图元。

尺寸：图元或图元之间关系的测量。

约束：定义图元几何或图元间关系的条件，约束符号出现在应用约束的图元旁。

参数：草绘器中的一个辅助数值。

关系：关联尺寸或参数的等式。

弱尺寸和弱约束：在没有用户确认的情况下草绘器可以移除的尺寸或约束就被称为“弱”尺寸或“弱”约束。草绘器创建的尺寸是弱尺寸，弱尺寸和弱约束以灰色显示。

强尺寸和强约束：草绘器不能自动删除的尺寸或约束被称为“强”尺寸或“强”约束。用户创建的尺寸和约束是强尺寸和强约束。强尺寸和强约束以黄色显示。

冲突：两个或多个强尺寸或强约束的矛盾或多余条件。出现这种情况时，必须通过移除一个不需要的约束或尺寸来解决。

提示：在“草绘”过程中可能需要添加其他尺寸或约束。当应用尺寸或约束时，新尺寸或约束可能会与现有的尺寸或约束发生冲突。出现这种情况时，发生冲突的尺寸或约束将会在一个对话框中列出。用户可以删除不需要的或想要取代的尺寸或约束，以确保草绘不会有多余的尺寸且约束不发生冲突。

2.2 草绘模式

2.2.1 进入草绘模式

打开 Pro/Engineer Wildfire 4.0 后，进入草绘模式的方法有两种：

（1）如图 2-1 所示，选择下拉菜单“文件”→“新建”命令（或者单击工具栏中的“新建”按钮）系统弹出如图 2-2 所示的“新建”对话框。该对话框包括“类型”、“子类型”两个选择项区和“名称”、“公用名称”两个文本框，以及一个“使用缺省模板”复选框。

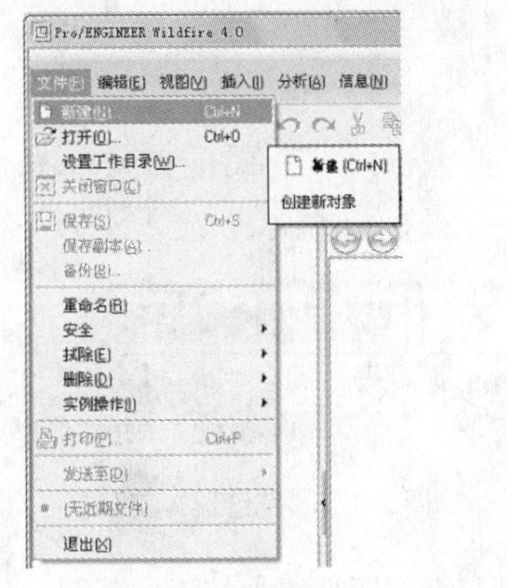

图 2-1 新建文件

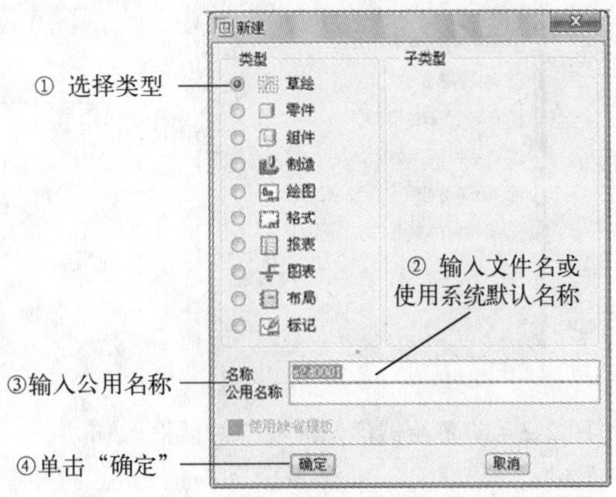

图 2-2 “新建”对话框

在“类型”选择项区中选择“草绘”单选按钮。

在“名称”文本框内输入文件名或使用系统默认的文件名。

单击“确定”后进入草绘模式。

以该方式进入草绘模式，仅能绘制草图。绘制的草图保存后，可供实体造型时使用。

（2）在特征造型的过程中，系统在需要时会提示用户“绘制二维剖面”，此时也可以进入草绘模式。该进入方法将在后面章节详细介绍。

此时所绘制的剖面（2D 草图）从属于某个特征，但用户同样可以将该剖面（2D 草图）另外保存成为文件，供以后在设计其他特征时使用。

提示：第（1）种方法的好处在于降低了特征建模过程的复杂性，但其缺点是草绘的基准曲线与特征之间没有联动关系，草绘基准曲线的更改不会引起相应特征的变化，这一点与 Pro/Engineer 倡导的参数化精神有很大冲突。因此，建议还是采用在特征建模命令过程中按需要绘制草图的方法。

2.2.2 设置草绘模式

在下拉菜单区中单击“草绘”→“选项”命令，系统弹出“草绘器优先选项”对话框

（如图 2-3 所示），在此可对草绘模式的环境进行设定。“草绘器优先选项”对话框中包括“杂项”、“约束”和“参数”3 个选项卡。

1. 设置“杂项”优先选项

“杂项”优先选项中设定草图绘制过程中显示的要素。在“草绘器”工具栏中（如图 2-4 所示）有类似的显示控制按钮。各项定义如下：

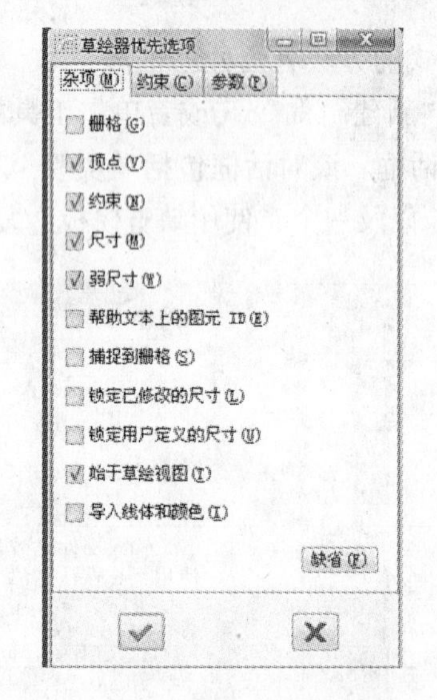

图 2-3 “草绘器优先选项”对话框

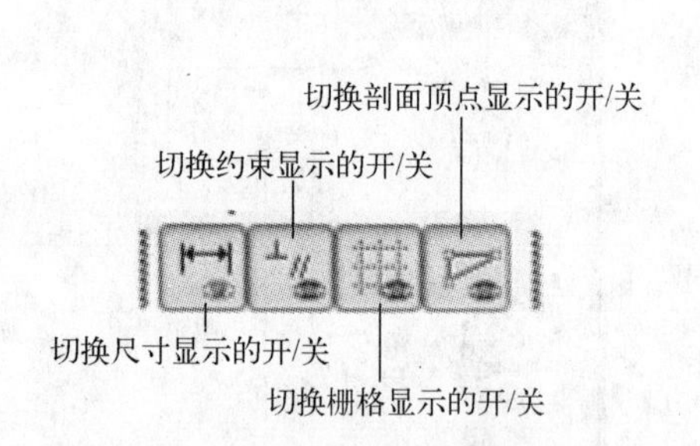

图 2-4 “草绘器”工具栏

“栅格”：栅格可以帮助用户绘图，便于用户绘制与期望图形更加接近的草图。
“顶点”：可以控制是否在草绘图中显示几何图元的顶点。
“约束”：可以控制是否在草绘图中显示系统假设的约束。
“尺寸”：控制是否在草绘图中显示尺寸。
“弱尺寸”：控制是否在草绘图中显示弱尺寸。
“捕捉到栅格”：控制是否仅仅允许在栅格的交叉点上绘制几何图元的顶点。
“锁定已经修改的尺寸”：是否锁定已经修改的尺寸，以便于移动尺寸。
“始于草绘视图”：是否在进入草绘模式的时候自动定向模型，以让绘图平面与屏幕平行。

单击✓按钮，应用更改并关闭对话框。要重置默认显示优先选项，单击“缺省”；要忽略更改并关闭对话框，单击✕。

提示：由于 Pro/Engineer 的草图绘制是参数化的，可以通过更改尺寸来驱动图形发生变化。因此，网格及网格捕捉的意义并不大，一般不需要开启网格显示。

2. 设置“约束”优先选项

“约束”选项中，用户可以选择是否启用系统假设的一些约束。在草绘模式下，用户并不需要按照精确尺寸来绘图，而仅仅需要绘制出大概形状。系统会根据所绘制的几何图元，自动假设一些约束条件来帮助绘图。这些约束极大地简化了绘图过程。

“约束”选项中列出了如图 2-5 所示的约束，通过放置或移除选中标记，可以控制草绘器假定的约束。

↔水平排列：是否假设项点水平排列。

↕竖直排列：是否假设定点竖直排列。

//平行：如果剖面中几条直线近似平行，系统则认为它们平行。

⊥垂直：如果剖面中的两条直线近似垂直，系统则认为它们垂直。

等长：如果剖面中存在多条长度近似相等的线段，系统则认为这些线段的长度相等。

相同半径：如果剖面中存在半径近似的多个圆或者圆弧，系统则认为这些圆或者圆弧的半径是相同的。

共线：如果几条直线之间的距离非常小，系统则认为它们共线。

对称：如果剖面中存在中心线，而且剖面图元关于中心线近似对称，系统则认为剖面图元是对称的。

中点：如果某个点位于线段的中点附近，系统则认为这个点就是线段的中点。

相切：如果图元与圆弧或者圆近似相切，系统则认为它们是相切的。

提示：有时这些假设并非用户所需要的，比如需要绘制夹角很小的两条线，为了达到这个目的，可以采用夸张的画法，先夸大两直线之间的夹角，然后再通过修改尺寸的方法获得所需的小角度。

3. 设置“参数”优先选项

“参数”优先选项中设定栅格的形式和间距、尺寸显示的小数位数以及求解精度，如图 2-6 所示。

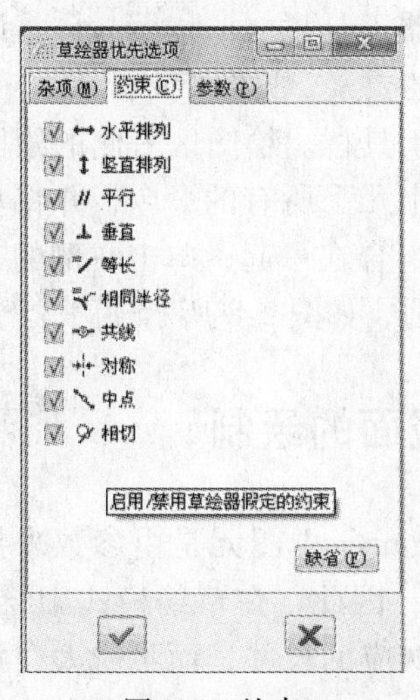

图 2-5　约束

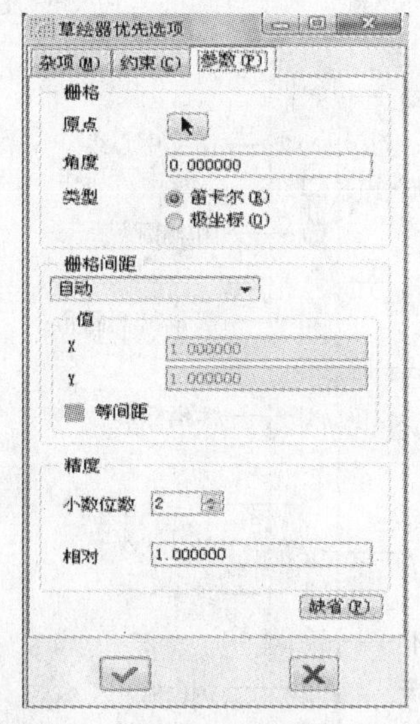

图 2-6　参数

“栅格”：控制栅格的原点，在角度字段中输入角度值，就可以旋转栅格。另外，也可以选择使用笛卡儿坐标系或者极坐标系。

"栅格间距"：控制栅格的大小。它包括两个选择，自动和手动。如果选择手动，则用户可以在下面的两个字段中分别输入 X 和 Y 方向的间距值。另外，用户还可以选择是否使用等间距栅格。

"精度"："小数位数"选项可以控制屏幕上显示尺寸的小数位数，"相对"选项可以控制草绘器求解的相对精度。

2.2.3 2D 草绘界面

2D 草绘界面如图 2-7 所示。

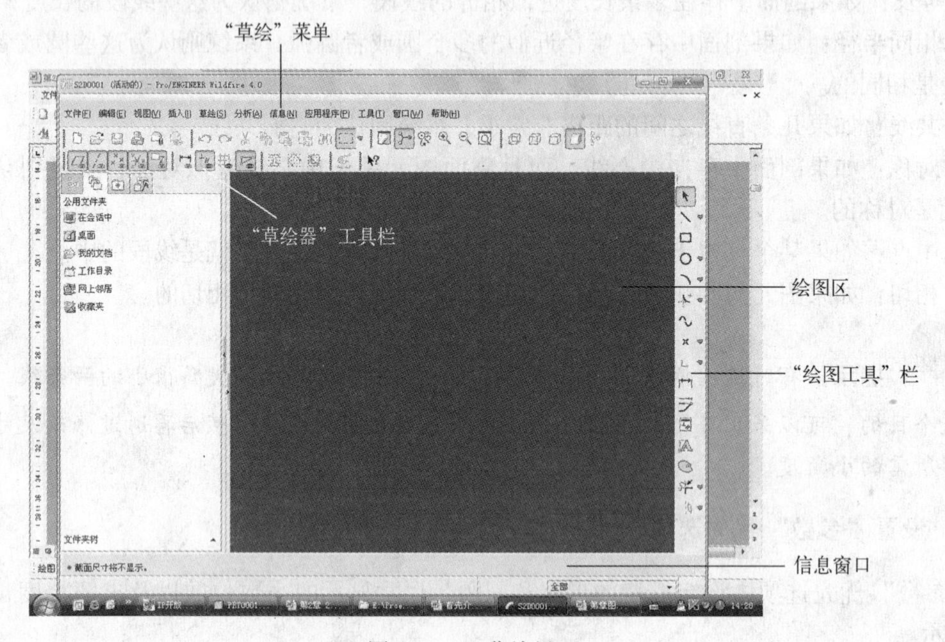

图 2-7 2D 草绘界面

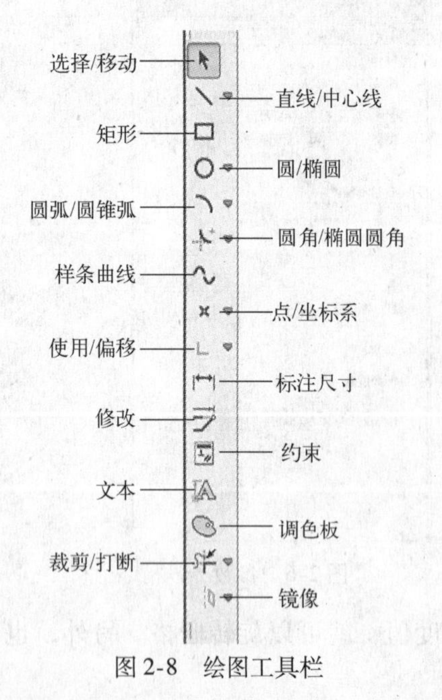

图 2-8 绘图工具栏

(1) 草绘器工具栏（）。设定草图绘制过程中显示的要素，见图 2-4 所示。

(2) 绘图工具栏。绘图区右侧的绘图工具栏包含了草绘菜单中几乎所有的命令，并将功能相似的工具图标按钮组合在一起，单击右侧的三角按钮来弹出更多选项，如图 2-8 所示。

2.3 截面的绘制

在 Pro/Engineer 中图元是由参数来控制的，采用参数化绘图，因此，在草绘模式中绘制截面时，只需给出截面对应的尺寸，而不需太在意图元的大小、角度是否正确。在截面的基本形状绘制完成之后，通过修改相应的尺寸即可得到所需的截面。每一个图元都需要有满足定义条件的尺寸，尺寸过多或不足，都不能完成截面的绘制。

2.3.1 基本图元的绘制

1. 绘制直线

直线可以分为几何线和中心线。通常，几何线用于绘制截面，中心线用于定义轴线。

(1) 绘制两点直线。

① 在下拉菜单上选择“草绘”→“线”→“线（L）”命令；或者单击工具栏中的“创建2点直线”按钮；也可以在绘图区长按鼠标右键，然后在弹出的快捷菜单中选择“线”命令。

② 在直线的起始位置单击鼠标，确定初始点。

③ 在直线的终止位置单击鼠标，确定终止点。

④ 单击鼠标中键，结束直线的创建。如图2-9所示。

若连续单击左键，就可以绘制一系列首尾相连的直线。

利用草绘器优先选项的“约束”功能，利用两点直线命令可以绘制竖直、水平直线（如图2-10所示），以及绘制已有直线的平行线（如图2-11所示）和垂直线（如图2-12所示）。

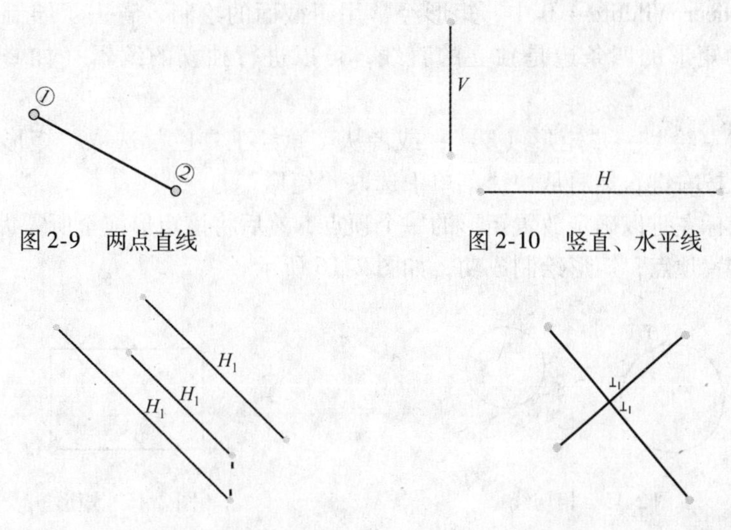

图2-9 两点直线　　图2-10 竖直、水平线

图2-11 绘制已有直线的平行线　　图2-12 绘制已有直线的垂直线

(2) 绘制中心线。中心线是用来定义一个旋转特征的旋转轴，用来定义在一个剖面内的一条对称直线，或用来创建构造直线的。中心线具有无限长，并且不用来创建特征几何。

① 单击“草绘”→“线”→“中心线（C）”；也可以单击“草绘工具栏”中的“中心线”按钮，使用“中心线”命令；此外，还可以在绘图区长按右键，然后从快捷菜单中选取“中心线”。

② 单击以确定中心线所处的第一个位置。

③ 单击确定中心线的第二位置，生成无穷长的中心线，如图2-13所示。

同两点绘制直线一样，利用草绘器优先选项的“约束”功能，中心线命令可以绘制竖直、水平中心线，以及绘制已有直线的平行中心线和垂直中心线。

(3) 相切线。

① 单击“草绘”→“线”→“直线相切（T)”（或者单击，然后单击）。

② 鼠标左键依次选择两个圆弧，生成与两圆弧相切的直线，如图 2-14 所示。相切线的位置由选择圆弧时的鼠标单击点决定。

图 2-13　中心线　　　　图 2-14　相切线

(4) 创建与两个图元相切的中心线。

① 单击“草绘”→“线”→“中心线相切（R)”。

② 鼠标左键依次选择两个圆弧，生成与两圆弧相切的中心线，如图 2-15 所示。相切中心线的位置由选择圆弧时的鼠标单击点决定。

2. 创建矩形

在 Pro/Engineer Wildfire 4.0 中，矩形经常用于截面的绘制，省去了绘制四条直线的麻烦，而且生成的矩形的四条边是独立的直线，可以进行独立的编辑（如修改、删除、对齐等）。

(1) 单击“草绘”→“矩形（E)”；或者从“草绘工具栏”选取“矩形”；还可以在草绘窗口中长按右键，然后从快捷菜单中选取“矩形”。

(2) 单击鼠标左键以确定放置矩形的一个顶点，然后将该矩形拖至所需大小，单击鼠标左键确定另一放置顶点，矩形绘制成功，如图 2-16 所示。

图 2-15　相切线　　　　图 2-16　矩形

3. 绘制圆

在 Pro/Engineer Wildfire 4.0 中，圆是另外一类非常重要的几何图元。圆可以分为两种：几何圆和构造圆。这两种圆的绘制方法是完全一样的。几何圆可以直接构成剖面的几何形状；构造圆用以定位呈圆形分布的几何图元。根据生成原理，可以通过以下 4 种不同的方法绘制圆。

(1) 通过拾取圆心和圆上一点绘制圆。

① 选择“草绘”→“圆”→“圆心和点（P)”命令；或者单击工具栏中的“通过拾取圆心和圆上一点来创建圆”按钮。

② 在绘图区单击鼠标左键以确定圆心；松开鼠标左键并拖动到合适位置，再次单击鼠标左键，确定圆的半径，即可完成圆的绘制，如图 2-17 所示。

（2）绘制同心圆。同心圆的生成是在已有圆（圆弧）的基础上，生成另外一个具有相同圆心的圆。

① 选择“草绘”→“圆”→“同心（C）”命令；或者单击工具栏中的圆绘制按钮图下面的“创建同心圆”按钮。

② 单击鼠标左键选取已有的圆（圆弧），松开鼠标左键并拖动到合适位置，再次单击鼠标左键以确定同心圆的半径，完成同心圆的绘制，如图 2-18 所示。

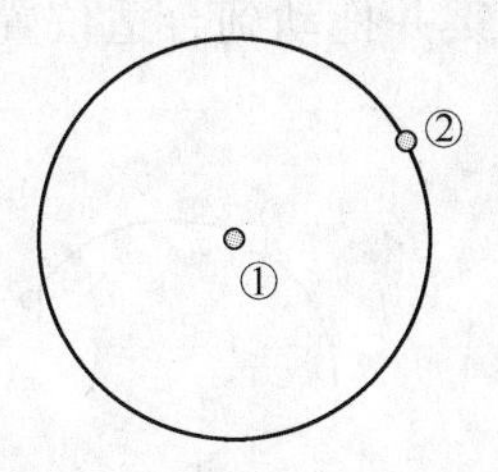

图 2-17　圆心与圆上一点绘制图

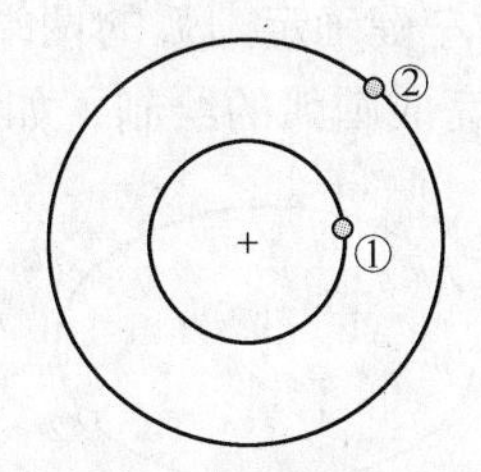

图 2-18　绘制同心圆

（3）通过三点绘制圆。

① 选择“草绘”→“圆”→“3 点（O）”命令；或者单击工具栏中的按钮下面的“通过拾取其 3 个点来创建圆”按钮。

② 依次单击鼠标左键选取圆上的第一、第二、第三点，即完成圆的绘制，如图 2-19 所示。

（4）绘制三点相切圆。绘制三点相切圆是通过三个可以提供切点的图形（如直线、圆等）来确定圆上三点，实现三点圆的建立，其原理与三点绘制圆类似。

① 选择“草绘”→“圆”→“3 相切（T）”命令；或者单击工具栏中的按钮下面的“创建与 3 个图元相切的圆”按钮。

② 分别在不同图元上单击鼠标左键以确定三个点，则在三个图元间产生一个与该三图元都相切的圆，如图 2-20 所示。

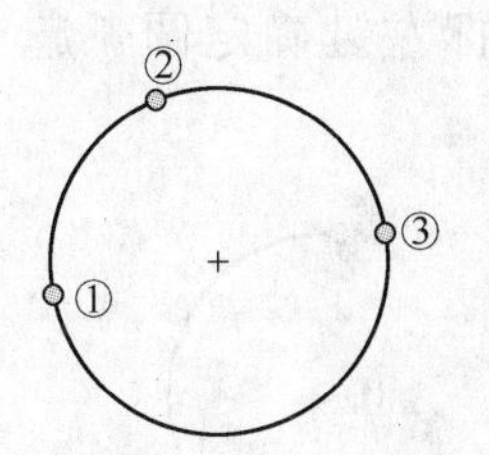

图 2-19　通过三点绘制圆

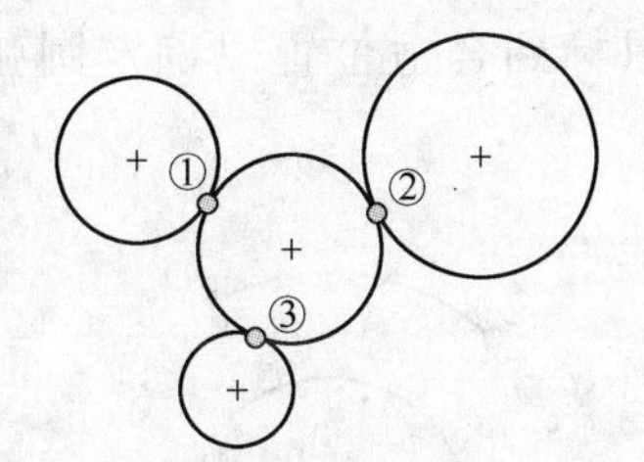

图 2-20　通过三点绘制相切圆

4. 绘制椭圆

（1）选择“草绘”→“圆”→“椭圆”命令；或者单击工具栏中按钮下面的“创建一个完整椭圆”按钮。

（2）单击鼠标左键确定椭圆的中心，松开鼠标左键并拖动至所需形状，再次单击鼠标左键，完成椭圆的绘制，如图 2-21 所示。

5. 绘制圆弧

圆弧的绘制与圆的绘制类似，Pro/Engineer Wildfire 4.0 一共提供了 5 种绘制圆弧的方法。

（1）通过三点绘制圆弧。

① 选择“草绘”→“弧”→“3 点/相切端（P）”命令；或者单击工具栏中的“通过 3 点或通过在其端点与图元相切来创建弧”按钮。

② 单击鼠标左键确定圆弧的两端点，松开鼠标左键并拖动到合适位置，选择确定圆弧的第三点，即可完成圆弧的绘制，如图 2-22 所示。

图 2-21　绘制椭圆　　图 2-22　三点圆弧

（2）绘制同心圆弧。同心圆弧的绘制原理与同心圆的生成原理相同，所不同的是圆弧的圆心角可以通过鼠标的拖动来控制。

① 选择“草绘”→“弧”→“同心（C）”命令；或者单击工具栏中的按钮下面的“创建同心弧”按钮。

② 选择用来作参照的圆（圆弧）以确定圆心。

③ 拖动鼠标到合适位置并单击鼠标左键以确定圆弧的起始点；再次移动鼠标到适当位置，单击左键确定圆弧终点，如图 2-23 所示。

（3）通过圆心/端点绘制圆弧。

① 选择“草绘”→“弧”→“圆心和端点”命令；或者单击工具栏中的圆弧按钮图下面的“通过选取弧圆中心和端点来创建圆弧”按钮。

② 在绘图区中任意位置单击鼠标左键，确定圆弧中心。

③ 拖动鼠标到合适位置以确定圆弧半径；单击鼠标左键确定圆弧起点和终点，如图2-24 所示。

图 2-23　同心圆弧　　图 2-24　圆心/端点绘制圆弧

（4）通过 3 点相切绘制圆弧。

① 选择“草绘”→“弧”→“3 相切（T）”命令；或者单击工具栏中的圆弧按钮下面的“创建与 3 个图元相切的弧”按钮。

② 鼠标左键依次选择三个相切的图元；完成三点相切圆弧的绘制，如图 2-25 所示。

（5）绘制锥形弧。锥形弧的建立是一种相对更加自由的弧的建立方法，首先建立两个圆弧的端点，再通过鼠标来自由选择第三个点以确定圆弧的形状。

① 选择“草绘”→“弧”→“圆锥（N）”命令；或者单击工具栏中的圆弧按钮下面的“创建锥形弧”按钮。

② 在绘图区任意两个位置分别单击鼠标左键，确定圆锥的两个端点。

③ 再次单击鼠标左键，确定弧的尖点，即可完成锥形弧的绘制，如图 2-26 所示。

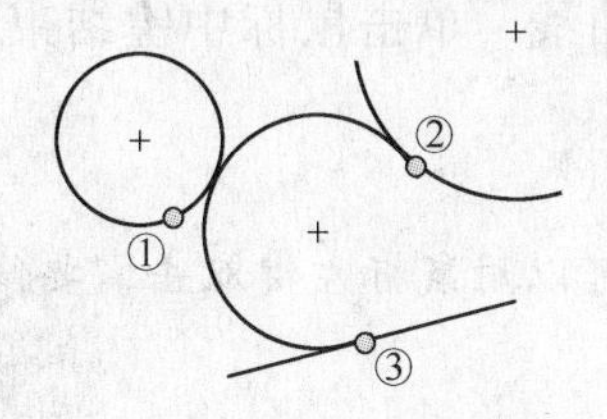

图 2-25　3 点相切绘制圆弧

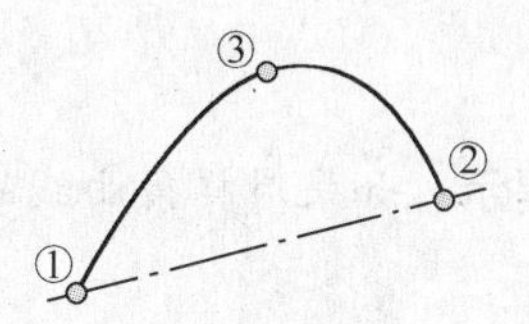

图 2-26　锥形弧

6. 倒圆角

：从左到右依次是倒圆角、倒椭圆角。其使用方法：倒圆角就是选择需要圆弧过渡的两条边，圆角就自动生成，生成后还可以修改圆角的半径以满足不同的需要，椭圆角的绘制方法与此类似。

（1）绘制圆形圆角。

① 选择“草绘”→“圆角”→“圆形（C）”命令；或者单击工具栏中的“圆形”按钮。

② 单击鼠标左键分别选取要相切的两个图元，在这两个图元间即可创建圆角，如图 2-27、图 2-28、图 2-29 所示。

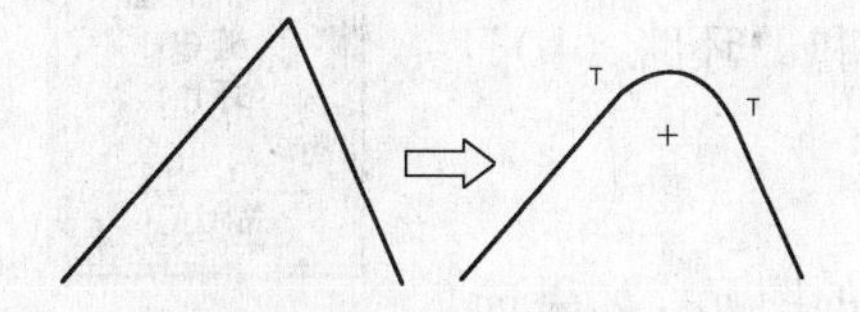

图 2-27　两直线倒圆角

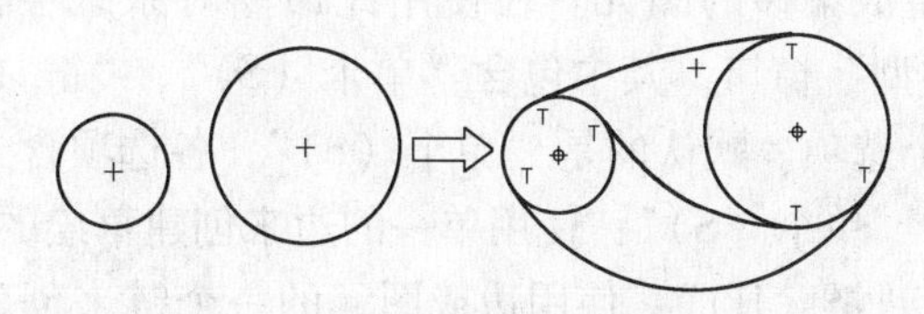

图 2-28　两圆弧间倒圆角

（2）绘制椭圆形圆角。

① 选择“草绘”→“圆角”→“椭圆形”命令；或者单击工具栏中的圆角按钮下面的“椭圆形”按钮。

② 单击鼠标左键分别选取要相切的两个图元，在这两个图元间创建即可椭圆圆角，如图 2-30 所示。

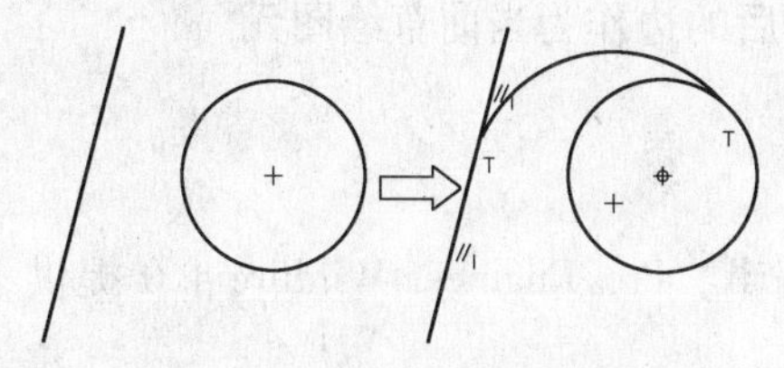

图 2-29　直线与圆间倒圆角

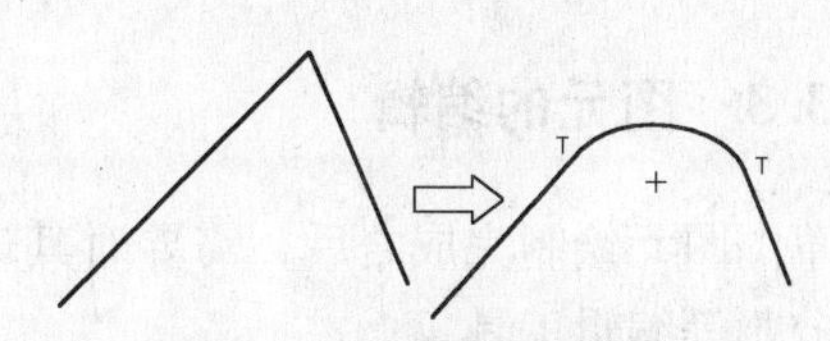

图 2-30　绘制椭圆形圆角

7. 样条曲线

样条曲线是指由用户指定一系列的点，然后由系统通过这些点自动生成的一条平滑曲线。

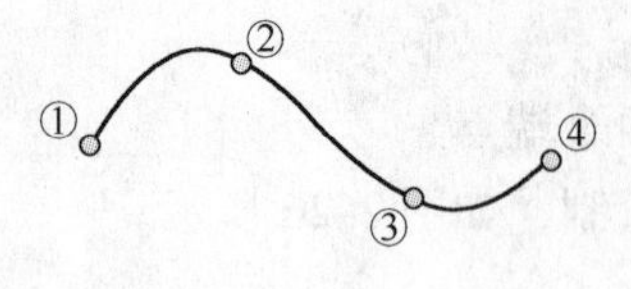

图 2-31　样条曲线

① 选择“草绘”→“样条（S）”命令；或者单击工具栏中的“创建样条曲线”按钮。

② 在绘图区单击鼠标左键分别选取一系列的点，系统将通过这些点自动生成样条曲线，单击鼠标中键结束，如图 2-31 所示。

提示：如果对样条曲线的质量不满意，还可以用鼠标左键双击需要修改的样条曲线进行编辑。

进入编辑界面后，右键长按样条曲线，系统将跳出快捷菜单，可添加或移除插值点。

8. 绘制点和坐标系

：从左到右依次是绘制点、创建坐标系。

其使用方法：选择点或坐标系的命令，再在绘图区域适当位置单击鼠标左键即可。

2.3.2　转换已有模型的边线为当前草图图元

在三维造型过程中，经常需要利用已生成模型的边线作为后续特征的截面绘制参照。Pro/Engineer Wildfire 4.0 提供了“使用边”和“偏移边”命令，前者将已有模型边线转换为当前草图中的图元，后者参照已有模型边线生成偏移的图元。在使用此命令时系统会弹出如图 2-32 所示的“类型”窗口，其中包含“单个（S）”、“链（H）”和“环路（L）”三个选项。默认的是“单个（S）”，各选项含义如下：

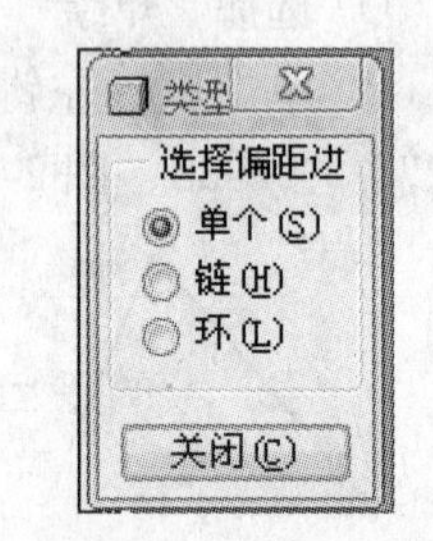

图 2-32　边界类型对话框

“单个（S）”：使用单一的边来创建草绘的图元。

“链（H）”：使用边或图元的一个链来创建草绘的图元。如果选择曲线，则所选两条曲线必须属于同一基准曲线。如果选择边，则所选两条边必须属于相同的曲面和面。可选取一个零件几何上的两条边或面组的两个单侧边。

“环（L）”：使用边或图元的一个环来创建草绘图元。

其使用方法：此命令对当前的草绘图元无效，也就是说只能在先前已经创建的特征上使用这两个命令。选择“使用边”就可以使用特征的边作为当前草绘图元；选择偏移边后再选择特征的边，系统提示输入偏移距离，以偏移后的边作为当前草绘图元。

2.3.3　图元的编辑

在草图图元绘制完成之后，需要对其进行编辑，Pro/Engineer Wildfire 4.0 提供了镜像、修剪和分割等编辑工具。

1. 图元的选择

此功能用于选择图元、尺寸、文字等。可以通过以下3种方法选取草绘图元。

(1) 用鼠标通过按下并拖曳选择区域，则区域内的所有图元将被选中。

(2) 用鼠标单击选中单个图元。

(3) 按住 Ctrl 键不放，再用鼠标一一选取多个图元。

图元选中后会变成红色，这时可以进行复制、删除等操作。

2. 图元的移动

图元位置的移动可以利用选择工具对图元进行拖动来实现。

(1) 直线的移动。在选择前提下，把鼠标移动到直线上，按住左键不放，并拖移鼠标，直线将绕某一端点旋转。

左击鼠标选中直线，再次把鼠标移动到直线上，按住左键不放，并拖移鼠标，直线将被移动，移动到适当位置，松开鼠标，完成对直线的拖移。

(2) 圆（圆弧）的移动。在选择前提下，把鼠标移动到圆心上，按住左键不放，并拖移鼠标，圆（圆弧）将被移动，移动到适当位置，松开鼠标，完成对圆（圆弧）的拖移。

3. 图元的删除

删除命令包括删除所有的草绘图元、尺寸标注、约束或草绘参考基准等。以图元为例，具体操作方法如下：

(1) 选中图元（方法见上述“图元的选择”）。

(2) 选择“编辑”→“删除”命令；或者按下键盘上的“Delete”键，即可完成图元的删除。

4. 图元的复制

图元的复制可以生成与原图元几何形状一致的新图元，具体操作方法如下：

(1) 选中图元（方法见上述“图元的选择”）。

(2) 选择“编辑”→“复制”命令；或者使用快捷键“Ctrl + C”。

(3) 选择“编辑”→“粘贴”命令；或者使用快捷键“Ctrl + V”，此时绘图区将出现如图2-33所示的图元操作图，同时系统将自动弹出如图2-34所示的“缩放/旋转”对话框。

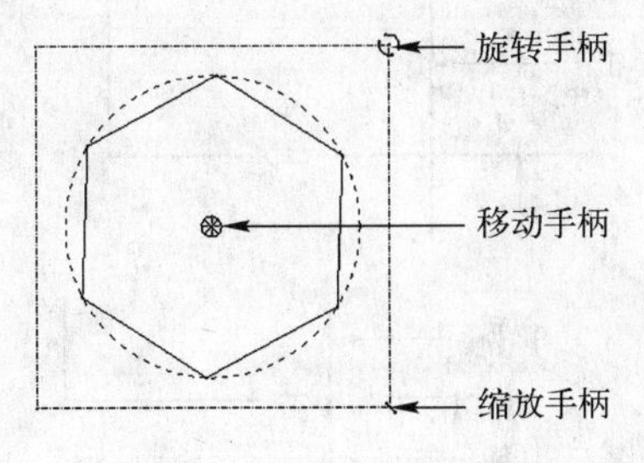

图2-33 图元操作图

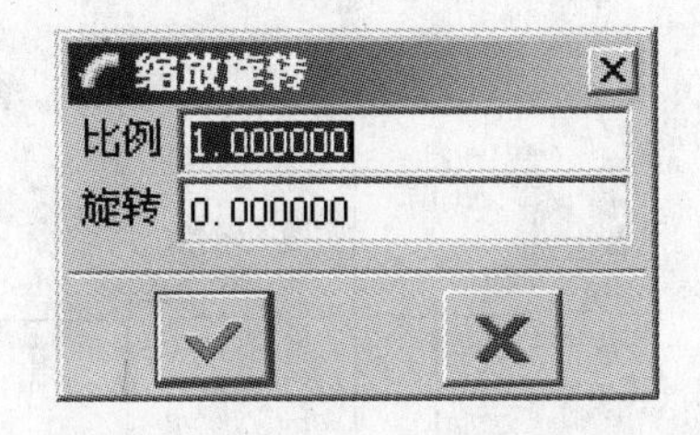

图2-34 “缩放旋转”对话框

（4）在“缩放旋转”对话框中设置好合适的缩放比例及旋转角度，或者可以通过图2-33中的缩放手柄和旋转手柄进行调整。

（5）单击“缩放旋转”对话框下方的按钮，即可完成图元的复制。若单击“缩放旋转”对话框下方的按钮，则为放弃本次复制操作。

提示：由以上步骤可以看出，Pro/Engineer Wildfire 4.0 所提供的图元复制命令中，还包含了对图元的旋转和缩放。在图元复制的同时可以对其进行相应的旋转和缩放。

5. 图元的缩放和旋转

（1）选中图元（方法见前述2.3.3节中“图元的选择”）。

（2）选择“编辑”→“缩放和旋转”命令；或单击镜像按钮下的旋转、缩放按钮。

（3）在“缩放旋转”对话框中设置好合适的缩放比例及旋转角度，或者可以通过图2-33中的缩放手柄和旋转手柄进行调整。

（4）单击“缩放旋转”对话框下方的按钮，即可完成图元的缩放或旋转。若单击“缩放旋转”对话框下方的按钮，则为放弃本次操作。

6. 图元的修剪

修剪是最重要的草图编辑工作，通过修剪，可以将线条中多余的部分消除。Pro/Engineer Wildfire 4.0 中提供了3种修剪方法——删除段、拐角和分割。其中最常用的是删除段。

（1）删除段（动态修剪剖面图元）。段的删除是通过选择删除边界来完成的，即被鼠标选中的部分是需要删除的部分。如果线条是独立的，则整体被删除。

① 选择“编辑”→“修剪”→“删除段”命令；或单击工具栏中的“删除段”（动态修剪剖面图元）按钮。

② 依次选择第一、第二个图元要去掉的部分，完成图元的修剪，如图2-35所示。

（2）拐角（边界修剪）。拐角的删除操作是通过鼠标选择来确定需要保留的图形，如果两个线条之间没有交错，采用边界修剪命令后，Pro/Engineer Wildfire 4.0 会将两个线条自动延长。

① 选择“编辑”→“修剪”→“拐角”命令，或者单击工具栏中的修剪按钮下的“将图元修剪（剪切或延伸）到其他图元或几何”按钮。

② 依次单击第一、第二个图元要保留的部分，系统完成修剪，如图2-36所示。

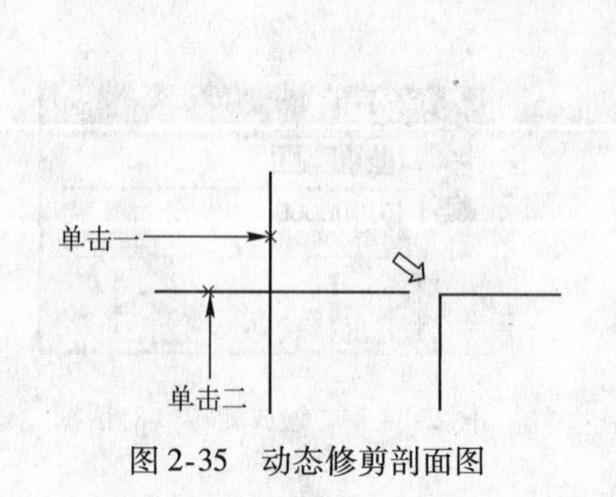

图2-35　动态修剪剖面图

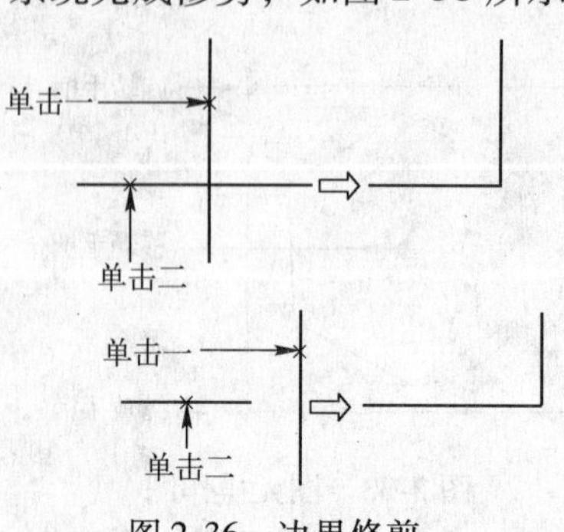

图2-36　边界修剪

（3）分割。分割的作用是将本来是一体的图形进行几何上的分割，如将一条直线利用分割工具划分成两条直线，操作如下：

① 选择“编辑”→“修剪”→“分割”命令，或者单击工具栏中的修剪按钮下的“在选取点的位置处分割图元”按钮。

② 依次选择要分割图元的第一、第二、第三分割处，系统完成修剪，如图 2-37 所示。

7. 图元的镜像

“镜像”命令可以生成与原图元关于草绘中心线对称的新图元，新图元与原图元的几何尺寸完全一致，并且原图元上的约束也会镜像到新图元上。具体操作步骤如下：

① 单击鼠标，选择（或框选）要镜像的图元，选取如图 2-38 所示的左侧正五边形。

② 选择“编辑”→“镜像”命令，或者单击工具栏中的镜像工具按钮。

③ 系统将在消息区显示“选取一条中心线”。按照提示信息，单击鼠标选择中心线，系统将自动生成镜像图元，如图 2-38 所示，生成右侧的正五边形。

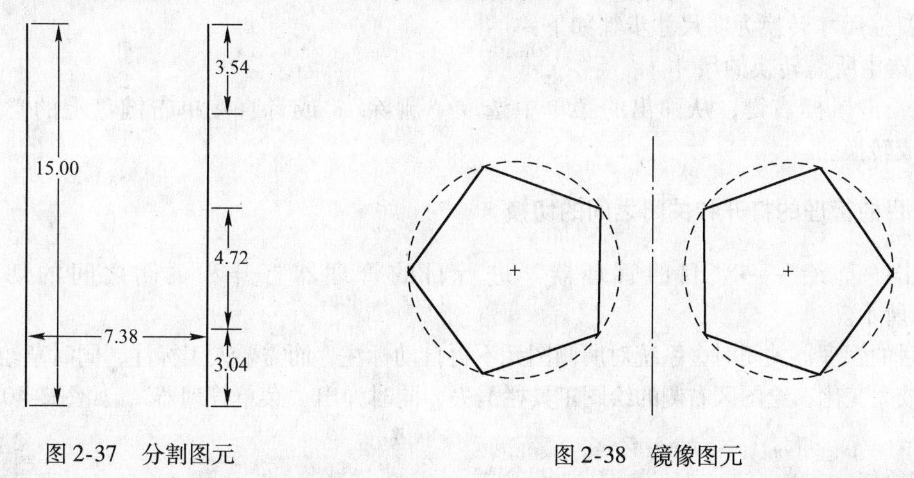

图 2-37　分割图元　　　　图 2-38　镜像图元

提示：“镜像”是关于中心线的图元对称，没有中心线是不能完成镜像的！所以在镜像之前要先做好中心线（构造线）。

2.4　尺寸标注

Pro/Engineer Wildfire 4.0 是由尺寸参数来控制图形的，所以只需绘制出相似的形状，然后通过尺寸的标注及修改来确定图形。因此，尺寸标注及修改是绘制图形过程中的一个很重要的环节。

2.4.1　目的管理器

1. 目的管理器

Pro/Engineer Wildfire 4.0 提供了目的管理器环境，在绘制截面的过程中，目的管理器将跟踪用户绘制过程，自动加上尺寸标注，这些尺寸被称为“弱尺寸”，显示为灰色。可以直接利用“弱尺寸”，但一般都需要自行标注。用户手工标注或者修改后的尺寸被系统认为是“强尺寸”，显示为亮色。增加“强尺寸”时，系统自动删除不必要的“弱尺寸”和约束。定义截面的尺寸必须是完全的，过多或不足的尺寸都无法定义截面，系统会发出警告。

大多数用户都十分乐意接受目的管理器的自动设定，因为这极大地减少了用户的工作量，提高了绘制效率。但自动设定有时也会导致一定的混乱，例如，将近似水平的直线设定为水平，将近似大小的圆弧设定为等半径等。因此在绘制过程中临时关闭自动设定功能，或者对误设定的几何约束进行更正，是用户必须掌握的技能。

2. 强尺寸与弱尺寸之间的转换

(1) 弱尺寸转换为强尺寸步骤如下：

① 选中所需转换的尺寸。

② 选择“编辑”→“转换到”→“加强”；或使用快捷键 Ctrl + T；也可以长击鼠标右键，从弹出的菜单中选取“强”，完成转换。

(2) 强尺寸转换为弱尺寸步骤如下：

① 选中所需转换的尺寸。

② 长击鼠标右键，从弹出的菜单中选取“删除”；或者直接单击键盘上的“Delete”键，完成转换。

3. 目的管理的打开和关闭之间的切换

单击“草绘”→“目的管理器”进行目的管理器打开和关闭之间的切换，如图 2-39 所示。

当目的管理器关闭时，系统对所画图元不再自动标注，而需要人工标注，同时草绘界面也发生了较大变化，绘图区右侧的绘图工具栏消失，同时弹出“菜单管理器”，如图 2-40 所示。

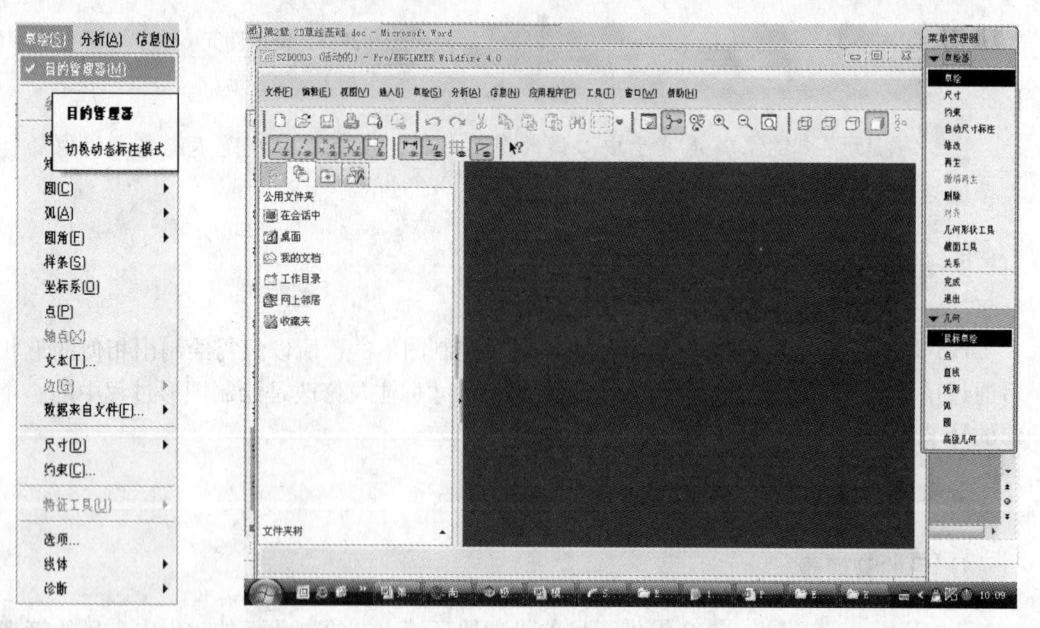

图 2-39　目的管理器的切换　　　　图 2-40　关闭目的管理器后的草绘界面

2.4.2 尺寸标注

尺寸标注命令用于标注直线的长度、间距、角度，弧或圆的直径、半径，弧长等。

1. 直线长度

单击直线，移动鼠标到放置尺寸数字位置，然后单击鼠标中键，如图 2-41 所示。

2. 两点之间的距离

（1）两点间线段距离。分别单击选中需要标注距离的两点，移动鼠标到放置尺寸数字位置，然后单击鼠标中键，如图 2-42 所示。此方法也可用于标注直线长度。

（2）两点间垂直距离。分别单击选中需要标注距离的两点，在两点连线的偏右或者偏左位置单击鼠标中键，完成尺寸标注，如图 2-43 所示。此方法也可用于直线高度的标注。

（3）两点间水平距离。分别单击选中需要标注距离的两点，在两点连线的偏上或者偏下位置单击鼠标中键，完成尺寸标注，如图 2-44 所示。此方法也可用于直线宽度的标注。

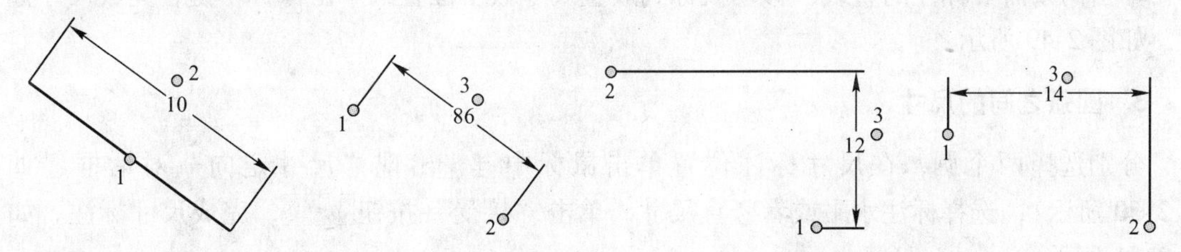

图 2-41　直线长度　　图 2-42　两点线段距离　　图 2-43　两点垂直距离　　图 2-44　两点水平距离

3. 点到直线的距离

分别单击选中需要标注距离的点和线，移动鼠标到放置尺寸数字位置，单击鼠标中键，完成尺寸标注，如图 2-45 所示。

4. 半径

单击圆弧，移动鼠标到放置尺寸数字位置，单击鼠标中键，完成尺寸标注，如图 2-46 所示。

图 2-45　点到直线距离　　　　图 2-46　半径

5. 直径

双击圆弧，移动鼠标到放置尺寸数字位置，单击鼠标中键，完成尺寸标注，如图 2-47 所示。

6. 对称尺寸

先单击需标注的点，然后单击中心线，再次单击点，移动鼠标到放置尺寸数字位置，单击鼠标中键，完成尺寸标注，如图 2-48 所示。对称尺寸常用于旋转特征。

图 2-47　直径　　　　图 2-48　对称尺寸

7. 角度

单击两条需要标注的直线，移动鼠标到放置尺寸数字位置，单击鼠标中键，完成尺寸标注，如图 2-49 所示。

8. 圆弧之间的尺寸

分别选择两个圆，在尺寸标注位置单击鼠标中键，出现“尺寸定向”对话框（如图 2-50 所示），选择标注水平或者竖直尺寸，单击“接受”按钮接受(A)，完成尺寸标注，如图 2-51 所示。

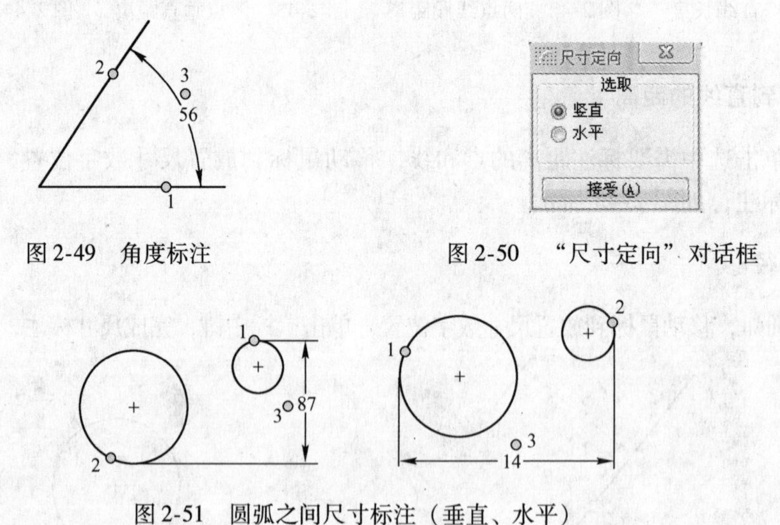

图 2-49　角度标注　　　　图 2-50　“尺寸定向”对话框

图 2-51　圆弧之间尺寸标注（垂直、水平）

9. 圆心之间的距离

同两点间距离标注。

10. 圆弧角度

分别选择圆弧的两个端点，然后再单击圆弧中部，移动鼠标到放置尺寸数字位置，单击鼠标中键，完成尺寸标注，如图 2-52 所示。

11. 周长

选中闭合轮廓，选择“编辑”→“转换到”→“周长”命令。指定闭合轮廓上的一个尺寸为被周长驱动的尺寸，当周长发生变化时，该被驱动尺寸作相应调整，完成周长的标注，如图 2-53 所示。

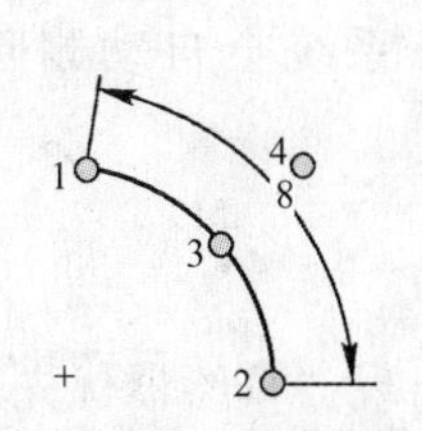

图 2-52 圆弧角度标注

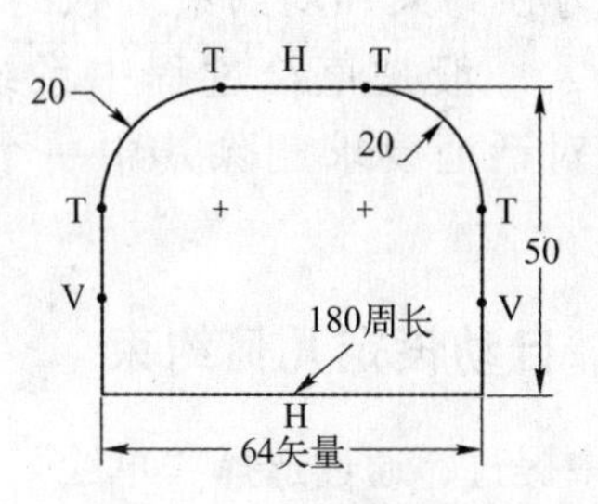

图 2-53 周长标注

2.5 尺寸编辑

1. 尺寸的移动

尺寸标注完成之后，如果对于尺寸数字的位置不满意，可单击尺寸数字并拖动鼠标实现对其位置的移动。

注：尺寸拖动时，应将光标放置在尺寸数字上面。

2. 尺寸的修改

Pro/Engineer Wildfire 4.0 提供了两种尺寸修改方式。

（1）双击尺寸数字。双击需要修改的尺寸数字，在弹出的编辑框中输入新的尺寸值，然后回车，系统将按新的尺寸值自动修改。

（2）修改工具。修改工具用于修改尺寸值、样条线和文本。

单击修改按钮，或者“编辑”→“修改”命令，选择需要修改的尺寸，出现如图 2-54 所示的“尺寸修改”对话框，可依次选择多个需要更改的尺寸。对话框中出现所选尺寸的尺寸编号及当前尺寸值，输入新的尺寸值，单击完成尺寸的修改，若单击则为放弃本次操作。

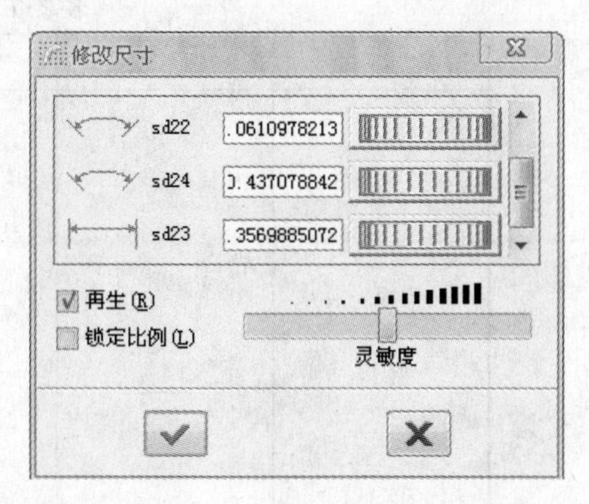

图 2-54 “修改尺寸”对话框

2.6 约束

几何约束包括草图对象之间的垂直、平行、共线和相切等几何关系。几何约束的设定不仅可以替代某些尺寸标注，而且更是设计意图的体现方法。Pro/Engineer Wildfire 4.0 支持系统自动设定几何约束和人工设定几何约束。

约束分为强约束和弱约束。强约束以黄色显示，一般是用户创建的约束；弱约束以灰色显示，一般是草绘过程中系统自动添加的约束。当强约束之间发生冲突时，系统将弹出对话框要求删除其中一个；当添加强约束时，系统会自动删除与其冲突的弱约束。

2.6.1 自动设定几何约束

在前文中提过，通过选择“草绘”→“选项”命令，在出现“草绘器优先选项”对话框（见图 2-5）中选择约束选项，开启几何约束，就可以在草图绘制的过程中自动设定相应的几何约束。

2.6.2 人工设定几何约束

人工设计几何约束对于施加设计意图而言，更加直观。单击约束按钮，或选择“草绘”→“约束”，弹出“约束”对话框（见图 2-55），选择需要设定的几何约束类型，然后在图形区中点选草图对象，从而在这些草图对象之间生成相应的几何约束。

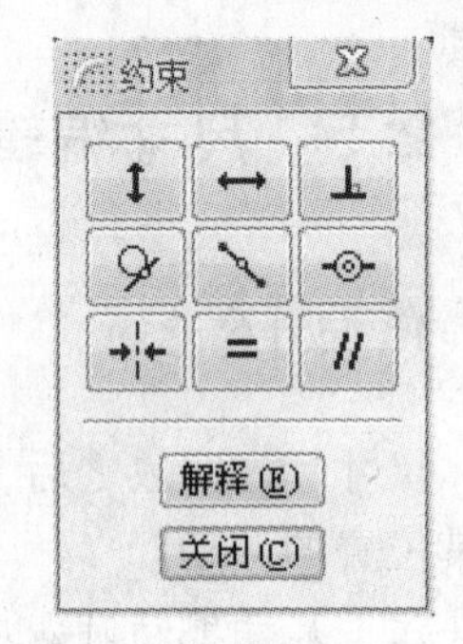

图 2-55 约束对话框

1. 人工设定几何约束的方法

人工设定几何约束的方法如表 2-1 所示。

说明：表中“说明”部分的黑点为鼠标左击的位置，数字 1、2…为鼠标单击顺序。

表 2-1 约束的人工设定方法

约束	按钮	标记	说明
竖直		V	使直线竖直 1 ⇨ V
			使两顶点位于同一竖直线上 1 2 ⇨ 1 1

续表

约　束	按　钮	标　记	说　明
水平		H	使直线水平
		— —	使两顶点位于同一水平线上
垂直		⊥	使两直线垂直
			使直线和圆弧垂直
相切		T	使直线、圆弧或者样条线两两相切
中点		*	使点或者中点位于直线中心
			使点位于圆弧的中间

续表

约　束	按　钮	标　记	说　明
共线			使两点重合（创建相重点）
		-o-	使点到直线上（图元上的点）
		— —	使两条线共线（共线）
相等	=	L_1、L_2...	设定两直线等长
		R_1、R_2...	设定两圆弧半径相等
平行	//	//1、//2...	设定两直线平行

2. 约束的删除

(1) 选取要删除的约束。

(2) 单击“编辑”→“删除”；或者按下 Delete 键，删除约束。删除约束时，系统自动添加一个尺寸以保证使截面的尺寸完整性。

2.7 2D草绘实例

2.7.1 草绘的基本技巧

用户可以按照自己的习惯制定草图绘制流程，一般遵循由粗到精的过程，先绘制基本草图轮廓，然后设计尺寸和几何约束，最终调整到精确的结果。

（1）由粗到精的过程并不是绘制完所有的草图对象后，再设定尺寸和约束，而是一个穿插往复的过程，即在绘制一部分草图对象后就开始设定其尺寸和约束，然后在此基础上再绘制其他草图对象。这样可以将复杂的草图分解为相对简单的多个部分，更容易控制。

（2）采用夸张的画法避免生成不必要的几何约束，然后在采用尺寸标注和约束设定精确结果。例如，绘制小角度夹角时，可先夸张绘制成大的角度，然后在修改角度数值得到所需的小夹角。

（3）Pro/Engineer Wildfire 4.0 提供了约束的自动设定方法，这增加了草图绘制的智能性和效率，但也容易造成混淆，尤其是在草图比较复杂时，更容易造成意想不到的结果。所以，在绘制较为复杂的草图时，可暂时关闭约束的自动设定。

2.7.2 草绘截面范例

截面范例 2.1 绘制如图 2-56 所示的截面。此截面绘制主要用于练习绘制中心线、圆、同心圆、倒圆角命令和尺寸的标注及修改、等半径约束等。

（1）设置工作目录。打开 Pro/Engineer Wildfire 4.0，单击下拉菜单“文件”→“设置工作目录”，在弹出的“设置工作目录”对话框内，进行工作目录的设置。

（2）建立新的草绘文件。单击“文件”→“新建”，或单击“新建”按钮，或按键盘 Ctrl + N，弹出在“新建”对话框（见图 2-57），在“类型”选项中选择“草绘”，并指定一个文件名，然后单击“确定”按钮，进入草绘界面。

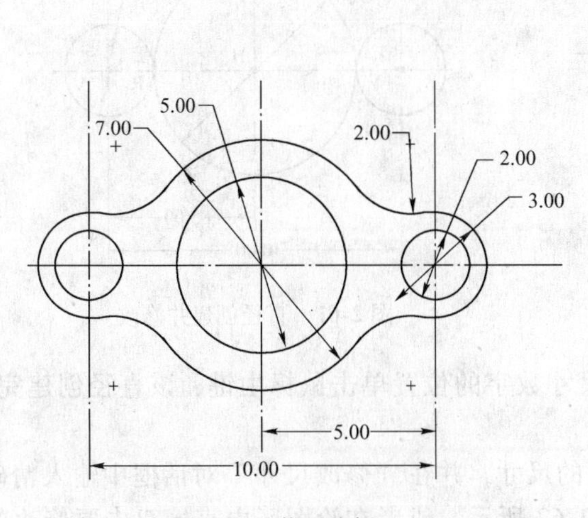

图 2-56 截面范例 2.1

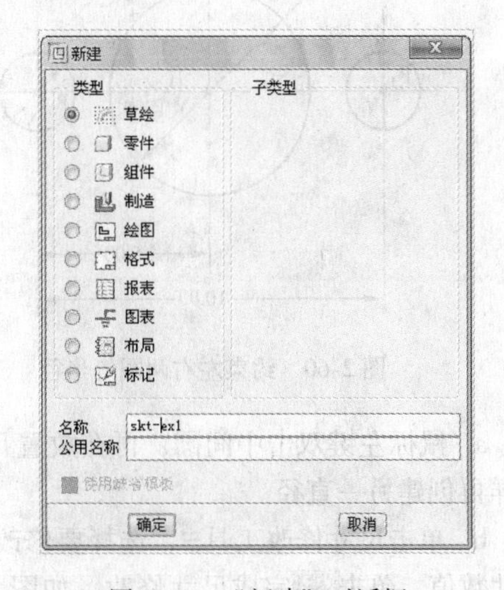

图 2-57 “新建”对话框

（3）绘制几何图元。利用 Pro/Engineer Wildfire 4.0 草绘器绘图，首先绘制中心线（或结构线），以完成整个草图的布图、定位。初学者应养成首先建立中心线（或结构线）的良好习惯。

① 绘制四条中心线。选择绘图工具栏上的绘制中心线命令 ，在绘图区域绘制四条中心线，并利用尺寸标注对其进行定位，如图 2-58 所示。

② 绘制三个圆。选择绘图工具栏上的绘制圆命令，以中心线的交点为圆心绘制三个圆，操作方法如下：

a. 用鼠标单击中心线交点作为圆心点。

b. 拖动鼠标，按鼠标左键决定圆的半径。

c. 再指定圆心、半径，绘制另外两个圆，如图 2-59 所示。

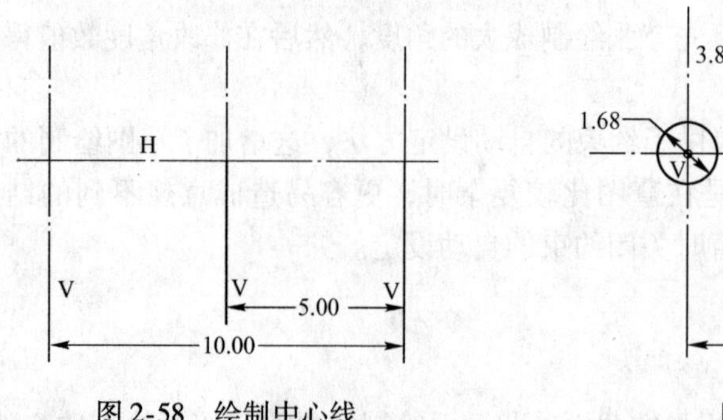

图 2-58　绘制中心线

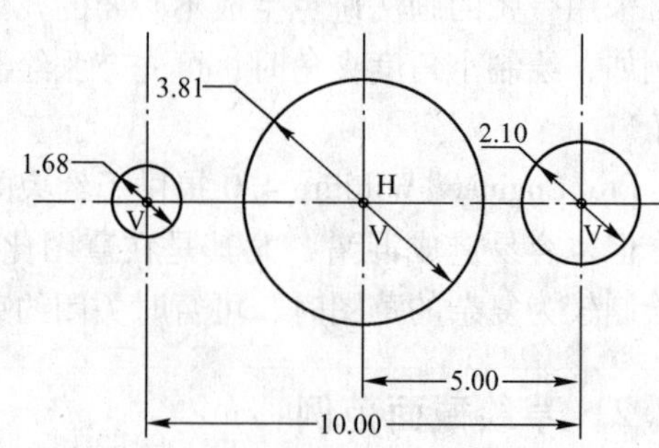

图 2-59　绘制三个圆

③ 选择几何约束工具下的等长约束，单击左右两边的小圆，约束其半径相当，如图 2-60 所示。

④ 选择尺寸标注工具，对圆直径进行标注，并通过尺寸修改工具（或双击尺寸数字），确定尺寸数值，如图 2-61 所示。步骤如下：

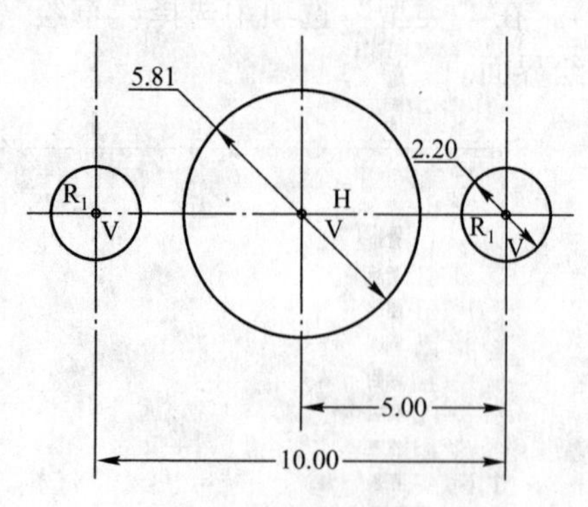

图 2-60　约束左右两圆等半径

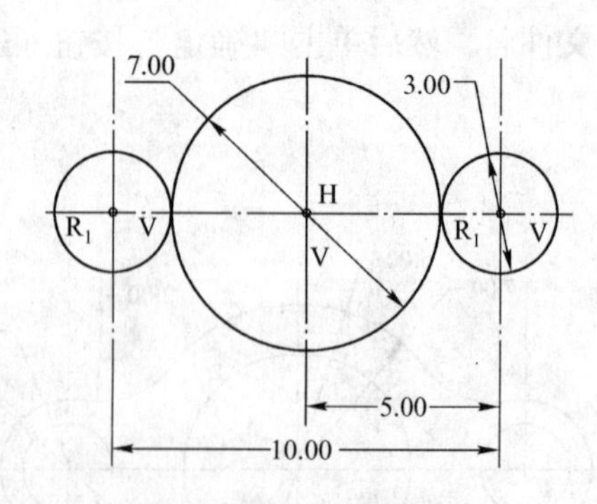

图 2-61　直径创建并修改

a. 鼠标左键双击中间圆，再在放置尺寸数字的位置单击鼠标中键，该直径创建完成；同样再创建另一直径。

b. 单击尺寸修改工具，选择要修改的尺寸，并在“修改尺寸”对话框中输入精确的尺寸数值，单击完成尺寸修改，如图 2-62 所示。或者在绘图区内直接双击要修改的尺寸，进行修改。

⑤ 倒圆角。选择绘图工具栏上的绘制倒圆角命令，操作方法如下：

a. 用鼠标左键选如图 2-63 所示的位置 1 和 2，绘制第一个倒圆角。

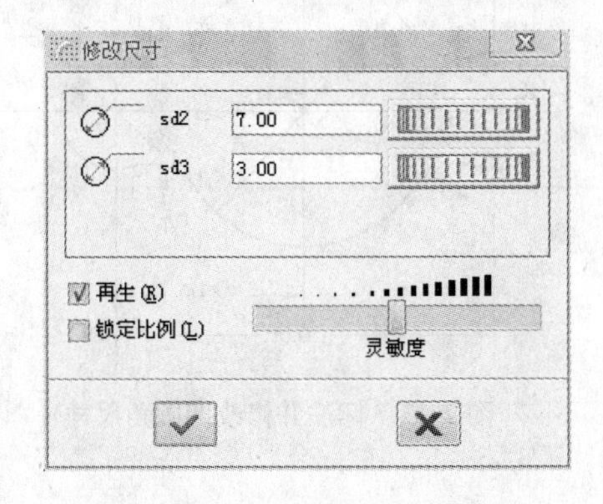

图 2-62　“修改尺寸”对话框

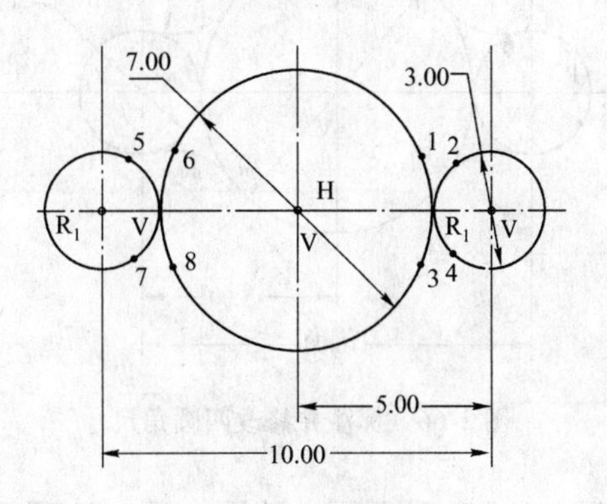

图 2-63　倒圆角位置

b. 按 a 的方法依次绘制其他三个圆角（见图 2-64），依次单击 3 和 4、5 及 6、7 和 8；或者采用镜像工具，完成另外三个圆角。

⑥ 选择几何约束工具下的等长约束，使四个圆角半径相等（见图 2-65），方法如③所述。

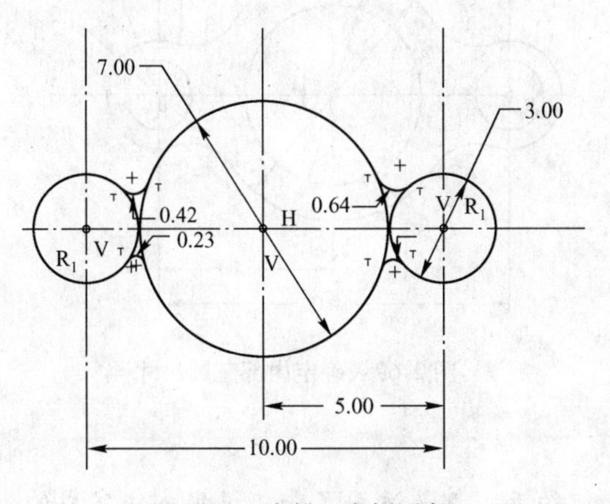

图 2-64　绘制四个倒圆角

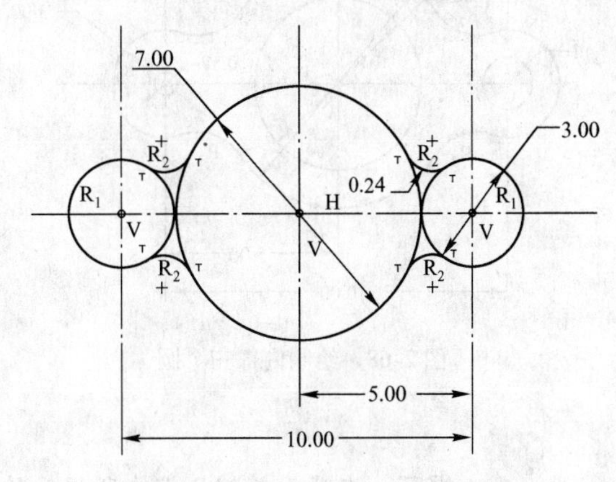

图 2-65　约束四圆角半径相等

⑦ 选择尺寸标注工具，对圆角半径进行标注，并通过尺寸修改工具（或双击尺寸数字），确定尺寸数值，方法如步骤④所述，结果如图 2-66 所示。

⑧ 选择动态修剪剖面图元工具，删除多余的图元。方法如下：

a. 选中态修剪剖面图元工具。

b. 依次单击要删除的图元，如图 2-67 所示。

⑨ 选择同心圆工具添加内部三个圆，方法如下：

a. 同心圆工具。

b. 单击直径为 7 的大圆，拖移鼠标到适当位置，单击鼠标完成中间圆的绘制。另外两

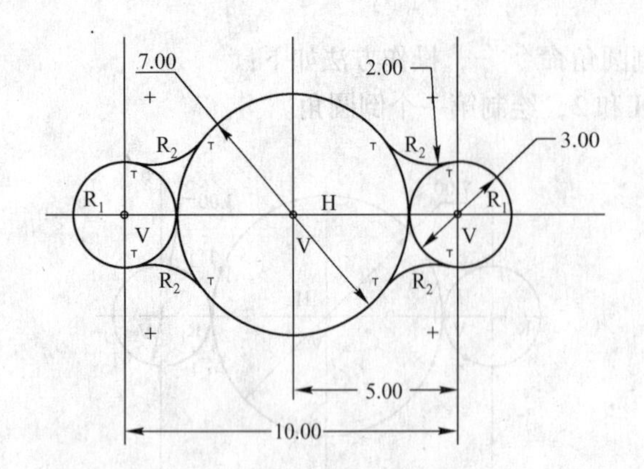

图 2-66　标注并修改四圆角尺寸

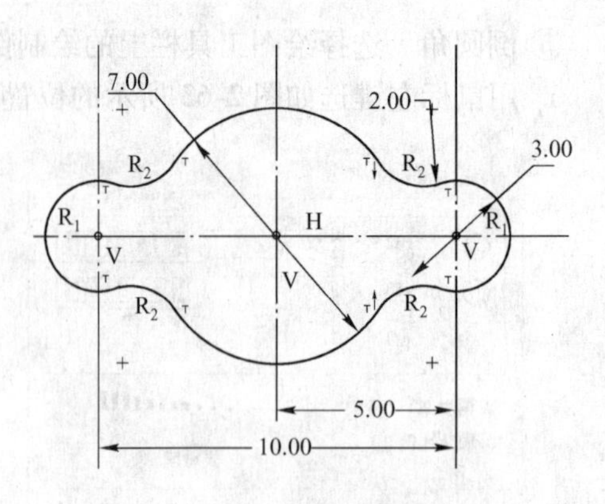

图 2-67　标注并修改四圆角尺寸

圆的绘制方法雷同，结果如图 2-68 所示。

⑩ 选择几何约束工具下的等长约束，使内部左右两圆直径相等，方法如步骤③所示；选择尺寸标注工具，对圆角半径进行标注，并通过尺寸修改工具（或双击尺寸数字），确定尺寸数值，方法如步骤④所述，结果如图 2-69 所示。

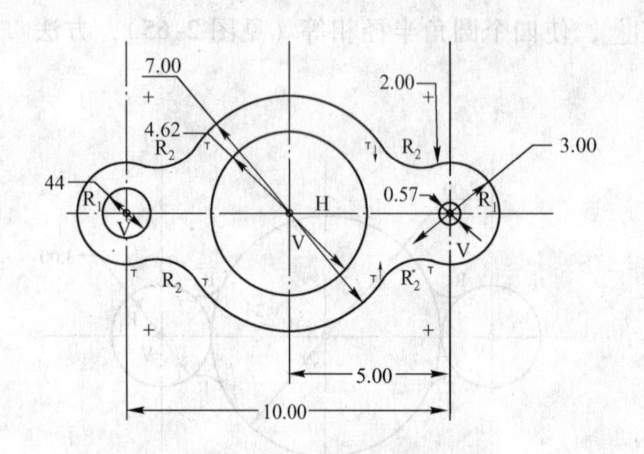

图 2-68　绘制内部三个圆

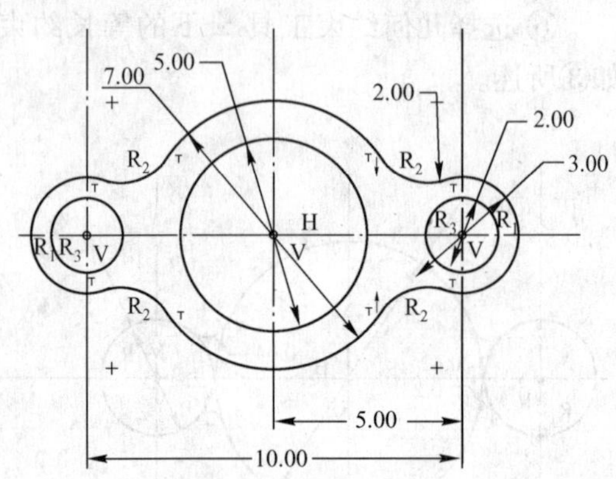

图 2-69　确定内部三圆尺寸

提示：在截面范例 2.1 中所提及的几何约束，都是运用了手工设定方法完成的。在绘图时，也可以利用前面所讲的系统自动设计几何约束的方法来实现。

截面范例 2.2　绘制如图 2-70 所示的截面。此截面设计主要是练习结构圆、圆以及圆角的运用。

(1) 设置工作目录。打开 Pro/Engineer Wildfire 4.0，单击下拉菜单“文件”→“设置工作目录”，在弹出的“设置工作目录”对话框内，进行工作目录的设置。

(2) 建立新的草绘文件。单击“文件”→“新建”，或单击“新建”按钮，或按键盘 Ctrl + N，弹出在“新建”对话框，在“类型”选项中选择“草绘”，并指定一个文件名，然后单击“确定”按钮，进入草绘界面。

(3) 绘制几何图元。

①绘制三条互成120°的结构中心线。选择中心线工具，首先绘制三条中心线；选择尺

寸标注工具⟼，对其相互夹角进行标注；选择修改尺寸工具⇁，输入夹角确定数值120°；结果如图2-71所示。

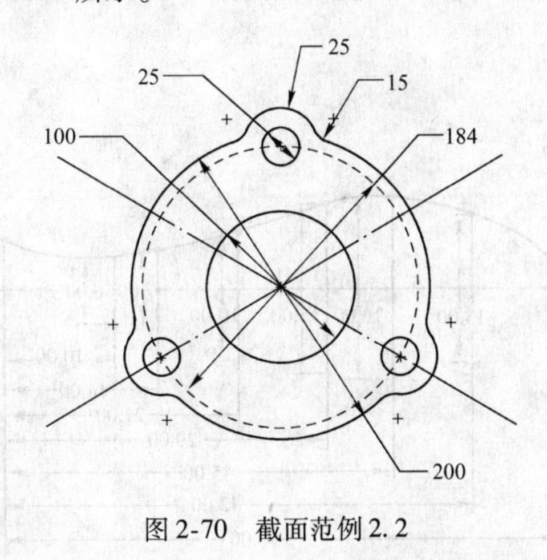

图2-70　截面范例2.2

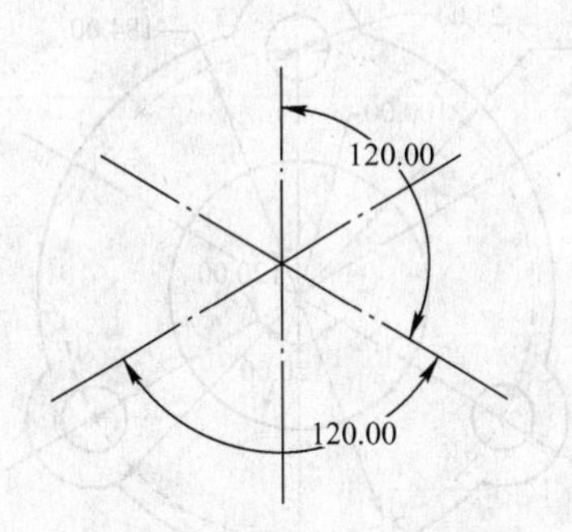

图2-71　绘制3条中心线

② 选择圆心和点工具○，绘制$\phi184$的圆。选中$\phi184$的圆（颜色变红），选择下拉菜单“编辑”→“切换结构”命令，或者按键盘Ctrl+G，原本的实线圆变成虚线圆，成为结构圆，如图2-72所示。

③ 选择同心圆工具◎，绘制$\phi100$，$\phi200$的两个圆；选择圆心和点工具○，绘制R25和$\phi25$的圆（三个R25和$\phi25$的圆的绘制可以只绘制一个，然后采用镜像工具实现3个），结果如图2-73所示。

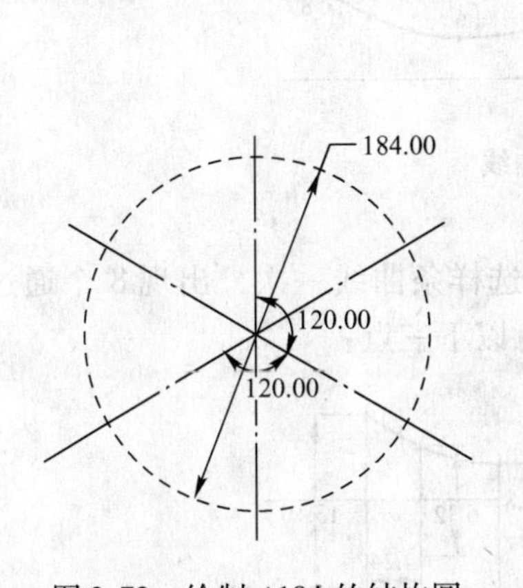

图2-72　绘制$\phi184$的结构圆

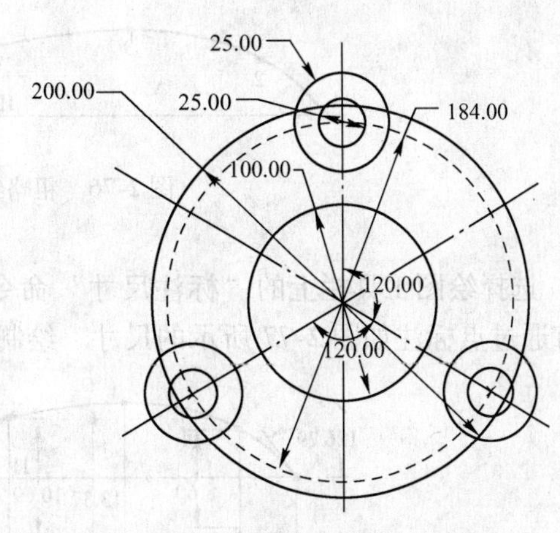

图2-73　绘制R25和$\phi25$的圆

④ 选择动态修剪剖面图元工具，修正3个凸缘，如图2-74所示。

⑤ 选择倒圆角工具，倒R15的圆角，多个相同圆角可用几何约束下的相等约束，约束半径相等，结构如图2-70所示。

截面范例2.3　绘制如图2-75所示的截面。此截面用于练习样条曲线的绘制和对称的标注方法以及曲线端点处角度的标注。

(1) 设置工作目录。打开Pro/Engineer Wildfire 4.0，单击下拉菜单“文件”→“设置工作目录”，在弹出的“设置工作目录”对话框内，进行工作目录的设置。

(2) 建立新的草绘文件。单击“文件”→“新建”，或单击“新建”按钮，或按键盘 Ctrl + N，弹出在“新建”对话框，在“类型”选项中选择“草绘”，并指定一个文件名，然后单击“确定”按钮，进入草绘界面。

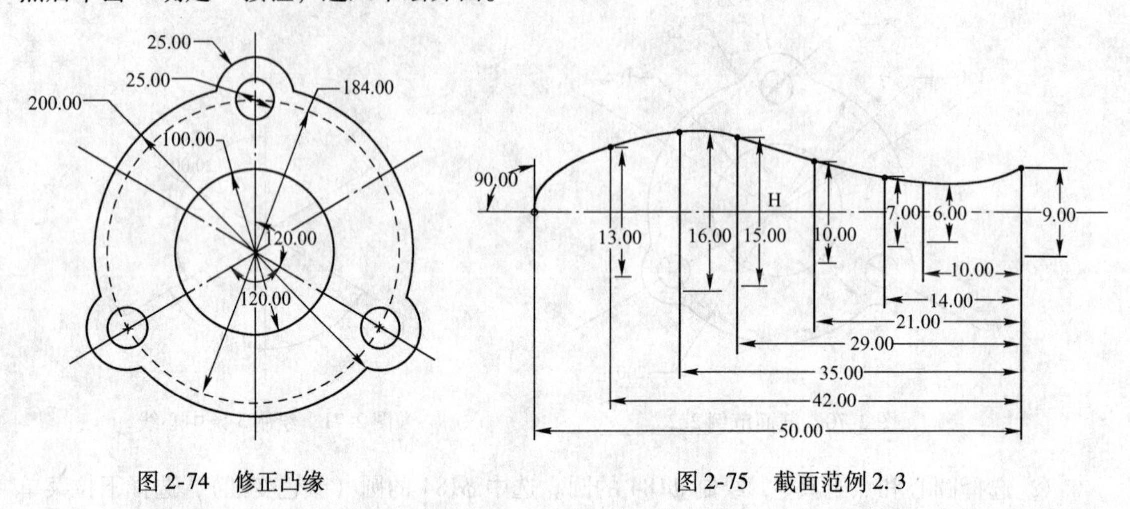

图 2-74 修正凸缘　　　　图 2-75 截面范例 2.3

(3) 绘制几何图元。

① 选择绘图工具栏上的绘制中心线命令按钮，绘制一条水平中心线，然后选择绘图工具栏上的“绘制样条曲线”命令，按如图 2-76 所示的顺序依次点选 8 个点建立样条曲线，使其起点在水平中心线上。

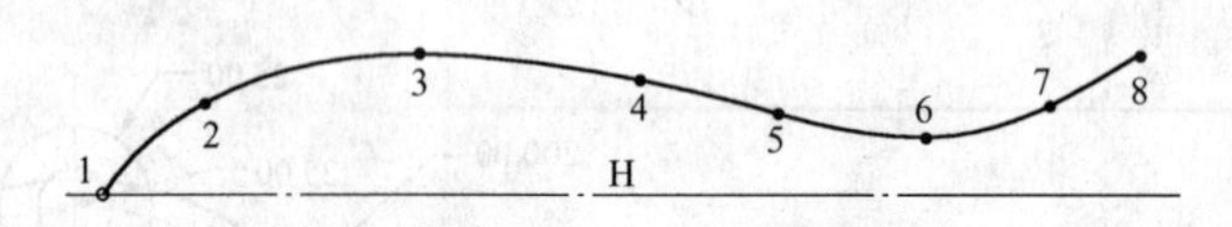

图 2-76 粗略绘制样条曲线

② 选择绘图工具栏上的“标注尺寸”命令，点选样条曲线一次，出现 8 个通过点，将所有通过点标注如图 2-77 所示的尺寸。绘制时要注意以下三点：

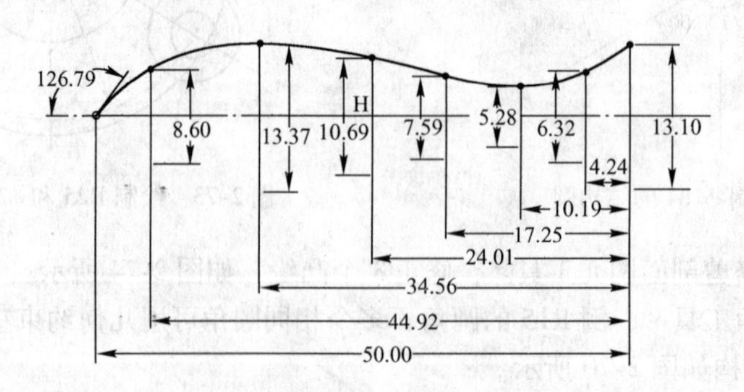

图 2-77 对样条曲线进行尺寸标注

a. 径向的尺寸（对称尺寸）按 2.4.2 节中图 2-48 所示的方法标注。

b. 样条曲线端点处的角度标注方法：左键点选样条曲线、样条曲线端点、中心线（不分顺序)，在尺寸的放置位置处按下鼠标中键。

c. 轴向尺寸按2.4.2节的方法标注。

③ 修改尺寸。选择绘图工具栏上的修改尺寸命令，依次选择所有的尺寸，在“修改尺寸”对话框中输入实际尺寸，如图2-78所示，完成后按下按钮，结果如图2-75所示。

截面范例2.4 绘制如图2-79所示的截面。此截面用于练习几何线、圆弧的绘制和对齐、相切约束的使用以及图元镜像操作。

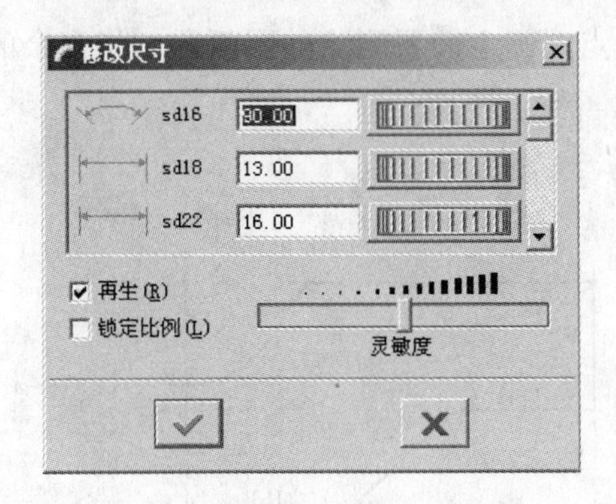

图2-78 “修改尺寸”对话框

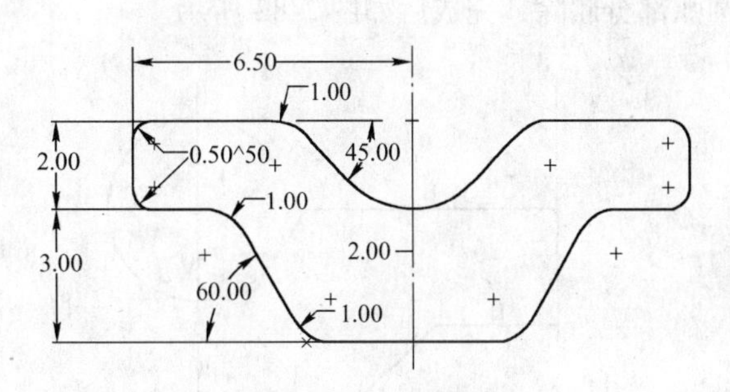

图2-79 截面范例2.4

(1) 设置工作目录。打开Pro/Engineer Wildfire 4.0，单击下拉菜单“文件”→“设置工作目录”，在弹出的“设置工作目录”对话框内，进行工作目录的设置。

(2) 建立新的草绘文件。单击“文件”→“新建”，或单击“新建”按钮，或按键盘Ctrl + N，弹出在“新建”对话框，在“类型”选项中选择“草绘”，并指定一个文件名，然后单击“确定”按钮，进入草绘界面。

(3) 绘制几何图元。

① 选择绘图工具栏上的“绘制中心线”命令，在绘图区域绘制两条竖直中心线，并利用尺寸标注工具标注其间距为6.5。线段12与左边中心线共线。

② 选择绘图工具栏上的“绘制直线”命令，用鼠标左键依次在如图2-80所示的1~7处单击鼠标左键，绘制出6条线段。

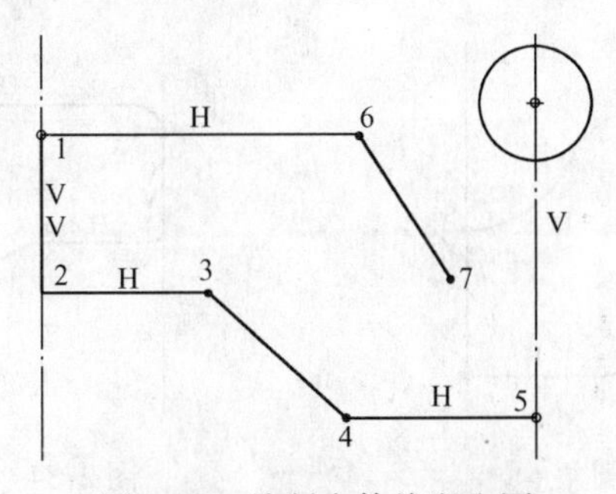

图2-80 绘制大体线段和圆

提示： 在绘制以上7个点的时候，先精确确定第一个线段的长度(2.0)，剩下的线段可依照其长度，按照大体的尺寸绘制。若第一个尺寸不精确确定，等把7个点都大体绘制完成再一起标注的话，有时会因为尺寸数值相差过大而产生线段的交叉。

③ 选择绘图工具栏上的“绘制圆”命令，绘制一个圆心在右边竖直中心线上的圆，如图 2-80 所示。

④ 选择绘图工具栏上的“约束图元”命令。选择“约束”对话框中的“相切”命令，点选圆和线段 67，使圆与线段相切；选择“约束”对话框的“点在线上”命令，点选圆心和线段 16，使圆心在线段 16 的延长线上，如图 2-81 所示。

（4）图元编辑。

① 选择绘图工具栏上的“动态裁剪”命令，点选圆上需要删除的圆弧段，将多余的圆弧部分删除，完成后如图 2-82 所示。

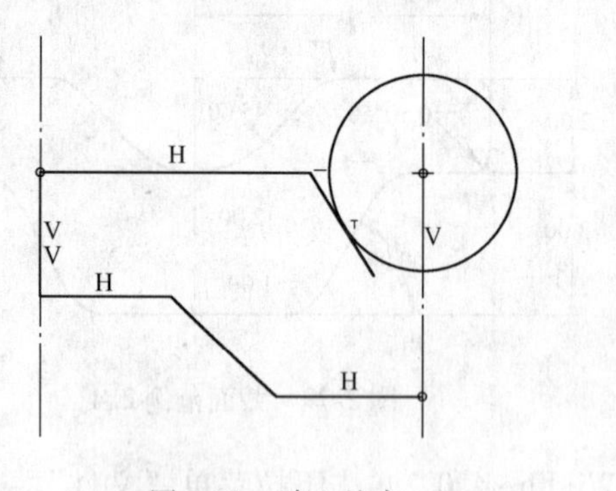

图 2-81　建立约束

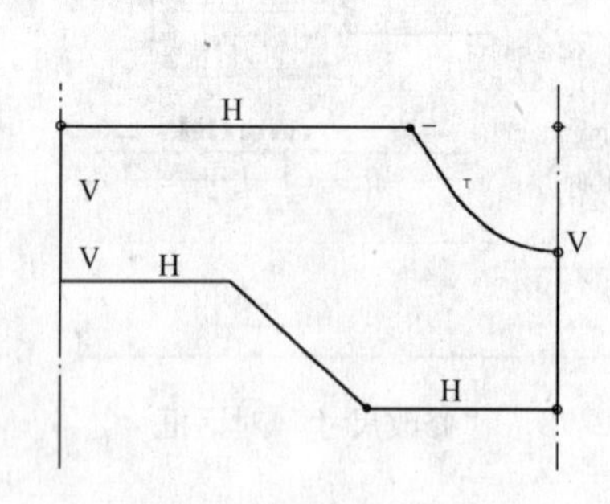

图 2-82　图元修剪

② 选择绘图工具栏上的“绘制点”命令，在如图 2-82 所示的位置绘制一个点（该点用于下面的尺寸标注）。

③ 选择绘图工具栏上的“倒圆角”命令，用鼠标左键依次选择需倒圆角处的两条直线，倒出如图 2-83 所示的五个圆角。

（5）尺寸标注及修改。

① 选择绘图工具栏上的“尺寸标注”命令，按图 2-79 所示标注尺寸。

② 选择绘图工具栏上的“修改尺寸”命令，依次选择图中所有尺寸，在“尺寸修改”对话框中完成各尺寸的修改，最后结果如图 2-84 所示。

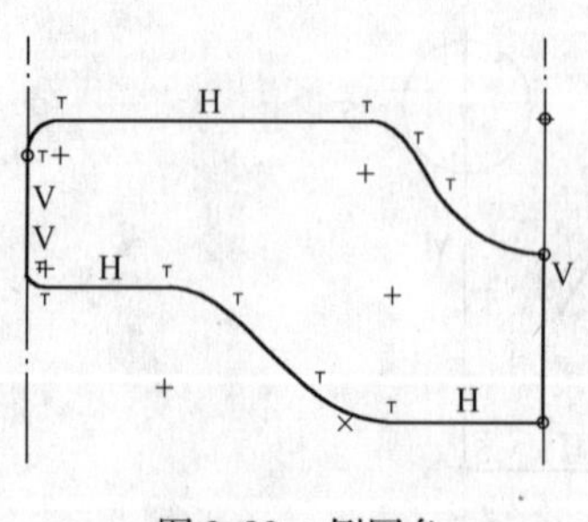

图 2-83　倒圆角

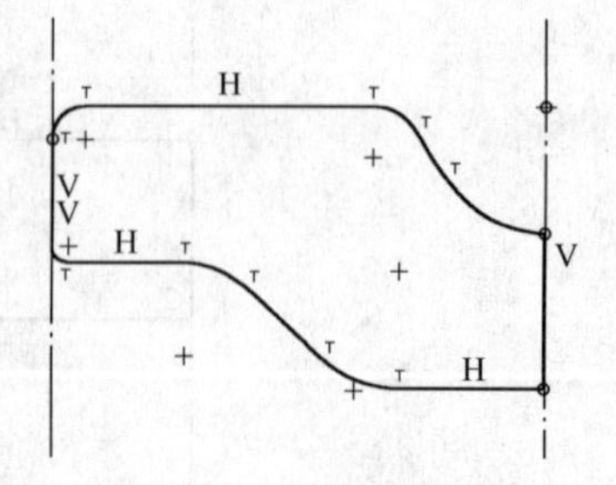

图 2-84　标注并修改尺寸

（6）镜像图元。按住 Ctrl 键不放，连续选图中除中心线以外的所有图元，再选择绘图工具栏上的“镜像”命令，选择中心线，完成镜像操作，如图 2-85 所示。

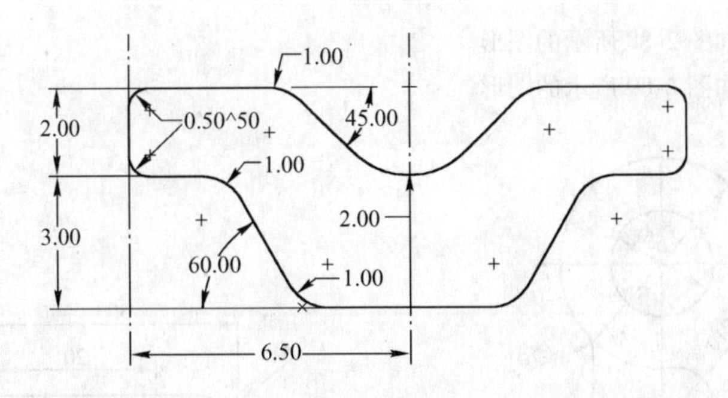

图 2-85　镜像图元

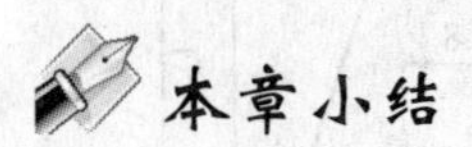

本章小结

本章共 7 小节，第 1、2 小节简要介绍了草绘常用相关术语和草绘模式；第 3 小节详细讲述了截面草绘的方法与过程，主要包括基本图元的绘制和图元的编辑；第 4、5 小节详细讲述了尺寸的标注与编辑；第 6 小节详细讲述了几何约束的自动设置和人工设置的方法与技巧；第 7 小节以实例的形式详细讲述了草绘的基本方法与技巧。

本章的重点和难点是：

基本图元的绘制方法与技巧。

尺寸的标注与编辑。

几何约束的含义与设定方法。

通过本章的学习，应当熟练掌握 2D 截面的草绘方法与技巧。

草绘综合练习

综合练习 1：草绘如图 2-86 所示的图形。

综合练习 2：草绘如图 2-87 所示的图形。

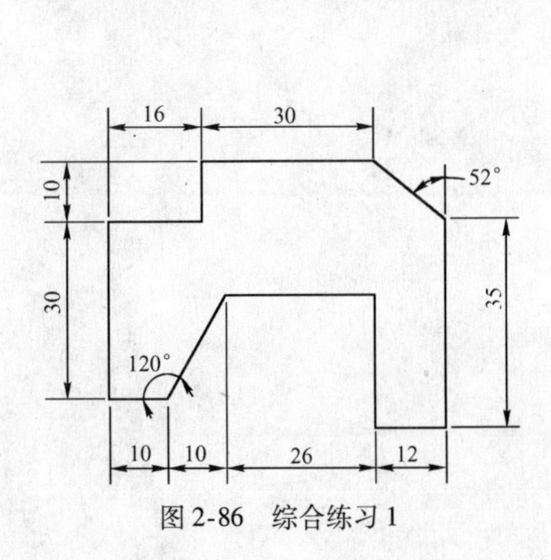

图 2-86　综合练习 1

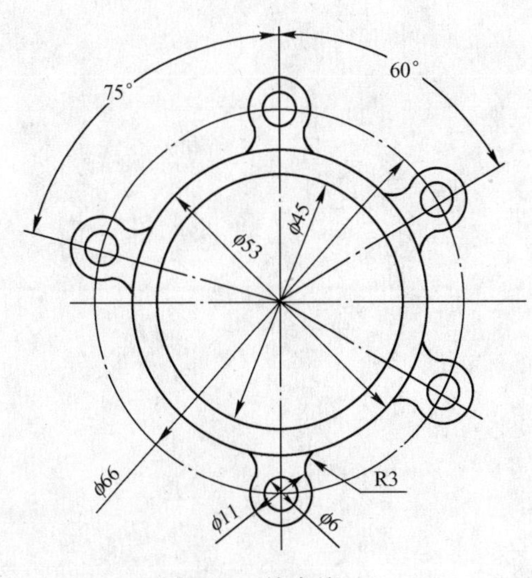

图 2-87　综合练习 2

综合练习 3：草绘如图 2-88 所示的图形。

综合练习 4：草绘如图 2-89 所示的图形。

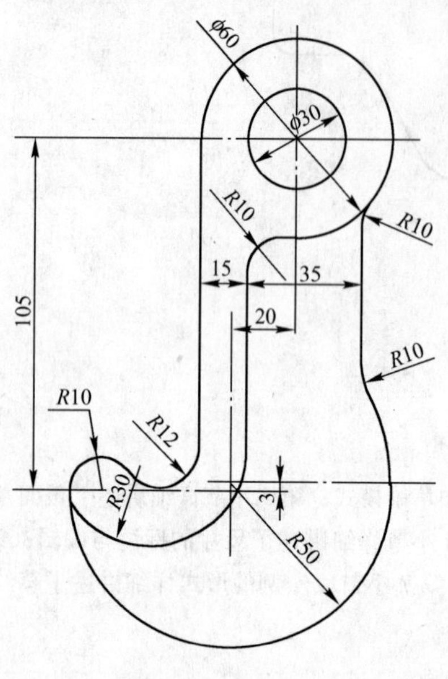

图 2-88　综合练习 3

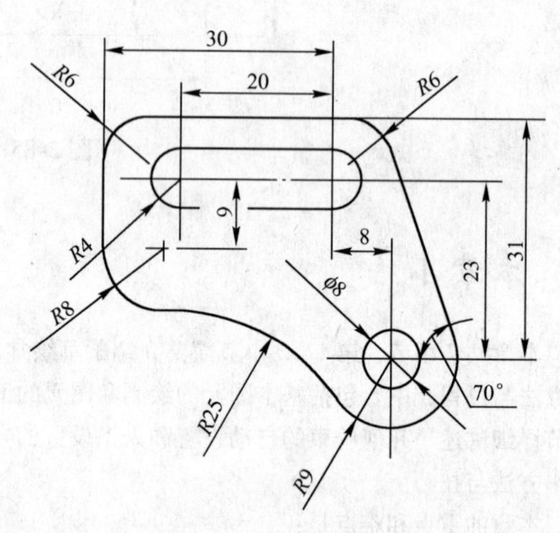

图 2-89　综合练习 4

第3章　基本特征的创建

在零件上可以创建多种特征，其中有实体特征、曲面特征以及具体的应用特征。零件建模是指创建实体特征和一些用户定义的特征。

有些特征可以通过添加材料的方式创建，有些可以通过去除材料的方式创建。添加材料的最基本方式是通过伸出项进行，去除材料的最基本方式是通过切口进行。

特征是 Pro/Engineer 零件建模中的最小组成部分。如果使用简单特征构造模型，零件则会更加灵活。在 Pro/Engineer Wildfire 4.0 中，创建基本特征更加方便快捷，从而使用户将更多的精力注重于设计而不是对软件命令的操作。

在本章，将介绍一些常用的基本特征的创建方法，通过这些方法，可以创建基本的几何体造型，为后续的高级特征打下基础。

基本特征，顾名思义，就是最简单、最基础的特征。但千万不要小看基本特征，实际的三维模型中，使用最多的就是基本特征。三维实体模型可以看做是一个个基本特征按照一定的先后创建顺序、所组成的集合。可以说，基本特征是三维实体造型的基石，没有基本特征，就无法创建出合乎设计者要求的三维模型。基本特征包括有：拉伸特征、旋转特征、扫描特征、混合特征。

3.1　基准特征

三维建模过程中，基准特征是重要的辅助设计工具，是用于辅助完成三维模型的设计工具。基准特征并不是实际三维模型的一部分，但使用基准特征，可以帮助设计者更好地完成设计任务。

基准特征包括了各种在特定的位置创建的用于辅助定位的几何元素，主要包括基准点、基准轴、基准曲线、基准平面及基准坐标系。

1. 基准特征的用途

基准特征用于辅助定位，主要有以下几种用途：

（1）作为放置参照。放置参照是创建特征时，确定特征放置位置的参照。

（2）作为标注参照。可以选取基准平面、基准轴或基准点作为标注图元尺寸的参照。

（3）作为设计参照。可用基准特征精确确定特征的形状和大小。

（4）其他用途。基准曲线可用于扫描特征的轨迹线，基准坐标系可用于定位截面的位置等。

2. 基准特征的设置

（1）显示或隐藏基准特征。使用“基准显示”工具栏（如图 3-1 所示），可以设置基准特征的显示状态。

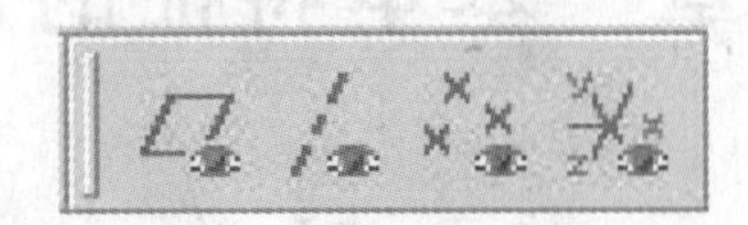

图 3-1 “基准显示”工具栏

：设置基准平面的显示状态，按下该按钮显示基准平面。

：设置基准轴的显示状态，按下该按钮显示基准轴。

：设置基准点的显示状态，按下该按钮显示基准点。

：设置基准坐标系的显示状态，按下该按钮显示基准坐标系。

（2）设计基准特征的显示颜色。默认情况下，所有的基准特征的颜色都一样。若视图中基准数量较多，且不能隐藏时，可以分别为这些基准特征设置不同的颜色，加以区分。

在主菜单中，单击“视图”→“显示设置”→“系统颜色”，系统弹出“系统颜色”对话框，单击“基准”选项卡，即可为各种不同的基准特征设计显示颜色。

3.1.1 基准平面

基准平面是一种非常重要的基准特征，可将基准平面作为参照用在尚未有基准平面的零件中，也可将基准平面用做参照，以放置设置基准标签注释，也可以根据一个基准平面进行标注。

图 3-2 “基准平面”对话框

基准平面是无限的，但是可调整其大小，使其与零件、特征、曲面、边或轴相吻合，或者指定基准平面的显示轮廓的高度和宽度值。指定为基准平面的显示轮廓高度和宽度的值不是 Pro/Engineer 尺寸值，也不会显示这些值。

1. 创建基准平面

（1）单击“基准”工具栏上的按钮，或者单击：“插入”→“模型基准”→“平面”。弹出“基准平面”对话框，如图 3-2 所示。

（2）在图形窗口中，选取新基准平面的放置参照。从“参照收集器”内的约束列表中选择所需的约束选项。要将多个参照添加到选取列表中，可在选取时按下 Ctrl 键。选取参照后，这些参照出现在“基准平面”对话框内的“参照”收集器中。

（3）重复步骤（2），直到建立了所需的约束为止。如果参照不完整，系统将等待其他参照直到基准被完全约束。

（4）单击“确定”创建基准平面。

“参照”收集器允许通过参照现有平面、曲面、边、点、坐标系、轴、顶点、基于草绘的特征、平面小平面、边小平面、顶点小平面、曲线、草绘基准曲线和导槽来放置新基准平面。

选定参照后，可为每个选定参照设置一个约束。“约束类型”菜单上包含的可用约束类型如表 3-1 所示。

表 3-1　基准平面的约束条件和使用方法

约束条件	用　法
穿过	通过一个轴、边、曲线、基准点、端点、平面等来创建新的基准平面
偏距	偏移某个平面或坐标系来创建新的基准平面
平行	平行于已存在的平面来创建新的基准平面
法向	垂直于边、轴、平面等来创建新的基准平面
相切	与圆弧或圆锥曲线相切来创建新的基准平面

2. 创建基准平面范例

创建基准平面必须给予明确的约束条件作为定位使用。下面就几种常用创建方法进行说明。

(1) 通过一平面，创建与该平面一致的基准平面。

① 单击“基准”工具栏上的按钮，或者单击：“插入”→“模型基准”→“平面”，弹出【基准平面】对话框，如图 3-3 所示。

② 点选圆柱顶面作为参照（见图 3-4），并将参照后面的约束设置成“穿过”（见图 3-5）。

图 3-3　“基准平面”对话框

图 3-4　选择参照

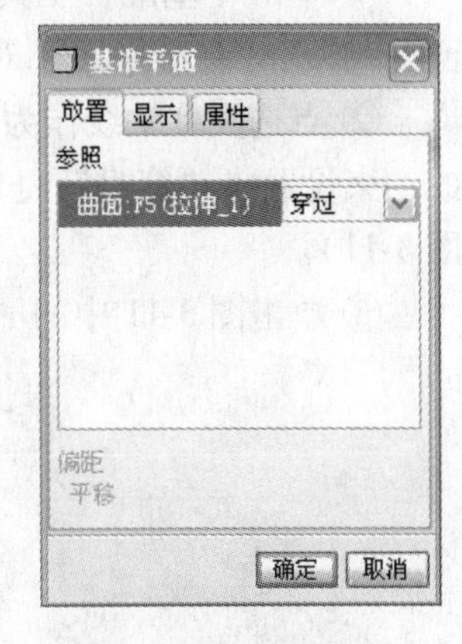

图 3-5　选择参照约束

③ 单击图 3-5 中的“确定”按钮，得到如图 3-6 所示基准平面 DTM1。

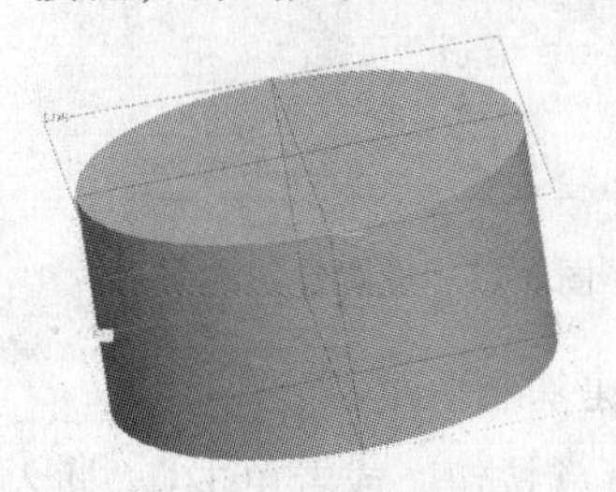

图 3-6　创建的基准平面 DTM1

（2）相对一个平面偏移一段距离，创建基准平面。

① 单击“基准”工具栏上的按钮，或者单击：“插入”→“模型基准”→“平面”，弹出“基准平面”对话框，如图3-3所示。

② 点选圆柱顶面作为参照（见图3-7），并将参照后面的约束设置成“偏移”，并设置“平移”为30（如图3-8所示）。

③ 单击图3-8中的“确定”按钮，得到如图3-9所示基准平面DTM1。

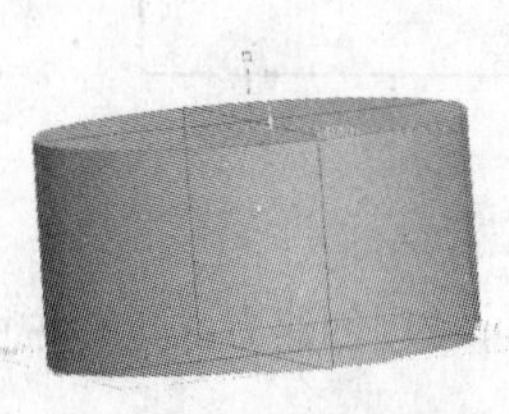
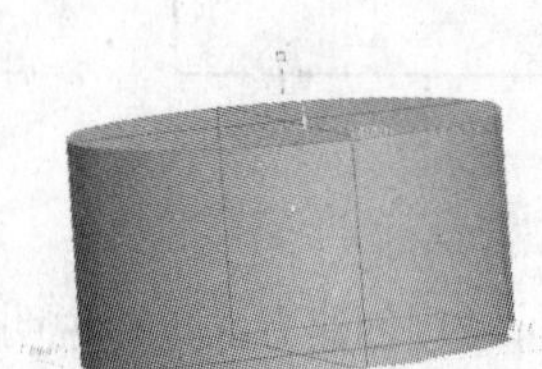

图3-7 点选圆柱顶面为参照

基准平面
放置 显示 属性
参照
曲面:F5(拉伸_1) 偏移
偏距
平移 30.00
确定 取消

图3-8 设置参照约束

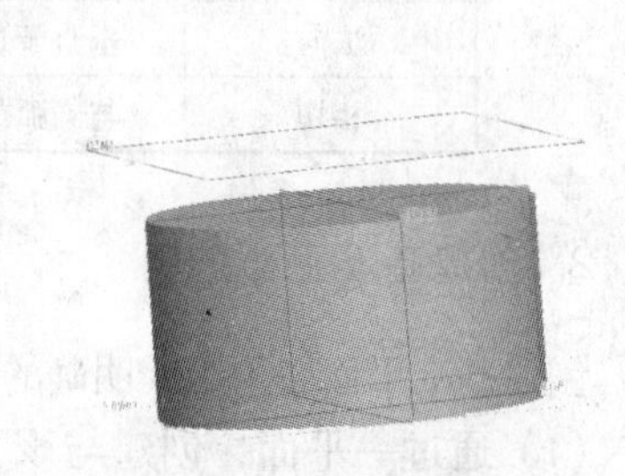

图3-9 新建的基准平面DTM1

（3）过一条直线并与一个平面呈一定角度（即旋转），创建基准平面。

① 单击“基准”工具栏上的按钮，或者单击：“插入”→“模型基准”→“平面”，弹出“基准平面”对话框，如图3-3所示。

② 点选圆柱轴线作为参照，按着Ctrl键添加FRONT面作为参照（见图3-10），并将轴的约束设置成“穿过”；FRONT面的约束设置成“偏移”，并设置“旋转”角度为45（见图3-11）。

③ 单击图3-11中的“确定”按钮，得到如图3-12所示基准平面DTM1。

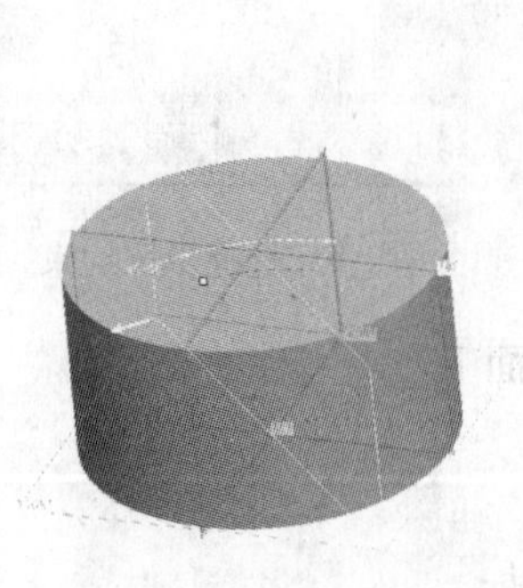

图3-10 点选参照

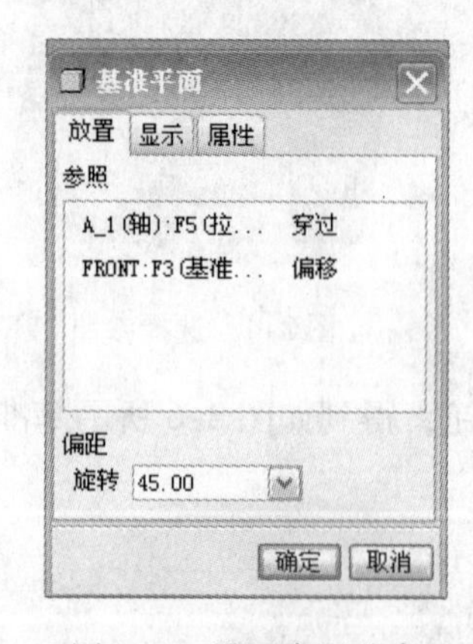

图3-11 设置参照约束

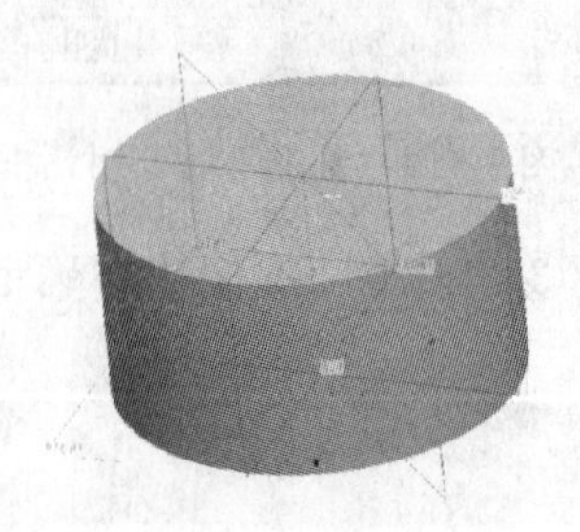

图3-12 新建的基准平面DTM1

（4）过共面的两条直线，创建基准平面。

① 单击“基准”工具栏上的按钮，或者单击：“插入”→“模型基准”→“平面”，弹出“基准平面”对话框，如图3-3所示。

② 点选一边线作为参照，按着 Ctrl 键添加另一边线作为参照（见图 3-13），并将两个参照的约束都设置成“穿过”（见图 3-14）。

③ 单击图 3-14 中的“确定”按钮，得到如图 3-15 所示基准平面 DTM1。

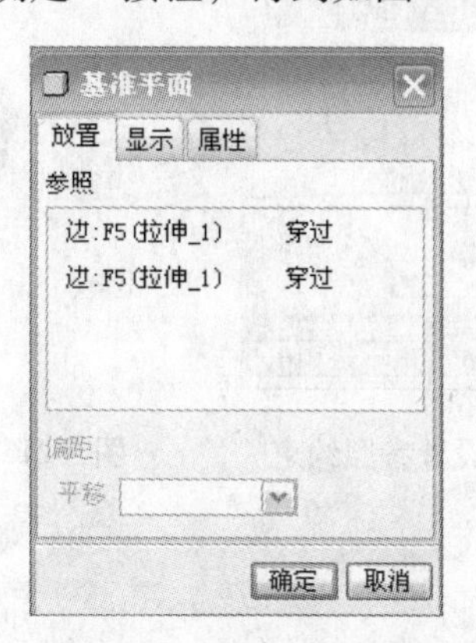

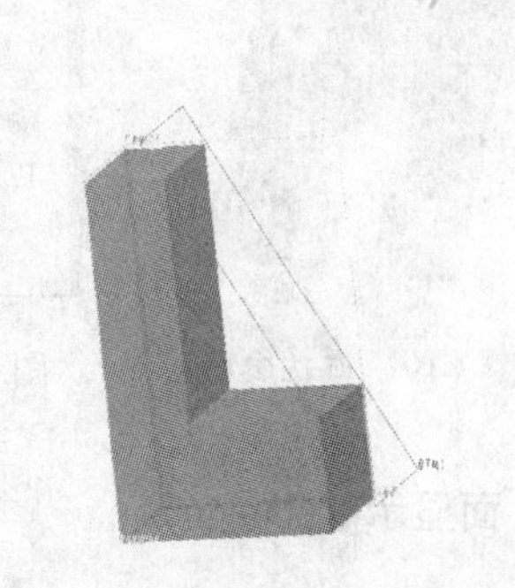

图 3-13　点选参照　　图 3-14　设置参照约束　　图 3-15　新建的基准平面 DTM1

（5）通过点并垂直于指定轴，创建基准平面。

① 单击“基准”工具栏上的按钮，或者单击：“插入”→“模型基准”→“平面”，弹出“基准平面”对话框，如图 3-3 所示。

② 点选圆锥顶点作为参照，按着 Ctrl 键添加圆锥轴线作为参照（见图 3-16），并将顶点的约束设置成“穿过”；轴的约束设置成“法向”（见图 3-17）。

③ 单击图 3-17 中的“确定”按钮，得到如图 3-18 所示基准平面 DTM1。

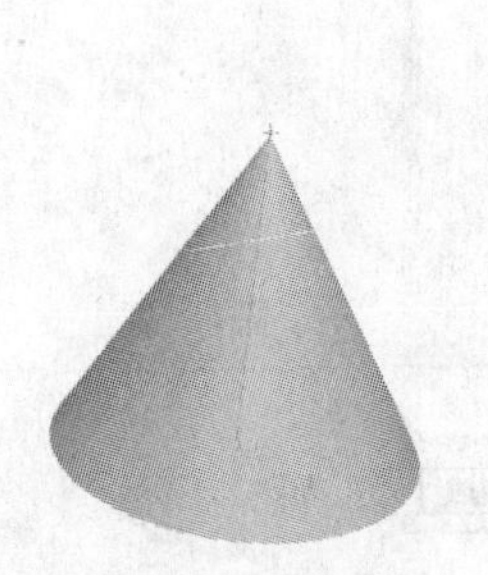

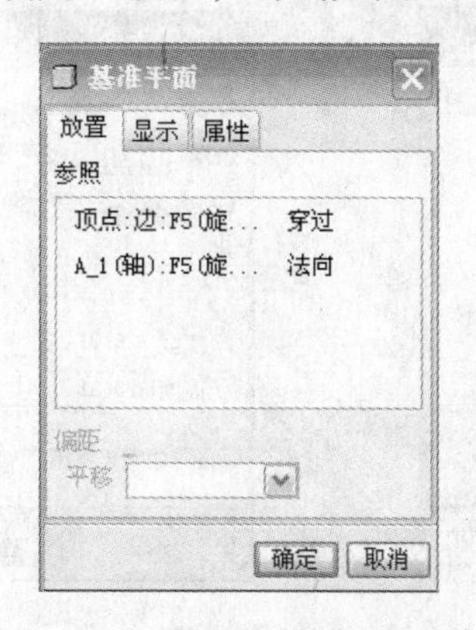

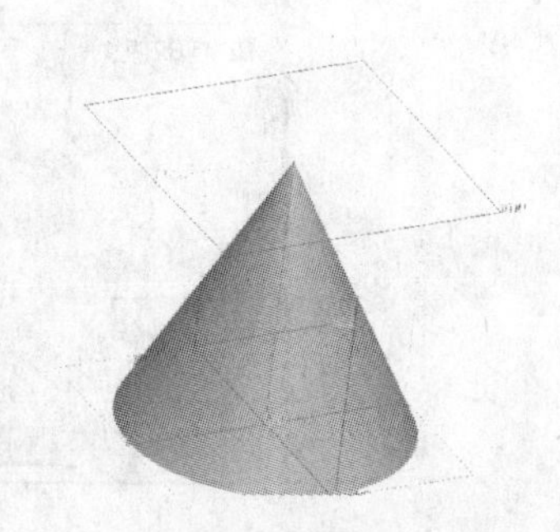

图 3-16　点选参照　　图 3-17　设置参照约束　　图 3-18　新建的基准平面 DTM1

（6）通过边界并与曲面相切，创建基准平面。

① 单击“基准”工具栏上的按钮，或者单击：“插入”→“模型基准”→“平面”，弹出“基准平面”对话框，如图 3-3 所示。

② 点选圆孔内表面作为参照，按着 Ctrl 键添加槽的一条边线作为参照（见图 3-19），并将曲面的约束设置成“相切”；边的约束设置成“穿过"（见图 3-20）。

③ 单击图 3-20 中的“确定”按钮，得到如图 3-21 所示基准平面 DTM1。

图 3-19　点选参照

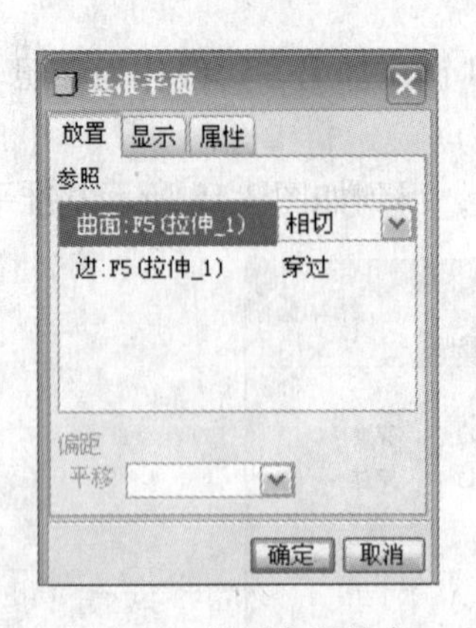

图 3-20　设置参照约束

图 3-21　新建的基准平面 DTM1

3. 面显示状态

基准平面的显示范围。默认情况下，系统会根据模型大小按比例显示基准平面。可重新调整基准平面的边界尺寸，或将它们调整到选定参照或特定值。可调整基准平面的尺寸，使其在视觉上与选定参照相拟合，选定参照可以是零件、特征、曲面、边或轴。作为基准平面边界高度和宽度指定的值不是 Pro/Engineer 尺寸值，并且不会显示出来。这些值不影响模型的再生。不能通过编辑基准平面尺寸来更改宽度和高度值。

（1）在导航区中选中需要修改的基准平面，右击，选择“编辑定义”，系统弹出“基准平面”对话框，如图 3-22 所示。

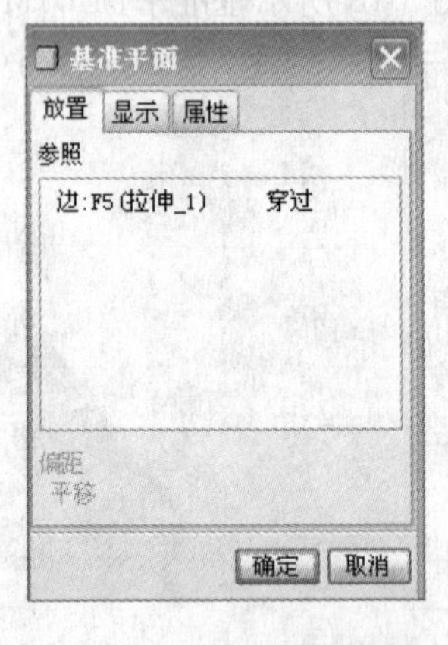

图 3-22　基准平面对话框

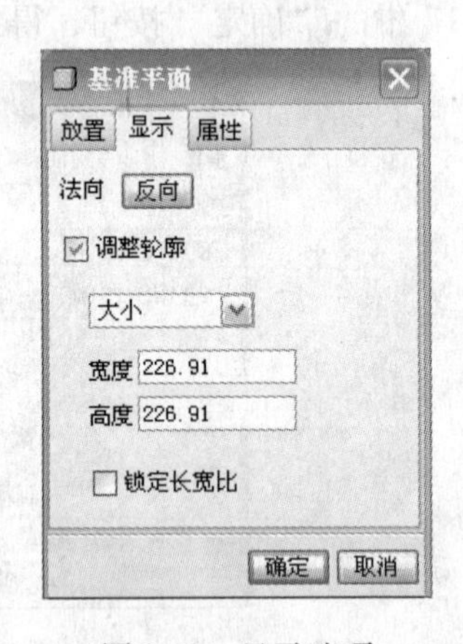

图 3-23　显示选项

（2）单击“显示”选项卡，以调整基准平面轮廓显示的尺寸，选中“调整轮廓”复选框（见图 3-23）。

（3）选取“大小”，以将轮廓显示的尺寸调整到指定值。

（4）在“宽度”和“高度”中指定基准平面轮廓显示的宽度和高度值，单击“锁定长宽比”可保持轮廓显示的高度和宽度比例。

图形窗口中不显示基准平面轮廓显示的高度和宽度值。在基准平面预览的每个拐角处，均会显示二维尺寸轮廓控制滑块，设计者可以拖动其中一个控制滑块来更改基准平面显示轮廓的宽度或高度。

可锁定宽度和高度值之间的长宽比，从而更改其中一个值的同时会按比例更改另一个值。拖动其中一个控制滑块更改预览基准平面的高度或宽度时，“显示”选项页的“宽度”和“高度”框中的值会自动更新。

修改基准平面的显示方向。在“基准平面”对话框的“显示”选项页中，可以调整基准平面的法线方向。单击“反向”，则新的法线方向为原有方向的反方向（见图 3-23）。

3.1.2 基准点

在几何建模时可将基准点用做构造元素，或用做进行计算和模型分析的已知点。设计者可随时向模型中添加点，即便在创建另一特征的过程中也可执行此操作。

要向模型中添加基准点，可使用“基准点”特征，“基准点”特征可包含同一操作过程中创建的多个基准点。

1. S 基准点的分类

Pro/Engineer 支持 4 种类型的基准点，这些点依据创建方法和作用的不同而各不相同，可从下列类型的基准点中选取：

一般点：在图元上、图元相交处或自某一图元偏移处所创建的基准点。

草绘：在“草绘器”中创建的基准点。

自坐标系偏移：通过自选定坐标系偏移所创建的基准点。

域点：在“行为建模”中用于分析的点。一个域点标识一个几何域。

2. 基准点显示

每个点均用标签 PNT# 符号标识，其中#为基准点的连续号码。

默认情况下，Pro/Engineer 以十字叉形式显示基准点。使用下列方法之一，可改变点的符号，使其显示为点、圆、三角形或正方形。

(1) 使用“基准显示”对话框。单击“视图”→“显示设置”→“基准显示”，并从“点符号”列表中选取一个选项（见图 3-24）。

(2) 设置配置文件选项 datum_ point_ symbol。

提示：在建立基准点的过程当中，所建立的基准点是以特征的形式出现的，基准点被创建后会在模型树中出现，并且同时创建的多个基准点会被认为成是一个特征，进行修改或删除时应该注意。

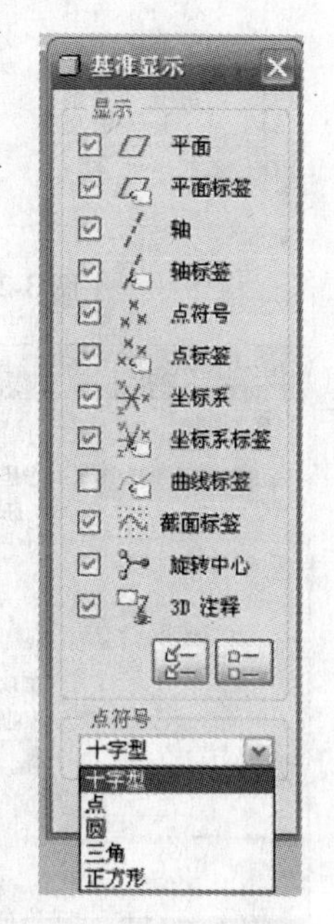

图 3-24 基准显示对话框

3. 一般基准点

要创建位于模型几何上或自其偏移的基准点，可使用一般类型的基准点。依据现有几何和设计意图，可使用不同方法指定点的位置。

(1)“曲面”。包括“在其上”和“偏移”两个选项。

“在其上”：在空间曲面上创建基本点，并指定两个平面或两条边作为偏移参照（尺寸标注参照）。创建步骤如下：

① 单击按钮，进行一般基准点的创建，弹出如图 3-25 所示的新

建“基准点”对话框。

② 选择如图 3-26 所示曲面作为放置基准点的参照，并在新建“基准点”对话框中参照后的选项中选择“在其上”（如图 3-27），同时选择如图 3-28 所示两个平面作为偏移参照，并在新建“基准点”对话框中设置偏移量，如图 3-29 所示。

③ 单击“确定”，生成新的基准点。

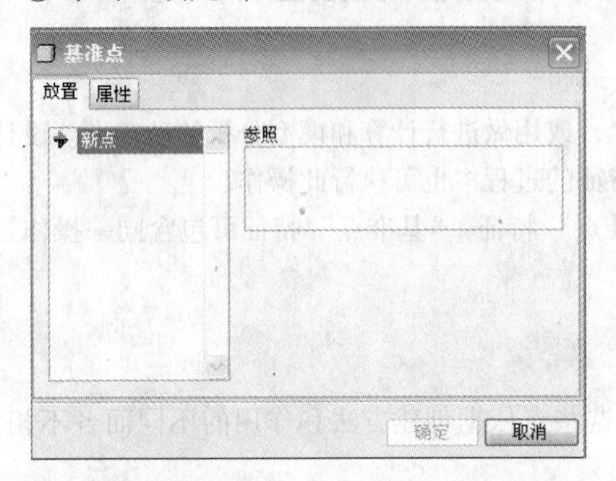

图 3-25　新建“基准点”对话框

图 3-26　选择曲面参照

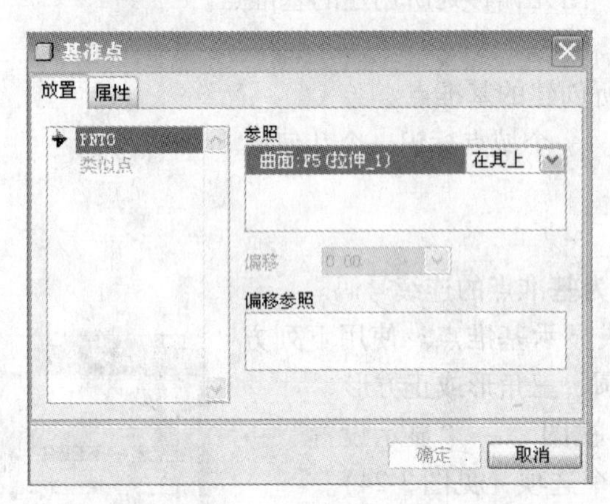

图 3-27　设置曲面参照

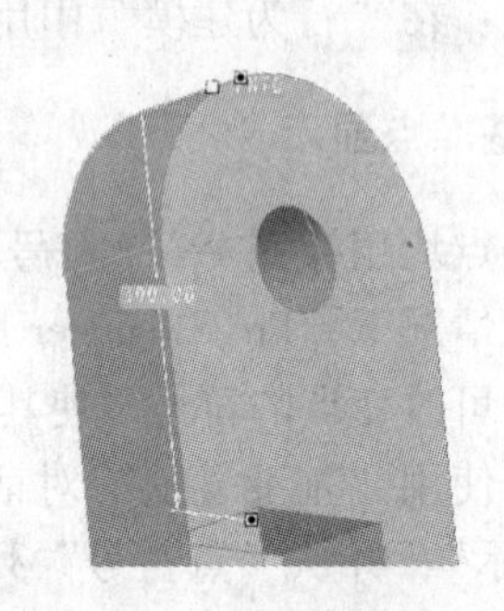

图 3-28　选择偏移参照

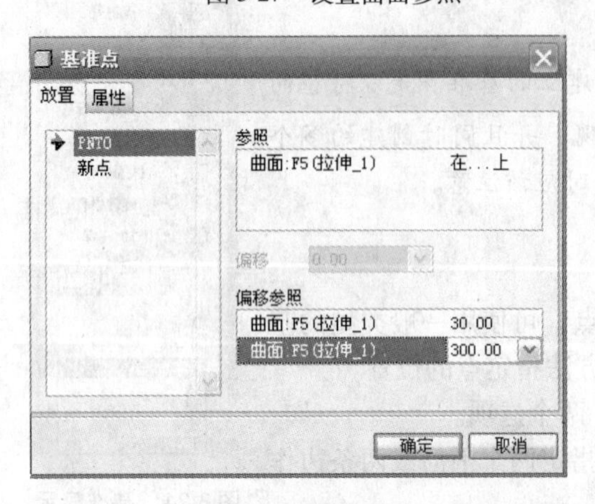

图 3-29　设置偏移参照

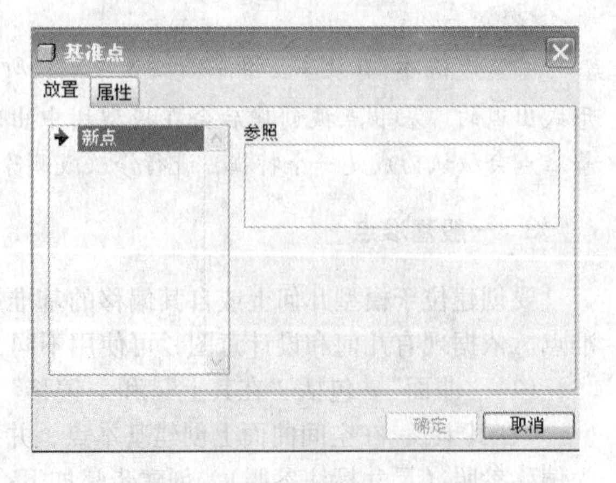

图 3-30　新建“基准点”对话框

“偏移”：在指定曲面的法向平移一定距离创建基本点，指定“偏移”量和两个平面或两条边作为偏移参照。其步骤与“在其上”相似，只是多一步指定曲面“偏移”量，在此不在赘述。

（2）“顶点上或自顶点偏移”。在实体边、曲面特征边、基准曲线的端点创建基准点。其创建步骤如下：

① 单击，进行一般基准点的创建，弹出如图 3-30 所示的新建“基准点”对话框。

② 选择如图 3-31 所示顶点作为放置基准点的参照，并在新建“基准点”对话框中参照后的选项中选择“在其上”（见图 3-32）。

③ 单击“确定”，生成新的基准点。

图 3-31　选择基准点参照

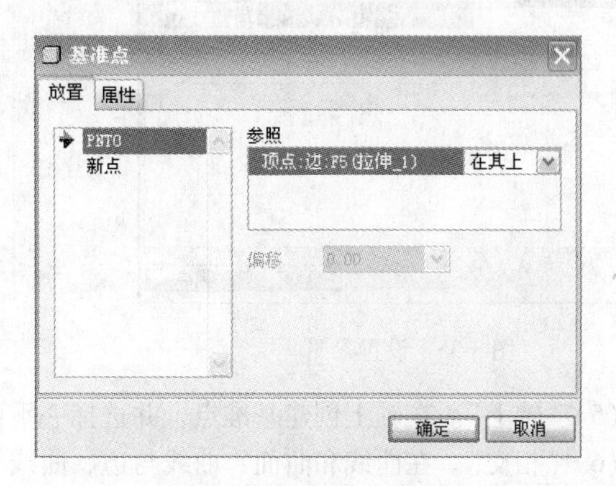

图 3-32　设置基准点参照

（3）“曲线、边上”。在曲线或者边上创建基准点，通过比率控制点的位置。步骤如下所示：

① 单击，进行一般基准点的创建，弹出新建“基准点”对话框。

② 选择如图 3-33 所示曲线作为放置基准点的参照，并在新建“基准点”对话框中“参照”后的选项中选择“在其上”，“偏移”选项中输入“比率”值或“实数”值（见图 3-34）。

③ 单击“确定”，生成新的基准点。

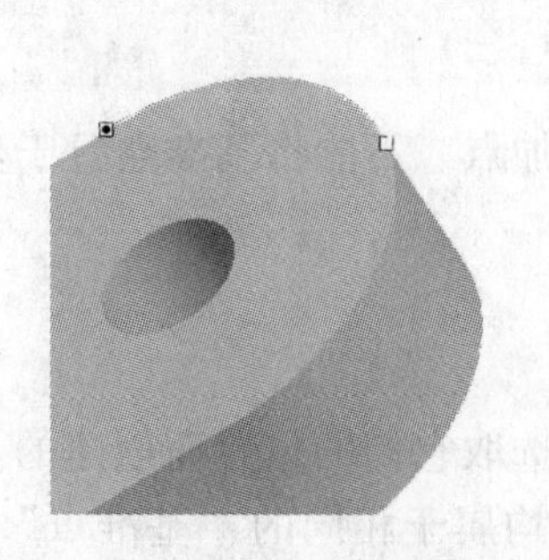

图 3-33　选择曲线做基准点参照

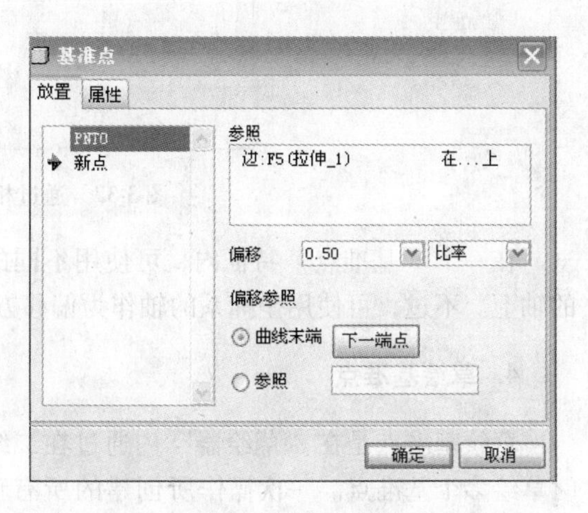

图 3-34　设置参照

(4)“圆、圆弧、椭圆中心”。在圆心、椭圆中心建立基准点。步骤如下：

① 单击，进行一般基准点的创建，弹出新建“基准点”对话框。

② 选择如图 3-33 所示曲线作为放置基准点的参照，并在新建“基准点”对话框中“参照”后面的选项中选择“居中”（见图 3-35）。

③ 单击“确定”，生成新的基准点。

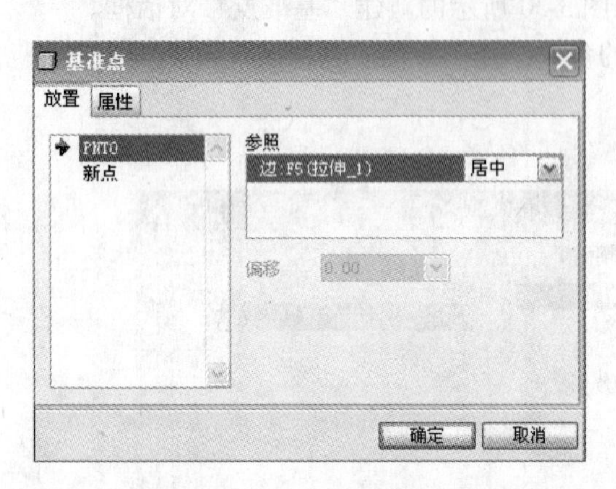

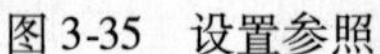
图 3-35　设置参照

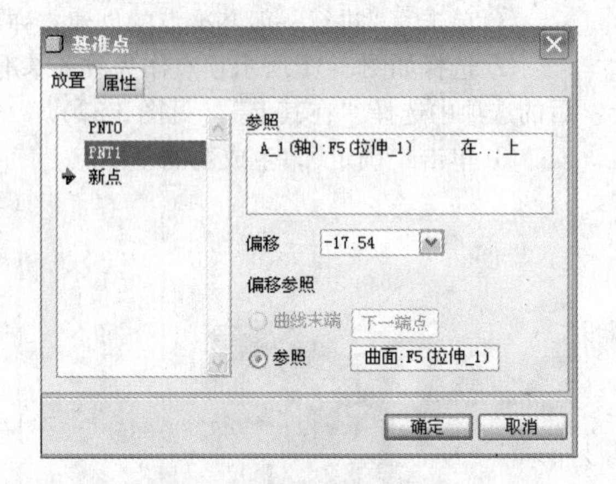

图 3-36　在轴上创建基准点

(5)“轴上”。在轴上创建基准点，并选择一平面作为偏移参照，如图 3-36 所示。

(6)“相交”。在曲线和曲面、曲线与边、曲线与曲线、曲面与边、3 个曲面的交点处创建基准点，如图 3-37 所示。

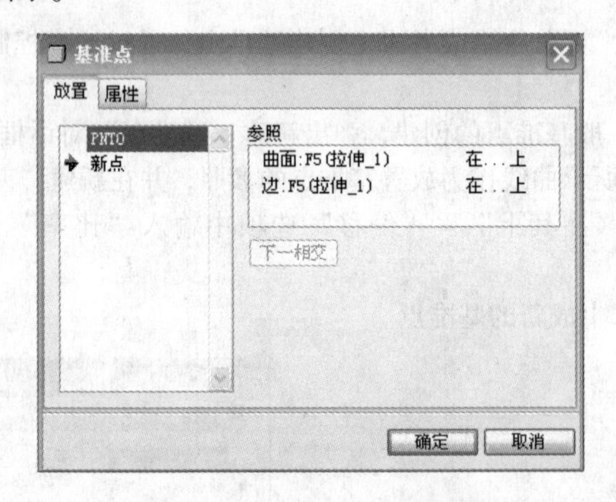

图 3-37　通过相交点创建基准点

在一个“基准点”特征内，可使用不同的放置方法添加点。不能将基准点置于坐标系的轴上。不过，可使用坐标系的轴作为偏移方向。

4. 草绘基准点

草绘基准点是在“草绘器”内通过在二维草绘平面上选取它们的位置而创建的。可同时草绘多个基准点。一次操作所创建的所有草绘的基准点均属于相同的“基准点”特征，并位于相同的草绘平面上。

草绘基准点的创建步骤如下：

（1）单击基准点调色板（见图 3-38）上的 按钮，弹出如图 3-39 所示的“草绘基准点”对话框。

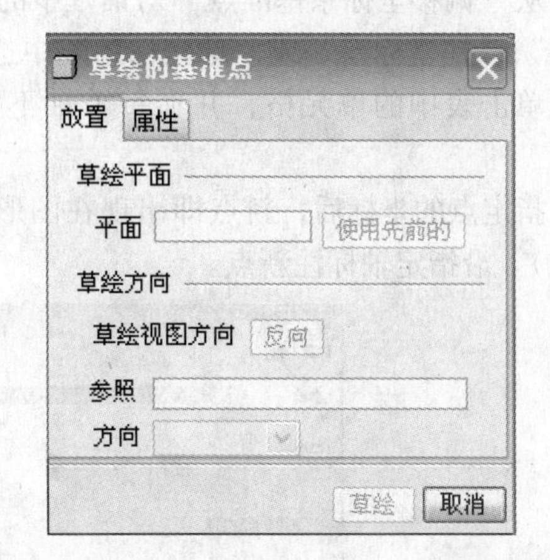

图 3-38　基准点调色板

图 3-39　“草绘基准点”对话框

（2）选取一个草绘平面并指定其方向，或接受默认方向，单击“草绘”，进入“草绘器”。

（3）接受标注截面尺寸的默认参照或选取不同参照，完成后单击“参照”对话框中的“关闭”。

（4）单击并放置一个点，按需要添加多个点。

（5）单击退出“草绘器”。

5. 自坐标系偏移基准点

可以通过相对于选定坐标系定位点方法将基准点手动添加到模型中，也可通过输入一个或多个文件创建点阵列的方法将基准点手动添加到模型中，或同时使用这两种方法将基准点手动添加到模型中。可使用笛卡尔坐标系、球坐标系或柱坐标系偏移点。

创建自坐标系偏移基准点的步骤为：

（1）单击基准点调色板（见图 3-38）上的 按钮，弹出“偏移坐标系基准点”对话框，如图 3-40 所示。

图 3-40　“偏移坐标系基准点”对话框

（2）鼠标移至“偏移坐标系基准点”对话框中的“参照”选项后空白处，并单击以激活参照选择，在 Pro/Engineer 窗口左侧的模型树中选择坐标系。

（3）从“偏移坐标系基准点”对话框中的“类型”列表中选取坐标系类型。从“笛卡尔坐标系”、“柱坐标系”或“球坐标系”中选择。

（4）单击表中的单元格，并在每个轴下方的文本框中输入点的坐标值，如图 3-41 所示。

（5）指定点的坐标后，新点即出现在图形窗口中，并带有一个拖动控制滑块（以白色矩形标识）。沿指定轴标注新点。

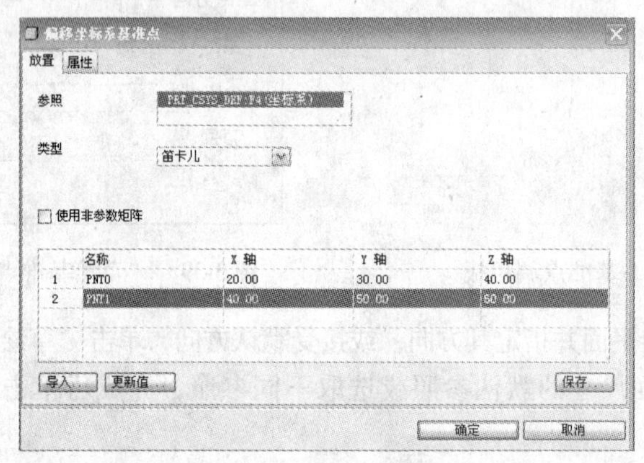

图 3-41　设置个坐标值

（6）要添加其他点，可单击表中的下一行，然后输入该点的坐标。

（7）完成点的创建后，单击“确定”接受这些点并退出。

3.1.3　基准轴

基准轴是 Pro/Engineer 建模中的一项重要基准特征，其作用与基准平面相同，常用于创建基准平面、特征、同心轴、尺寸标注、零件装配的参照等。基准轴由黄色中心线表示，系统按照创建的先后顺序给以默认的名称为 A_1、A_2、A_3 等。

以下介绍常用建立基准轴的方法。

（1）通过两点创建一基准轴。只要在空间选取两个顶点或者是两个基准点，就可以创建新的基准轴。创建过程如下：

① 单击工具栏上⁄按钮，或选择下拉菜单“插入”→“模型基准”→“⁄轴”，弹出如图 3-42 所示的“基准轴”对话框。

② 选择如图 3-43 所示的两个顶点，同时“基准轴”对话框变成如图 3-44 样子。

③ 单击“基准轴”对话框中的“确定”按钮，生成新的基准轴。

（2）通过两相交平面创建基准轴。创建过程如下：

① 单击工具栏上⁄按钮，或选择下拉菜单“插入”→“模型基准”→“⁄轴”，弹出如图 3-42 所示的“基准轴”对话框。

② 选择如图 3-45 所示的 FRONT 面和 RIGHT 面，同时“基准轴”对话框变成如图 3-46 所示的样子。

图 3-42 “基准轴”对话框

图 3-43 选择顶点

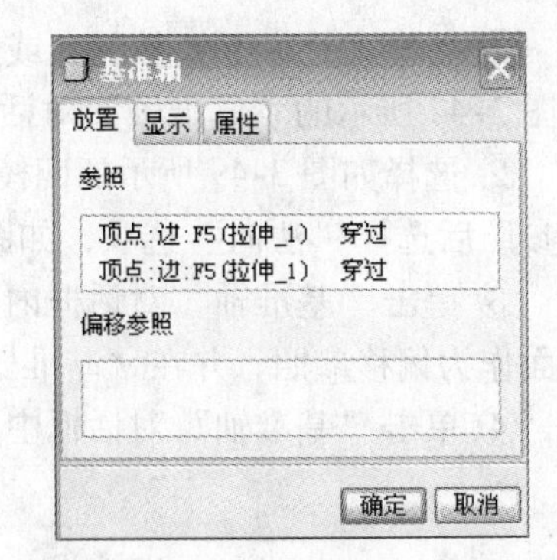

图 3-44 “基准轴”对话框

③ 单击“基准轴”对话框中的“确定”按钮，生成新的基准轴。

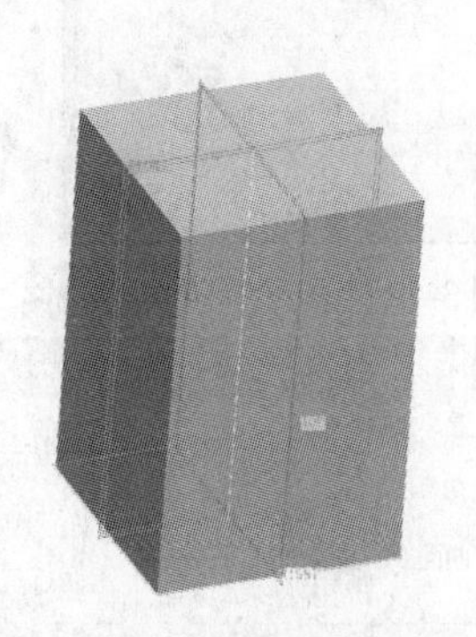

图 3-45 选择两相交平面

图 3-46 “基准轴”对话框

（3）通过指定的某个点，且垂直于指定的某平面。通过选择一个平面，再选取一点，作为先前选取平面的法线所通过的一点，进而确定空间中唯一的一条轴线。创建过程如下：

① 单击工具栏上/按钮，或选择下拉菜单“插入”→“模型基准”→“/轴”，弹出如图 3-40 所示的“基准轴”对话框。

② 依次选择如图 3-47 所示的平面和顶点，同时“基准轴”对话框变成如图 3-48 的样子。

③ 单击“基准轴”对话框中的“确定”按钮，生成新的基准轴。

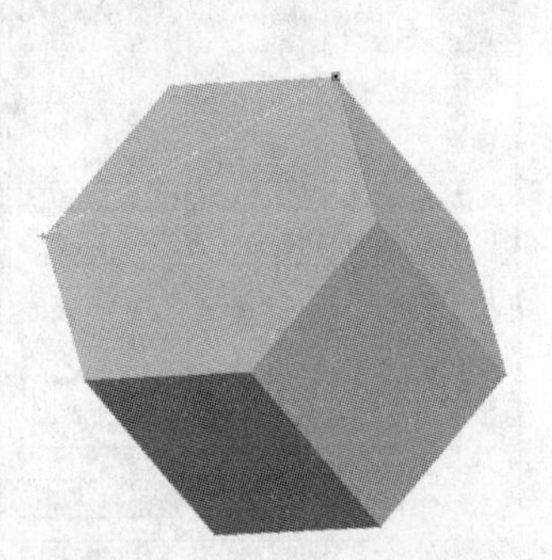

图 3-47 选择平面 和顶点

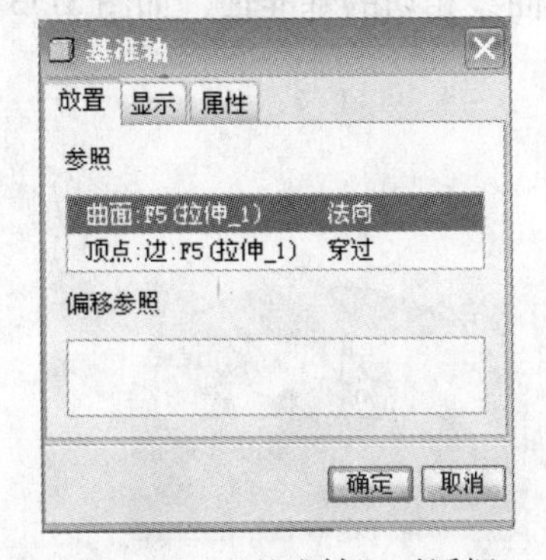

图 3-48 “基准轴”对话框

（4）垂直与指定平面，且通过该平面指定的某位置。选择与所建基准轴垂直的平面，然后选择其他平面或者边作为偏移参照，建立新的基准轴。创建过程如下：

① 单击工具栏上按钮，或选择下拉菜单“插入”→“模型基准”→“轴”，弹出如图 3-42 所示的“基准轴”对话框。

② 选择如图 3-49 所示的四棱柱的顶面平面作为基准轴参照，并同时在“基准轴”对话框参照后选择“法向”选项，如图 3-50 所示。

③ 单击“基准轴”对话框内“偏移参照”选项，使之激活，并选择如图 3-51 所示的两平面作为偏移参照，并在“基准轴”对话框内设置偏移量，如图 3-52 所示。

④ 单击“基准轴”对话框中的“确定”按钮，生成新的基准轴。

图 3-49　选择参照

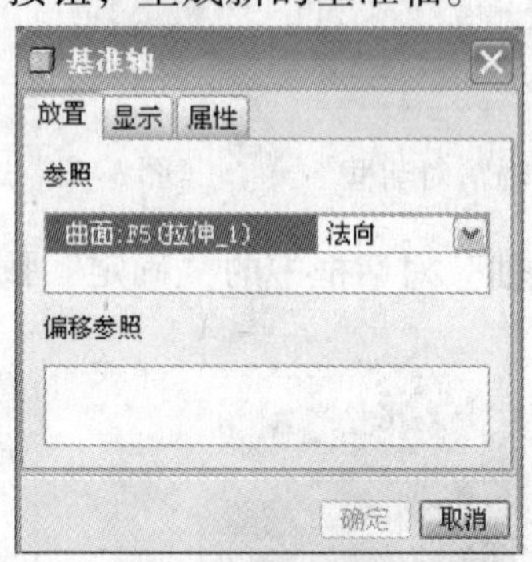

图 3-50　设置参照

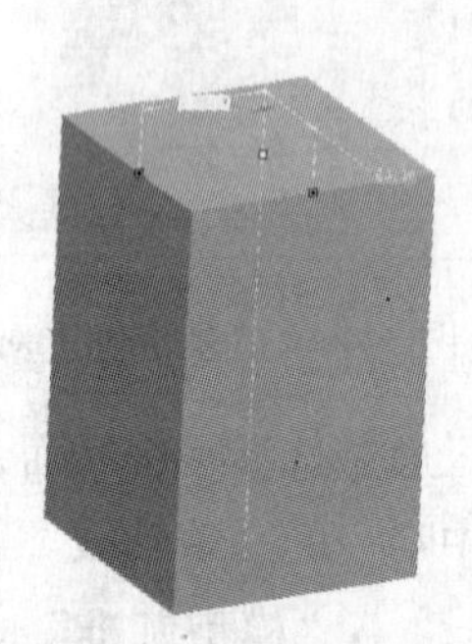

图 3-51　选择偏移参照

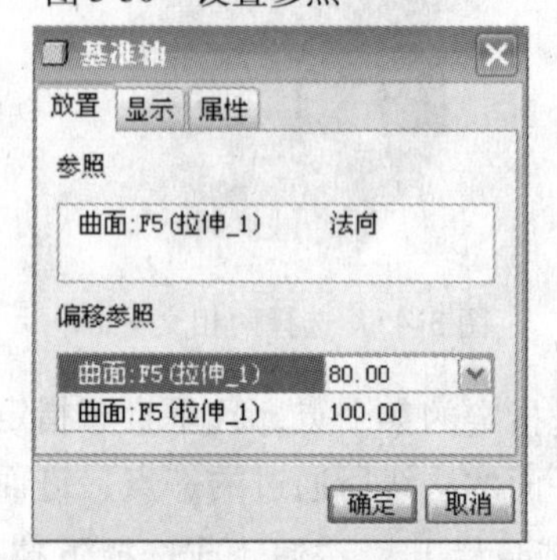

图 3-52　设置偏移量

（5）通过边。通过指定已有的边线，与之重合建立基准轴。

（6）通过指定曲线的端点，且在该点与曲线相切。选定曲线，再选定曲线的端点，在该端点处生成与曲线相切的基准轴，如图 3-53、图 3-54 所示。

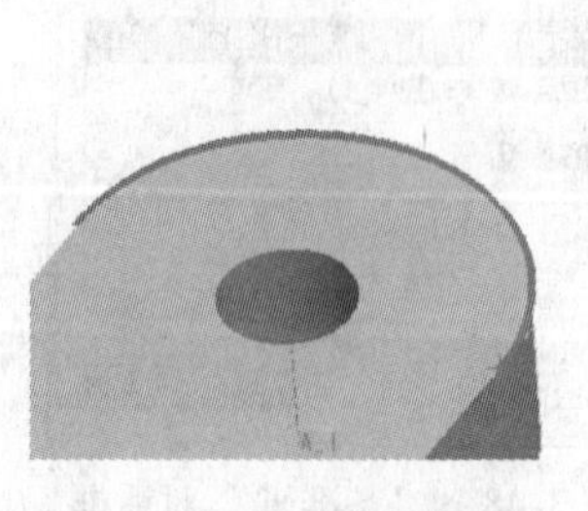

图 3-53　选择参照

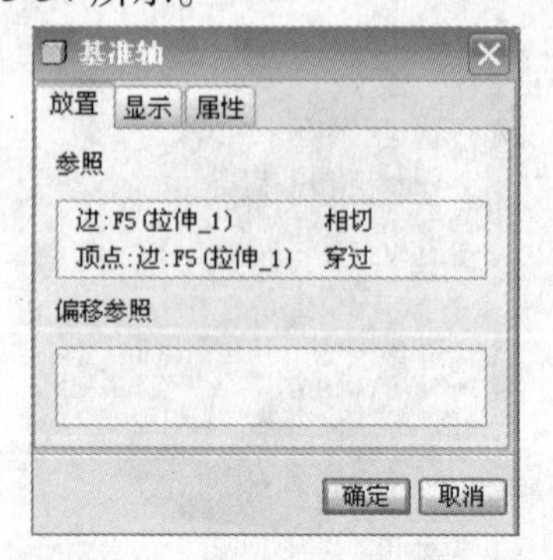

图 3-54　设置参照

3.1.4 基准曲线

1. 草绘基准曲线

(1) 单击“插入”→“模型基准”→“草绘”，或者单击“基准”工具栏上的按钮，弹出如图3-55所示的“草绘”对话框。

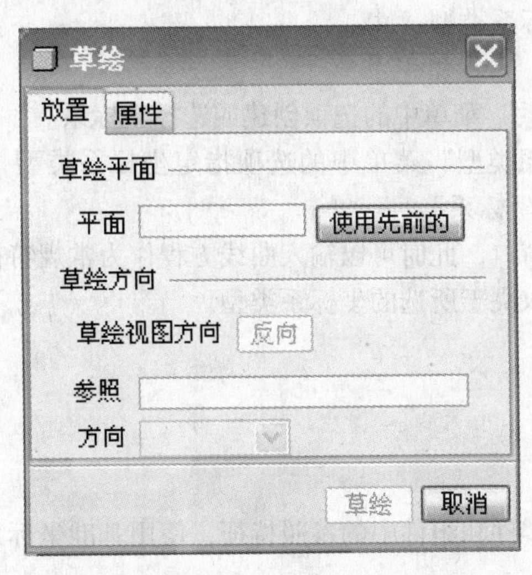

图3-55 “草绘”对话框

(2) 可从“放置”选项卡的下列选项中进行选取：

草绘平面：对话框中的本部分包含草绘平面参照收集器，可随时在该收集器上单击以选取或重定义草绘平面参照。

草绘方向：首先必须定向草绘平面以使其垂直，然后才能草绘基准曲线。在对话框的这一部分中包含有“反向”按钮、“参照平面”收集器和“方向”列表。

如果在单击按钮前选取平面，则系统将试图查找默认草绘方向。

(3) 单击“草绘”按钮。“草绘”窗口打开，弹出“参照”对话框。

(4) 如果“参照状态”显示“完全放置的”，则在“参照”对话框中单击“关闭”。

(5) 草绘基准曲线。

(6) 单击退出“草绘器”。

2. 使用横截面创建基准曲线

可使用“使用剖截面”选项从平面横截面边界（即平面横截面与零件轮廓的相交处）创建基准曲线。创建过程如下：

(1) 单击“插入”→“模型基准”→“曲线”，或者单击“基准”工具栏上的按钮。

(2) 在菜单管理器中，从“选项”菜单中单击“使用剖截面”和“完成”。

(3) 从所有可用横截面的“名称列表”菜单中选取一个平面横截面。横截面边界可用来创建基准曲线。若横截面有多个链，则每个链都有一个复合曲线。

3. 由方程创建基准曲线

只要曲线不自交，就可以通过“从方程”选项由方程创建基准曲线。

（1）单击“插入”→“模型基准”→“曲线”，或单击“基准”工具栏上的按钮。

（2）单击“从方程”→“完成”，弹出“曲线创建”对话框，它包含以下元素：

坐标系：定义坐标系。

坐标系类型：指定坐标系类型。

方程：输入方程。

（3）使用“得到坐标系”菜单中的选项创建或选择坐标系。

（4）使用“设置坐标系类型”菜单中的选项指定坐标系类型，选项有：“笛卡尔坐标系”、“柱坐标系”和“球坐标系”。

（5）系统显示编辑器窗口，此时可以输入曲线方程作为常规特征关系。编辑器窗口标题包含特定方程的指令，它取决于所选的坐标系类型。

3.1.5 基准坐标系

1. 关于基准坐标系

坐标系是可以添加到零件和组件中的参照特征，使用基准坐标系，可执行下列操作：

组装元件。

为“有限元分析（FEA）”放置约束。

为刀具轨迹提供制造操作参照。

用做定位其他特征的参照（坐标系、基准点、平面、输入的几何，等等）。

对于大多数普通的建模任务，可使用坐标系作为方向参照。

Pro/Engineer 总是显示带有 X、Y 和 Z 轴的坐标系。当参照坐标系生成其他特征时（例如一个基准点阵列），系统可以用 3 种方式表示坐标系，如图 3-56 所示。

笛卡尔坐标系：系统用 X、Y 和 Z 表示坐标值。

柱坐标系：系统用半径、theta（q）和 Z 表示坐标值。

球坐标系：系统用半径、theta（q）和 phi（f）表示坐标值。

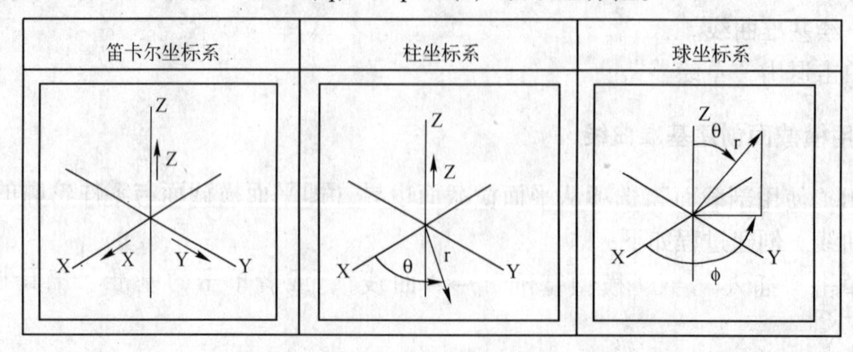

图 3-56　坐标系分类

Pro/Engineer 将基准坐标系命名为 CS#，其中 # 是已创建的基准坐标系的号码。如果需要，可在创建过程中使用“坐标系”对话框中的“属性”选项卡为基准坐标系设置一个初始名称。或者，如果要改变现有基准坐标系的名称，可在模型树中的基准特征上右键单击，并从快捷菜单中选取“重命名”。

2. 创建坐标系

一个基准坐标系需要使用六个参照量，其中三个相对独立的参照量用于确定原点位置，另外三个相对的参照量用于确定坐标系方向。下面分别介绍坐标系的定位和定向。

（1）坐标系定位。

① 单击“插入”→“模型基准”→“坐标系”，或者单击“基准”工具栏上的按钮，如图3-57所示，“坐标系”对话框打开，其中的“原点”选项卡处于活动状态，如图3-58所示。

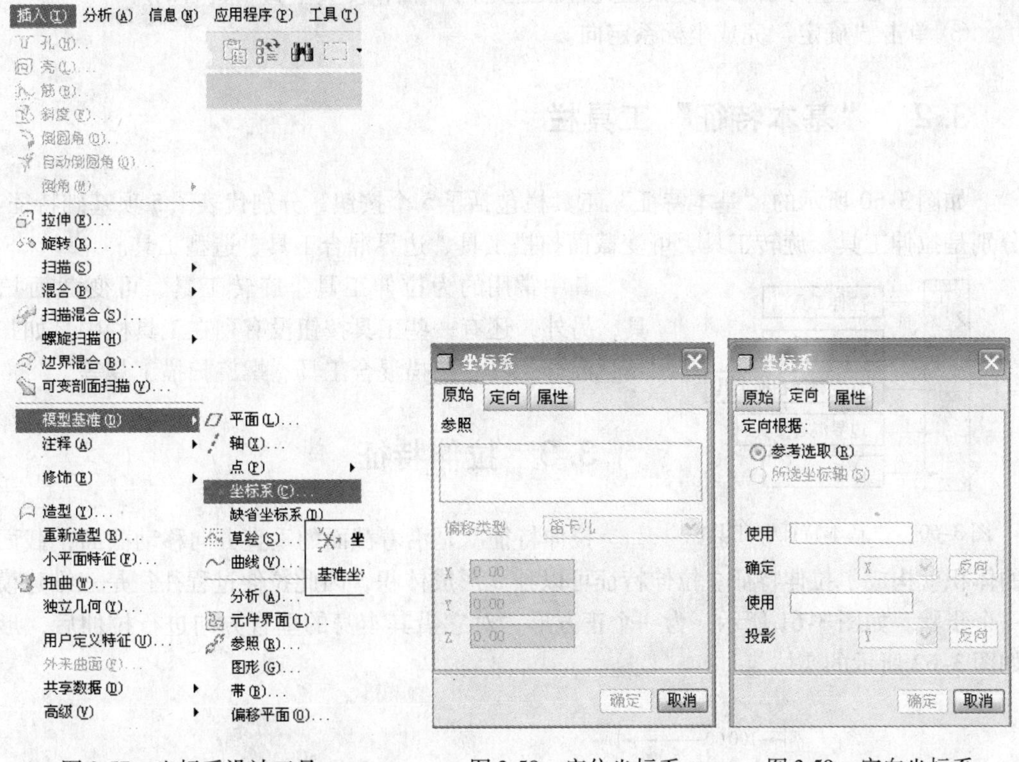

图3-57　坐标系设计工具　　图3-58　定位坐标系　　图3-59　定向坐标系

② 在图形窗口中选取3个放置参照。这些参照可包括平面、边、轴、曲线、基准点、顶点或坐标系。系统根据所选定的放置参照，实现原点定位。若需要偏移坐标系原点，则可在“偏移类型”下拉框中选择偏移类型，并指定偏移量。

③ 根据所选定的参照，系统会自动地确定默认的坐标系方向，单击“确定”按钮即可创建具有默认方向的新坐标系。若用户需要使用自定位方向，则单击“方向”选项卡以手工定向新坐标系，如图3-59所示，具体步骤下面会有详细介绍。如果选取一顶点作为原点参照，则系统将不能提供默认方向，此时必须手工定向坐标系。

（2）坐标系定向。

① 调出“坐标系”对话框后，单击“定向”选项卡，如图3-59所示。

② 在“定向根据”部分，单击下列选项之一：

参照选取：该选项允许通过为坐标系轴中的两个轴选取参照来定向坐标系。为每个方向收集器选取一个参照，并从下拉列表中选取一个方向名称。默认情况下，系统假设坐标系的第一方向将平行于第一原点参照。如果该参照为一直边、曲线或轴，那么坐标系轴将被定向为平行于此参照。如果已选定某一平面，那么坐标系的第一方向将被定向为垂直于该平面。

所选坐标轴：该选项允许定向坐标系，方法是绕着作为放置参照使用的坐标系的轴旋转该坐标系。为每个轴输入所需的角度值，或在图形窗口中右键单击，并从快捷菜单中选取“定向”，然后使用拖动控制滑块手动定位每个轴。位于坐标系中心的拖动控制滑块允许绕参照坐标系的每个轴旋转坐标系。要改变方向，可将光标悬停在拖动控制滑块上方，然后向着其中的一个轴移动光标，在朝向轴移动光标的同时，拖动控制滑块会改变方向。

设置Z轴垂直于屏幕：此按钮允许快速定向Z轴，使其垂直于查看的屏幕。

③ 单击“确定”完成坐标系定向。

3.2 “基本特征”工具栏

如图3-60所示的“基本特征”工具栏包括了5个按钮，分别代表了5项基础特征工具，分别是拉伸工具、旋转工具、可变截面扫描工具、边界混合工具、造型工具。

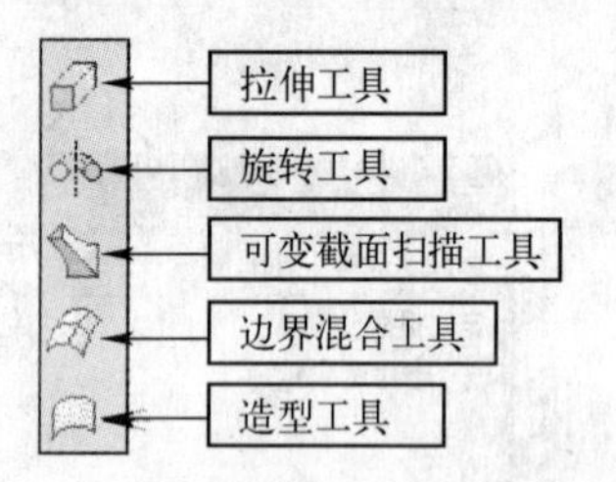

图3-60 “基本特征”工具栏

其中常用的为拉伸工具、旋转工具、可变截面扫描工具，另外，还有一些工具按钮没有列在工具栏中，如扫描工具、混合工具、扫描混合工具、螺旋扫描工具等。

3.3 拉伸特征

拉伸特征就是沿着截面的垂直方向移动截面，截面扫过的体积就构成了拉伸特征。拉伸特征可以独立形成体积，因此拉伸过程往往是三维建模的第一个步骤。如图3-61所示，为一个正方形，对它沿其本身的垂直方向进行拉伸后，形成了如图3-62所示的实体。

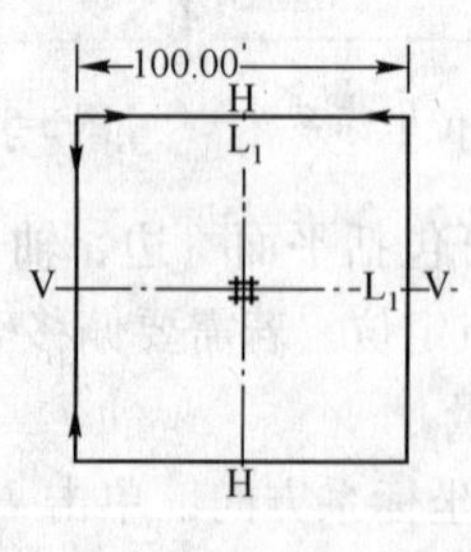

图3-61 拉伸平面

图3-62 所拉伸的实体

3.3.1 拉伸特征工具操控板

单击“基本特征”工具栏中的按钮，或者单击“插入”→“拉伸”后，系统自动进入如图3-63所示的拉伸特征工具操控板。

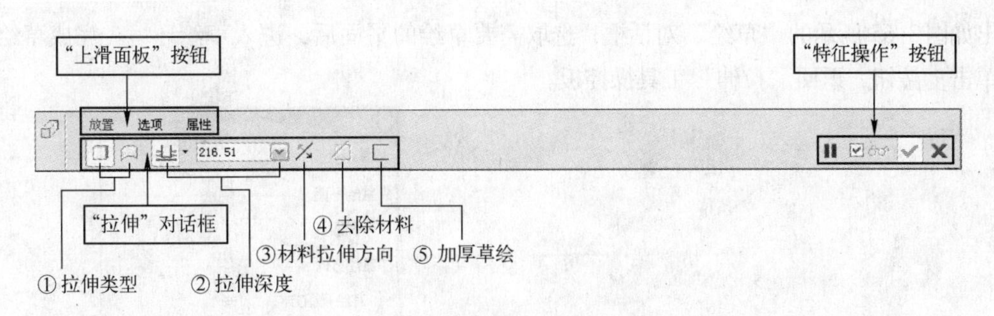

图 3-63　拉伸特征工具操控板

拉伸特征工具操控板可以分为 3 部分，最上面的一部分为"上滑面板"按钮，单击其中的任意一个按钮后将弹出其相应的上滑面板；下部左侧为"拉伸"对话栏，其中可以定义拉伸性质、拉伸深度、拉伸方向等；下部右侧为"特征操作"按钮，可以暂停特征创建、预览或取消预览特征、完成特征创建以及放弃特征创建。

1."拉伸"对话栏

如图 3-63 所示，"拉伸"对话栏共包括了 5 种拉伸性质的定义，下面分别介绍各个按钮的作用。

：当此按钮按下时，所创建的拉伸特征为实体。

：当此按钮按下时，所创建的拉伸特征为曲面。

：定义拉伸厚度，其中左侧的按钮定义拉伸厚度的创建方式，右侧的文本框中输入拉伸厚度值。

：从草绘平面以指定的深度值拉伸。

：以草绘平面两侧分别拉伸深度值的一半，即拉伸特征关于草绘平面对称。

：拉伸至下一曲面。

：拉伸至与所有曲面相交。

：拉伸至与选定的曲面相交。

：拉伸至指定的点、曲线、平面或曲面。

：将拉伸方向更改为草绘平面的另一侧。

：在已创建的实体中，去除拉伸特征部分的材料。

：加厚草绘。

提示："拉伸为实体"和"拉伸为曲面"只能按下一个。由于按钮用于去除已经存在的实体材料，因此如果模型的第一个实体特征为拉伸，则不显示。特征为拉伸，则按钮不可用。

2. 上滑面板

"草绘"上滑面板：在"拉伸"工具操控板中，单击"放置"按钮，系统弹出"草绘"上滑面板，如图 3-64 所示。"草绘"上滑面板主要用于定义特征的草绘平面。单击"定义"后，系统弹出如图3-65所示的“草绘”对话框，选取需要草绘的平面后，进入草绘环境。完成草绘图后，单击✓按钮，返回“拉伸”工具操控板。

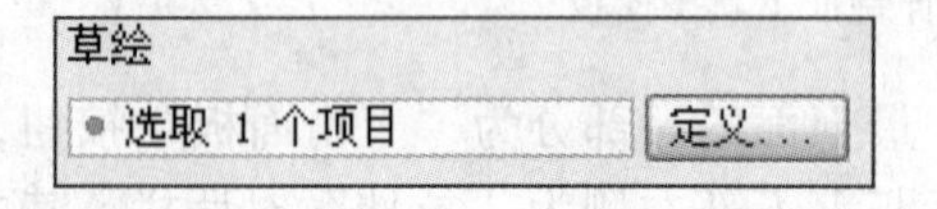

图3-64 “草绘”上滑面板

图3-65 “草绘”对话框

对在拉伸特征中所使用的草绘截面，有着一定的要求。

对用于实体拉伸的截面，注意下列创建截面的规则：

(1) 拉伸截面可以是开放的或闭合的。

(2) 开放截面可以只有一个轮廓，但所有的开放端点必须与零件边对齐。

(3) 如果是闭合截面，可由下列几项组成：单一或多个不叠加的封闭环；嵌套环，其中最大的环用做外部环，而将其他所有环视为较大环中的孔（这些环不能彼此相交）。

对用于切口和加厚拉伸的截面，注意下列创建截面的规则：

(1) 可使用开放或闭合截面。

(2) 可使用带有不对齐端点的开放截面。

(3) 截面不能含有相交图元。

对用于曲面的截面，注意下列创建截面的规则：

(1) 可使用开放或闭合截面。

(2) 截面可含有相交图元。

向现有零件几何添加拉伸时，可在同一草绘平面上草绘多个轮廓，这些轮廓不能重叠，但可嵌套。所有的拉伸轮廓共用相同的深度选项，并且总是被一起选取，因此可在截面轮廓内草绘多个环以创建空腔。

“选项”上滑面板：在“拉伸”特征工具操控板中单击“选项”按钮，系统弹出“选项”上滑面板，如图3-66（a）所示，“选项”上滑面板主要用于更加复杂的拉伸厚度的定义。如图3-66（b）所示，可以在草绘平面两侧分别定义其拉伸厚度方式和拉伸厚度值。

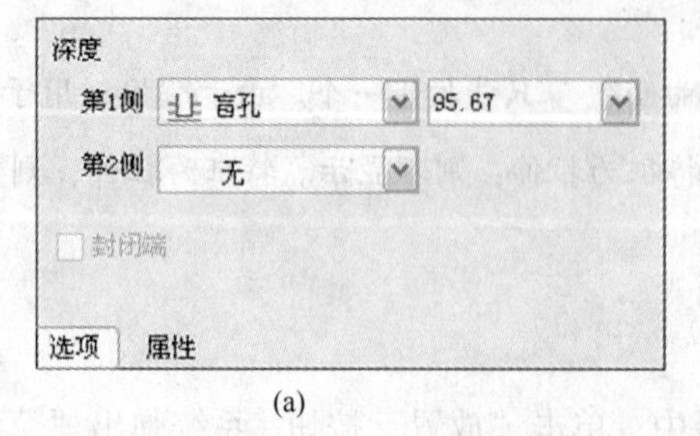

(a)

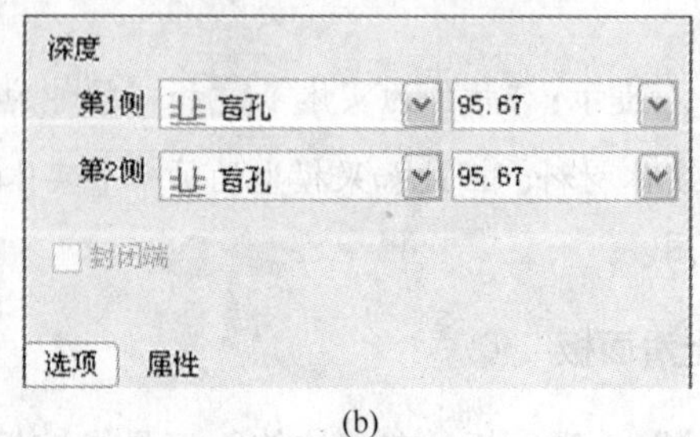

(b)

图3-66 “选项”上滑面板

"封闭端"选项表示使用封闭端创建曲面特征。

"属性"上滑面板：在"拉伸"工具操控板中单击"属性"按钮，系统弹出"属性"上滑面板，"属性"上滑面板显示该特征的名称以及相关信息。在图3-67所示的"名称"文本框中，显示了该特征的默认名称，用户也可以自由设置名称。在"属性"上滑面板中单击按钮，系统会弹出浏览器窗口，显示该特征的相关信息，包括父项、驱动尺寸、内部特征ID等。

图3-67 "属性"上滑面板

提示：几乎所有特征的"属性"上滑面板的功能完全相同，因此在后面的章节中，将省略对"属性"上滑面板的介绍。

3. "特征操控"按钮

如图3-63所示，"特征操控"按钮主要用于对该特征的操作，可以暂停特征创建、预览特征等，下面介绍各按钮的功能。

：暂停此工具以访问其他对象操作工具。

：切换动态几何预览的显示。当选中时，显示动态几何预览；当取消时，取消动态几何预览。

：应用并保存在工具中所做的所有更改，并退出工具操控板。

：取消特征创建/重定义。

"特征操控"按钮在各种特征创建中都广泛存在，且功能完全相同。一般来说，只要有工具操控板，就会显示出"特征操控"按钮，因此在后面的章节中将不再对"特征操控"按钮进行说明。

3.3.2 创建拉伸特征

1. 创建拉伸实体伸出项

单击"基本特征"工具栏中的按钮，进入拉伸工具操控板。系统默认情况下，"拉伸为实体"按钮被按下，即默认情况下创建实体特征。

单击"放置"按钮，系统弹出"草绘"上滑面板，单击"定义"，系统弹出"草绘"对话框，选择草绘界面后，进入草绘环境。

在草绘环境中完成截面的草绘，单击按钮完成草绘。

提示：如果所绘制的截面不符合要求，系统会弹出"不完整截面"警告框，同时在消息区中列出截面不符合要求的具体原因，图形窗口中也会加亮显示错误的发生区域。

定义拉伸厚度：一般情况下，"拉伸"对话栏中的厚度定义方式已经足够，如果需要更加复杂的厚度定义方式，单击"选项"，在"选项"上滑面板中进行定义。

使用按钮调整拉伸方向，完成后单击按钮完成拉伸实体特征的创建。

2. 创建拉伸缺口

拉伸缺口特征的创建步骤与拉伸实体伸出项的创建步骤基本相同，只是在“拉伸”工具栏中按下按钮，以确保去除材料，创建缺口。拉伸缺口特征不能作为整个模型的第一个实体特征。

3. 创建拉伸曲面

单击“基本特征”工具栏中的按钮，进入拉伸工具操控板。按下按钮，创建曲面特征。单击“放置”，系统弹出“草绘”上滑面板，单击“定义”，系统弹出“草绘”对话框，选择草绘界面后，进入草绘环境。在草绘环境中完成截面的草绘，单击按钮完成草绘。

定义拉伸厚度：一般情况下，“拉伸”对话栏中的厚度定义方式已经足够，如果需要更加复杂的厚度定义方式，请单击“选项”，在“选项”上滑面板中进行定义。

如果使用草绘截面为闭合的，则“选项”上滑面板中的“封闭端”选项被激活。选择该项后，拉伸曲面的端点被封闭。

使用按钮调整拉伸方向，完成后单击按钮完成拉伸曲面特征的创建。

4. 创建加厚拉伸

单击“基本特征”工具栏中的按钮，进入拉伸工具操控板。系统默认情况下，按钮被按下，即默认情况下创建实体特征。按下按钮，系统显示如图 3-68 所示的工具栏，用于设置加厚拉伸的厚度。

图 3-68　加厚拉伸厚度设置

单击“放置”，系统弹出“草绘”上滑面板，单击“定义”，系统弹出“草绘”对话框，选择草绘界面后，进入草绘环境。在草绘环境中完成截面的草绘，单击按钮完成草绘。

定义拉伸厚度：一般情况下，“拉伸”对话栏中的厚度定义方式已经足够，如果需要更加复杂的厚度定义方式，请单击“选项”，在“选项”上滑面板中进行定义。

使用按钮调整拉伸方向，使用图 3-68 中所示的按钮调整加厚特征创建方式，在以下几种加厚方式间轮流切换：

向“侧 1”添加厚度。

向“侧 2”添加厚度。

向两侧添加厚度。

完成各项参数定义后，单击按钮完成拉伸曲面特征的创建。

3.3.3　拉伸特征应用实例

如图 3-69 所示的轴承座，是完全使用拉伸特征创建而成的，图 3-70 所示为该轴承座的创建过程，下面详细介绍。

图 3-69　拉伸特征应用实例

图 3-70　创建过程

(1) 建立新文件。单击“文件”工具栏中的按钮，或者单击“文件”→“新建”，或者使用快捷键 Ctrl + N，系统弹出如图 3-71 所示的“新建”对话框。“新建”对话框中，默认的创建类型为“零件”，在“名称”文本框中输入所需要的文件名“zuochengzuo”，(也可以使用默认的文件名)，取消“使用默认模板”选择框后，单击“确定”，系统自动弹出“新文件选项”对话框，如图 3-72 所示。在“模板”列表中选择“mmns_part_solid”选项后，单击“确定”，系统自动进入零件环境。

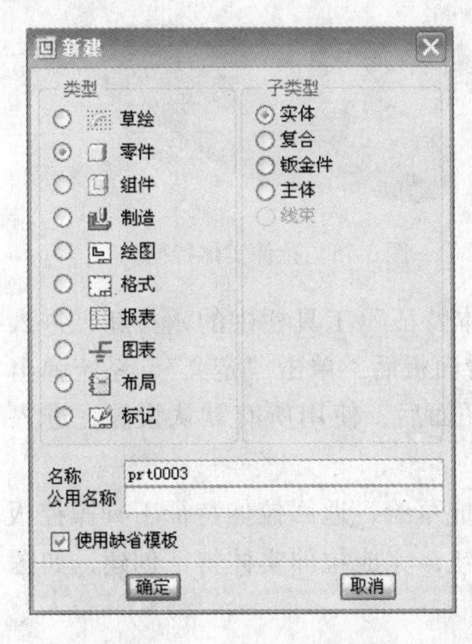

图 3-71　“新建”对话框

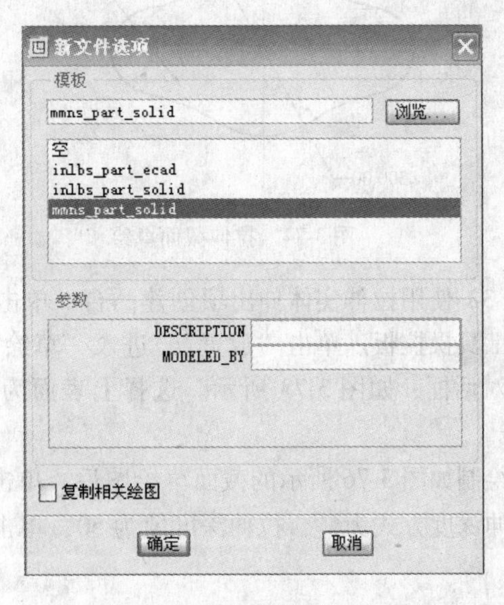

图 3-72　“新文件选项”对话框

(2) 使用拉伸实体伸出项创建基底。单击“基本特征”工具栏中的按钮，进入拉伸特征工具操控板。单击“放置”，进入“草绘”上滑面板后，单击“定义”，系统弹出“草绘”对话框，如图 3-73 所示。选择 FRONT 平面为草绘平面后，使用所有默认设置，进入草绘环境。

图 3-73 “草绘”对话框

绘制如图 3-74 所示的截面草绘图后，单击完成草绘，返回拉伸特征工具操控板。设置拉伸深度方式为，拉伸深度值为 50，单击按钮，完成拉伸实体特征创建，如图 3-75 所示。

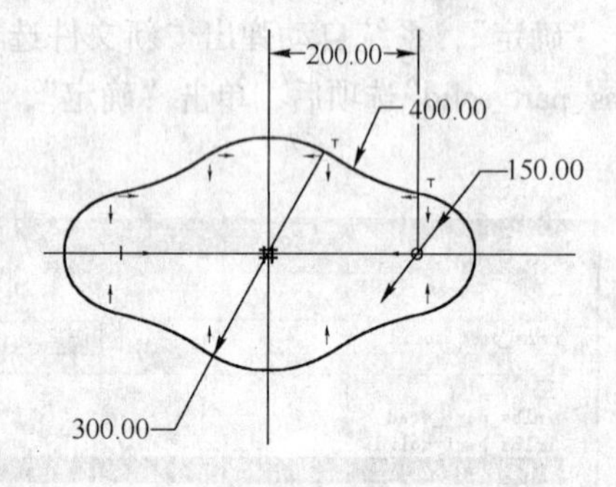

图 3-74 拉伸截面草绘

图 3-75 拉伸实体特征

（3）使用拉伸实体伸出项创建凸台。单击“基本特征”工具栏中的按钮，进入拉伸特征工具操控板。单击“放置”，进入“草绘”上滑面板后，单击“定义”，系统弹出“草绘”对话框，如图 3-73 所示。选择上表面为草绘平面后，使用所有默认设置，进入草绘环境。

绘制如图 3-76 所示的截面草绘图后，单击完成草绘，返回拉伸特征工具操控板。设置拉伸深度方式为，拉伸深度值为 50，单击按钮，完成拉伸实体特征创建，如图 3-77 所示。

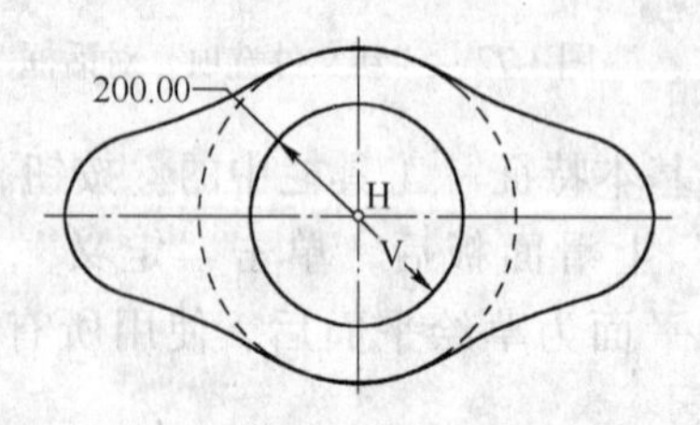

图 3-76 拉伸截面草绘

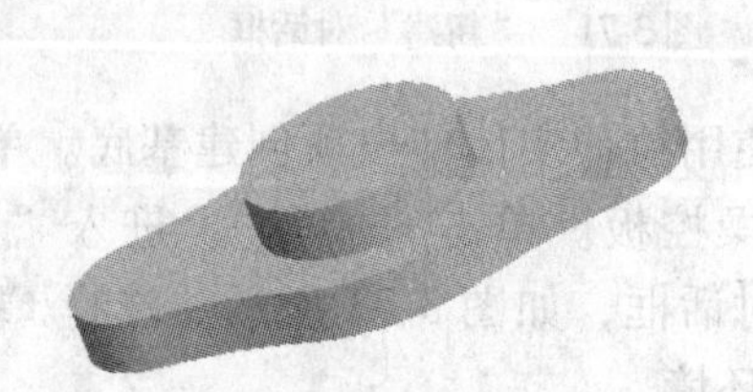

图 3-77 拉伸实体特征

（4）使用拉伸缺口创建孔。单击“基本特征”工具栏中的按钮，进入拉伸特征工具操控板。单击“放置”，进入“草绘”上滑面板后，单击“定义”，系统弹出“草绘”对话框，如图 3-78 所示，选择草绘平面后，使用所有默认设置，进入草绘环境。

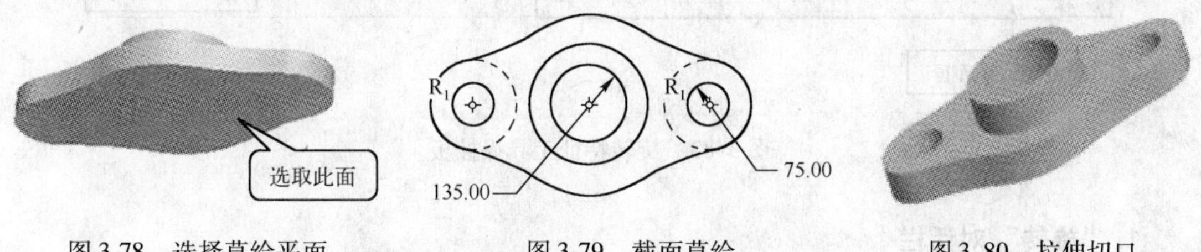

图 3-78　选择草绘平面　　图 3-79　截面草绘　　图 3-80　拉伸切口

在草绘环境中，草绘如图 3-79 所示的截面。单击完成截面草绘，返回拉伸特征工具操控板。

设置拉伸深度方式为，按下按钮以创建缺口，单击按钮，完成拉伸缺口特征创建，如图 3-80 所示。

3.4　旋转特征

旋转特征是根据面动成体的原理来建立空间中的实体特征模型的，让某一截面沿着一根转轴进行一定角度的旋转，截面所经过的空间就可以形成一个实体特征。在旋转实体中，穿过旋转轴的任意平面所截得的截面都完全相同。在旋转特征中必须指定所要旋转的截面、旋转轴、旋转方向和旋转角度等参数。图 3-81 所示为一个正方形，对它沿旋转轴旋 360°后，形成了如图 3-82 所示的实体。

旋转特征一般用于创建关于某个轴对称的实体。

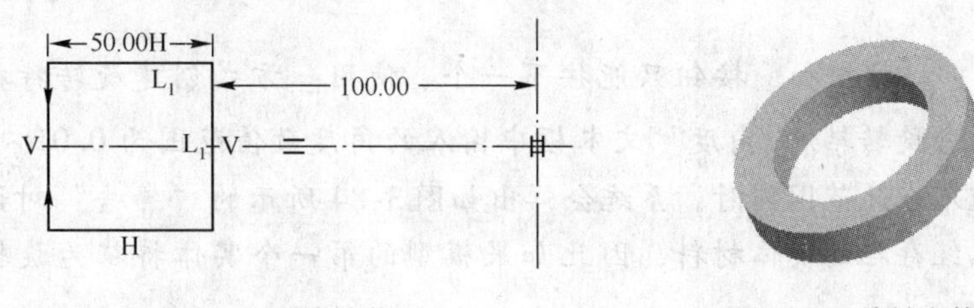

图 3-81　旋转截面　　图 3-82　旋转实体

3.4.1　旋转特征工具操控板

单击“基本特征”工具栏中的按钮，或者单击“插入”→“旋转”后，系统自动进入如图 3-83 所示的旋转特征工具操控板。

与拉伸特征工具操控板相似，旋转特征工具操控板也可以分为 3 部分，最上面的一部分为“上滑面板”按钮，单击其中的任意一个按钮后将弹出其相应的上滑面板；下部左侧为“旋转”对话栏，其中可以定义旋转性质、旋转角度、旋转方向等；下部右侧为“特征操作”按钮。

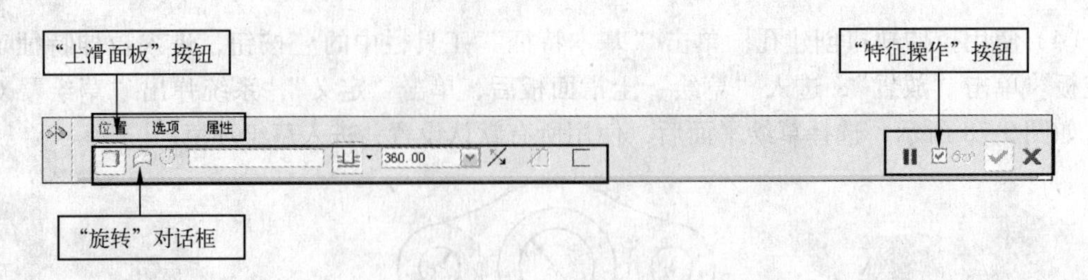

图 3-83　旋转特征工具操控板

1. "旋转"对话栏

如图 3-83 所示，"旋转"对话栏共包括了 5 种旋转性质的定义，下面分别介绍各个按钮的作用。

：当此按钮按下时，所创建的旋转特征为实体。

：当此按钮按下时，所创建的拉伸特征为曲面。

：轴收集器，用于定义旋转轴。

：定义旋转角度，其中左侧按钮定义旋转角度的创建方式，右侧的文本框中输入旋转角度值。

：从草绘平面以指定的角度值旋转。

：以草绘平面两侧分别旋转角度值的一半，即旋转特征关于草绘平面对称。

：旋转至指定的点、平面或曲面。

：将旋转的角度方向更改为草绘平面的另一侧。

：在已创建的实体中，去除旋转特征部分的材料。

：加厚草绘。

提示： 按钮和 按钮只能按下一个。使用 方式创建旋转特征时，终止平面或曲面必须包含旋转轴。"角度"文本框中输入的角度数值范围为 0.01 ~ 360，当输入角度值的绝对值不在此范围内时，系统会弹出如图 3-84 所示的"警告"对话框。由于 按钮用于去除已经存在的实体材料，因此如果模型的第一个实体特征为旋转，则该按钮不可用。

2. 上滑面板

"位置"上滑面板：在"旋转"工具操控板中单击"位置"按钮，系统弹出"位置"上滑面板，如图 3-85 所示。创建旋转特征需要定义要旋转的截面和旋转轴，"位置"上滑面板正是为此而设计的。

要定义旋转截面，单击"草绘"区域中的"定义"后，系统弹出"草绘"对话框，选取需要草绘的平面后，进入草绘环境。完成草绘图后，单击 按钮，返回"旋转"工具操控板。

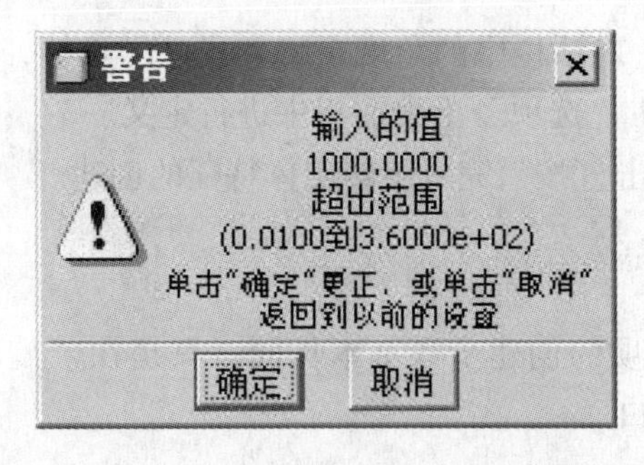

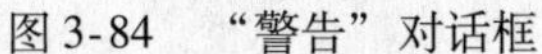

图 3-84 “警告”对话框

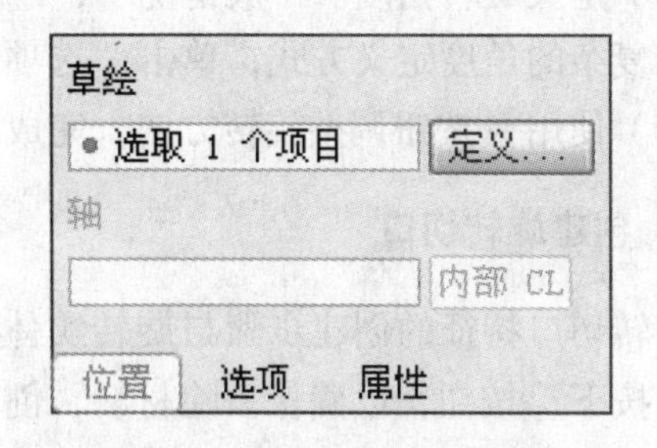

图 3-85 “位置”上滑面板

“轴”收集器用于定义旋转特征的旋转轴。如果草绘平面内有中心线，则系统默认选择首先创建的中心线为旋转轴；如果草绘平面内无中心线，则用户需手动选择旋转轴。如果对当前设定的旋转轴不满意，可以右击“轴”列表框，在弹出的快捷菜单中单击“移除”，然后再重新定义旋转轴。定义旋转轴时，可以在图形窗口中直接选择，也可以使用“位置”上滑面板中的“内部 CL”按钮，使用默认的草绘图中的旋转轴。

“选项”上滑面板：在“旋转”特征工具操控板中单击“选项”按钮，系统弹出“选项”上滑面板，如图 3-86 所示。“选项”上滑面板主要用于更加复杂的旋转角度的定义。可以在草绘平面两侧分别定义其旋转方式和旋转角度值。“封闭端”选项表示使用封闭端创建曲面特征。

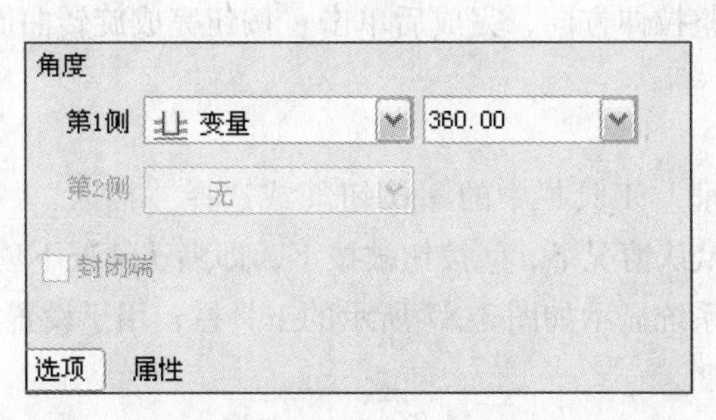

图 3-86 “选项”上滑面板

3.4.2 创建旋转特征

1. 创建旋转实体伸出项

(1) 单击“基本特征”工具栏中的按钮（或选择“插入”→“旋转”命令），进入旋转工具操控板。系统默认情况下，按钮被按下，即默认情况下创建实体特征。

(2) 单击“位置”，系统弹出“位置”上滑面板，单击“定义”，系统弹出“草绘”对话框，选择草绘界面后，进入草绘环境。在草绘环境中完成截面的草绘，单击按钮完成草绘。

(3) 定义旋转轴。如果截面草绘中包含有中心线，系统默认使用截面草绘中所创建的第一条中心线作为旋转轴；如果截面草绘中无中心线，需要用户自定义旋转轴。在轴收集器中单击后，在图形窗口中选择所需要的直线作为旋转轴即可。

（4）定义旋转角度。一般情况下，“旋转”对话栏中的角度定义方式已经足够，如果需要更加复杂的角度定义方式，单击“选项”，在“选项”上滑面板中进行定义。

（5）使用按钮调整旋转方向，完成后单击按钮完成旋转实体特征的创建。

2. 创建旋转切口

旋转切口特征的创建步骤与旋转实体伸出项的创建步骤基本相同，只是在“旋转”工具栏中按下按钮，以确保去除材料，创建切口。

3. 创建旋转曲面

（1）单击“基本特征”工具栏中的按钮（或选择“插入”→“旋转”命令），进入旋转工具操控板。按下按钮，创建曲面特征。

（2）单击“位置”，系统弹出“位置”上滑面板，单击“定义”，系统弹出“草绘”对话框，选择草绘界面后，进入草绘环境。

（3）在草绘环境中完成剖面的草绘，单击按钮完成草绘。

（4）定义旋转轴，方法在前一小节中已经详细说明，不再赘述。

（5）定义旋转角度。一般情况下，“旋转”对话栏中的角度定义方式已经足够，如果需要更加复杂的角度定义方式，请单击“选项”，在“选项”上滑面板中进行定义。

（6）使用按钮调整拉伸方向，完成后单击按钮完成旋转曲面特征的创建。

4. 创建加厚旋转

（1）单击“基本特征”工具栏中的按钮（或选择“插入”→“旋转”命令），进入旋转工具操控板。系统默认情况下，按钮被按下，即默认情况下创建实体特征。

（2）按下按钮，系统显示如图 3-87 所示的工具栏，用于设置加厚旋转的厚度。

图 3-87　加厚拉伸旋转设置

（3）单击“草绘”，系统弹出“草绘”上滑面板，单击“定义”，系统弹出“草绘”对话框，选择草绘界面后，进入草绘环境。

（4）在草绘环境中完成剖面的草绘，单击按钮完成草绘。并在旋转特征工具操控板中定义旋转角度。

（5）使用按钮调整拉伸方向，使用图 3-87 中所示的按钮调整加厚特征创建方式，在以下几种加厚方式间轮流切换。

向“侧 1”添加厚度。

向“侧 2”添加厚度。

向两侧添加厚度。

（6）完成各项参数定义后，单击按钮完成拉伸曲面特征的创建。

3.4.3 旋转特征应用实例

如图3-88所示的实体，是完全使用拉伸特征创建而成的。图3-89所示为该实体的创建过程，下面详细介绍。

图3-88　旋转特征应用实例

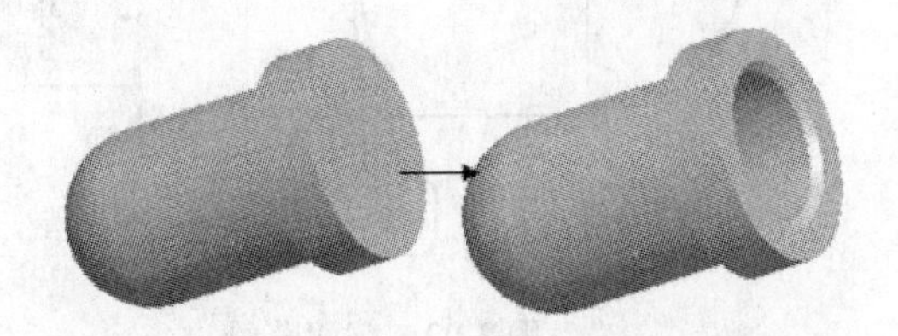

图3-89　罩子创建过程

(1) 建立新文件。单击“文件”工具栏中的按钮，或者单击“文件”→“新建”，系统弹出“新建”对话框，在“名称”文本框中输入所需要的文件名“zhaozi”，取消“使用默认模板”选择框后，单击“确定”，系统自动弹出“新文件选项”对话框，在“模板”列表中选择“mmns_part_solid”选项后，单击“确定”，系统自动进入零件环境。

(2) 使用旋转特征创建罩子毛坯。单击“基本特征”工具栏中的按钮，进入旋转特征工具操控板。单击“位置”，进入“位置”上滑面板后，单击“定义”，系统弹出“草绘”对话框，选择FRONT平面为草绘平面后，使用所有默认设置，进入草绘环境。

绘制如图3-90所示的截面草绘图后，单击完成草绘，返回旋转特征工具操控板。设置旋转角度方式为，旋转角度值为360，单击按钮，完成旋转实体特征创建，如图3-91所示。

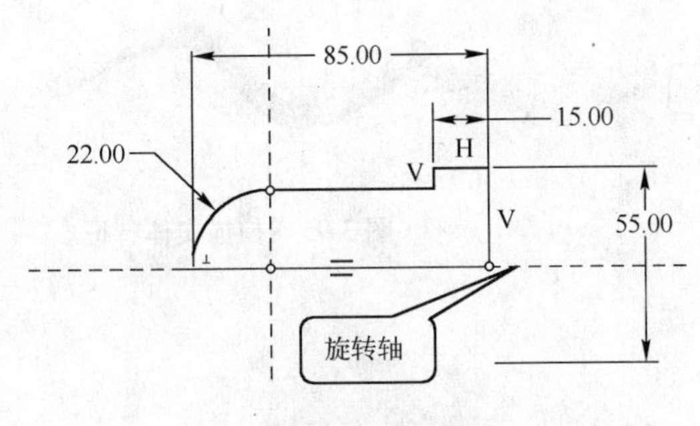

图3-90　截面草绘

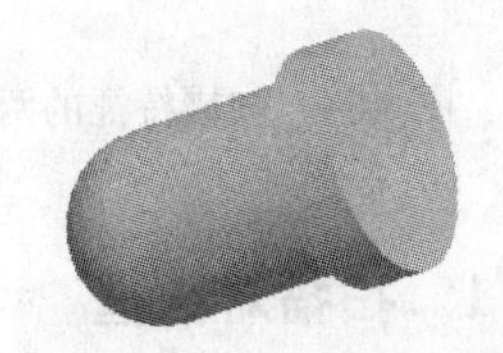

图3-91　旋转实体特征

(3) 使用旋转切口特征创建罩子腔。单击“基本特征”工具栏中的按钮，进入旋转特征工具操控板。单击“位置”，进入“位置”上滑面板后，单击“定义”，系统弹出“草绘”对话框。和前一步一样，选择FRONT平面为草绘平面后（或者直接单击“使用先前的”按钮），使用所有默认设置，进入草绘环境。

绘制如图3-92所示的截面草绘图后，单击完成草绘，返回旋转特征工具操控板。设置旋转角度方式为，旋转角度值为360，按下按钮，确定去除材料后，单击按钮，完成旋转切口特征创建，如图3-93所示。

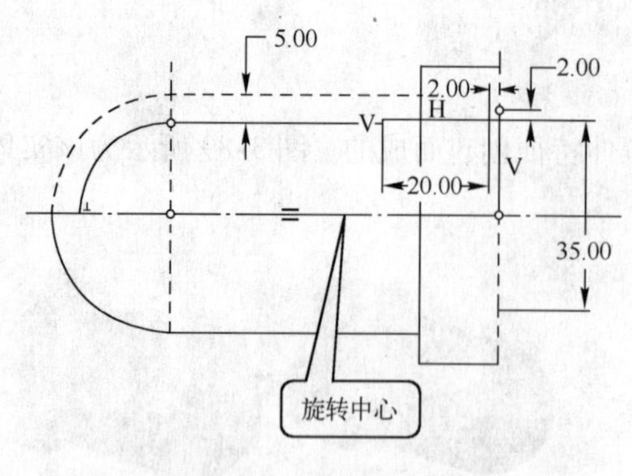

图 3-92　截面草绘

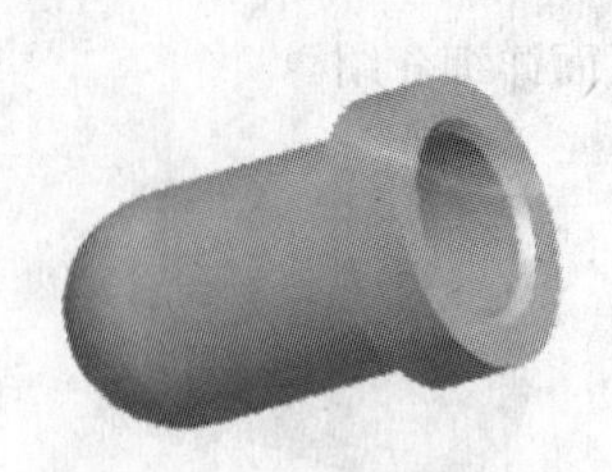

图 3-93　旋转切口特征

3.5　扫描特征

扫描特征是指一个截面沿着一定轨迹运动，截面所扫描过的空间就可以形成扫描特征。拉伸特征和旋转特征都可以看做是扫描特征的特例，拉伸特征的扫描轨迹是垂直于草绘平面的直线，而旋转特征的扫描轨迹是圆周。通过扫描特征，可以构建实体、薄板或者曲面等。

由图 3-94 可见，扫描特征中一共有两大基本元素：扫描轨迹和扫描截面。将扫描截面沿扫描轨迹扫描后，即可创建扫描特征。所创建的特征的横断面与扫描剖面完全相同，特征的外轮廓线与扫描轨迹相对应，如图 3-95 所示。

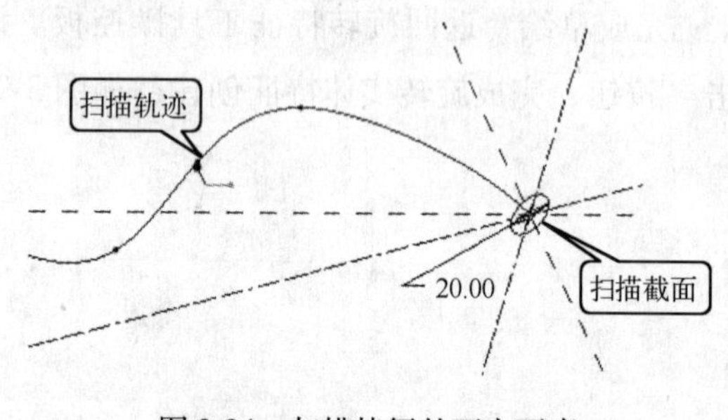

图 3-94　扫描特征的两大要素

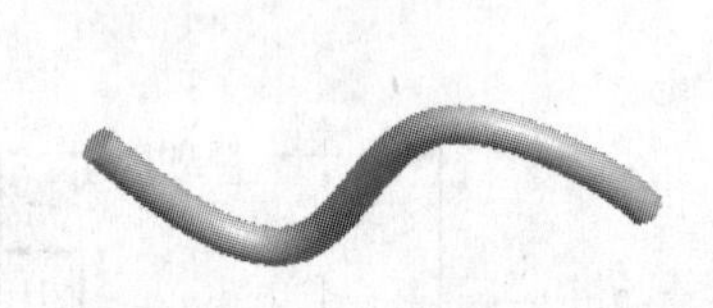

图 3-95　扫描实体特征

3.5.1　扫描对话框

单击“插入”→“扫描”后，系统弹出如图 3-96 所示的菜单。扫描特征的种类非常多，但它们都具有前面所说的两大基本要素。下面就以图 3-97 所示的“伸出项：扫描”对话框为例，介绍扫描轨迹和扫描截面的定义方法。

单击“插入”→“扫描”→“扫描伸出项”后，系统自动弹出如图 3-97 所示“伸出项：扫描”对话框。

1. 扫描轨迹定义

在“伸出项：扫描”对话框中，选中“轨迹”后，单击“定义”，系统弹出如图 3-98 所示的“扫描轨迹”菜单。“扫描轨迹”菜单中有两个选项，分别为“草绘轨迹”和“选取轨迹”。

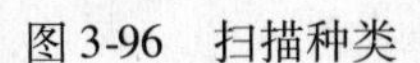

图 3-96 扫描种类

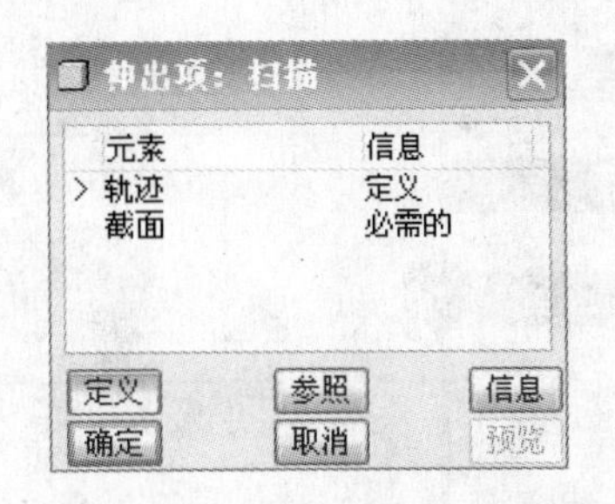

图 3-97 “伸出项：扫描”对话框

（1）草绘轨迹。如果用户需要使用草绘的方法创建扫描轨迹，则单击“草绘轨迹”，系统自动弹出如图 3-99 所示的“设置草绘平面”菜单，用户可以在此选择草绘轨迹的草绘平面。单击“使用先前的” 使用先前的 按钮，则系统使用与创建前一个特征相同的草绘平面；单击“新设置”，使用新的草绘平面设置。

在“设置平面”菜单中用户可以单击“平面”，直接使用已经存在的平面作为平面；也可以单击“产生基准”，系统弹出如图 3-100 所示的“基准平面”菜单，用于创建临时基准平面。无论使用哪种草绘平面，最终都是进入草绘环境中，绘制任意的二维扫描轨迹。

提示： 临时基准平面和前面我们所讲的基准平面不同。临时基准平面在需要时临时创建，当相应的设计完成后自动撤消，不再显示在设计界面上，也不保留在模型树窗口中。

确定草绘平面后，还需要定义草绘视图的方向及草绘参考平面。

如图 3-101 所示，在“方向”菜单中可以设置草绘视图方向。当图形窗口中箭头所指方向与所需要草绘视图方向相同时，直接单击“正向”即可；当图形窗口中箭头所指方向与所需要草绘视图方向相反时，单击“反向”，图形窗口中的箭头反向，再单击“正向”即可。

如图 3-102 所示，在“草绘视图”菜单中设置草绘参考平面。单击“顶”、“底部”等选项后，可以定义相应的草绘参考平面，若使用默认设置，直接单击“默认”即可。

提示： 使用“草绘轨迹”选项所创建的扫描轨迹只能是二维曲线，对于三维扫描曲线则无能为力。这时候就需要使用“选取轨迹”选项。

图 3-98 “扫描轨迹”菜单

（2）选取轨迹。单击“选取轨迹”选项后，系统弹出如图 3-103 所示的“链”菜单，可以选取已经存在的二维或者三维曲线作为扫描轨迹。例如，可以选取三维实体模型的边线、基准曲线等作为扫描轨迹。“链”菜单中各选项的含义为：

依次：按照任意顺序选取实体边线或者基准曲线作为轨迹线。

相切链：一次选中多个相互相切的边线或者基准曲线作为轨迹线。

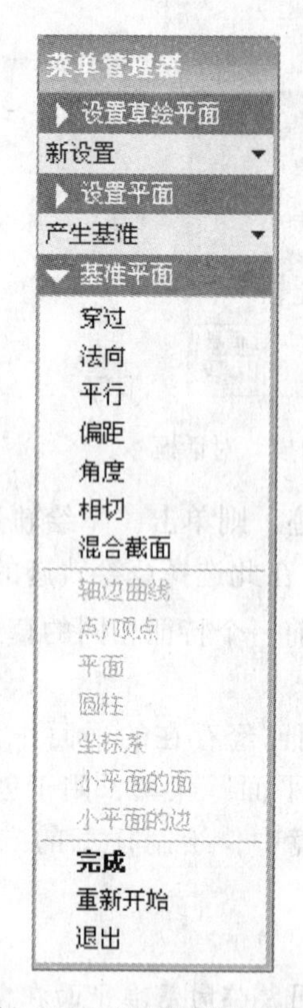

图 3-101　“方向”菜单

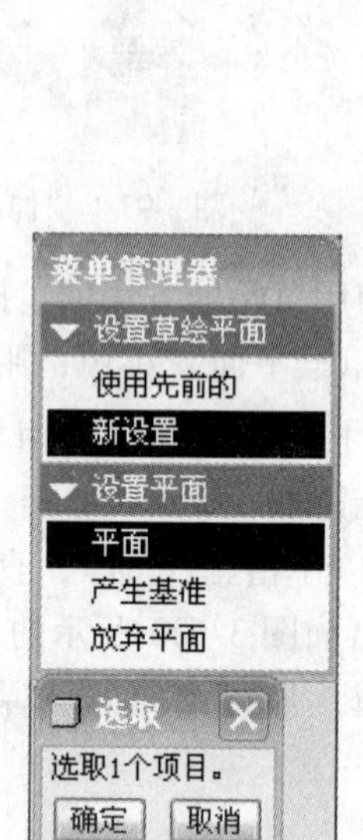

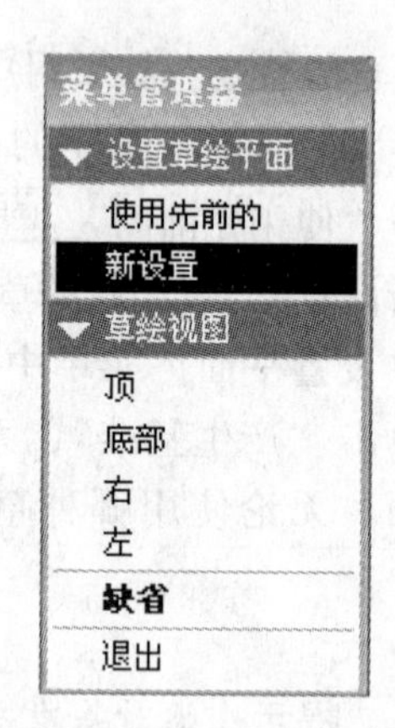

图 3-99　“基准平面”菜单　图 3-100　“设置平面”菜单　图 3-102　“草绘视图”菜单

曲线链：选取基准曲线作为轨迹线。当选取指定的基准曲线后，系统还会自动选取所有与之相切的基准曲线作为轨迹线。

边界链：选取曲面特征的某一边线后，可以一次选中与该边线相切的边界曲线作为轨迹线。

曲面链：选取某曲面，将其边界曲线作为轨迹线。

目的链：选取环形的边线或者曲线作为轨迹线。

当选中轨迹线后，还可以对选取的轨迹线进行操作：

选取：选取轨迹线。

撤消选取：放弃已经选出的轨迹线。

修剪/延伸：对已经选出的轨迹线进一步裁剪或延伸以改变其形状和长度。

起始点：指定扫描轨迹线的起始位置。

当所有扫描轨迹的参数定义完成后，单击“完成”，系统自动进入草绘环境，绘制扫描截面。

2. 扫描特征属性设置

属性参数用于确定扫描实体特征的外观以及与其他特征的连接方式。

（1）端点属性。如果在一个已经存在的实体特征上创建扫描实体特征，同时扫描轨迹线为开放曲线，则需要在如图 3-104 所示的“端点属性”菜单中设置扫描实体特征与已经存在实体特征的连接方式。“端点属性”菜单中有两个选项：

合并终点：新建扫描实体特征与原有实体特征相接后，两者自然整合，光滑连接。

自由端点：新建扫描实体特征与原有实体特征相接后，两者保持自然状态，互不融合。

(2) 内部属性。如果扫描轨迹线为闭合曲线，则需要在如图 3-105 所示的“内部属性”菜单中设置扫描内部属性。“内部属性”菜单中有两个选项：

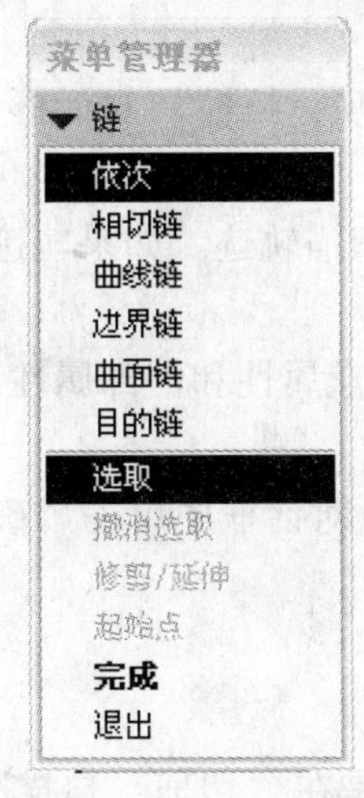

图 3-103 “链”菜单

图 3-104 “端点属性”菜单

图 3-105 “内部属性”菜单

增加内部因素：草绘截面沿轨迹线产生实体特征后，自动补足上、下表面，形成闭合结构，但此时要求使用开放型剖面。

无内部因素：草绘截面沿轨迹线产生实体特征后，不会补足上、下表面，但此时要求使用闭合剖面。

3. 扫描截面定义

确定扫描轨迹后，就需要定义扫描截面。在此之前，需要了解关于扫描轨迹的方向的定义。所有定义的扫描轨迹都有一个起始点，在起始点处有一个箭头指向始点处扫描轨迹线的切线方向，如图 3-106 所示。

扫描截面始终垂直于扫描轨迹。在“伸出项：扫描”对话框中，选中“截面”后，单击“定义”，系统自动选取与扫描轨迹垂直，并经过起始点的平面作为草绘平面（见图 3-107 所示），在该平面内可草绘扫描截面。

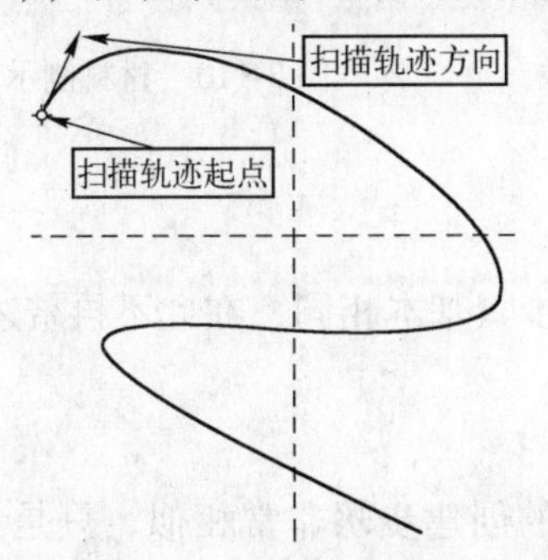

图 3-106 扫描轨迹的起始点及方向

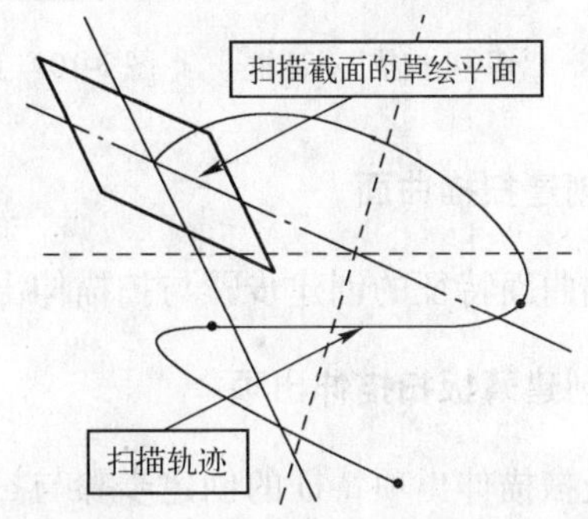

图 3-107 扫描截面的草绘平面

3.5.2 创建扫描特征

扫描特征的种类繁多，其中最常用的是扫描伸出项特征、扫描切口特征、扫描曲面特征和扫描薄板伸出项特征。下面分别介绍这几种特征的创建方法。

1. 创建扫描伸出项

（1）单击“插入”→“扫描”→“伸出项”后，系统弹出“伸出项：扫描”对话框，并自动出现“扫描轨迹”菜单。

（2）单击“草绘轨迹”草绘扫描轨迹，或单击“选取轨迹”选取扫描轨迹。如果轨迹位于多个曲面上，系统将提示选取法向曲面，用于扫描横截面。

（3）根据扫描轨迹的情况，系统弹出“属性”对话框，用于定义端点属性和内部属性。创建或检索将沿扫描轨迹扫描的截面。

（4）扫描伸出项特征的所有元素定义完成后，在“伸出项：扫描”对话框中单击“确定”，系统生成扫描伸出项特征。

2. 创建扫描切口

扫描缺口特征的创建步骤与扫描伸出项的创建步骤基本相同，只是在“切剪：扫描”对话框中，需要额外定义所需要去除的材料侧。下面介绍“材料侧”的设定方法。

在“切剪：扫描”对话框中（见图3-108），完成扫描轨迹和扫描截面定义后，系统弹出如图3-109所示的“方向”菜单，同时在图形窗口中显示用红色箭头表示材料去除的方向（如图3-110所示）。如果需要去除的方向与箭头方向一致，则单击“正向”；如果需要去除材料的方向与箭头方向相反，则单击“反向”，调整箭头方向后再单击“正向”。所有元素定义完成后，在“切剪：扫描”对话框中单击“确定”，系统生成扫描切口特征。

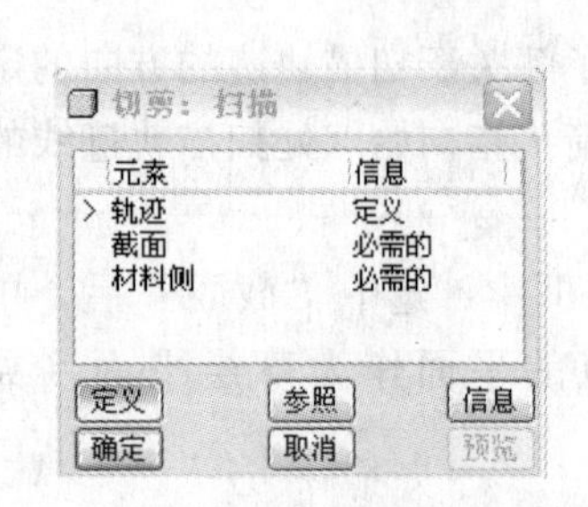

图3-108 “切剪:扫描”对话框

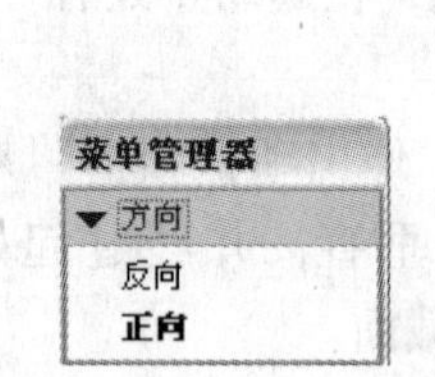

图3-109 “方向”菜单

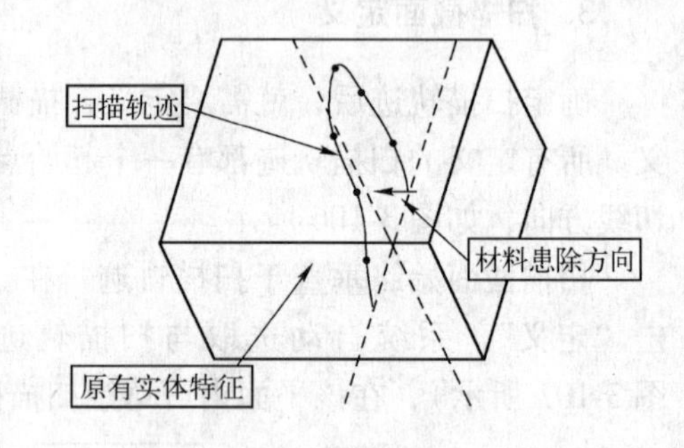

图3-110 材料侧示意图

3. 创建扫描曲面

扫描曲面特征的创建步骤与扫描伸出项的创建步骤基本相同，在此不再赘述。

4. 创建薄板扫描伸出项

薄板扫描伸出项特征的创建步骤与扫描伸出项的创建步骤非常相似，只是在“伸出项：扫描，薄板”对话框中（见图3-111），需要额外定义材料侧和薄板厚度。下面介绍薄板扫描伸出项中材料侧和厚度的定义方法。

扫描切口特征中也需要定义材料侧，但两者并不相同。扫描切口特征中定义的材料侧，要么是指向草绘内部，要么指向外部，是“非此即彼”的关系。而薄板扫描伸出项中使用如图 3-112 所示的“薄板选项”菜单定义材料侧。由图可见，薄板扫描伸出项中的材料侧可以有 3 种定义方式，分别为“反向”、“正向”和“两者”，用户可以任意选择其中一种。

完成“薄板选项”菜单定义后，系统在 Pro/Engineer 的窗口下部显示如图 3-113 所示的文本框，用于输入薄板厚度。输入厚度值后，单击☑按钮，返回“伸出项：扫描，薄板”对话框，单击“确定”，完成薄板扫描伸出项特征的创建。

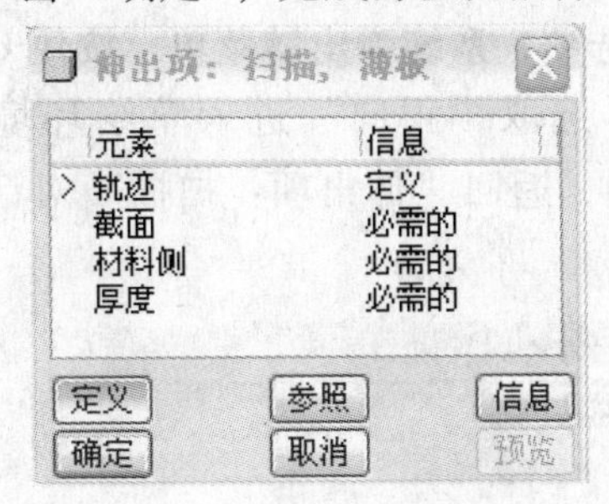

图 3-111 “伸出项:扫描,薄板”对话框

图 3-112 “薄板选项”菜单

图 3-113 薄板厚度定义

提示：关于薄板厚度。图 3-113 所示中所输入的薄板厚度值只能为正数，且受到当前已经存在的实体特征大小的限制。

3.5.3 扫描特征应用实例

下面就使用扫描特征创建出油管，如图 3-114 所示。使用扫描特征创建出油管的过程如图 3-115 所示。

图 3-114 出油管

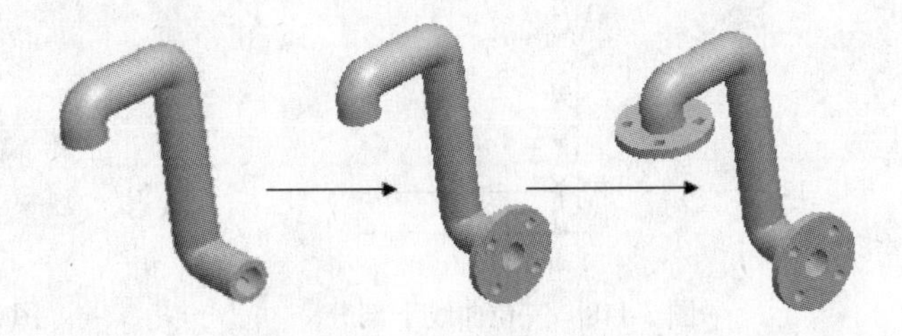

图 3-115 出油管创建过程

其具体步骤如下：

(1) 建立新文件。单击“文件”工具栏中的按钮，或者单击“文件”→“新建”，系统弹出“新建”对话框，在“名称”文本框中输入所需要的文件名“chuyouguan”，取消“使用默认模板”选择框后，单击“确定”，系统自动弹出“新文件选项”对话框，在“模板”列表中选择“mmns_part_solid”选项后，单击“确定”，系统自动进入零件环境。

(2) 使用草绘曲线创建扫面轨迹的三维曲线。单击，系统弹出“草绘”对话框，选择 FRONT 平面为草绘平面后，使用所有默认设置，进入草绘环境，绘制如图 3-116 所示曲线。单击✓按钮，完成上部分三维曲线的定义。

再单击～，系统弹出“草绘”对话框，选择 RIGHT 平面为草绘平面后，设置草绘对话框，如图 3-117 所示，进入草绘环境，绘制如图 3-118 所示曲线，单击✓按钮，完成三维曲线的定义，如图 3-119 所示。

（3）使用扫描特征创建出油管弯管。单击“插入”→“扫描”→“伸出项”，系统弹出“伸出项：扫描”对话框。选择“选取轨迹”选项，系统弹出链菜单，按住 Ctrl 键依次选取刚才绘制的曲线，选完后单击“完成”，再选取“正向”进入草绘环境，绘制如图 3-120 所示截面，单击✓按钮完成扫描截面绘制，返回“伸出项：扫描”对话框，单击“确定”，完成扫描特征的创建，如图 3-121 所示。

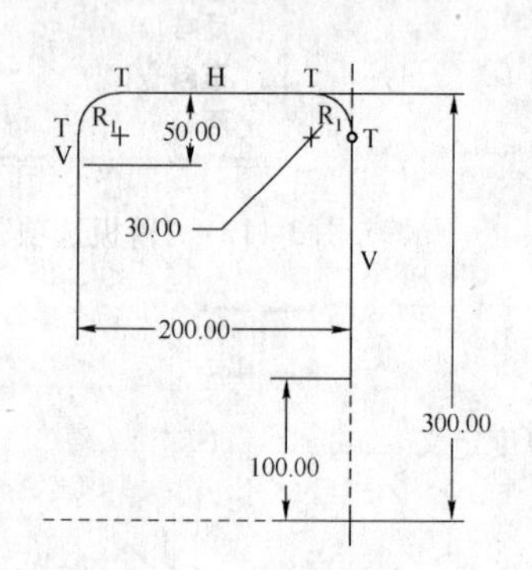

图 3-116　三维曲线上部分

图 3-117　“草绘”对话框

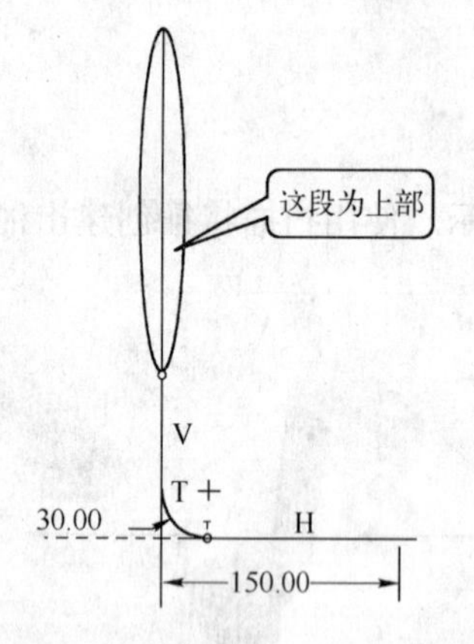

图 3-118　三位曲线下部分

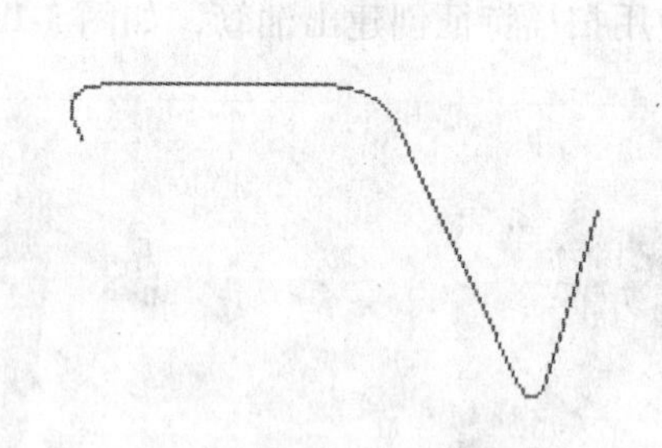

图 3-119　三维曲线

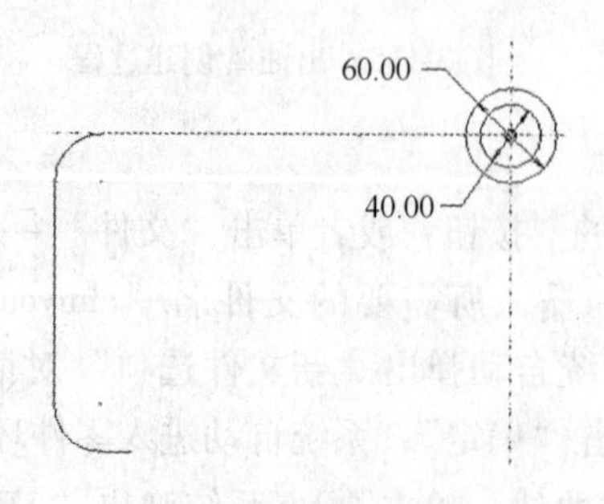

图 3-120　扫描截面

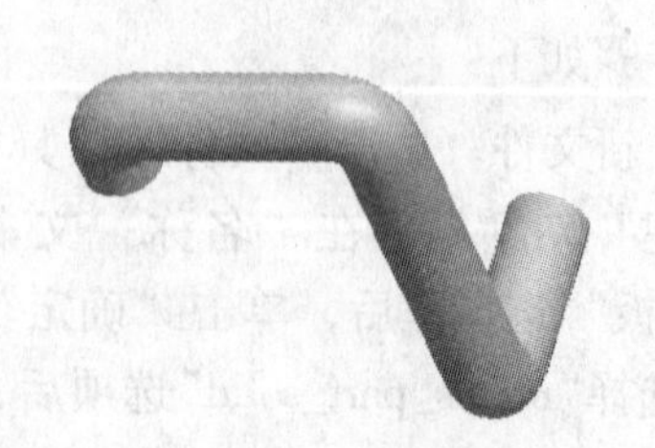

图 3-121　扫描实体

（4）使用拉伸伸出项特征创建出油管接头。单击“基本特征”工具栏中的按钮，进入拉伸特征工具操控板，单击“草绘”，进入“草绘”上滑面板后，单击“定义”，系统弹出“草绘”对话框，选择如图 3-122 所示平面为草绘平面后，使用所有默认设置，进入草绘环境。

绘制如图 3-123 所示的截面草绘图后，单击完成草绘，返回拉伸特征工具操控板，设置拉伸深度方式为，拉伸深度值为 15，单击按钮，完成拉伸实体特征创建，如图 3-124 所示。用同样的方法完成出油管另一头的接头，完成后如图 3-125 所示。

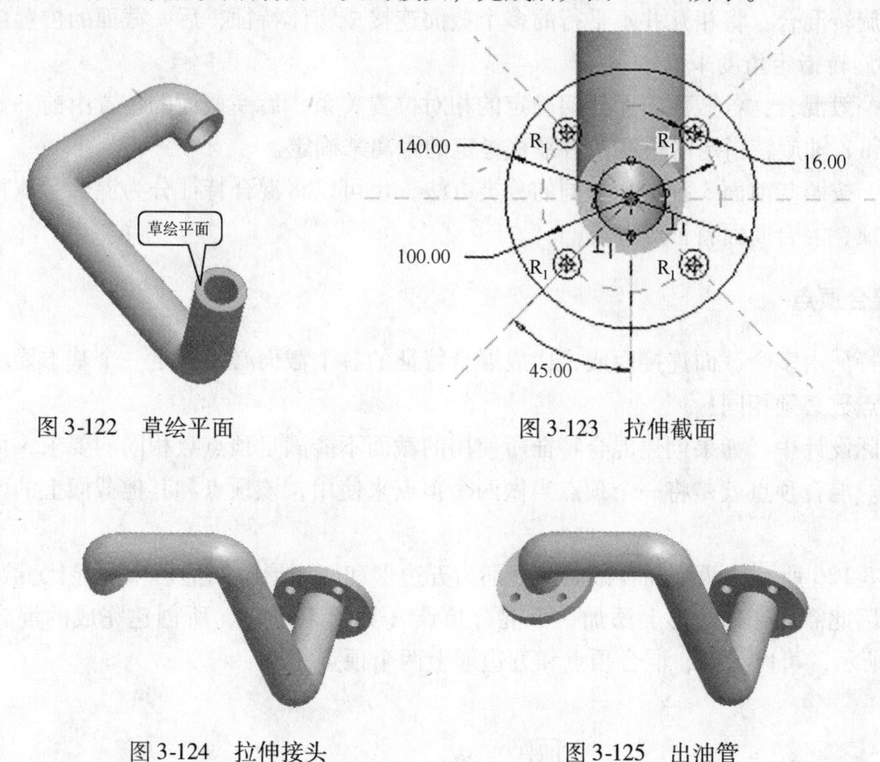

图 3-122　草绘平面　　图 3-123　拉伸截面

图 3-124　拉伸接头　　图 3-125　出油管

3.6　混合特征

3.6.1　混合特征概述

在前面几节我们所介绍的拉伸特征、旋转特征和扫描特征都可以看做是草绘截面沿一定的路径运动，其运动轨迹生成了这些特征。这 3 类实体特征的创建过程中都有一个公共的草绘截面。

但是在实际的物体中，不可能只有相同的截面。很多结构较为复杂的物体，其尺寸和形状变化多样，因此很难通过以上 3 种特征得到。

对实体进行抽象概括，可以认为任意的一个特征都可以看做是由不同形状和大小的无限个截面按照一定的顺序连接而成，Pro/Engineer 中，这种连接称为混合特征。

在 Pro/Engineer 中，使用一组适当数量的截面来构建一个混合实体特征，这样做既可以清楚地表示实体模型的特点，又简化了建模过程。创建混合特征也就是定义一组截面，然后再定义这些截面的连接混合手段。

1. 混合特征分类

混合特征由多个截面按照一定的顺序相连构成，根据建模时各截面间的相对位置关系，可以将混合特征分为3种：

(1) 平行混合：将相互平行的多个截面连接成实体特征。

(2) 旋转混合：将相互并不平行的多个截面连接成实体特征，后一截面的位置由前一截面绕 Y 轴旋转指定角度来确定。

(3) 一般混合：各截面间无任何确定的相对位置关系，后一截面的位置由前一截面分别绕 X、Y 和 Z 轴旋转指定的角度或者平移指定的距离来确定。

当然，按照与前面 3 种特征相同的分类方法，也可以将混合特征分为混合实体特征、混合切口特征、混合曲面特征等种类。

2. 混合顶点

混合特征由多个截面连接而成，构成混合特征的各个截面必须满足一个基本要求：每个截面的顶点数必须相同！

在实际设计中，如果创建混合特征所使用的截面不能满足顶点数相同的要求，可以使用混合顶点。混合顶点就是将一个顶点当做两个顶点来使用，该顶点和其他截面上的两个顶点相连。

如图 3-126 所示的两个混合截面，分别为五边形和四边形。四边形中明显比五边形少一个顶点，因此需要在四边形上添加一个混合顶点（见图 3-127），所创建完成的混合特征如图 3-128 所示，可以看到，混合顶点和五边形上两个顶点相连。

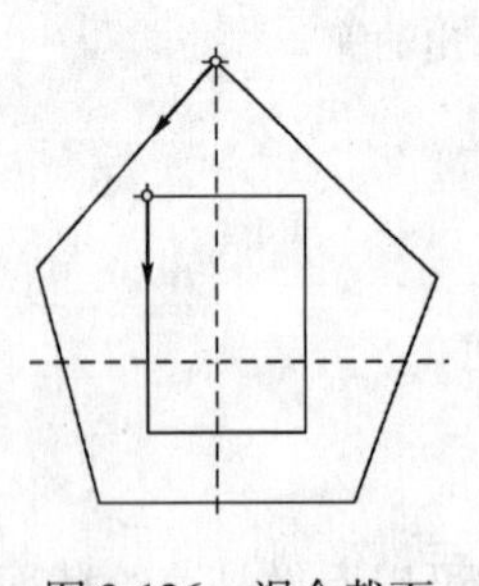

图 3-126 混合截面

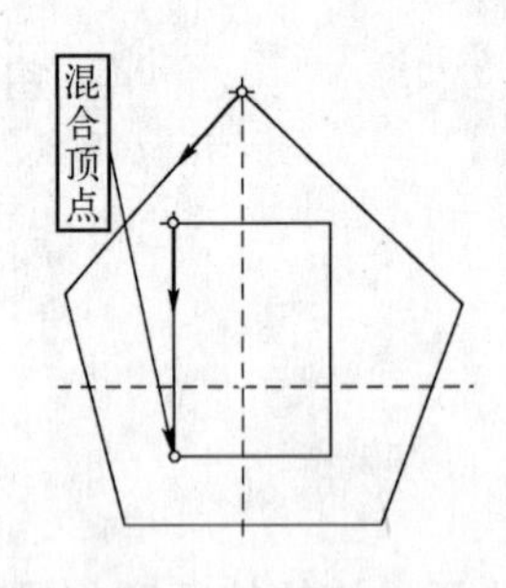

图 3-127 创建混合顶点

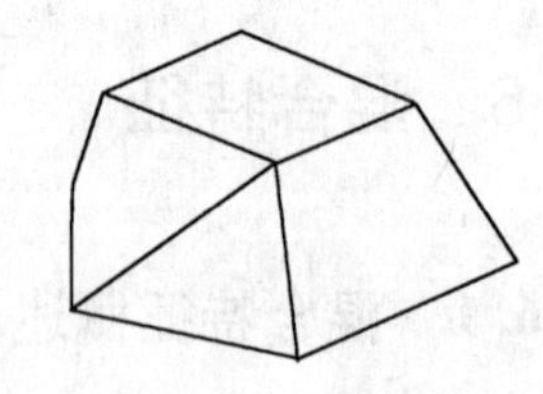

图 3-128 混合特征

创建混合顶点非常简单。在草绘环境中创建截面时，选中所要创建的混合顶点，然后单击“草绘”→“特征工具”→“混合顶点”，所选点就成为了混合顶点。在封闭环的起始点不能有混合顶点。

3. 截断点

对于像圆形这样的截面，上面没有明显的顶点。如果需要与其他截面混合生成实体特征，必须在其中加入与其他截面数量相同的顶点。这些人工添加的顶点就是截断点。

如图 3-129 所示，两个截面分别是五边形和圆形，圆形没有明显的顶点，因此需要手动加入顶点。在草绘环境中创建截面时，使用按钮即可将一条曲线分为两段，中间加上顶点。图 3-129 中所示的圆形截面上，一共加入了 5 个截断点，最后完成的混合实体特征如图 3-130 所示。

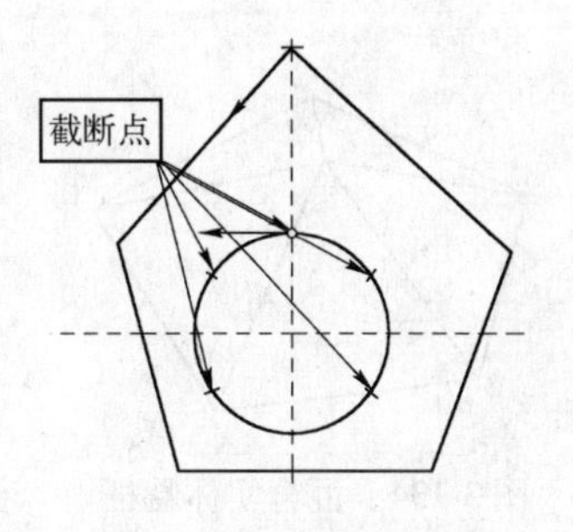

图 3-129 添加截断点

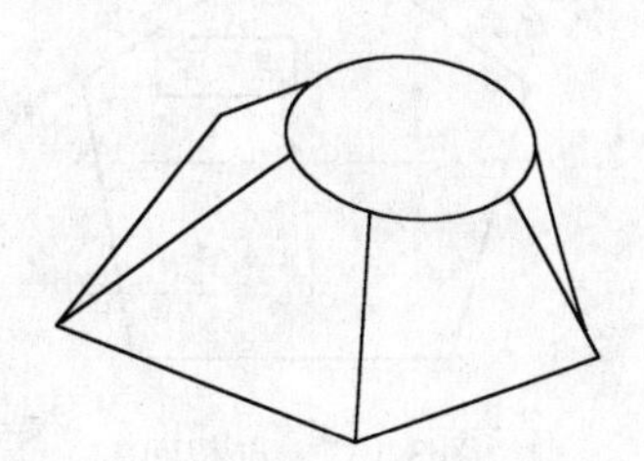

图 3-130 完成的混合实体特征

4. 起始点

起始点是多个截面混合时的对齐参照点。每一个截面中都有一个起始点，起始点上用箭头标明方向，两个相邻截面间起始点相连，其余各点按照箭头方向依次相连。

通常，系统自动取草绘时候所创建的第一个点作为起始点，而箭头所指方向由草绘截面中各边线的环绕方向所决定，如图 3-131 所示。

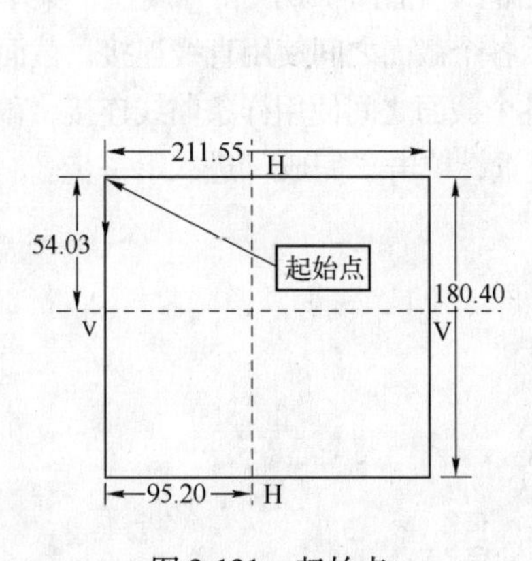

图 3-131 起始点

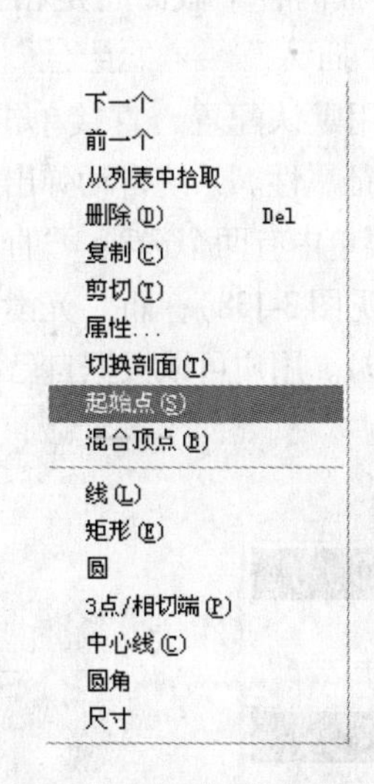

图 3-132 右键快捷菜单

如果用户对系统默认生成的起始点不满意，可以手动设置起始点。方法是：选中将要作为起始点的点后，单击“草绘”→“特征工具”→“起始点”，选中的点就成为起始点；或者选中将要作为起始点的点后，右击，在弹出的快捷菜单中单击“起始点”（如图 3-132 所示）。

如果截面为环形，用户还可以自定义箭头的指向，方法是：选中起始点后，右击，在弹出的快捷菜单中单击“起始点”，箭头则会立刻反向。

5. 点截面

创建混合特征时，点可作为一种特殊的截面与各种截面混合，这时候点可以看做一个只有一个点的截面，称为点截面，如图 3-133 所示。点截面可以和相临截面的所有顶点相连，构成混合特征，见图 3-134 所示。

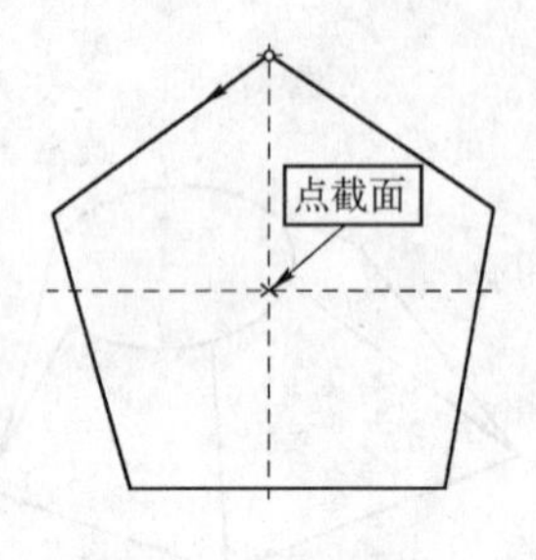

图 3-133　点截面

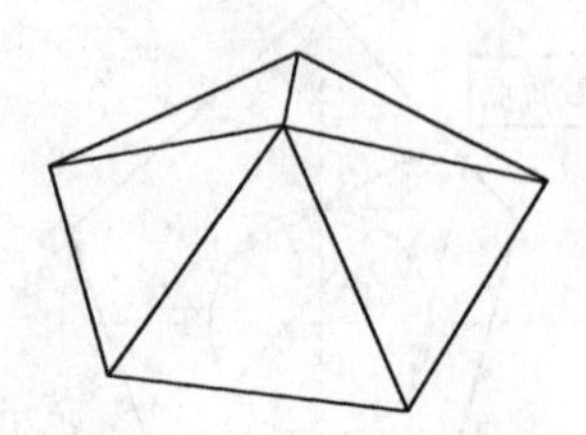

图 3-134　混合实体特征

3.6.2　创建混合特征

在前面已经介绍过，混合特征可以分为 3 类，下面按照这种分类方法分别介绍这 3 种混合特征的创建步骤（介绍时混合特征创建都采用混合实体伸出项为例）。

1. 创建平行混合特征

平行混合特征的各个截面间是相互平行的，其创建步骤如下：

（1）单击“插入”→“混合”→“伸出项”，在弹出的“混合选项”菜单（见图 3-135）中使用默认配置，直接单击“完成”。

（2）设定特征属性。系统自动弹出“混合”对话框（见图 3-136）和“属性”菜单（见图 3-137）。“属性”菜单中有两个选项：“直的”选项表示各个截面之间使用直线连接，截面间的过渡有明显的转折（见图 3-138）；而“光滑”选项表示各个截面之间使用样条曲线连接，截面间平滑过渡（如图 3-139）。用户可以根据自己的需要进行设置，单击“完成”进入下一步。

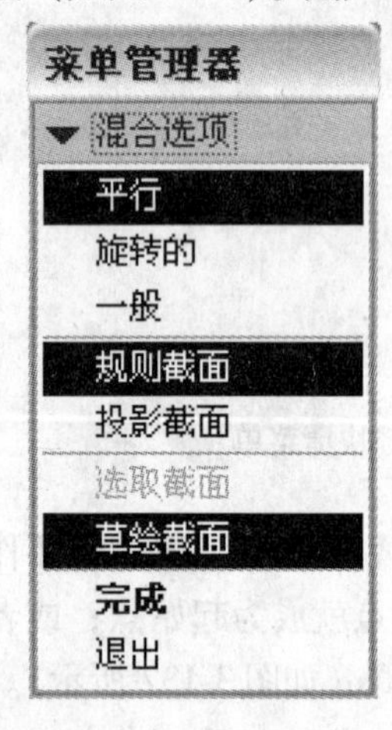

图 3-135　“混合选项”菜单

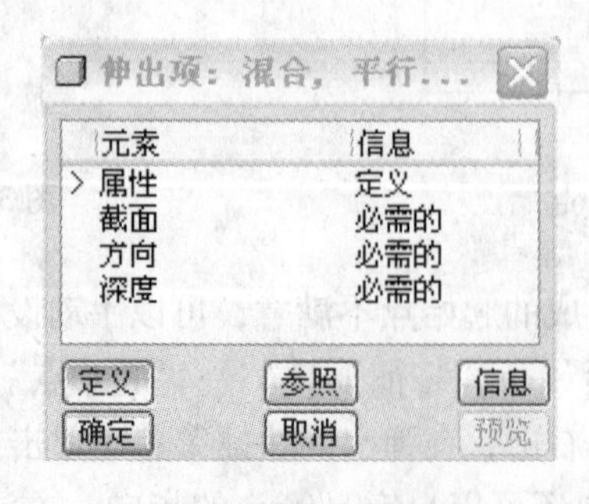

图 3-136　“混合”对话框

图 3-137　“属性”菜单

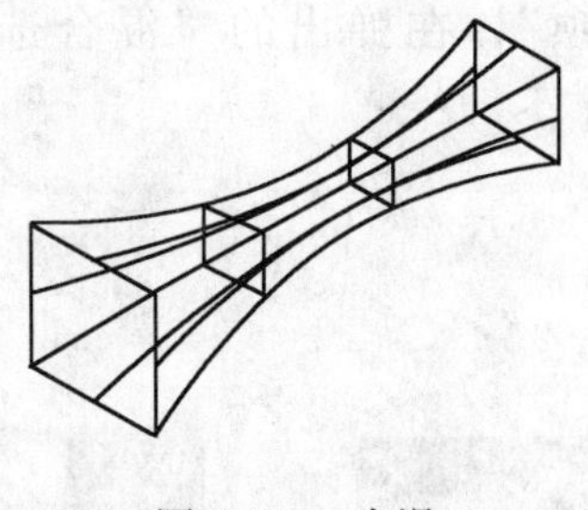

图 3-138　光滑

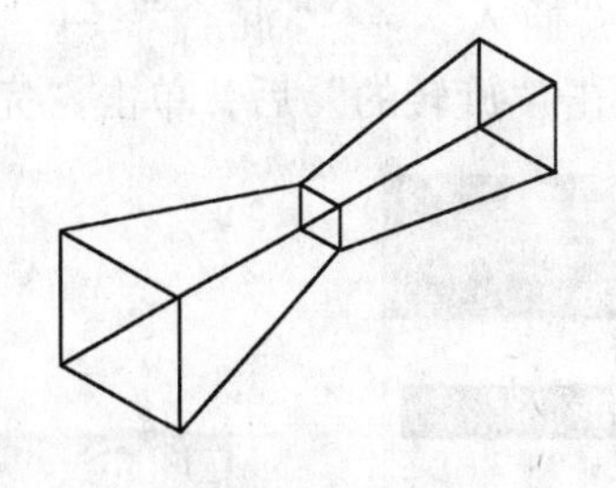

图 3-139　直的

（3）设置草绘平面。系统自动弹出“设置草绘平面”菜单，用于设置混合截面的草绘平面，如图 3-140 ~ 图 3-142 所示。混合特征草绘平面的设置方法与扫描特征相同，可以参考前一节的内容，在此不再赘述。设置草绘平面完成后，进入草绘环境。

图 3-140　“设置平面”菜单

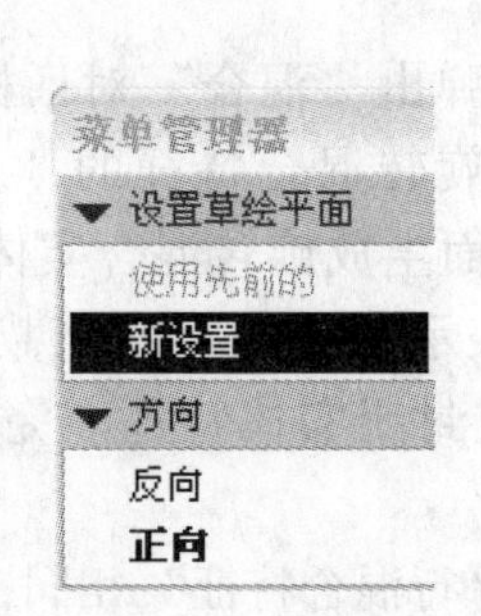

图 3-141　“方向”菜单

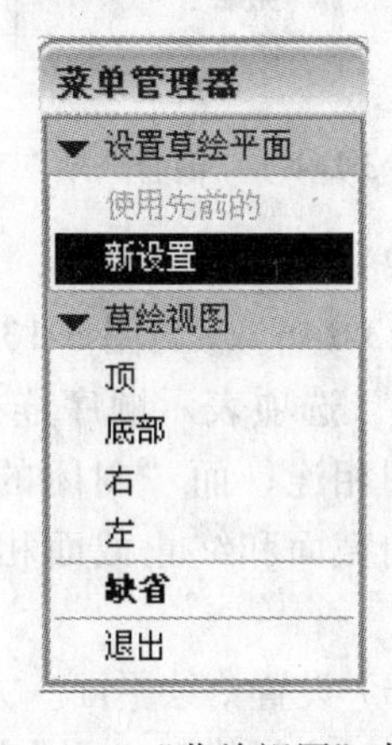

图 3-142　“草绘视图”菜单

（4）绘制截面。进入草绘平面后，就可以按照需要草绘截面。当一个截面草绘完成后，单击“草绘”→“特征工具”→“切换剖面”，或者在图形窗口中右击，在弹出的快捷菜单中单击“切换剖面”，则系统自动切换到下一个截面，同时已经绘制的截面变为灰色显示。

当所有的截面绘制完成后，单击按钮，完成截面绘制。混合特征中所有的截面必须满足顶点数量相等的条件！

（5）定义截面间距。系统自动弹出输入文本框（如图 3-143 所示），用户在文本框中输入两个相邻截面间的距离。若共有 N 个截面，则需要输入 $N-1$ 次间距。

图 3-143　定义截面间距离

（6）生成混合实体特征。在“混合”对话框中单击“确定”，生成混合实体特征。

2. 创建旋转混合特征

旋转混合特征中，后一截面的位置由前一截面绕 Y 轴旋转指定角度来确定。下面详细介绍旋转混合特征的创建步骤：

（1）单击“插入”→“混合”→“伸出项”，在弹出的“混合选项”菜单（见图3-144）中单击“旋转的”后，单击“完成”。

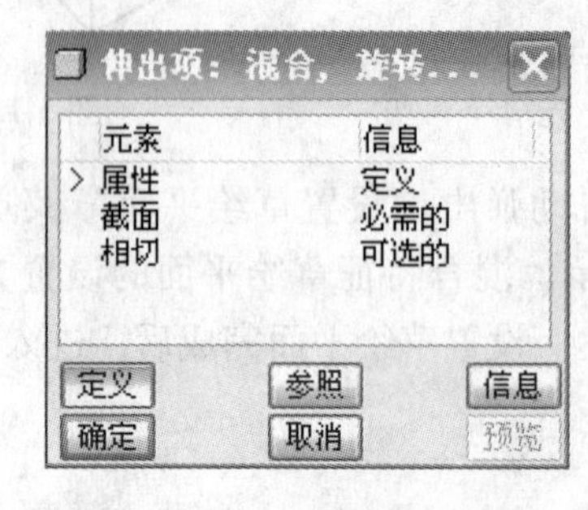

图3-144 “混合选项”菜单　　图3-145 “混合”对话框　　图3-146 “属性”对话框

（2）设定特征属性。系统自动弹出“混合”对话框（见图3-145）和“属性”菜单（见图3-146），与图3-137相比，旋转混合特征的“属性”菜单多了两个选项，其中“开放”选项表示顺序连接各个截面生成旋转混合实体，实体的起始截面和终止截面并不封闭相连；而“封闭的”选项表示顺序连接各个截面生成旋转混合实体，同时实体的起始截面和终止截面相连，形成封闭实体特征。完成设置后，单击“完成”进入下一步。

（3）设置草绘平面。方法和“平行混合特征”相同，不再赘述。

（4）绘制截面。进入草绘平面后，就可以按照需要草绘截面（见图3-147）。

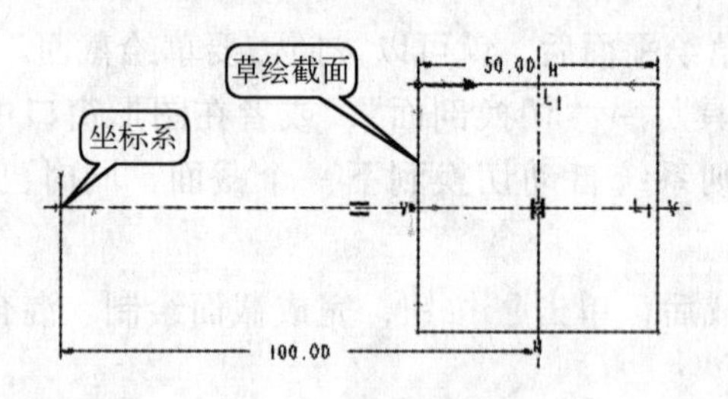

图3-147 截面草绘

旋转混合特征的截面与平行混合特征不同。在旋转混合特征的截面中，除了截面几何外，还需要使用按钮绘制一个坐标系，用于角度定位。

当一个截面草绘完成后，单击按钮，系统在消息区中弹出图3-148所示的文本框，用于定义下一个截面与该截面间的夹角。输入角度值后，单击按钮，系统自动新开一个草绘窗口，绘制下一个截面。

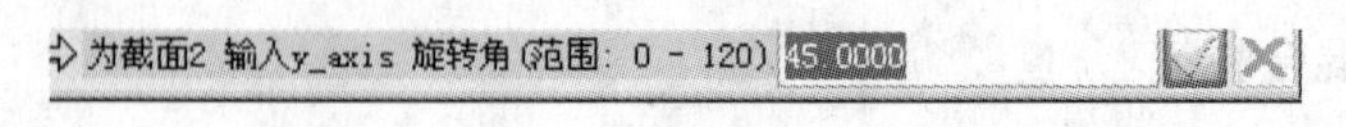

图3-148 旋转角度定义

第二个截面草绘完成后，单击✓按钮，系统在消息区中显示图3-149所示的文本框，如果需要继续绘制截面，单击是按钮；如果所有截面都已经完成定义，单击否按钮后，系统返回“混合”对话框。

图3-149　继续下一截面

（5）生成混合实体特征。在“混合”对话框中单击“确定”，生成混合实体特征。

3. 创建一般混合特征

一般混合特征中，后一截面的位置不确定，需要由前一截面分别绕X、Y和Z轴旋转指定角度来确定。一般混合特征也可以看做旋转混合特征的复杂情况，它的创建方法与旋转混合特征较为相似，但有以下不同。

（1）“属性”对话框：一般混合特征的“属性”对话框与平行混合特征相同，没有“开放”和“封闭”选项。

（2）新截面的定位方式：一般混合特征中，新截面需要由前一截面分别绕X、Y和Z轴旋转指定的角度来确定，因此需要输入3次参数，如图3-150所示。

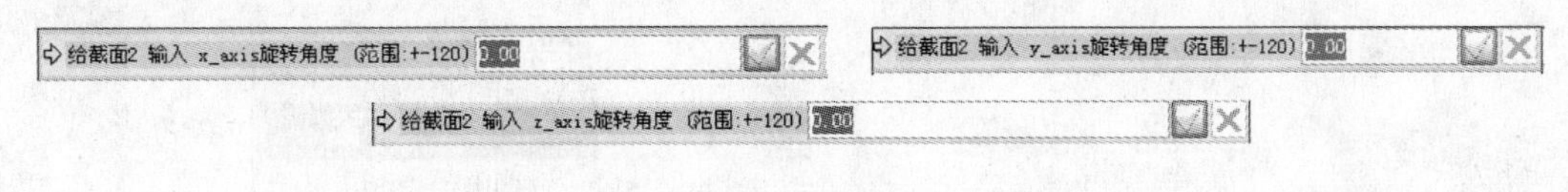

图3-150　一般混合特征截面的定位

3.6.3　混合特征应用实例

1. 平行混合特征

图3-151中所示的实体模型，就是使用平行混合特征创建而成的，下面给以详细说明。

（1）建立新文件。单击“文件”工具栏中的□按钮，或者单击“文件”→“新建”，系统弹出“新建”对话框，在“名称”文本框中输入所需要的文件名“hunhe_shili_1”，取消“使用默认模板”选择框后单击“确定”，系统自动弹出“新文件选项”对话框，在“模板”列表中选择“mmns_part_solid”选项后，单击“确定”，系统自动进入零件环境。

（2）使用平行混合特征创建主体。

① 单击“插入”→“混合”→“伸出项”后，在“混合选项”对话框中使用默认选项后，直接单击“完成”（见

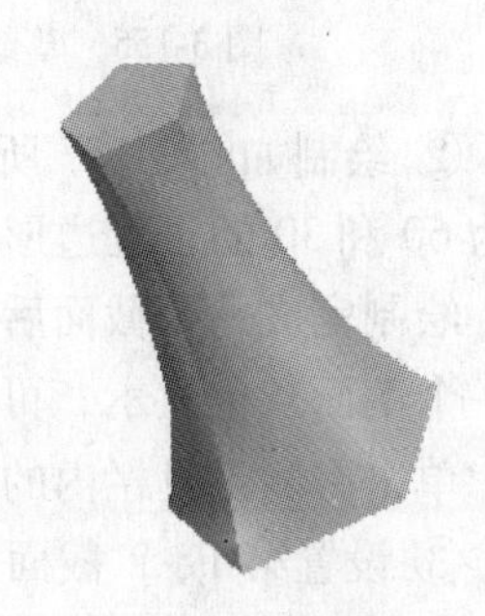

图3-151　平行混合特征实例

图3-152)，在弹出的“属性”对话框（见图3-153）中选择“光滑的”选项，弹出“设置平面”菜单（见图3-154）并点选TOP平面作为草绘平面，在弹出的设置草绘平面方向菜单中选择“正向”（见图3-155)，在弹出的“草绘视图”菜单中选择“默认”（见图3-156)，进入草绘环境。

图3-152 “混合选项”菜单

图3-153 “属性”菜单

图3-154 选择草绘平面

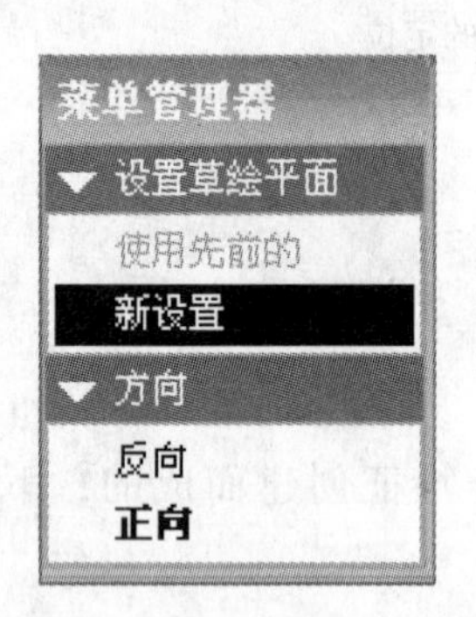

图3-155 草绘平面方向设

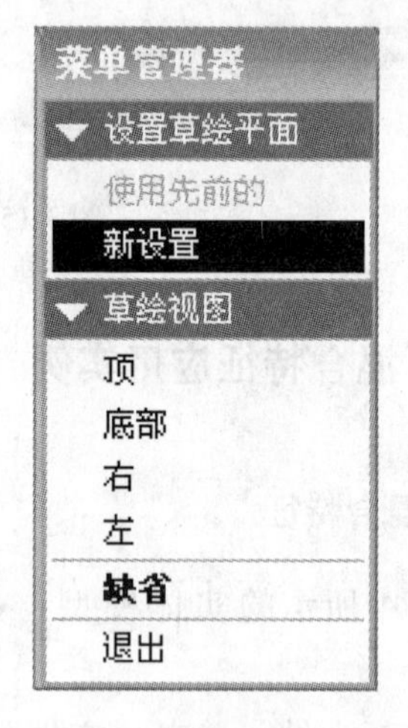

图3-156 “草绘视图”设置

② 绘制如图3-157所示的截面。一共绘制3个截面，其中第1个和第3个截面分别是边长为60和30的正五边形，而第2个截面是一个半径为30的圆。

绘制完成一个截面后，单击下拉菜单“草绘”→“特征工具”→“切换剖面”。此时，第一个剖面灰色显示，可以进行第二个截面的绘制，以此类推，等所有截面都绘制完成之后，单击右侧工具栏内的✓，系统提示输入截面深度。

③ 设置第1、2截面间的距离为50，第2、3截面间的距离为100，完成后单击【确定】，生成平行混合特征。

生成的实体特征如图3-151所示。

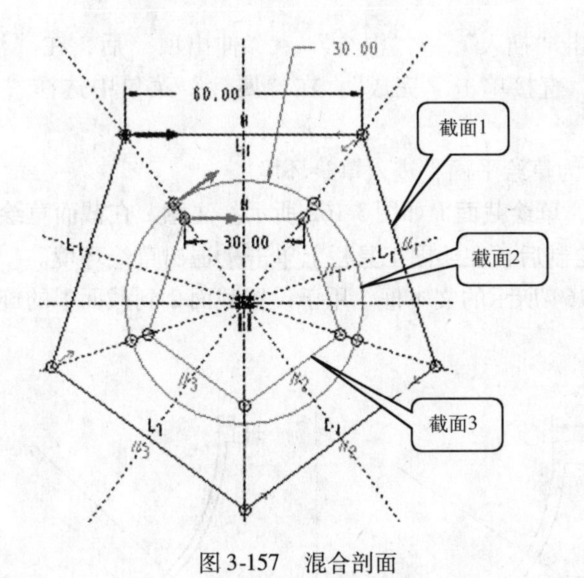

图 3-157　混合剖面

提示：第 2 截面为圆，上面没有明显的顶点，必须在其中加入与截面 1 数量相同的顶点，也就是我们前面说的截断点。

2. 旋转混合特征

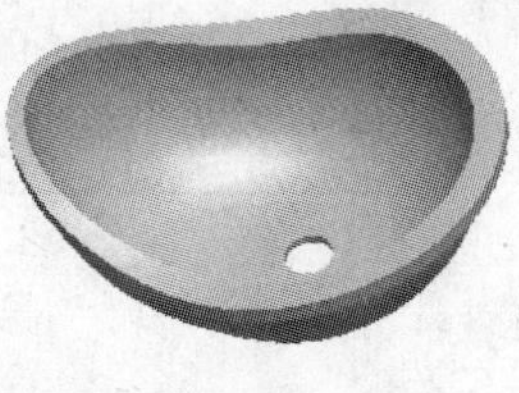

图 3-158 所示的实体模型是利用旋转混合特征所创建的。下面介绍其详细的创建步骤：

图 3-158　旋转混合特征示例

(1) 建立新文件。单击"文件"工具栏中的按钮，或者单击"文件"→"新建"，系统弹出"新建"对话框，在"名称"文本框中输入所需要的文件名"hunhe_shili_2"，取消"使用默认模板"选择框后单击"确定"，系统自动弹出"新文件选项"对话框，在"模板"列表中选择"mmns_part_solid"选项后，单击"确定"，系统自动进入零件环境。

(2) 旋转混合特征设置（见图 3-159 ~ 图 3-161 所示）。

图 3-159　混合选项设置

图 3-160　属性设置

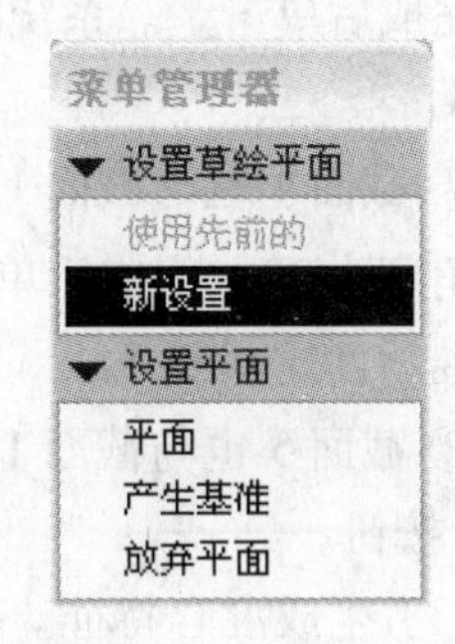

图 3-161　草绘平面设置

① 在主菜单中单击“插入”→“混合”→“伸出项”后，在“混合选项”菜单中单击“旋转的”选项后，直接单击“完成”。在“属性”菜单中选择“光滑”和“封闭的”选项后，单击“完成”。

② 选择 TOP 平面为草绘平面，进入草绘环境。

③ 在草绘环境中，草绘截面 1 如图 3-162 所示。注意，在截面草绘图中，一定要加入坐标系。完成截面 1 的绘制后，在绘图工具栏上单击✓退出草绘环境。

④ 系统弹出图 3-164 所示的文本框，用于设置截面 2 到截面 1 的旋转距离，输入 30 后，单击✓。

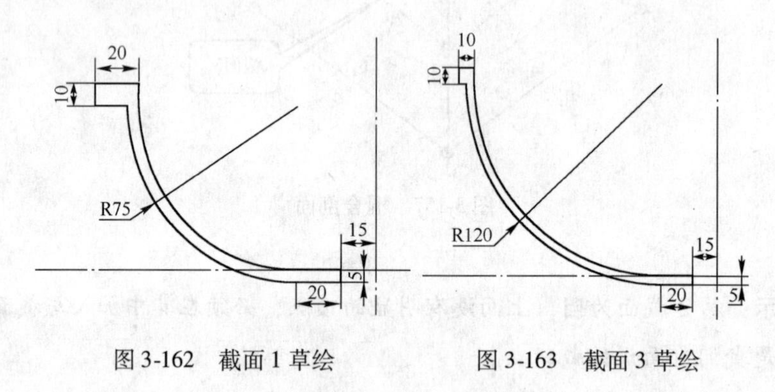

20
10
R75
15
5
20
图 3-162　截面 1 草绘

10
10
R120
15
20
5
图 3-163　截面 3 草绘

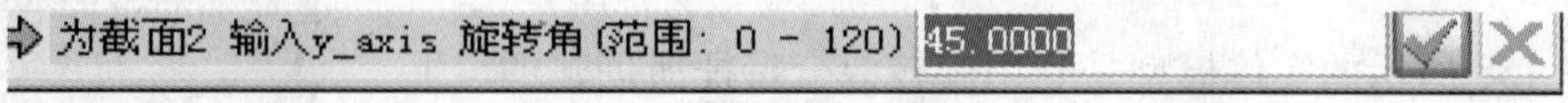

为截面2 输入y_axis 旋转角(范围: 0 - 120) 45.0000
图 3-164　旋转角度设置

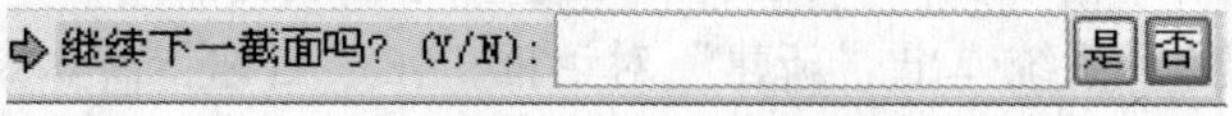

继续下一截面吗? (Y/N):
是
否
图 3-165　是否继续下一截面

⑤ 系统自动新开一个窗口，用于绘制截面 2，截面 2 与截面 1 完全相同。绘制完成后在绘图工具栏上单击✓退出草绘环境。设置截面 3 到截面 2 的旋转角度为 60，完成后单击✓。系统在消息区弹出图 3-165 所示的选择框，单击“是”按钮，继续创建截面 3。

⑥ 绘制截面 3 如图 3-163 所示，完成后单击✓，并设置截面 4 到截面 3 的旋转角度为 60，完成后单击✓。系统在消息区弹出图 3-165 所示的选择框，单击“是”按钮，继续创建截面 4。

⑦ 截面 4 也与截面 1 相同，如图 3-162 所示，完成后单击✓，并设置截面 5 到截面 4 的旋转角度为 30，完成后单击✓，系统在消息区弹出图 3-165 所示的选择框，单击“是”按钮，继续创建截面 5。

⑧ 截面 5 也与截面 1 相同，如图 3-162 所示，完成后单击✓，在弹出的选择框中单击“是”按钮。

（3）生成混合特征。在“混合”对话框中单击“确定”，完成旋转混合特征的创建，如图 3-158 所示。

3. 一般混合特征

图 3-166　一般混合特征示例

图 3-166 中所示的模型，是使用一般混合特征创建而成。下面详细说明其创建过程。

(1) 建立新文件。单击“文件”工具栏中的按钮，或者单击“文件”→“新建”，系统弹出“新建”对话框，在“名称”文本框中输入所需要的文件名“hunhe_shili_3”，取消“使用默认模板”选择框后，单击“确定”，系统自动弹出“新文件选项”对话框，在“模板”列表中选择“mmns_part_solid”选项后，单击“确定”，系统自动进入零件环境。

(2) 一般混合特征设置（见图 3-167 ~ 图 3-169）。

① 在主菜单中单击“插入”→“混合”→“伸出项”后，在弹出的“混合选项”菜单中单击“一般的”选项，然后直接单击“完成”，在“属性”菜单中选择“光滑”选项后，单击“完成”。

图 3-167　“混合选项”菜单

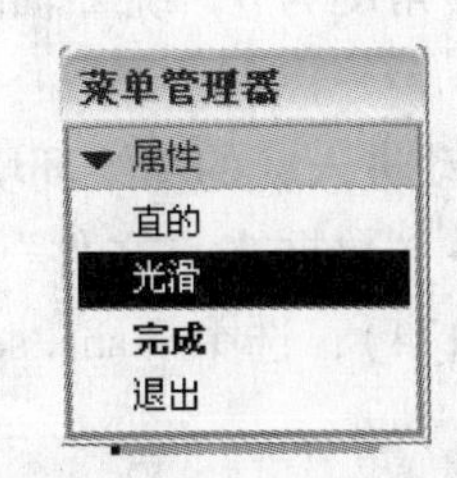

图 3-168　“属性”菜单

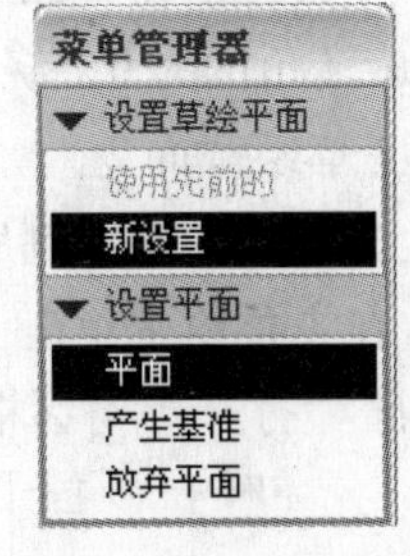

图 3-169　草绘平面设置

② 在“设置草绘平面”菜单中选择 TOP 平面为草绘平面，使用所有默认设置，直接单击“完成”后，进入草绘环境。

(3) 草绘截面 1。

① 在草绘环境中绘制如图 3-170 所示的截面。该截面中包括两部分：截面线和坐标系。

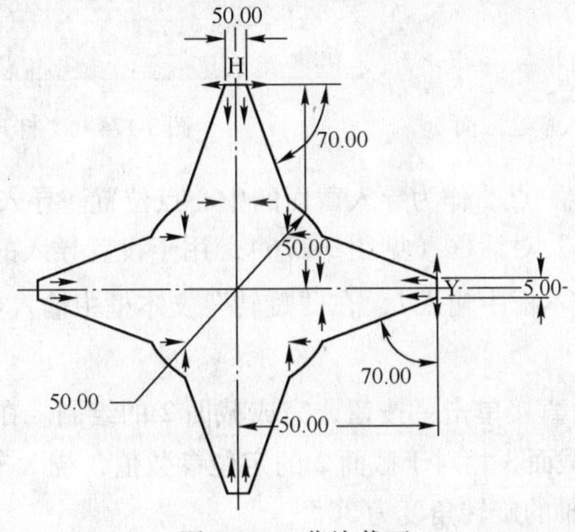

图 3-170　草绘截面

② 图 3-170 所示的截面绘制完成后，单击主菜单中的“文件”→“保存副本”，在弹出的“保存副本”对话框（见图 3-171）中输入新建名称为 SHE 后，单击“确定”，刚刚创建的草绘截面被保存到文件 SHE. sec 中，供后续步骤使用。

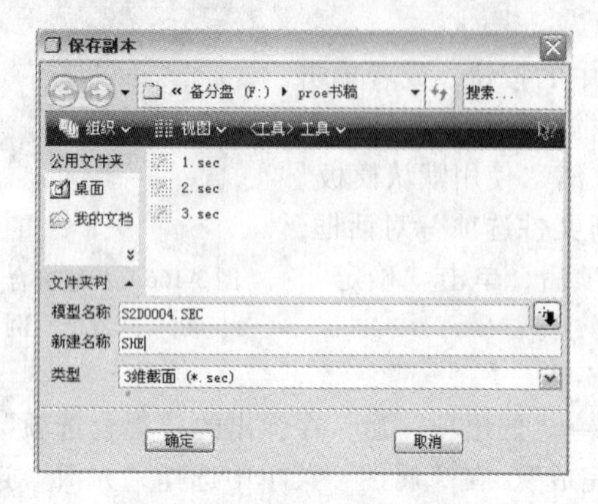

图 3-171　“保存副本”对话框

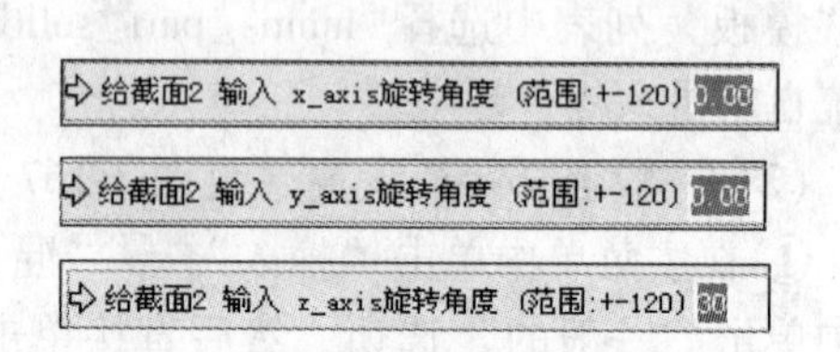

图 3-172　截面 2 定位

③ 单击✓按钮，完成截面 1 的草绘。在系统弹出的文本框内设置截面的定位参数，绕 X 轴的旋转角度为 0，绕 Y 轴的旋转角度为 0，绕 Z 轴的旋转角度为 30（见图 3-172）。

（4）草绘截面 2。

① 完成截面 1 绘制后，系统自动进入新的草绘环境中，开始草绘截面 2。

② 在主菜单中单击“草绘”→“数据来自文件”→“文件系统”（见图 3-173）后，系统弹出“打开”对话框（见图 3-174），选中“she. sec”文件后，单击“打开”。

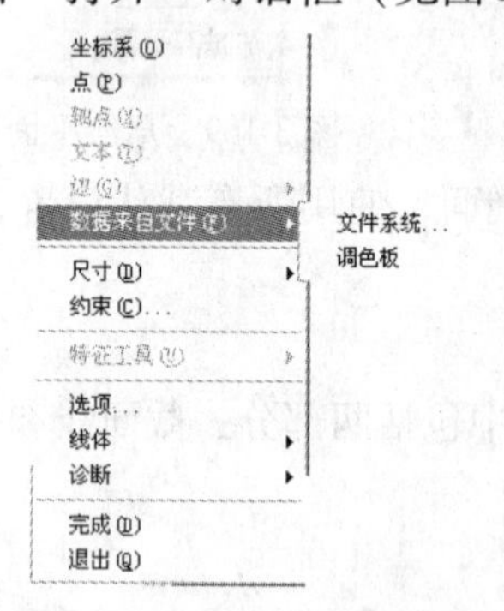

图 3-173　从文件导入草绘截面

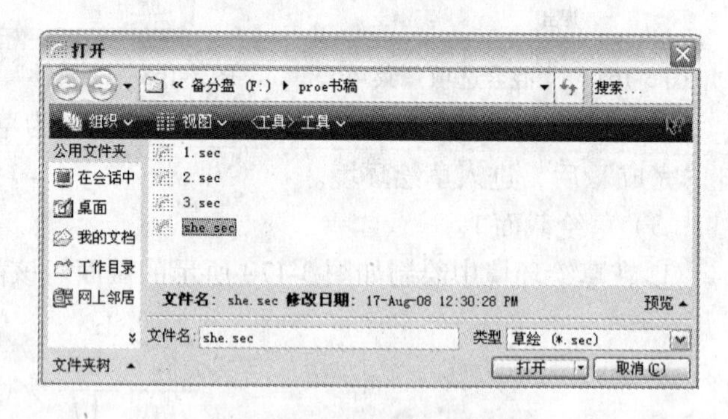

图 3-174　“打开”对话框

③ 在图形中任意指定一点，作为导入截面的中心点位置。导入的截面如图 3-175 所示，同时系统弹出“缩放旋转”对话框（见图 3-176），用于设置导入的截面的缩放尺寸值和旋转角度值。在“比例”文本框中输入 1，在“旋转”文本框中输入 0 后，单击✓按钮，完成截面导入。

④ 完成截面导入后，直接单击✓按钮，完成截面 2 的绘制。在消息区处系统弹出的对话框中单击“否”，设置截面 3 相对于截面 2 的定位参数值，绕 X 轴的旋转角度为 0，绕 Y 轴的旋转角度为 0，绕 Z 轴的旋转角度为 30。

（5）绘制截面 3。使用和前一种一样的方法，继续绘制截面 3。

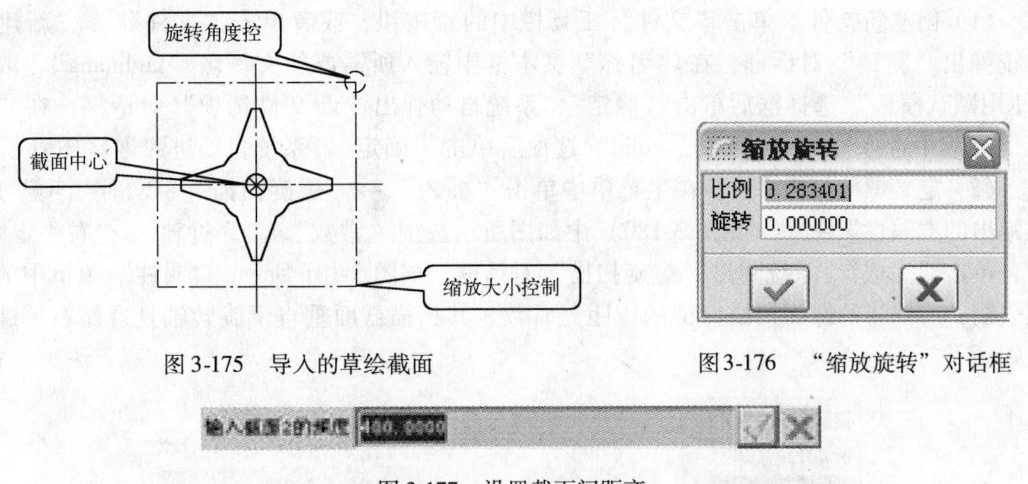

图 3-175　导入的草绘截面　　　　图 3-176　“缩放旋转”对话框

图 3-177　设置截面间距离

（6）设置截面间距离。第 3 个截面绘制完成后，在消息区系统弹出的对话框中单击“否”，系统弹出图 3-177 所示的对话框，用于设置各个相邻截面间的距离，这里均设为 100。

（7）生成实体特征。所有元素定义完成后，在“混合”对话框中单击“确定”，系统生成如图 3-166 所示的实体模型。

3.7　螺旋扫描特征

3.7.1　螺旋扫描特征概述

螺旋扫描属于扫描特征的一个特例，它可以沿着一旋转面上的轨迹进行扫描以产生螺旋的扫描特征，其模型主要由螺旋扫描的截面和轨迹来确定，而截面和轨迹只是辅助产生扫描特征的工具，最终的特征中并不显示。

螺旋扫描主要用来建立弹簧、螺钉等零件，主要的要素有属性、扫描轨迹、截面和螺距等。

3.8.2　螺旋扫描特征应用实例

图 3-178 所示的特征是使用螺旋扫描特征所创建，下面详细介绍其创建过程。

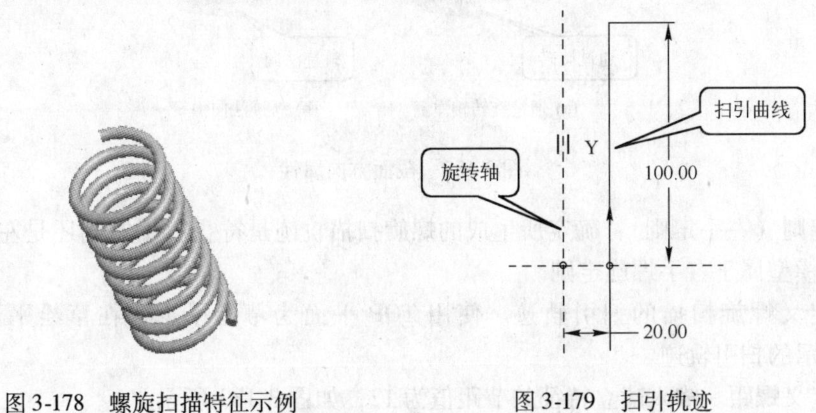

图 3-178　螺旋扫描特征示例　　　　图 3-179　扫引轨迹

（1）创建新文件。单击“文件”工具栏中的□按钮，或者单击“文件”→“新建”，系统弹出“新建”对话框，在“名称”文本框中输入所需要的文件名“tanhuang”，取消“使用默认模板”选择框后单击“确定”，系统自动弹出“新文件选项”对话框，在“模板”列表中选择“mmns_ part_ solid”选项后单击“确定”，系统自动进入零件环境。

（2）定义螺旋扫描属性。在主菜单中单击“插入”→“螺旋扫描”→“伸出项”后，在弹出的“属性”菜单（见图 3-180）中如图所示选中“常数”、“穿过轴”、“右手定则”后，单击“完成”。系统弹出“螺旋扫描”对话框，如图 3-181 所示。“属性”菜单中的定义表明，所创建的螺旋扫描特征的螺距是常数，其扫描截面垂直于旋转轴且遵循右手螺旋定则。

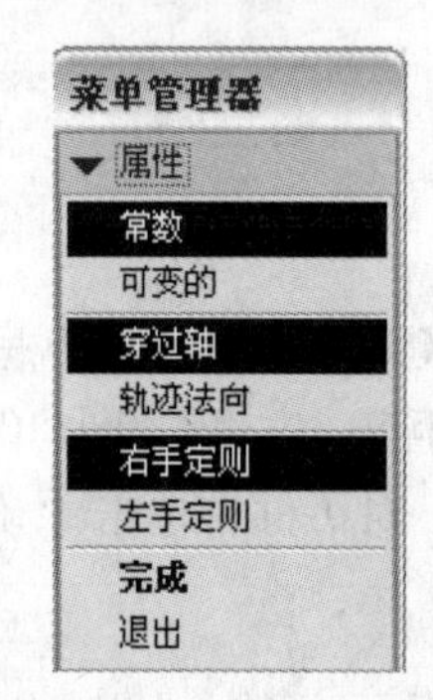

图 3-180 “属性”菜单

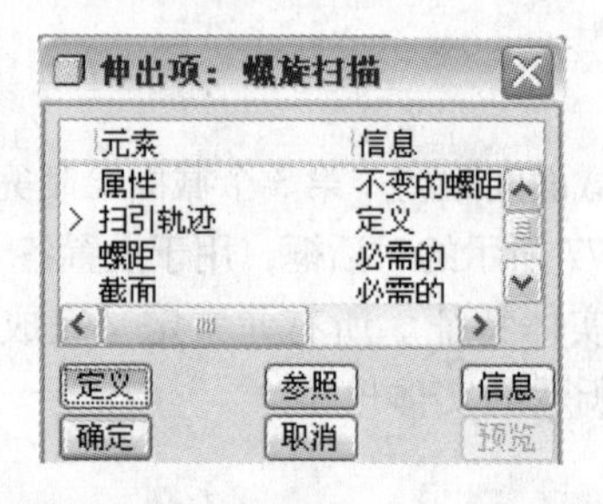

图 3-181 “螺旋扫描”对话框

常数（可变）：定义螺旋扫描的螺距是常数或可变的。

穿过轴（轨迹法向）：指所要绘制的螺距扫描的截面是通过旋转轴还是垂直于螺旋轴，如图 3-182 所示，注意截面的方位不同。

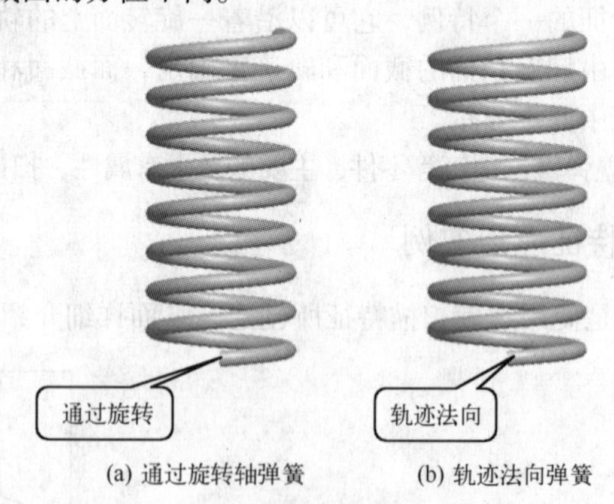

(a) 通过旋转轴弹簧　　(b) 轨迹法向弹簧

图 3-182 截面方向属性

右手定则（左手定则）：确定所生成的螺旋扫描轨迹是符合右手定则还是左手定则。图 3-178 所示模型属于右手螺旋定则。

（3）定义螺旋扫描的扫引轨迹。使用 TOP 平面为草绘平面，在草绘平面中创建如图 3-179所示的扫引轨迹。

（4）定义螺距。输入建立特征的节距值为 12，如图 3-183 所示。

图 3-183　输入节距值

(5) 定义扫描截面。绘制图 3-184 所示的扫描截面，一个圆心位于扫引曲线起始点处，直径为 5 的圆。

(6) 生成螺旋扫描特征。所有元素定义完成后，在“螺旋扫描”对话框中单击“确定”，生成螺旋扫描实体伸出项，如图 3-185 所示。

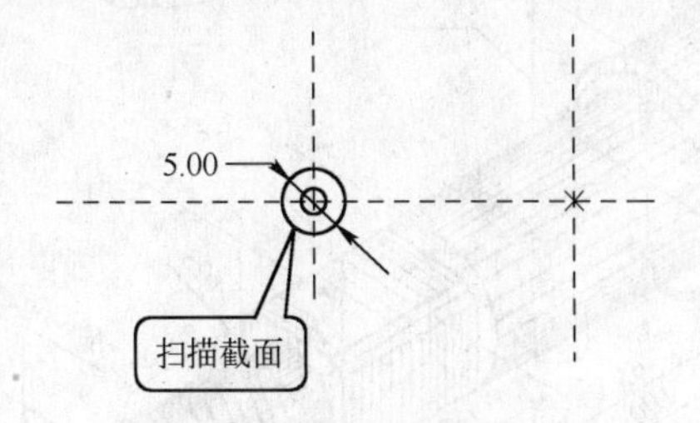

图 3-184　扫描截面

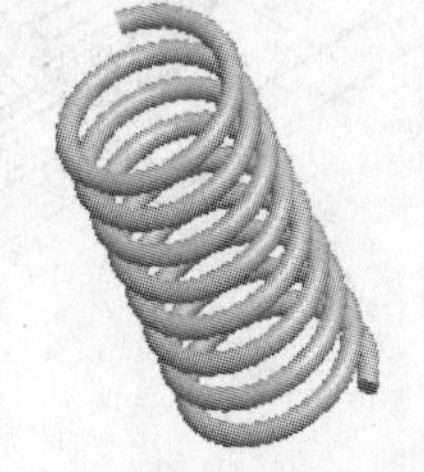

图 3-185　螺旋扫描实体伸出项

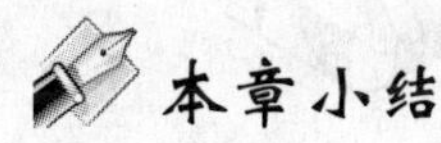

本章小结

本章共 7 小节，主要介绍了在 pro/Engineer Wildfire 4.0 中创建三维条件的基本方法。分别对基准特征、拉伸特征、旋转特征、扫描特征、混合特征和螺旋扫描特征的创建做了详细的讲解，并对每一类特征的创建配以相应的范例。

通过本章的学习，应熟练掌握基本特征的创建流程及特点，能完成常见零件的设计。在进行零件设计时，应仔细分析零件的结构特点，选择适当的方法进行建模，以便提高设计效率。

草绘综合练习

综合练习 5：完成如图 3-186 所示的实体建模。

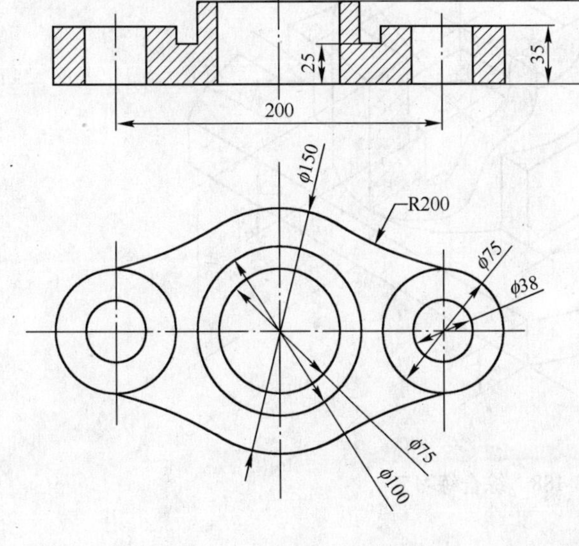

图 3-186　综合练习 5

综合练习 6：完成如图 3-187 所示的实体建模。

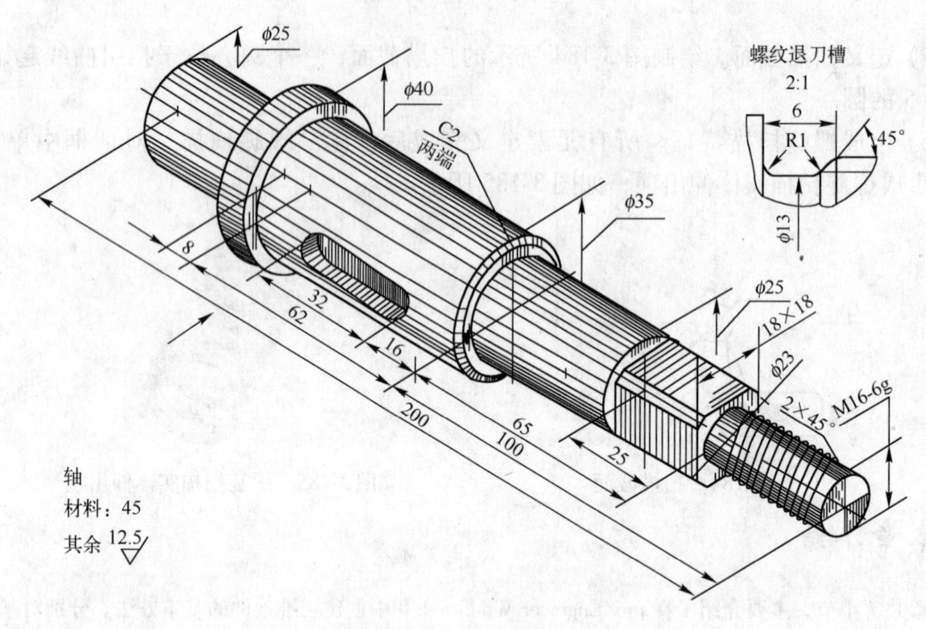

图 3-187　综合练习 6

综合练习 7：完成如图 3-188 所示的实体建模。

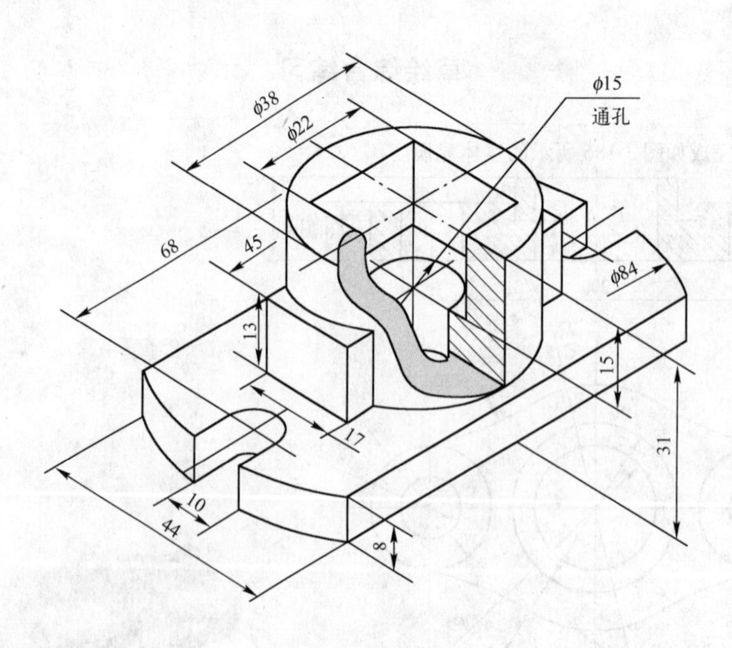

图 3-188　综合练习 7

综合练习 8：完成如图 3-189 所示的实体建模。

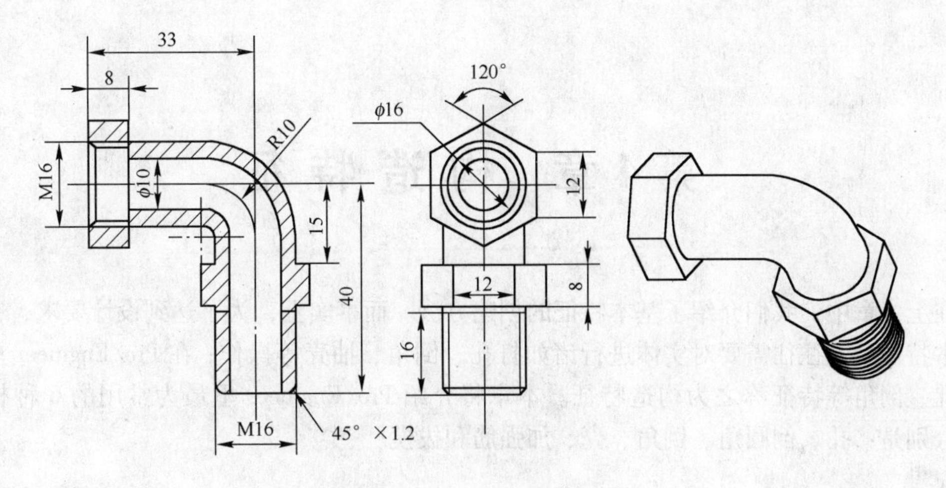

图 3-189　综合练习 8

第4章 构造特征

在上一章中，我们介绍了基本特征的创建方法。而事实上，为了达到设计要求，在创建好基本特征后，往往需要对实体进行诸如打孔、倒角、抽壳等操作；在Pro/Engineer里，这些打孔、倒角等特征称之为构造特征。本章将介绍Pro/Engineer里最为常用的6种构造特征，分别是：孔、倒圆角、倒角、壳、加强筋和拔模。

提示：构造特征的一个显著特点是它并不能够单独存在。构造特征必须依附于其他已经存在的基本特征之上，例如，孔特征必须切除已经存在的实体材料，倒圆角特征一般会旋转在已经存在的边线处。在使用Pro/Engineer进行实体建模时，一般先创建基本特征，然后再添加构造特征进行修饰，最后生成满意的实体模型。

4.1 定位参数和形状参数

要创建一个构造特征，必须具有以下两种参数：

(1) 定位参数。由于构造特征并不能单独存在，它只能依附于其他已经存在的实体特征，因此就需要对构造特征进行定位。在设置定位参数时，常常需要使用已经存在于特征中的适当几何图元，如点、线、面等，作为定位参照，然后使用一组相对于定位参照的位移或者角度值对构造特征进行定位。

(2) 形状参数。形状参数用于确定特征的形状和大小。各种不同的构造特征具有不同的形状。

定位参数和形状参数是构造特征的基本参数，因此创建构造特征的一般步骤都是设置定位参数和设置形状参数。如图4-1所示，是一个孔特征的定位参数和形状参数。

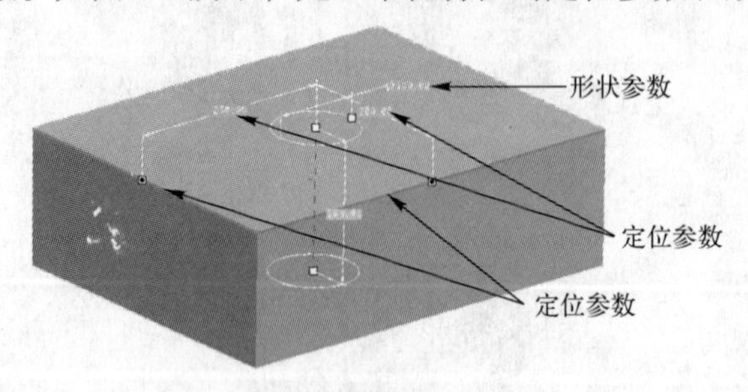

图4-1 孔特征的参数

4.2 构造特征命令的调用

与基本特征命令调用的方法相同，要调用构造特征的命令，方法一是通过“插入”菜单栏进行调用，如图 4-2 所示；方法二是通过主视窗右侧的工具栏进行调用，如图 4-3 所示。但后者往往效率比前者高。

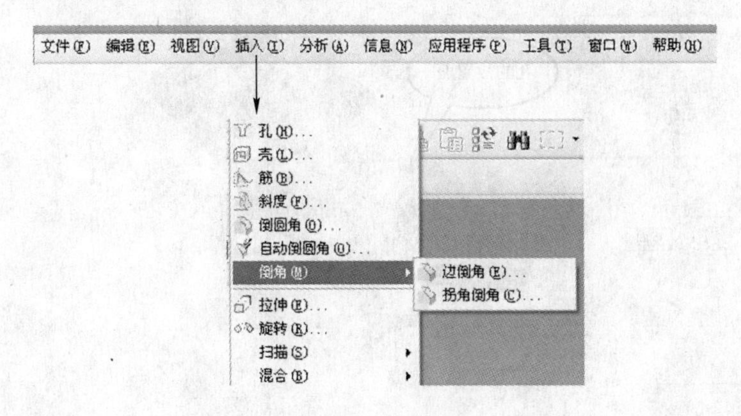

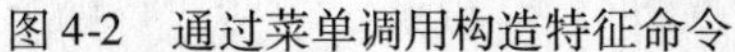

图 4-2　通过菜单调用构造特征命令

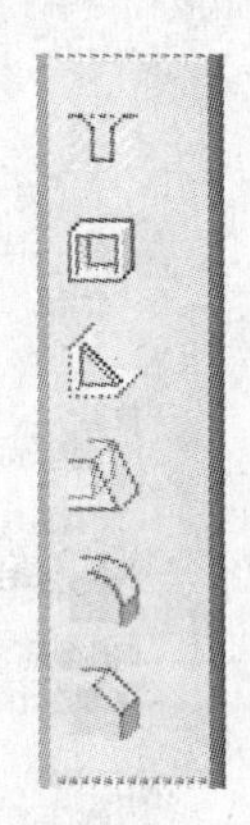

图 4-3　工具栏上的构造特征命令

4.3　孔特征

孔特征是在模型上切除实体模型材料后留下的中空回转结构，在现代机械零件设计中最常见的特征之一。在前面介绍基本特征时，曾经使用圆形截面拉伸的方式创建孔，也曾经使用旋转特征创建孔，但用这些方法创建孔特征，工作效率很低。

为了提高设计效率，在 Pro/Engineer 中有专门的孔创建工具。

在主菜单中单击“插入”→“孔”，或者单击构造特征工具栏中的按钮，系统进入孔特征操作对话框，如图 4-4 所示。

图 4-4　孔特征操作对话框

要构造出一个孔，必须完成两个工作：对孔进行定位、确定孔的形状。

4.3.1　孔的定位

单击图 4-4 中所示的“放置”按钮后，出现对话框，如图 4-5 所示。

在该对话框里，“放置”选项，即需要确定“在哪个地方打孔”；通过鼠标在零件的表面单击，选择好打孔所在的位置后，对话框变为图 4-6 所示。孔的轴线垂直于放置平面。

“类型”选项，即要求我们选择用来定位该孔具体位置的办法，单击下拉箭头后出现三个选项：线性、径向和直径，如图 4-7 所示。

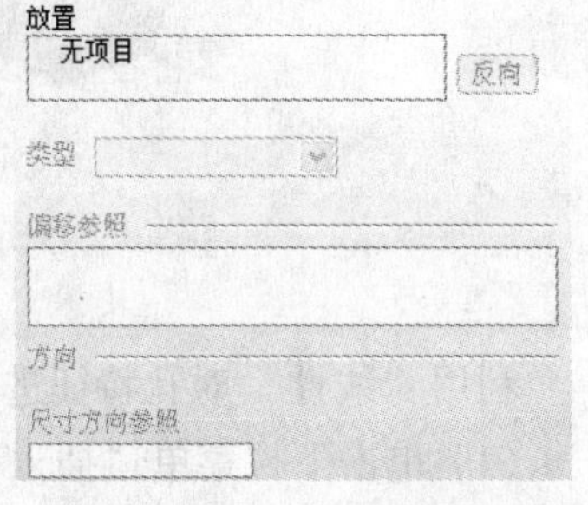

图 4-5　孔的放置初始对话框

下面以直孔为例对 3 种定位类型进行说明。

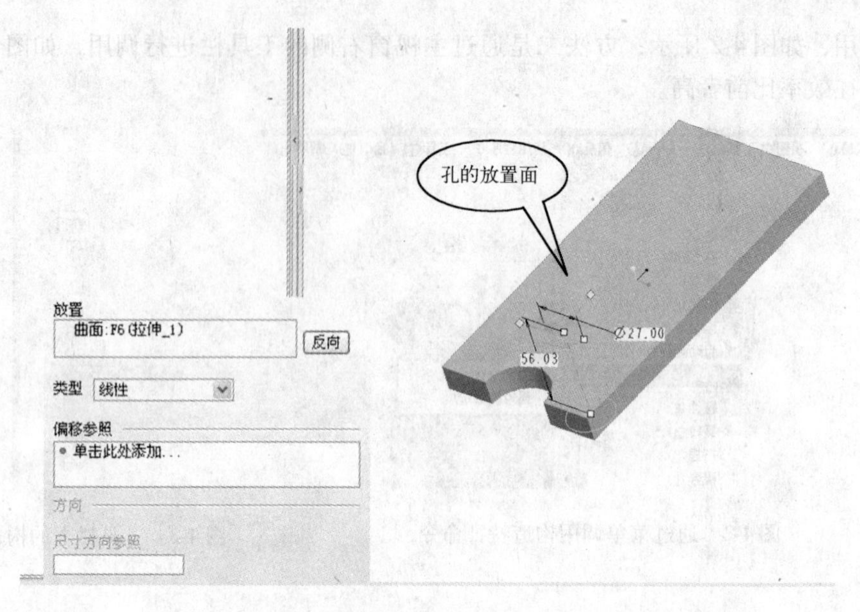

图 4-6 确定孔的放置面后对话框

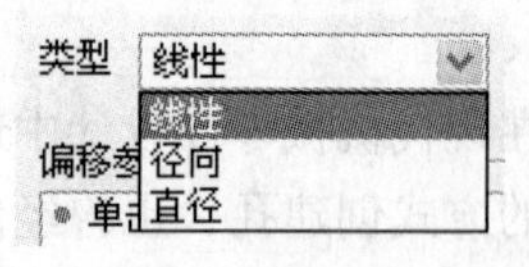

图 4-7 3 种定位方法

1. 线性

以孔的中心线距离两条边线（或两个面）的距离来定位。操作方法是分别用鼠标单击图 4-8 所示的零件的两条边线作为参照，此时放置对话框如图 4-9 所示，根据具体要求，更改其中偏移值即可。

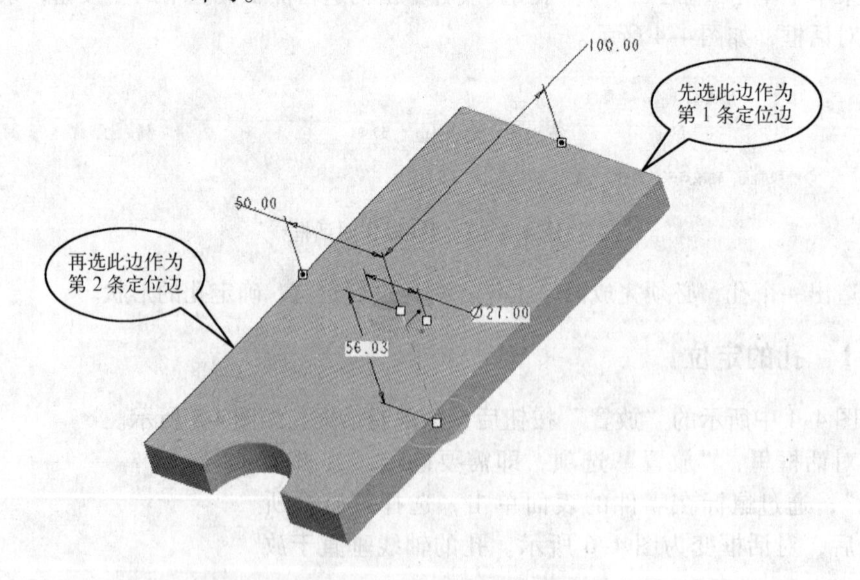

图 4-8 线性定位

利用“线性”对孔特征进行定位的过程如下：

（1）单击下拉菜单“插入”→“孔”，或单击右侧工具栏内孔工具按钮 ，进入孔特征界面。

（2）单击如图 4-4 所示的孔特征操作对话框内的“放置”选项，弹出孔的放置对话框，如图 4-5 所示。

（3）选择如图 4-8 所示的零件顶面作为孔的“放置”面，同时“类型”选项选择“线性”，如图 4-9 所示。

（4）鼠标单击“偏移参照”下方的空白处，将“偏移参照”选择激活，然后选择如图 4-8 所示的两边线作为偏移参照，并输入所需的偏移量，如图 4-9 所示。

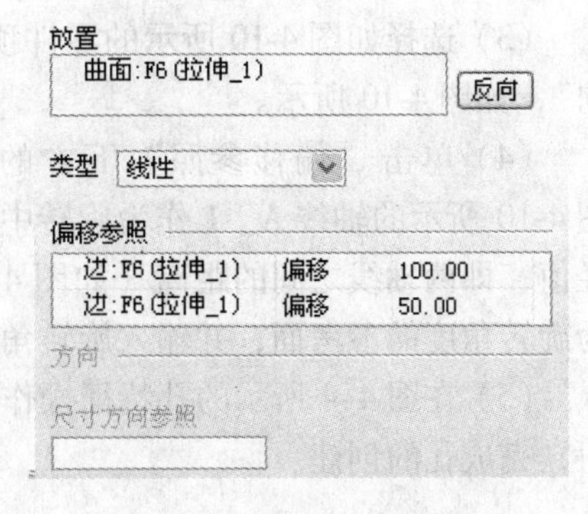

图 4-9　线性定位值查询

（5）在图 4-4 所示的孔特征操作对话框内输入圆孔直径并设置孔的深度，单击右端☑按钮，完成孔的创建。

提示：在选择参照轴、参照面之前，须在“偏移参照”下的显示框单击一下；选参照轴、参照面时必须按住“Ctrl”键进行复选。

2. 径向

即要打的孔的中心线相对于另外一根已经存在的轴以极坐标方式进行定位。也就是对孔进行定位是依靠一根旋转轴加一个平面，如图 4-10 所示。

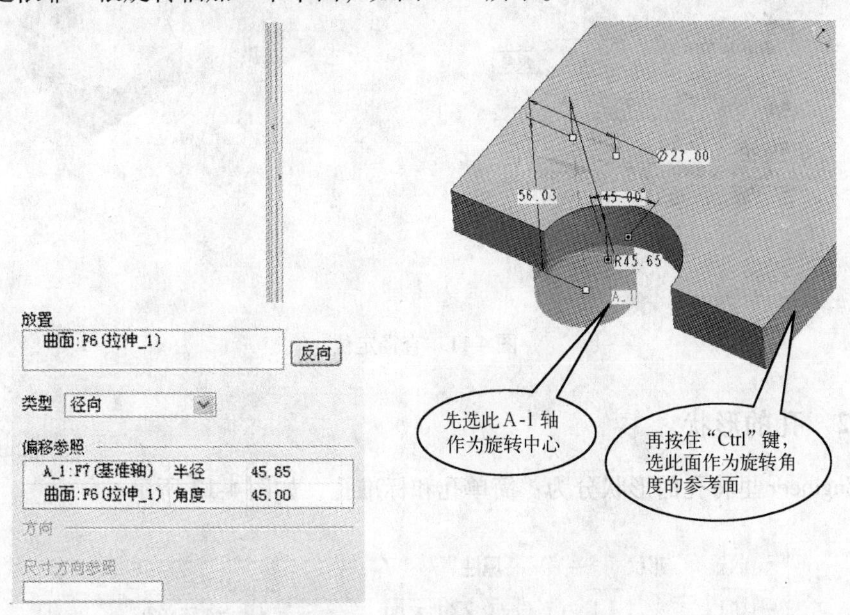

图 4-10　径向定位

利用“径向”对孔特征进行定位的过程如下：

（1）单击下拉菜单“插入”→“孔”，或单击右侧工具栏内孔工具按钮 ，进入孔特征界面。

（2）单击如图 4-4 所示的孔特征操作对话框内的“放置”选项，弹出孔的放置对话框，如图 4-10 所示。

（3）选择如图 4-10 所示的零件顶面作为孔的“放置”面，同时“类型”选项选择“径向”，如图 4-10 所示。

（4）单击“偏移参照”下方的空白处，将“偏移参照”选择激活，然后先选择如图 4-10 所示的轴线 A_ 1 作为旋转中心，所选轴线必须与所创建的孔的轴线平行，并输入半径值，即两轴线之间的距离（如图 4-10 所示）；再按住 Ctrl 键，选如图 4-10 所示的平面作为旋转角度的参考面，并输入旋转角度（如图 4-10 所示）。

（5）在图 4-4 所示的孔特征操作对话框内输入圆孔直径并设置孔的深度，单击右端☑按钮，完成孔的创建。

3. 直径

直径定位的方法和径向十分相似，区别在于与参照轴之间的距离以直径方式显示而已，如图 4-11 所示。

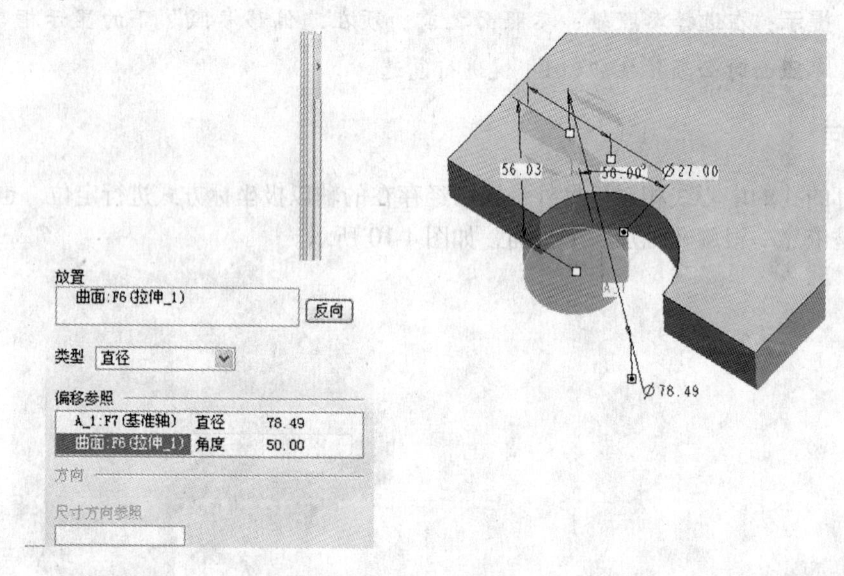

图 4-11　直径定位

4.3.2　孔的形状

Pro/Engineer 里将孔的形状分为：简单孔和标准孔，如图 4-12 所示。

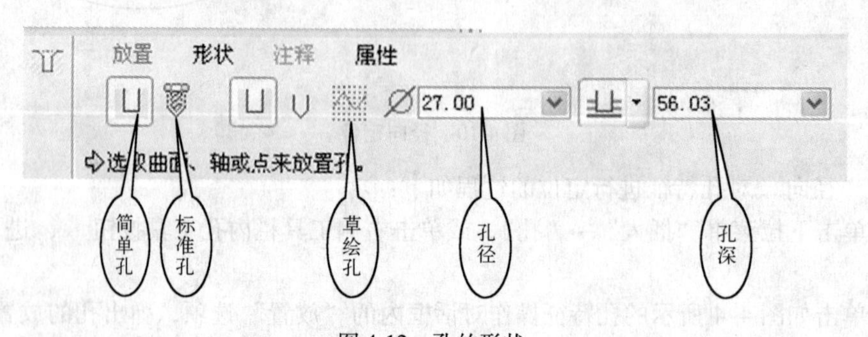

图 4-12　孔的形状

所谓的简单孔，意思是没有螺纹的孔，简单孔又分为直孔和草绘孔。

所谓的标准孔，即该孔用于与螺钉连接，孔上带有母螺纹，因此孔的大小必须符合螺纹的规格。

1. 直孔

如图 4-12 中所示选择创建简单孔后默认情况下就是创建直孔，可以在孔径和孔深栏输入具体的数值，其中，孔深也像基本特征中的“拉深特征”一样，分为 6 种类型，如图 4-13 所示。

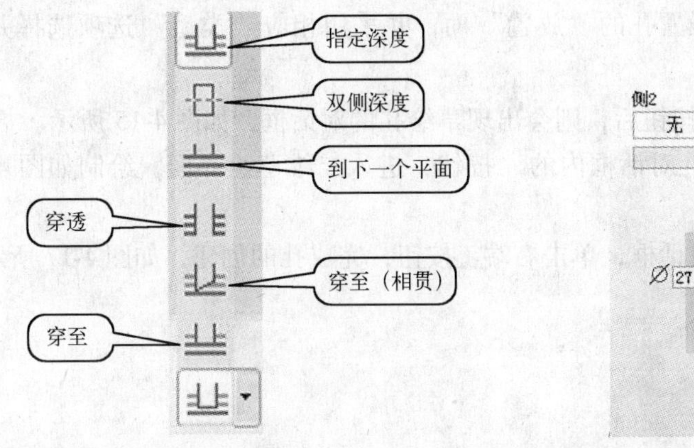

图 4-13　孔深方法

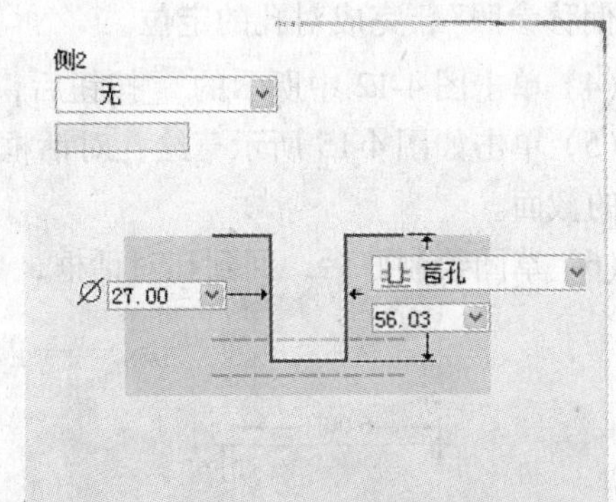

图 4-14　孔的形状对话框

而如果按下“形状”按钮，则会出现更加详细的孔的形状对话框，在该对话框中，我们可以直接修改相关的参数以得到所需要的孔，如图 4-14 所示。具体创建过程如下：

(1) 单击下拉菜单“插入”→“孔”，或单击右侧工具栏内孔工具按钮 ，进入孔特征界面。

(2) 单击如图 4-12 所示的孔特征操作对话框内的创建简单孔工具 ，进行直孔的创建，单击“放置”选项，弹出孔的放置对话框。

(3) 选择并在放置对话框内设置孔的“放置”面，并采用相应“类型”选项选择并设置“偏移参照”，完成对孔的定位。

(4) 在图 4-12 所示的孔特征操作对话框内输入圆孔直径和孔的深度，完成孔的定形，单击右端按钮，完成孔的创建。

2. 草绘孔

所谓草绘孔，就是使用草绘的方法先绘制出孔的形状。草绘孔的定位方式与直孔完全一致，只是孔的截面形状需要通过二维草绘图完成。单击图 4-12 中所示的按钮，系统弹出如图 4-15 所示的草绘孔操控板。

草绘孔的具体过程如下：

(1) 单击下拉菜单“插入”→“孔”，或单击右侧工具栏内孔工具按钮 ，进入孔特征界面。

(2) 单击如图 4-12 所示的孔特征操作对话框内的创建简单孔工具 ，进行直孔的创建，

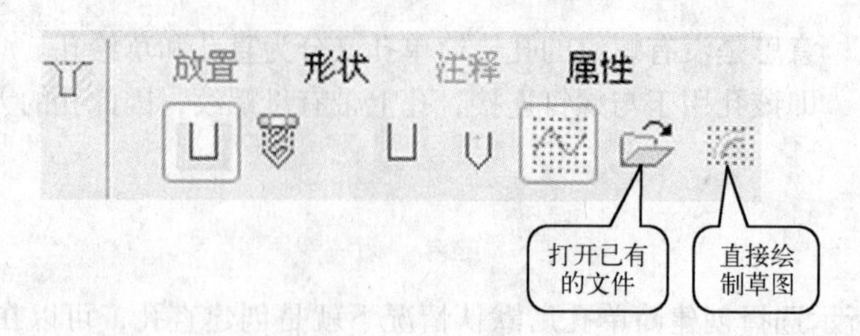

图 4-15　草绘孔对话框

单击“放置”选项，弹出孔的放置对话框。

（3）选择并在放置对话框内设置孔的“放置”面，并采用相应“类型”选项选择并设置“偏移参照”，完成对孔的定位。

（4）单击图 4-12 中所示的按钮后，则会出现草绘孔的对话框，如图 4-15 所示。

（5）单击如图 4-15 所示草绘孔对话框内的按钮，进入二维草绘界面，绘制如图 4-16 所示的截面。

（6）草图绘制好后，回到孔对话框，单击右端按钮，完成孔的创建，如图 4-17 所示。

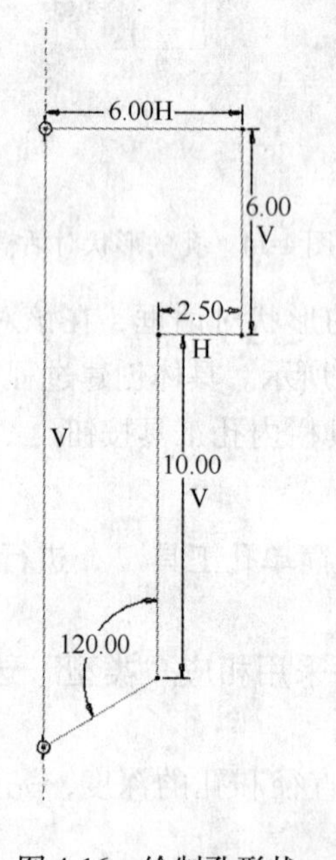

图 4-16　绘制孔形状

图 4-17　构建好的沉头孔

提示：孔的草绘与旋转特征十分相象，必须有中心线和封闭的几何线条。

3. 标准孔

要构建标准孔，先要在“孔的对话框”中单击标准孔按钮，出现标准孔对话框，如图 4-18 所示。

在螺纹规格栏中，有 3 种规格可供选择，分别是：

ISO：标准螺纹，国际上和我国通用的螺纹标准。

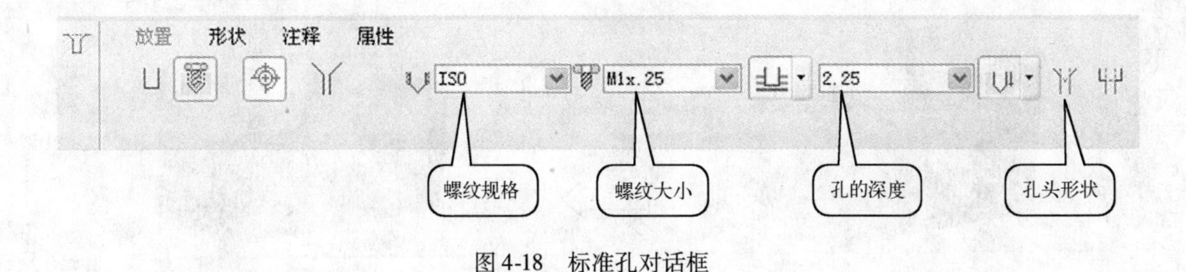

图 4-18　标准孔对话框

UNC：粗牙螺纹。

UNF：细牙螺纹。

而在孔头形状栏中，依次有直头、埋头和沉头可供选择。

这样，确定好螺纹规格、大小、深度和孔头形状后，再定位好孔的位置，标准孔即可构建好。

4.4　倒圆角

圆角是工程上非常常用的构造特征，使用“倒圆角”命令可创建曲面间的圆角或中间曲面位置的圆角。曲面可以是实体模型的曲面，也可以是曲面特征。通过“倒圆角”命令我们可以创建两种不同类型的圆角：简单圆角和高级圆角。

4.4.1　创建一般简单圆角

下面以图 4-19 所示的模型为例，说明创建简单圆角的过程。

（1）单击下拉菜单“插入”→“倒圆角”，或单击右侧工具栏内倒圆角按钮，系统弹出倒圆角操控板，如图 4-20 所示。

（2）选择圆角的放置参照：在模型上选择图 4-21 中所示的要倒圆角的边线，此时，模型显示状态如图 4-22 所示。

（3）在“倒圆角”操控板上输入要倒圆角的半径值，并单击右侧按钮，完成倒圆角的创建。

图 4-19　创建简单圆角

图 4-20　倒圆角操控板

圆角放置参照的选取有以下 3 种方法：

（1）边链：通过直接选择模型上的一条或数条边线放置圆角，如图 4-23 所示。

（2）曲面 - 曲面：通过选择两个曲面放置圆角。圆角的边与这两个曲面保持相切状态，如图 4-24 所示。操作方法是，选中其中一个曲面后，按住 Ctrl 键，再选取第二个曲面。

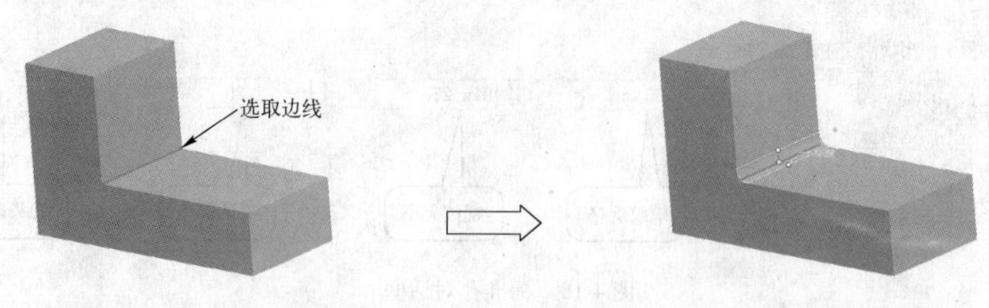

图 4-21　选择边线作为圆角放置参照　　　　图 4-22　模型显示状态

（3）曲面－边：通过指定边线和曲面放置圆角。这时，该曲面与圆角相切，圆角的大小延伸到所指定的边线，如图 4-25 所示。操作方法是，先选取曲面，按住 Ctrl 键，再选取边线。

图 4-23　边链选择放置圆角

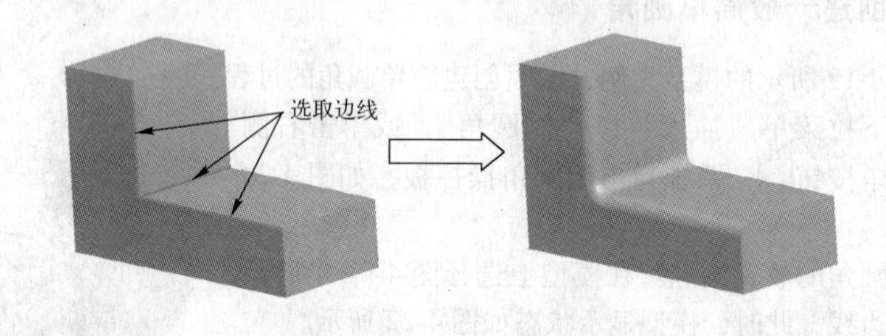

图 4-24　曲面－曲面选择放置圆角

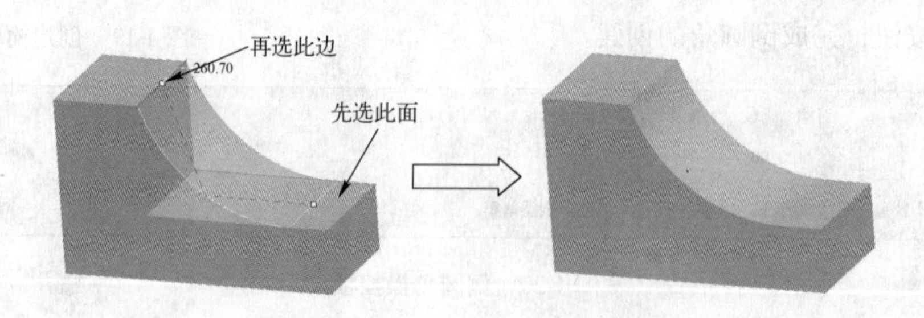

图 4-25　曲面－边选择放置圆角

4.4.2　创建完全圆角

（1）单击下拉菜单“插入”→“倒圆角”，或单击右侧工具栏内倒圆角按钮，系统弹出倒圆角操控板，如图 4-26 所示。

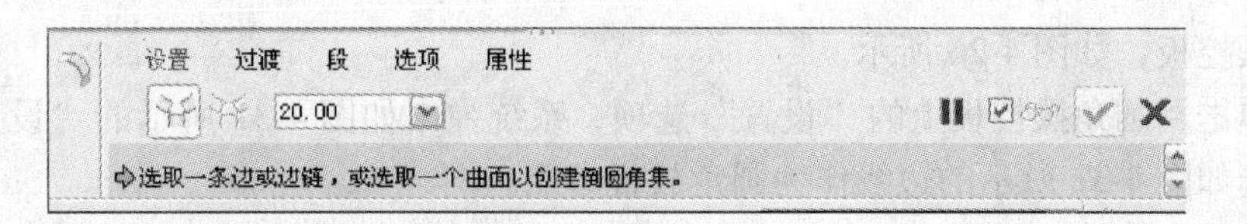

图 4-26　倒圆角操控板

（2）单击倒圆角操控板上的“设置“选项，系统弹出如图 4-27 所示的“设置”上拉菜单，并在模型中选择如图 4-28 所示的两边线，此时“设置”上拉菜单中的“完全倒圆角”选项被激活。

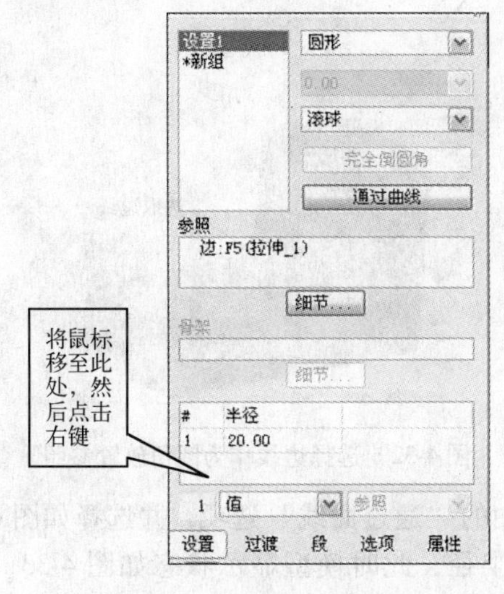

图 4-27　“设置”上拉菜单

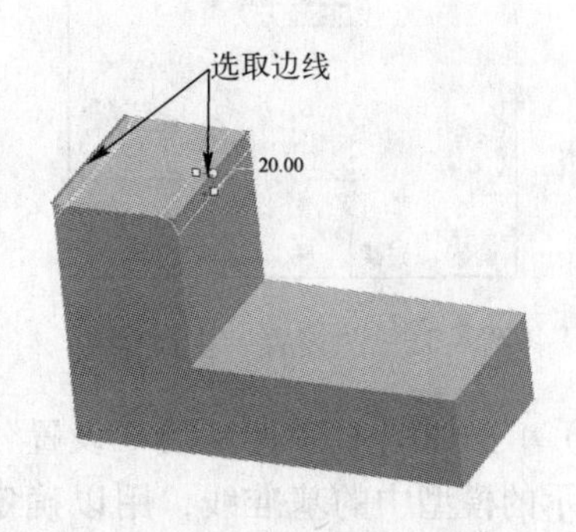

图 4-28　选择两边线

（3）单击如图 4-27 中所示“设置”上拉菜单中的“完全倒圆角”选项，此时模型显示如图 4-29 所示。

（4）在“倒圆角”操控板上输入要倒圆角的半径值，并单击右侧按钮，完成倒圆角的创建，效果如图 4-30 所示。

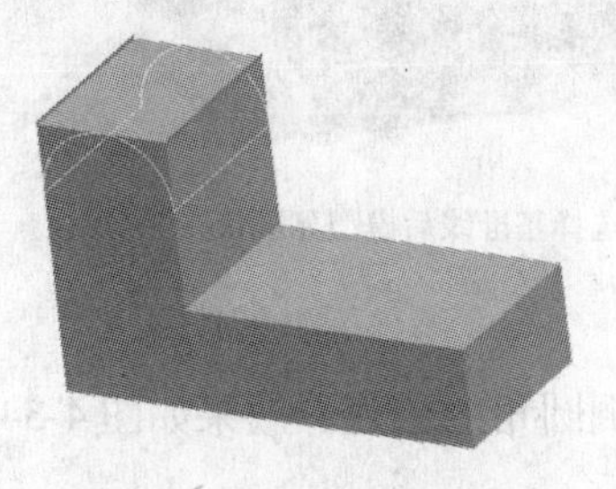

图 4-29　完全倒圆角时显示

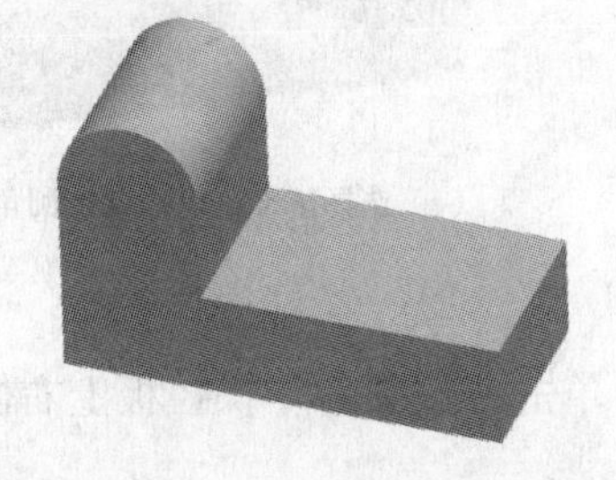

图 4-30　完全倒圆最终角效果

4.4.3　通过曲线创建圆角

如果模型有一基准线，则可通过选取此曲线来确定圆角半径，即沿曲线创建圆角。步骤如下：

（1）单击下拉菜单“插入”→“倒圆角”，或单击右侧工具栏内倒圆角按钮，系统弹出倒圆角操控板，如图4-26所示。

（2）单击倒圆角操控板上的“设置”选项，系统弹出如图4-31所示的“设置”上拉菜单，并点选如图4-32所示的边线作为圆角放置参照。

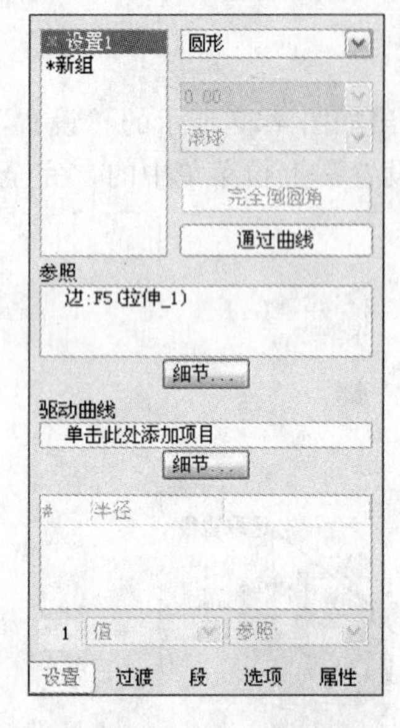

图4-31 “设置”上拉菜单

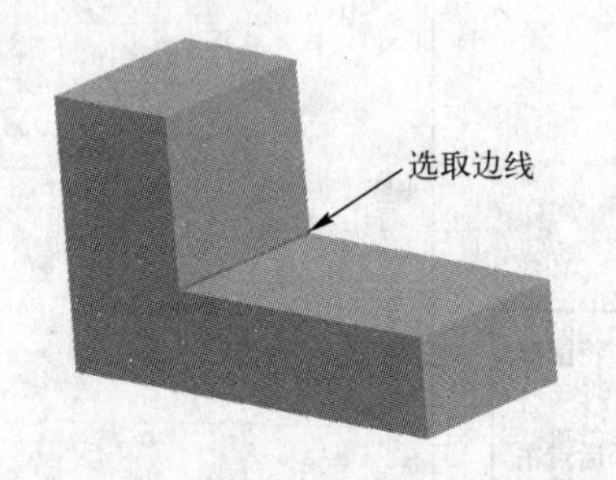

图4-32 选择边线作为圆角放置参照

（3）单击如图4-31所示的“设置”上拉菜单中的“通过曲线”选项，并选择如图4-33（a）所示的模型中的基准线，用以确定倒圆角的半径，此时模型显示状态如图4-33（b）所示。

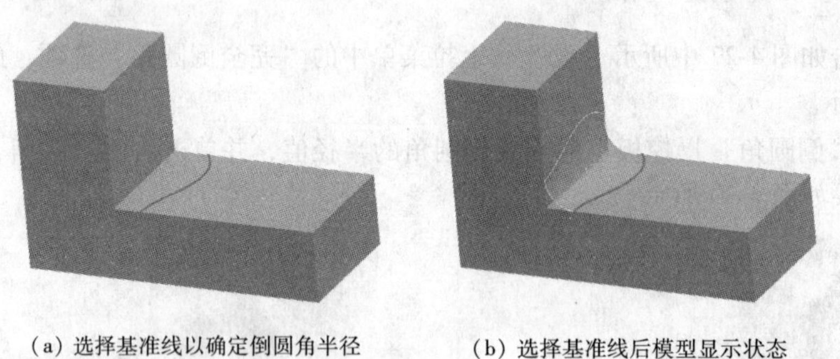

（a）选择基准线以确定倒圆角半径　（b）选择基准线后模型显示状态

图4-33

（4）单击“倒圆角”操控板上右侧☑按钮，完成倒圆角的创建，效果如图4-34所示。

图4-34 通过曲线创建圆角最终效果

4.4.4 创建可变圆角

在一条要创建圆角的模型边线上，可给出不同圆角半径，创建处不同半径的圆角，这就是可变圆角，具体操作步骤如下：

（1）单击下拉菜单“插入”→“倒圆角”，或单击右侧工具栏内倒圆角按钮，系统弹出倒圆角操控板，如图 4-35 所示。

图 4-35 倒圆角操控板

（2）选择圆角的放置参照。在模型上选择图 4-36 中所示的要倒圆角的边线。

（3）单击倒圆角操控板上的“设置”选项，系统弹出如图 4-37 所示的“设置”上拉菜单，将鼠标移动至“设置”上拉菜单内的“半径”选项空白处（如图 4-37 所示），然后单击右键，在弹出的快捷菜单中选择“添加半径”命令。

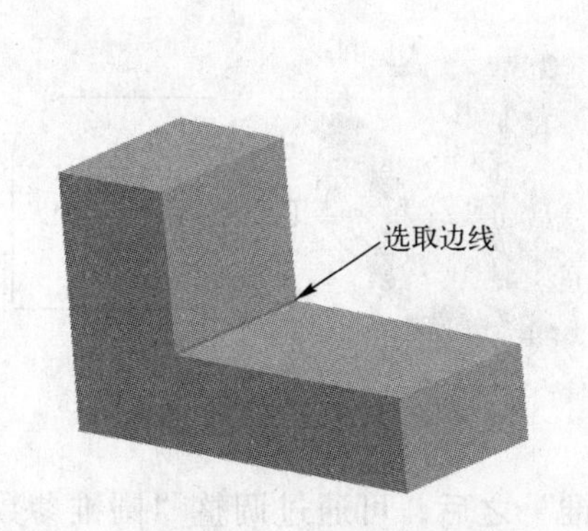

图 4-36 选择边线作为圆角放置参照

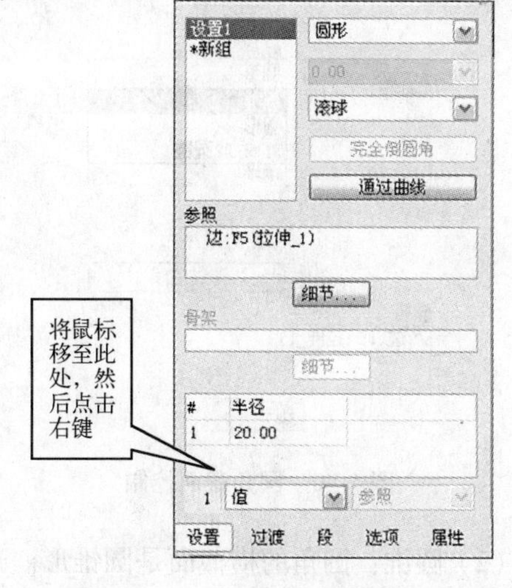

图 4-37 “设置”上拉菜单

（4）再次添加半径，重复步骤（3）即可。

（5）如图 4-38 所示，设置各处半径值，其中 1，2 为两顶点处半径，3 点的位置由比率值（即该点距某一顶点的距离占整个要倒圆角的边线的百分比）来确定。

（6）在“倒圆角”操控板上输入要倒圆角的半径值，并单击右侧按钮，完成倒圆角的创建，效果如图 4-39 所示。

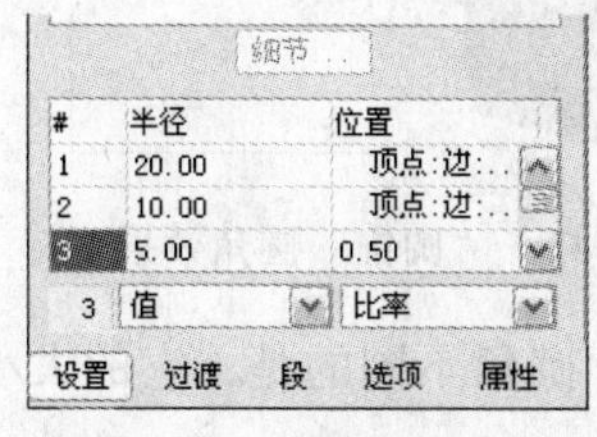

图 4-38 “设置”上拉菜单

图 4-39 可变圆角最终效果

4.4.5 创建高级圆角

如需对圆角特征进行更多的控制，可采用高级圆角功能。高级圆角可以实现以下操作：

(1) 圆角的截面控制："圆形" 和 "圆锥形"。

(2) 圆角的创建方式："滚动球" 和 "垂直于骨架"。

(3) 多个圆角组：一个高级圆角可以由一个或多个 "圆角组" 或圆角段组成。每个圆角组可以有其独特的属性、参照和半径值。

(4) 新创建的几何图形同以前创建的几何图形之间的拐角转接类型。

1. 圆角的截面

单击圆角操控板中的 "设置" 选项，弹出如图 4-40 所示的 "设置" 上拉菜单，其上方的 "圆形" 选项用以控制圆角截面形状，有 3 个选项，分别是 "圆形"、"圆锥"、"D1 × D2 圆锥"，代表 3 种截面。

(1) 圆形：这是一般简单圆角的形状，圆角的横截面为圆弧形，如图 4-41 所示。

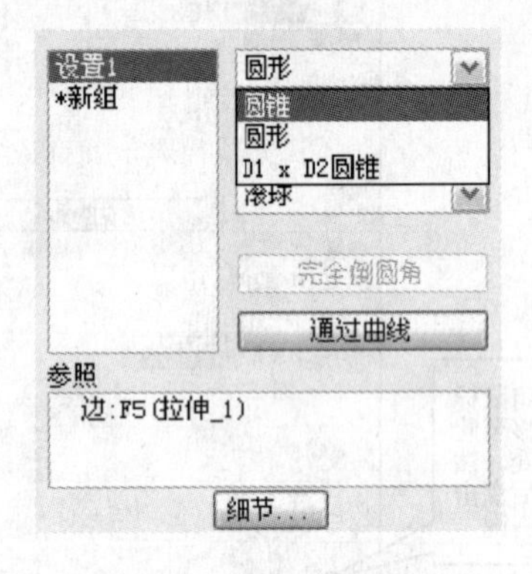

图 4-40 圆角截面控制

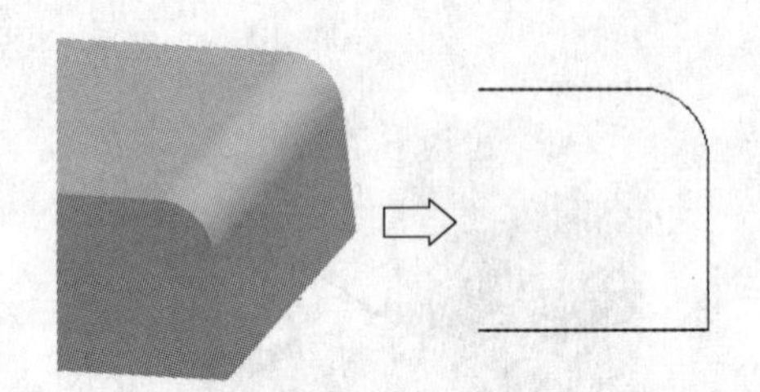

图 4-41 圆形圆角截面

(2) 圆锥：圆角的横截面是圆锥形。选择 "圆锥" 之后，可通过调整 "圆锥参数" 来修改圆锥形截面（如图 4-42 所示），"圆锥参数" 的值在 0.05 ~ 0.95 之间，数值越大，圆角就越 "尖"。圆角的大小则由半径 D 来控制。"圆锥" 圆角效果如图 4-43 所示。

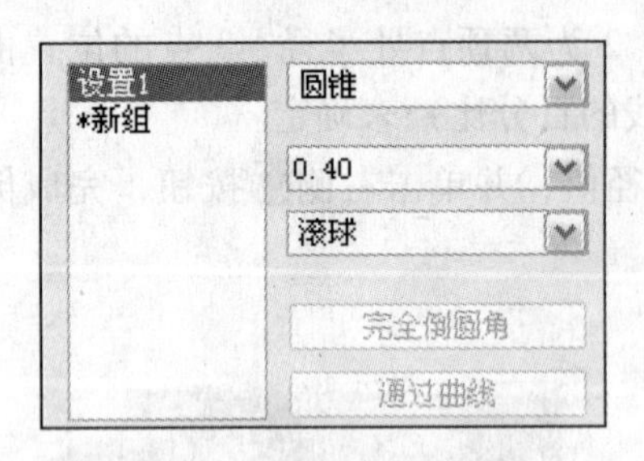

图 4-42 "圆锥" 圆角设置

图 4-43 "圆锥" 圆角效果

(3) D1 × D2 圆锥：圆角的横截面是圆锥形，与 "圆锥" 圆角不同的是，它的大小和形状是有由两个参数 D1 和 D2 来控制的（如图 4-44 所示）。

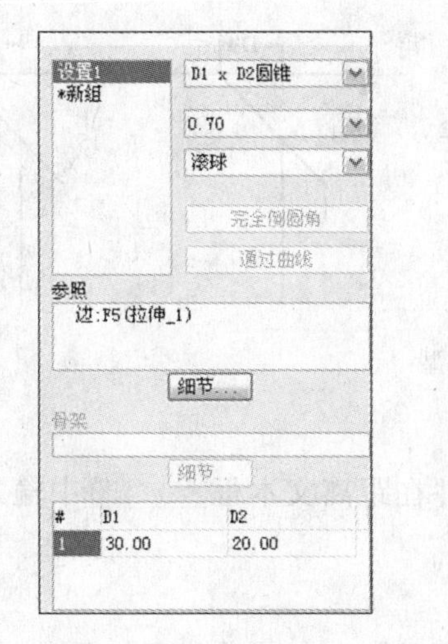

图 4-44　“D1×D2 圆锥”圆角参数设置与效果

2. 圆角的创建方式

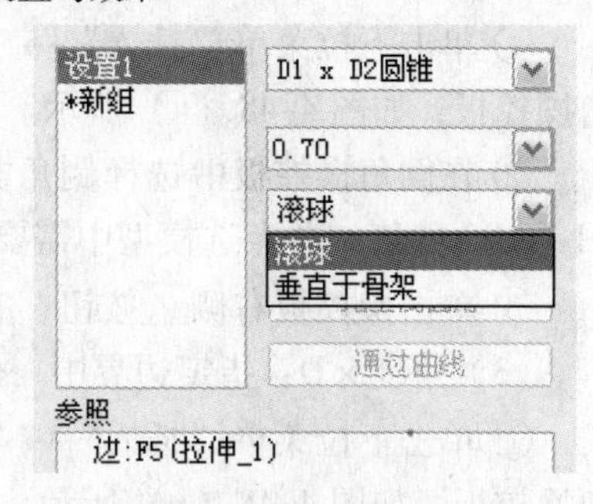

图 4-45　圆角创建方式

在圆角操控板中单击“设置”选项，弹出如图 4-45 所示的“设置”下拉菜单，其中“滚球”选项用以确定高级圆角的创建方式，它有两个选项，“滚球”和“垂直于骨架”。

（1）滚球：通过沿着两个曲面滚动的假想中的一个球来创建圆角。

（2）垂直于骨架：通过扫描一个垂直于骨架的弧形或者圆锥形截面来创建圆角。

4.5　倒角

倒角与倒圆角很相似，操作也很简单；它分为边倒角和拐角倒角，工程上用得最多的是边倒角。

在主菜单中，单击“插入”→“倒角”→“边倒角”，或者单击构造特征工具栏中的按钮，系统进入倒角操作对话框，如图 4-46 所示。

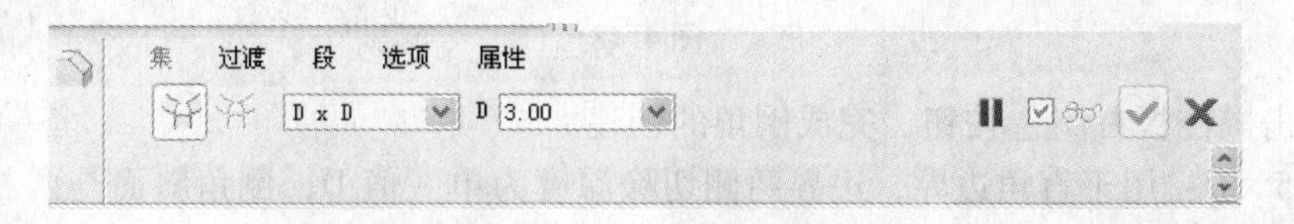

图 4-46　“倒角”操控板

对话框中的边倒角类型常用的有 4 种，每种的意义如图 4-47 所示，操作时根据具体情况选择。

（1）D×D：边界两侧面切除的深度为单一值 D。操作过程如下：

① 单击下拉菜单“插入”→“倒角”，或单击右侧工具栏内倒圆角按钮，系统弹出

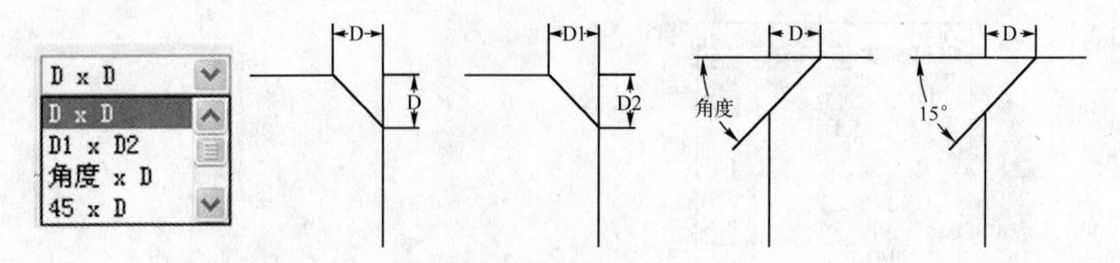

图 4-47　倒角类型

倒角操控板，如图 4-46 所示。

② 在倒角操控板中选择倒角类型为 D x D ，并在距离文本框 D 20.00 中输入 D 的值。点选需要倒角的模型边。

③ 单击操控板右侧 按钮，完成倒角的创建。

（2）D1 × D2：边界两侧面切除深度分别指定为 D1 和 D2。操作过程如下：

① 单击下拉菜单“插入”→“倒角”，或单击右侧工具栏内倒圆角按钮 ，系统弹出倒角操控板，如图 4-48（a）所示。

② 在倒角操控板中选择倒角类型为 D1 x D2 ，并在距离文本框 D1 20.00 D2 7.00 中输入 D1 和 D2 的值，并点选模型中需要倒角的边。

③ 单击操控板右侧 按钮，完成倒角的创建。

（3）角度 × D：指定边界中一侧切除深度，再指定倒角斜面与参照面的夹角。

① 单击下拉菜单“插入”→“倒角”，或单击右侧工具栏内倒圆角按钮 ，系统弹出倒角操控板，如图 4-48（b）所示。

② 在倒角操控板中选择倒角类型为 角度 x D ，并在角度后文本框和距离后文本框设置所需数值 角度 30.00 D 20.00 ，并点选模型中需要倒角的边。

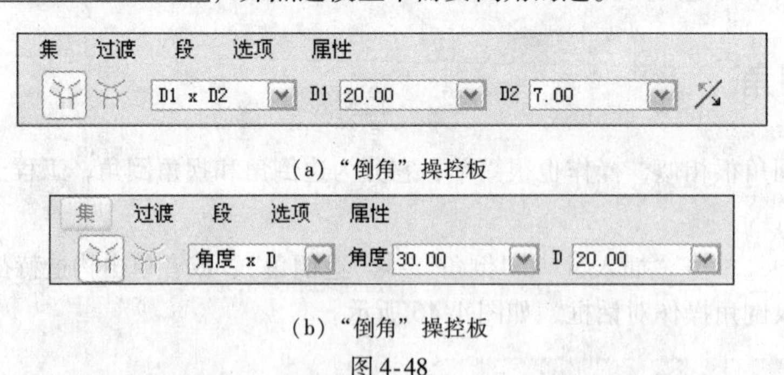

（a）“倒角”操控板

（b）“倒角”操控板

图 4-48

③ 单击操控板右侧 按钮，完成倒角的创建。

（4）45 × D：用于直角边界，边界两侧切除深度为单一值 D，倒角斜面与两相邻接面的夹角为 45°。操作过程如下：

① 单击下拉菜单“插入”→“倒角”，或单击右侧工具栏内倒圆角按钮 ，系统弹出倒角操控板，如图 4-49 所示。

② 在倒角操控板中选择倒角类型为 45 x D ，并距离后文本框后设置 D 的数值 D 20.00 ，并点选模型中需要倒角的边。

③ 单击操控板右侧 按钮，完成倒角的创建。

图 4-49 “倒角”操控板

4.6 壳

壳特征的功能是通过挖去实体模型的内部材料，获得均匀的薄壁结构。使用壳特征创建的实体模型，使用材料少，重量轻，常用于创建各种薄壁结构和各种容器。

在主菜单中单击“插入”→“壳”，或者单击构造特征工具栏中的按钮，系统进入壳特征操控板，如图 4-50 所示。

图 4-50 壳操控板

输入壳的厚度后，点选需要作为开口的面，接受其他默认值，确定后壳特征构建完成，如图 4-51 所示。

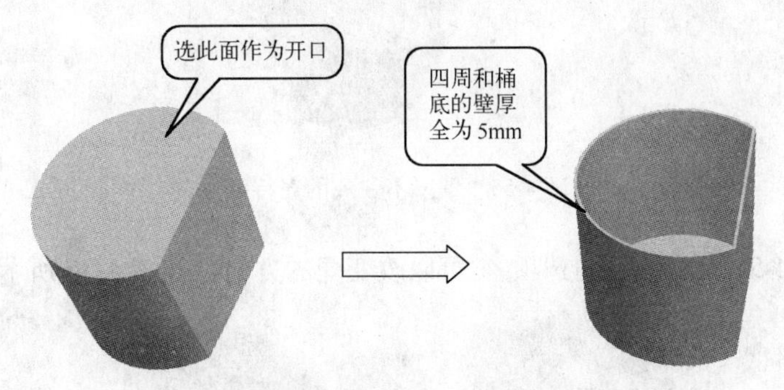

图 4-51 壳特征过程

如果输入壳的厚度并选择好开口面后，单击图 4-50 所示操控板中“参照”按钮，会出现参照对话框，如图 4-52 所示，在此对话框中可进行非默认厚度的设置。步骤如下：

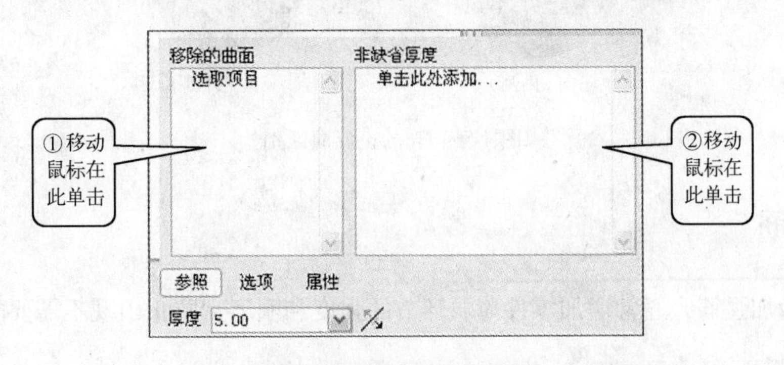

图 4-52 参照设置对话框

(1) 将鼠标移至参照设置对话框中的“移除曲面”下方的空白处单击鼠标，激活选择要移除的曲面，然后在模型中点选如图 4-51 左所示的顶面。

(2) 将鼠标移至参照设置对话框中的“非默认厚度”下方的空白处单击鼠标，激活选择非默认厚度的曲面，然后在模型中点选如图 4-53 左所示的侧面。并在后面文本框内设置非默认厚度，如图 4-54 所示。

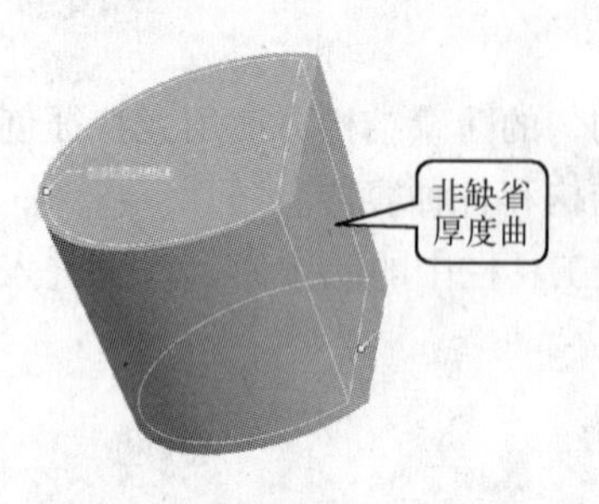

图 4-53　选择非缺省厚度曲面

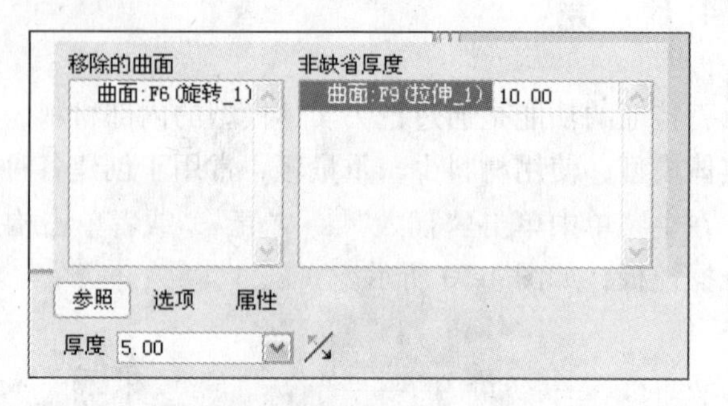

图 4-54　设置缺省和非缺省厚度

(3) 单击操控板右侧按钮，完成壳的创建，效果如图 4-55 所示。

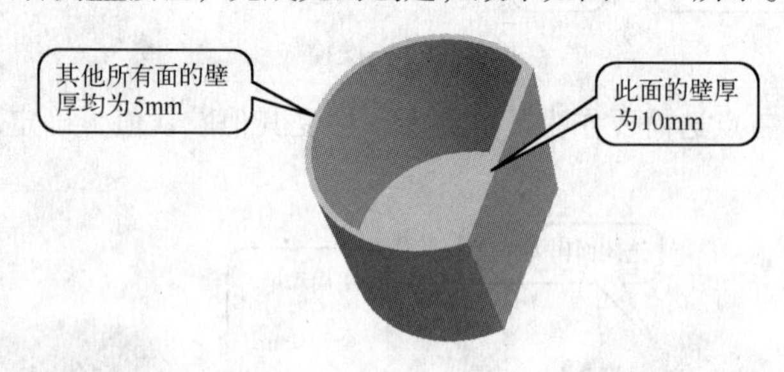

图 4-55　壁厚不一致的壳特征

此外，如图 4-54 所示的方向选项可以改变壳的方向，如图 4-56 所示。

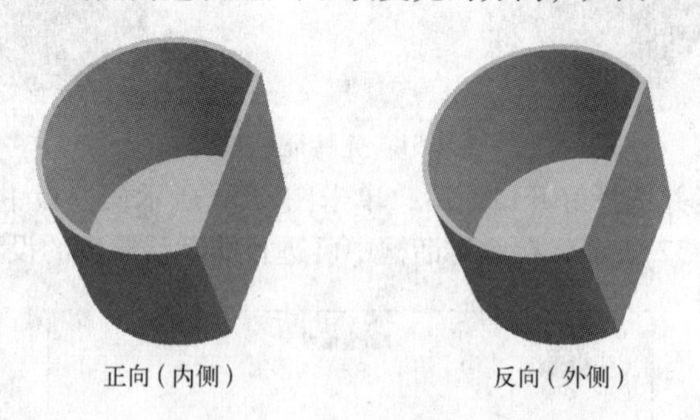

图 4-56　壳的正反向区别

4.7　筋

筋也称为加强筋，通常增加零件薄弱环节的强度和刚度，防止出现不需要的折弯，如图 4-57 所示。

根据零件的实际情况，筋一般有两大类：平面直筋和旋转筋。

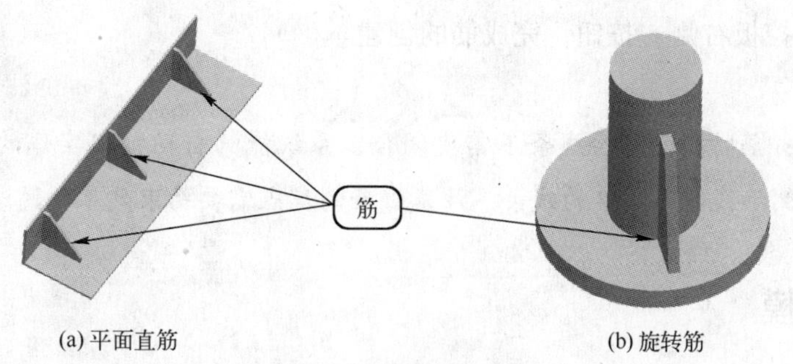

(a) 平面直筋　　(b) 旋转筋

图 4-57　筋特征示例

平面直筋特征：这种筋连接到平面上，如图 4-57（a）所示。

旋转筋特征：这种筋连接到旋转所生成的曲面上，由于旋转筋的草绘平面会通过某一轴对称特征（典型的如圆柱）的中心线，所以旋转筋会以此中心线为旋转中心，产生“圆锥型锥面”的外形，如图 4-57（b）所示。

“筋”特征的构建与“拉伸”特征相似，在选定的草绘平面上，先绘出筋的外形，但该外形必须为开放的（即不得形成封闭轮廓），完后再指定材料的伸出方向和筋的厚度值即可。具体绘制步骤如下：

（1）打开已有模型 jin. prt 文件，在主菜单中单击“插入”→“筋”，或者单击构造特征工具栏中的按钮，系统进入筋特征操控板，如图 4-58 所示。

图 4-58　筋特征操控板

（2）单击操控板中的“参照”按钮，系统弹出如图 4-59 所示上拉菜单，单击“草绘”右侧的定义...按钮，系统弹出“草绘”对话框，选好草绘平面和参考平面后进入草绘模式，接着绘制如图 4-60 所示筋的截面外形。

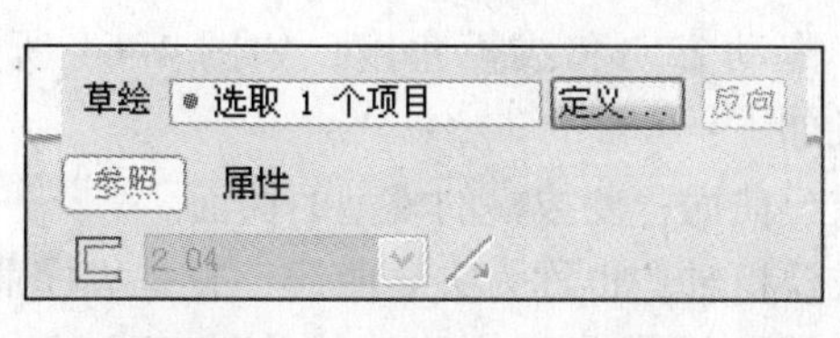

图 4-59　“参照“上拉菜单

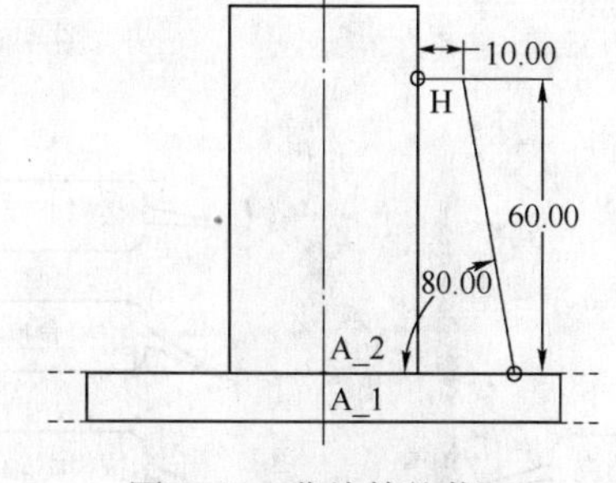

图 4-60　草绘筋的截面

（3）绘制好筋的草图后，接下来需要确定生成的筋位于草绘平面的哪一侧。默认情况下，筋特征位于草绘平面的两侧，每侧厚度是指定厚度的一半，我们可以单击图 4-59 所示的筋对话框中的按钮来改变方向。

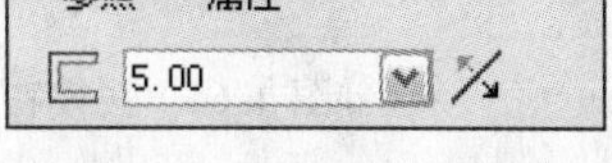

参照　属性
5.00

图 4-61　设置筋的厚度

（4）在操控板左下方设置筋特征的厚度值，如图 4-61 所示。

(5) 单击操控板右侧按钮，完成筋的创建。

提示： 筋特征的草绘线条不需要闭合，系统能够自动捕捉实体的边缘。如图 4-60 所示草图中，右侧细线即为草绘的线条，注意线条的端点需要约束到零件的边线上。

4.8 拔模

在塑料成形件、金属铸造件和锻造件中，为了成形后顺利从模具中脱出，一般要求在成品和模具之间设计成 1°~5°的倾斜角，称为“拔模角”。因此，配合模具成形的零件，必须制作出拔模角度。单一平面、圆柱面或曲面均可创建拔模角度，如图 4-62、图 4-63 所示。

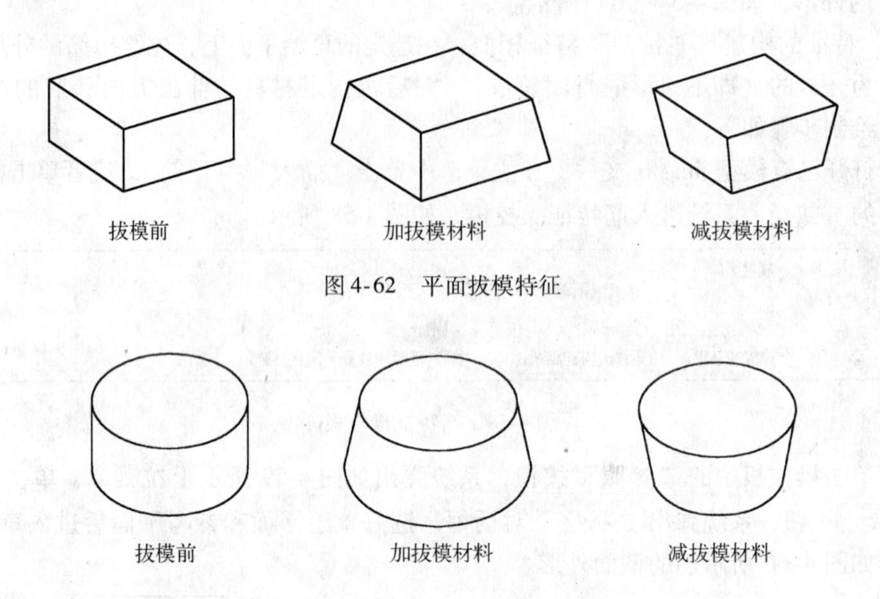

图 4-62 平面拔模特征

图 4-63 圆柱面拔模特征

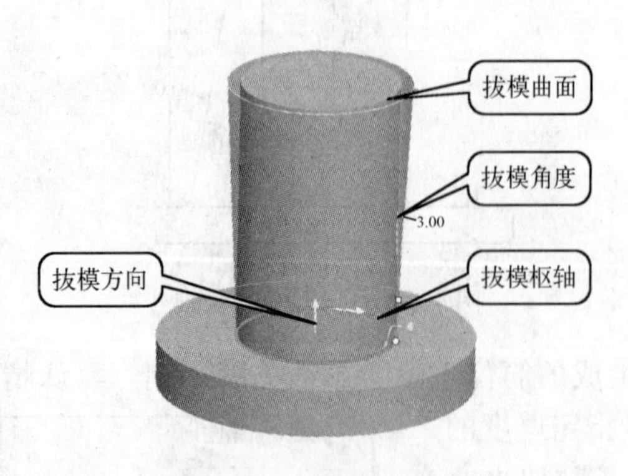

图 4-64 拔模特征参照

拔模特征的几个重要参数是：拔模面、拔模枢轴、拖动方向和拔模角度，如图 4-64 所示，其含义如下：

拔模曲面：要拔模的模型的曲面。

拔模枢轴：也称为中立曲线，它是拔模曲面上的曲线，拔模曲面绕该曲线旋转而生成拔模斜面。

可直接选取拔模曲面上的单个曲线链来定义拔模枢轴；也可以通过选取平面来定义拔模枢轴，此时拔模枢轴是拔模曲面与此平面的交线。

拖动方向：用于测量拔模角度的方向，通常为模具开模的方向。可通过选取平面、直边、基准轴或坐标系的轴来定义它。如果选取的是平面，则拖动方向与所选的平面垂直；如果选取的是某一坐标轴，则拖动方向与此轴平行。

拔模角度：拖动方向与生成的拔模曲面之间的角度。如果拔模曲面被分割，则可为拔模曲面的每侧定义两个独立的角度。拔模角度必须在 -30° ~ +30°范围内。

在主菜单中单击“插入”→“斜度”，或者单击“构造特征”特征工具栏中的按钮，系统自动进入拔模特征操控板，如图 4-65 所示。

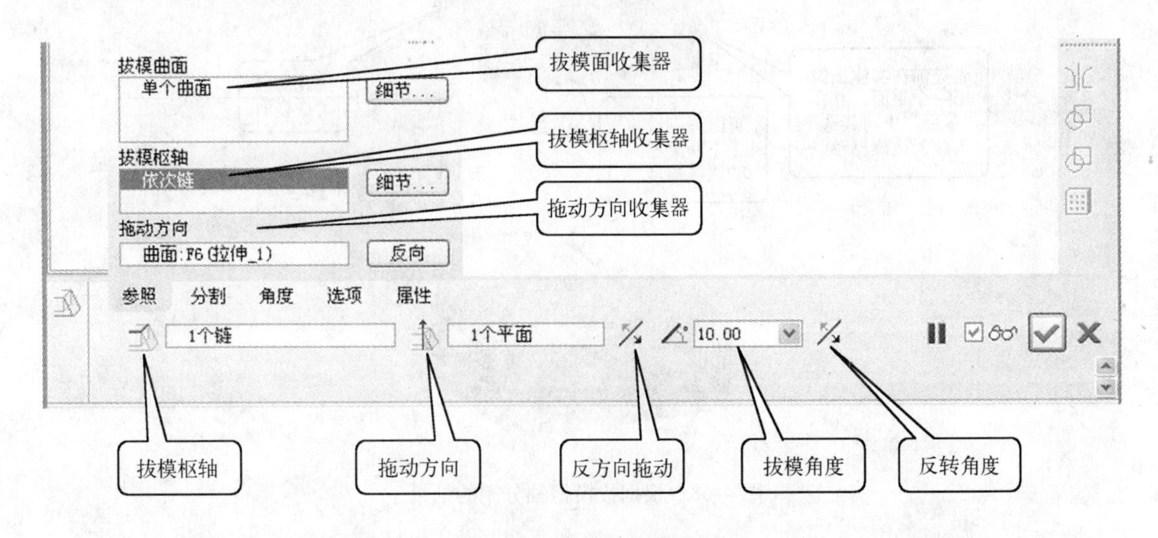

图 4-65　拔模特征操控板

单击对话框中的“参照”选项，分别选择好拔模面、拔模枢轴和拖动方向后，再在对话框下面的拔模角度栏输入拔模角度及其方向后，确认即可得到拔模具特征，图 4-65 所示的实体即如图 4-66 所示。

图 4-66　拔模特征构建完毕

在拔模对话框中，如单击“分割”按钮，则弹出分割对话框，如图 4-67（a）所示。在分割对话框中，“分割选项”下有 3 个选项：不分割（默认选项）、根据拔模枢轴分割和根据分割对象分割，如图 4-67（b）所示，其含义如下：

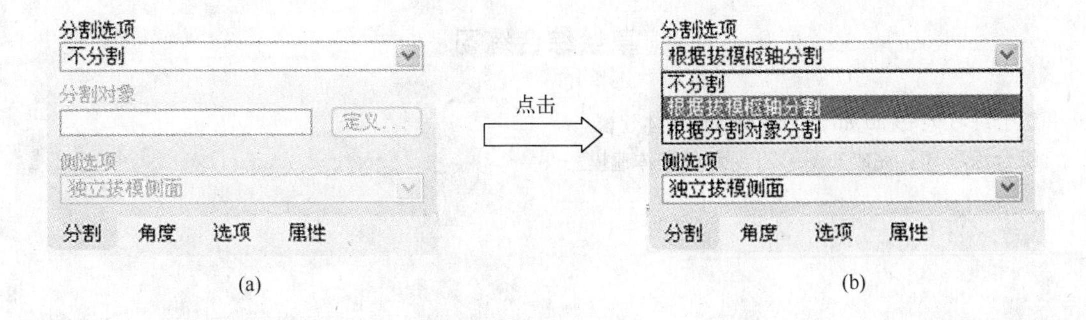

图 4-67　分割对话框

不分割：不分割拔模面，整个曲面绕拔模枢轴旋转，如图 4-63 和图 4-64 所示。

根据拔模枢轴分割：先将拔模面用拔模枢轴分割为两个拔模面，在两个拔模面分别指定参数以创建拔模特征，如图 4-68 所示。

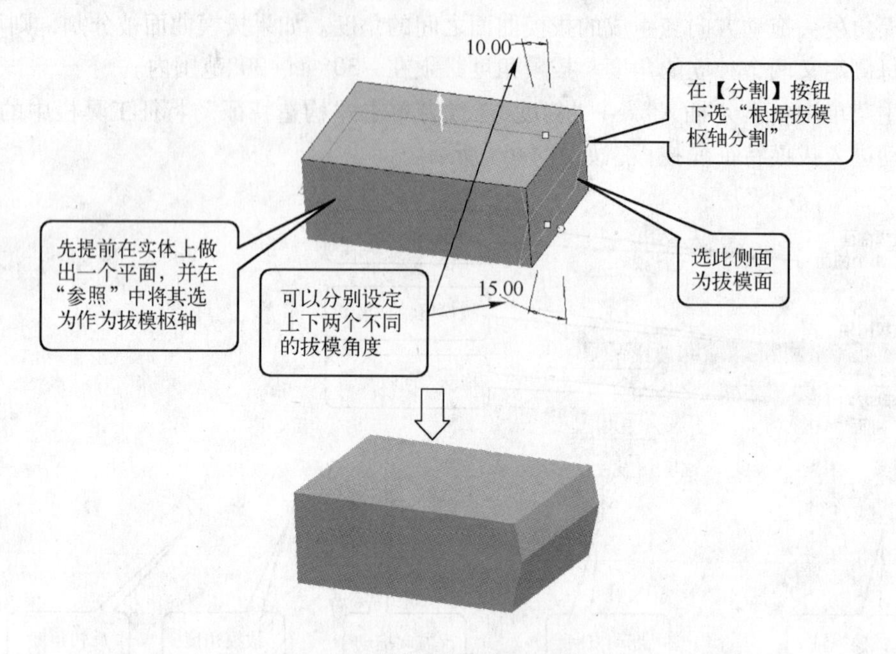

图 4-68　根据拔模枢轴分割的结果

根据分割对象分割：将拔模面用面组或草绘先分割为若干个拔模面，再一个个拔模面进行拔模，这种情况比较少见，在此不再赘述。

本章小结

本章共 8 小节，主要介绍了在 Pro/Engineer Wildfire 4.0 中创建构造特征的基本方法和技巧。第 1、2 小节简要介绍了定位参数和定形参数以及构造特征命令的调用方法；第 3 小节到第 8 小节以实例的形式详细讲述了各种构造特征的创建流程与技巧。

本章重点与难点是：孔特征。倒圆角。壳。筋。拔模。

通过本章的学习，应熟练掌握创建构造特征的常用方法与技巧。

草绘综合练习

综合练习 9：完成如图 4-69 所示的实体建模。

综合练习 10：完成如图 4-70 所示的实体建模。

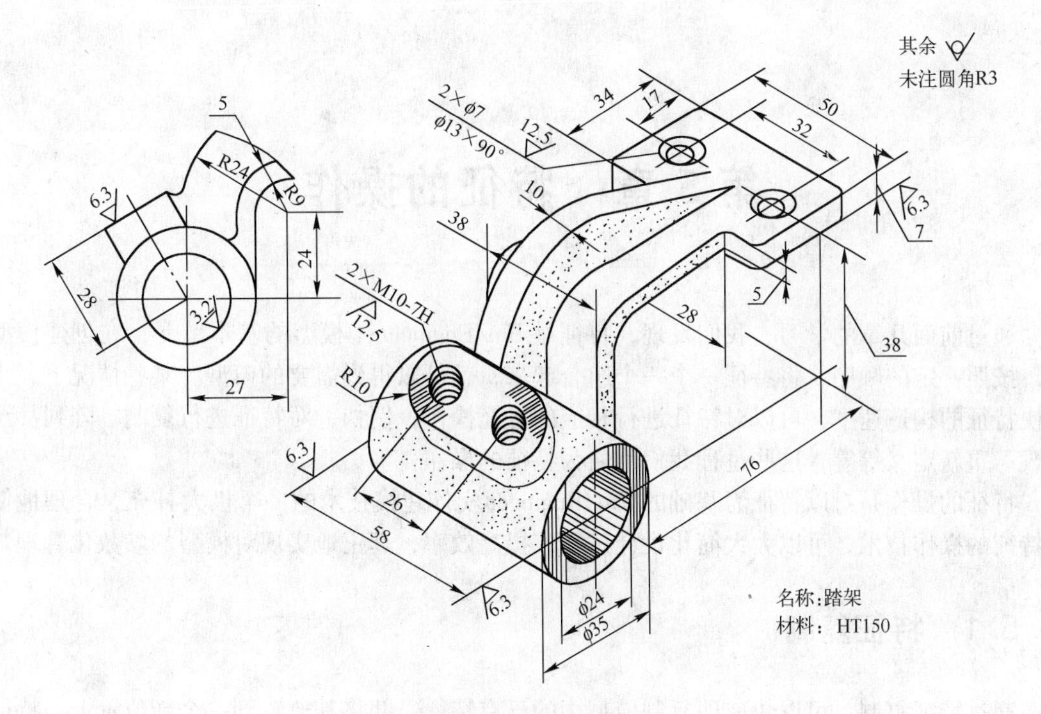

图 4-69　综合练习 9

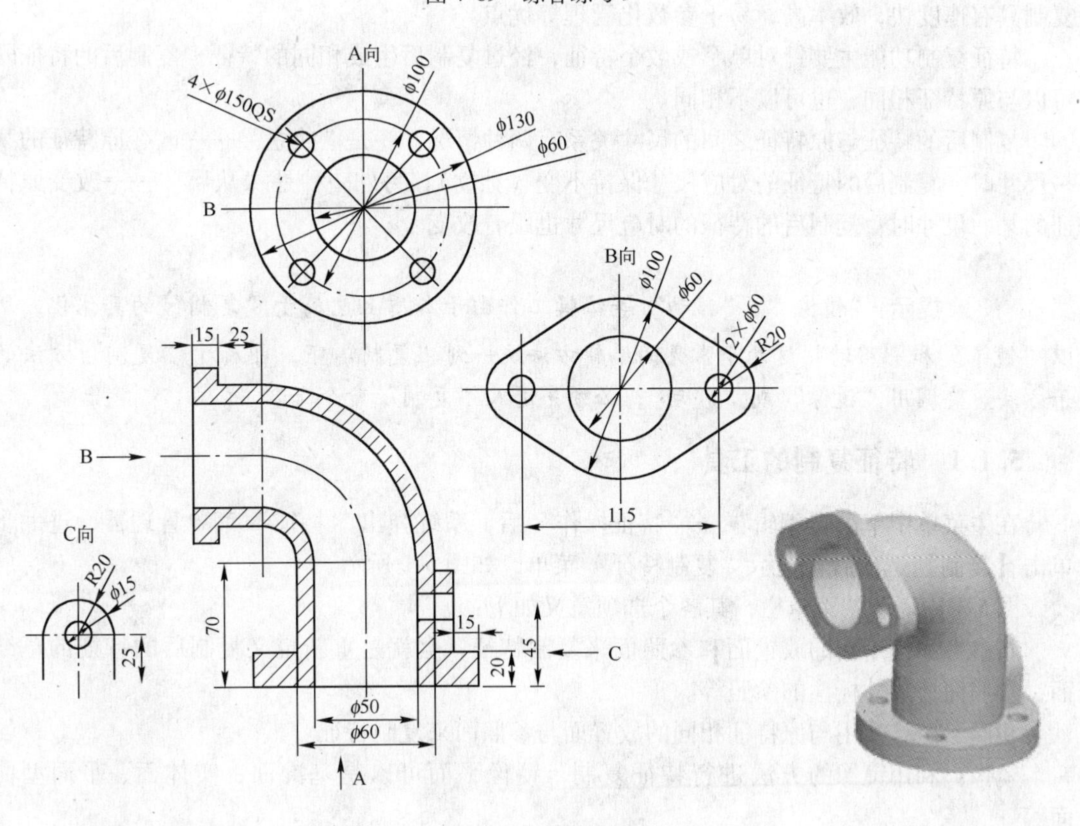

图 4-70　综合练习 10

第 5 章　特征的操作

通过前面几章的学习，我们发现，特征是 Pro/Engineer 中模型的基本单元，在创建模型时，按照一定的顺序，将特征一个一个组合起来，就可以得到需要的模型。某些情况下，为加快特征的构造速度，可以对特征进行相应的补充操作，例如，对特征进行复制、阵列甚至修改、重新定义等等，这些过程我们称之为特征的操作。

特征的操作是对以特征为基础的 Pro/Engineer 实体建模技术的一个极大补充，合理地使用特征的操作技术，可以大大简化设计过程，提高效率，真正地实现对模型的参数化管理。

5.1　特征复制

通过特征复制，可以快速地复制模型中的已有特征，并将其放置到一个新位置上。特征复制具有速度快，效率高，易于参数化管理等优点。

特征复制功能主要针对单个或数个特征，经过复制后生成相同的特征。复制后的特征既可以与原特征相同，也可以不相同。

复制后的特征与原特征之间的尺寸关系有两种情况：一是“独立”——改变原特征的某一尺寸时，复制后的特征的对应尺寸保持不变（独立）；另外一种是“从属”——改变原特征的某一尺寸时，复制后的特征的对应尺寸也跟着改变。

提示：“镜像“、“移动”等编辑工作由于本质上也属于“复制”的具体化，所以“镜像”和“移动”这两个常见的编辑方法统一到“复制”下，即属于“复制”方法的子方法。要调用“镜像”或“移动”，必须先进入“复制”命令下。

5.1.1　特征复制的工具

在主菜单中单击“编辑”→“特征操作”后，系统弹出“特征”菜单管理器，进一步单击【复制】选项后，显示“复制特征”菜单，如图 5-1 所示。

图 5-1 中所示的菜单栏，其各个选项意义如下：

新参考：使用新的放置面和参照面来复制特征，也就是重新定义复制后的特征的草绘面、参照面、尺寸标注的参照等。

相同参照：使用与原特征相同的放置面与参照面来复制特征。

镜像：利用镜像的方法进行特征复制，镜像平面可以是基准面、实体面、平面型曲面等。

移动：以平移或旋转的方式来复制特征，平移或旋转的方向可以由平面的法线方向或实体上的边、轴等来确定。

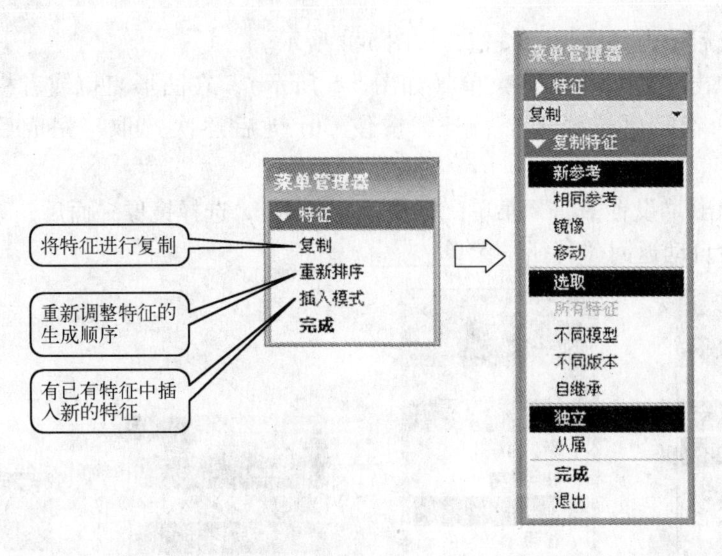

图 5-1　特征复制的工具

选取：在目前模型中选取要进行复制的特征。这是系统默认的选择方式。

所有特征：复制目前模型中的所有特征。

不同模型：复制不同模型中的特征。

不同版本：复制同一零件的不同版本模型的特征。

自继承：从继承特征中复制特征。

独立：从复制的特征尺寸与原始的特征尺寸相互独立，彼此无关。完成复制后，修改原始特征的尺寸，不会影响复制特征的尺寸，即复制产生的特征尺寸独立于原来的特征。

从属：复制后的特征尺寸与原先的特征尺寸相关联。完成复制后，如果修改或重新定义原特征或复制后的特征，另一个特征也对应地改变。

提示：当用户进行“复制”时，如果开始选择“从属”方式建立特征，在复制完成以后可以利用模型树将“从属”修改为“独立”。但是如果开始选择“独立”，是无法将已经“独立”的复制特征转变成“从属”的。

在实际应用中，使用较多的是利用“镜像”和“移动”的方法复制特征，这样做较为简单，免去了重新定义特征参照的麻烦。

5.1.2　特征的镜像

使用“镜像”方法复制特征和使用“编辑特征”工具栏中的按钮是极为相似的，它们都是在所选择的镜像平面另一侧创建与原始特征完全相同的新特征。

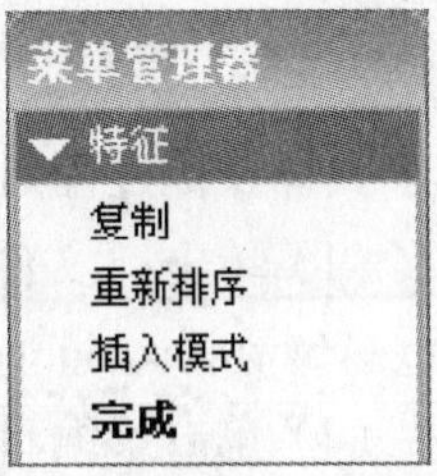

使用“镜像”工具复制特征需要经过以下步骤：

（1）单击“编辑”→“特征操作”，在弹出的“特征”菜单（如图 5-2 所示）中选择“复制”选项，系统显示“复制特征”菜单，如图 5-3 所示。

菜单管理器
特征
复制
重新排序
插入模式
完成

图 5-2　“特征”菜单

（2）在“复制特征”菜单中选取“镜像”选项，其他选项根据需要选择，完成后单击“完成”按钮，如图5-4所示。

（3）系统弹出“选取特征”菜单（如图5-5所示），在图形窗口或者模型树中选择需要镜像的特征。若需要选择多个特征，按住Ctrl键后逐次选取，完成后单击“完成”按钮。

（4）系统弹出“设置平面”菜单（如图5-6所示），选择镜像平面后，系统自动完成特征的镜像，然后自动返回“特征”菜单。

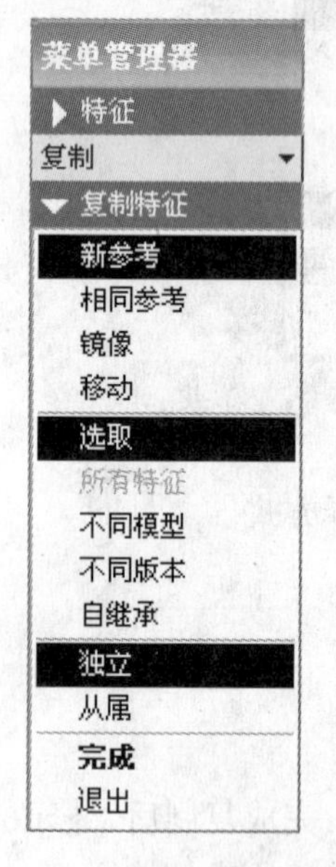

图5-3 “复制特征”菜单

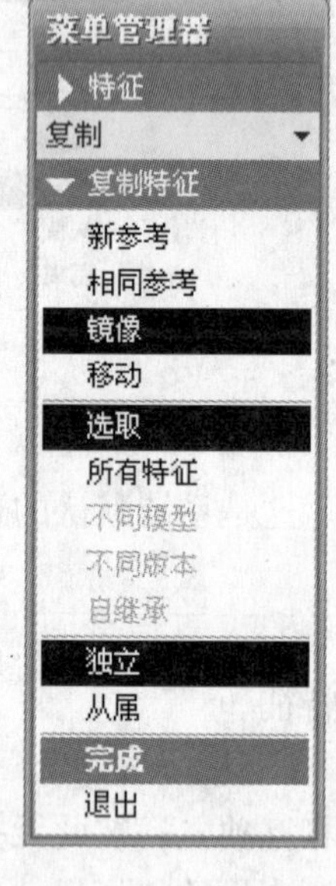

图5-4 镜像特征菜单

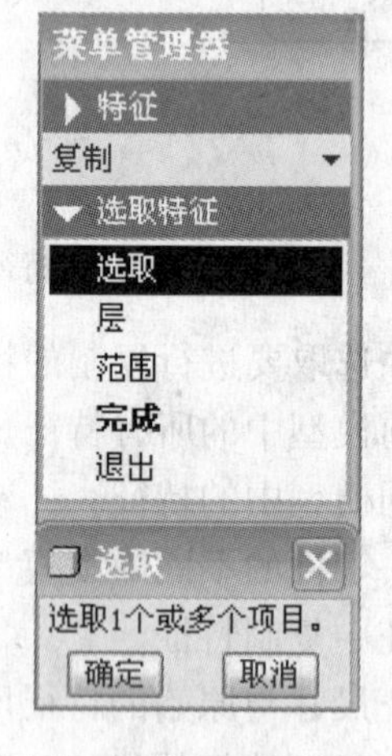

图5-5 特征选择菜单

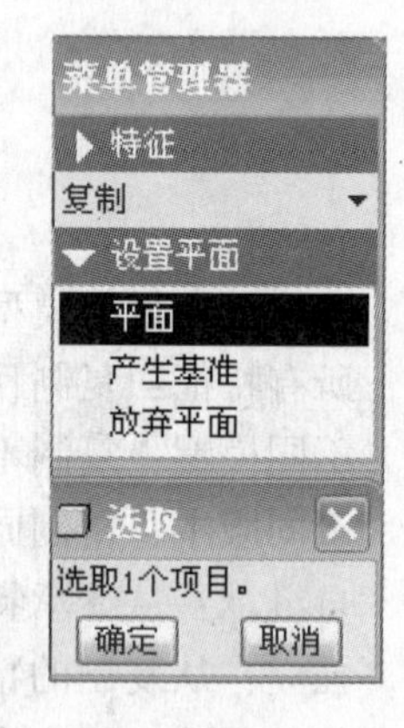

图5-6 “设置平面”菜单

下面以复制底板上U形槽为例讲解镜像特征的操作。

图5-7所示的底板已经构建出一个U形槽，我们希望用比较快的方式构建出其他3个一样的U形槽，如图5-8所示。

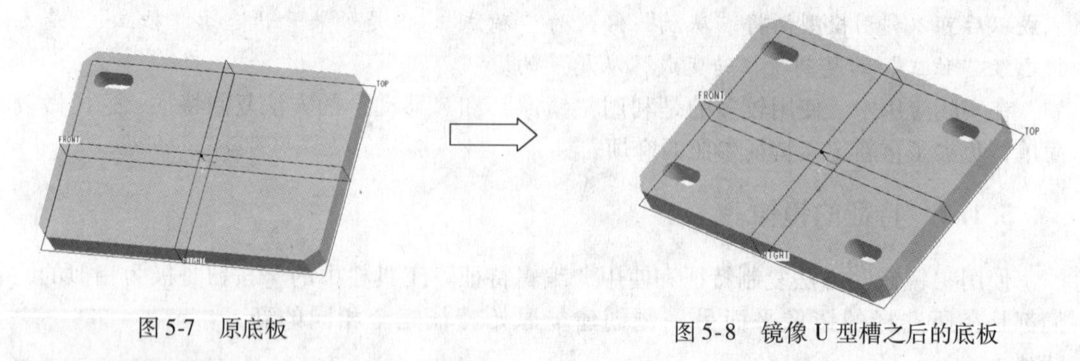

图5-7 原底板

图5-8 镜像U型槽之后的底板

具体操作过程如下：

（1）单击“文件”工具栏的按钮，打开电子工业出版社华信教育资源网（网址：http://www.hxedu.com.cn）中CH5\0501.prt，如图5-7所示。

（2）单击“编辑”→“特征操作”命令，弹出“特征”菜单管理器，然后单击“复制”选项，展开“复制”菜单，如图5-9（a）所示。

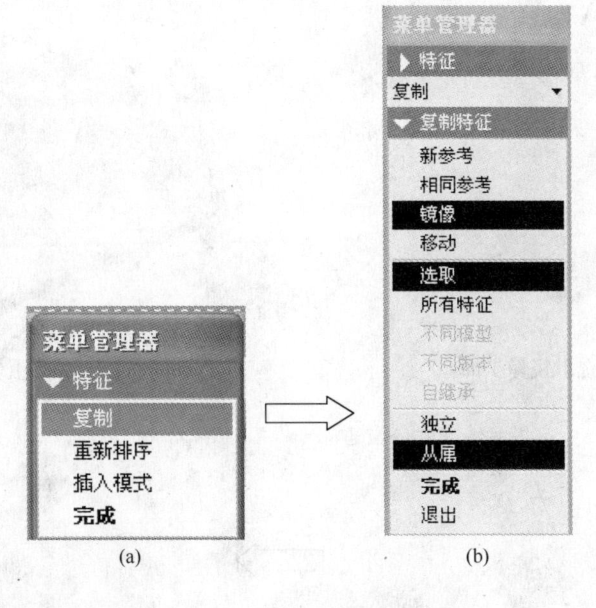

图 5-9　调取镜像命令

（3）单击“镜像”→“选取”→“从属”→“完成”选项，展开“选取特征”菜单管理器，并选取U形槽特征，如图5-10所示。

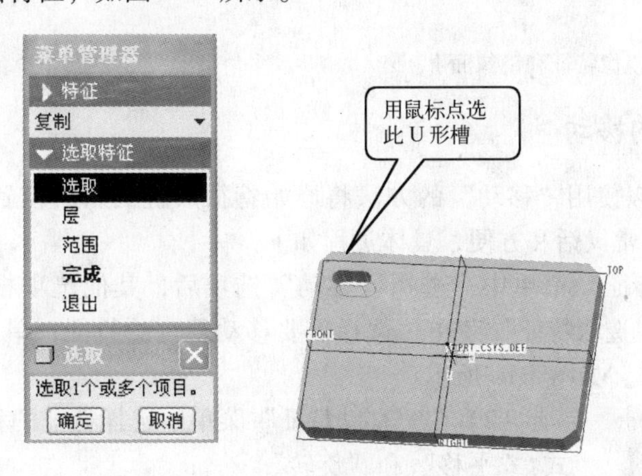

图 5-10　选取特征

（4）单击“完成”选项，展开“设置平面”菜单管理器，如图5-11所示。

图 5-11　“设置平面”菜单管理器

（5）选取基准平面中的“RIGHT”面，如图5-12所示，系统立即复制出一新U形槽，如图5-13所示。

（6）重复以上（2）~（3）步骤后，选取已经构建好的两个U形状槽，单击“完成”；再选择基准平面“FRONT”面作为镜像平面，如图5-14所示。

（7）单击“完成”，即可再次复制出两个U形槽，如图5-15所示。

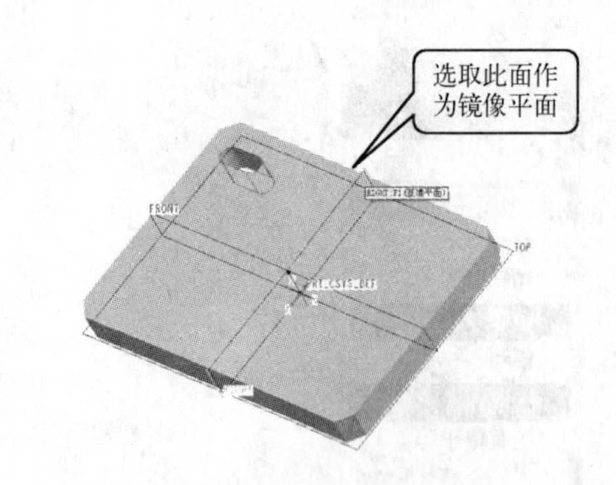

图 5-12　选取镜像平面

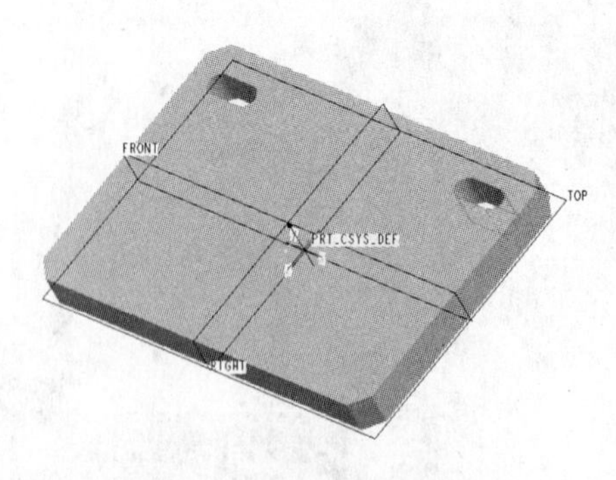

图 5-13　复制出第一个特征

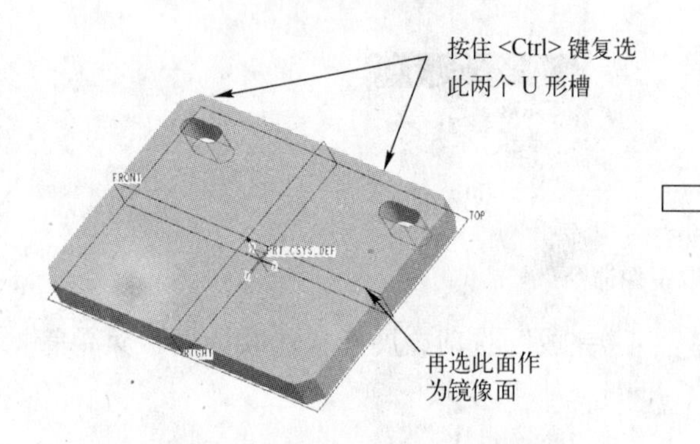

图 5-14　选取镜像特征和镜像面

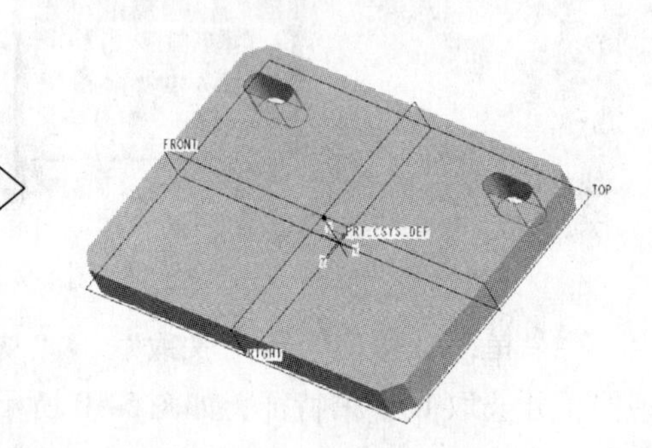

图 5-15　镜像结果

5.1.3　特征的移动

Pro/Engineer 可以使用“移动”的方法将原始特征放置到新的位置。使用“移动”方式，新特征的定位非常灵活和方便，具体过程如下：

(1) 在“复制特征”菜单中，选择“移动”选项后，其他选项根据需要选择，单击“完成”，系统弹出“选取特征”菜单，选择需要移动复制的特征，单击“完成”，系统弹出“移动特征”菜单，如图 5-16 所示。

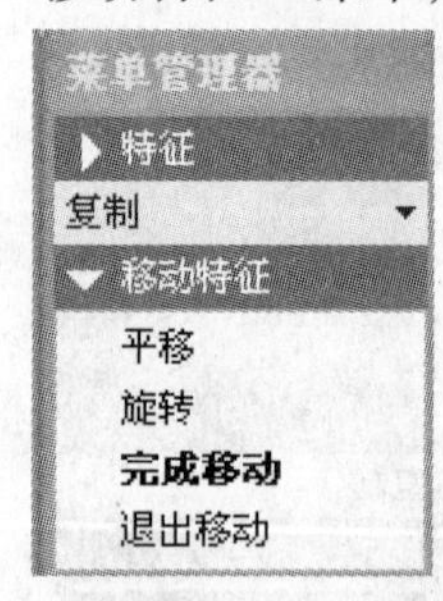

图 5-16　移动特征菜单

(2) 在“移动特征”菜单中选择特征的移动方法。有两种方式：“平移” 和 “旋转”。

平移：指定平移方向后，将原始特征按照平移方向移动一定距离，放置新特征。

旋转：指定旋转轴和旋转方向后，将原始特征沿旋转轴旋转一定角度，放置新特征。

当使用“平移”方法复制特征时，需要指定一个平移方向。用户可以使用平面、曲线、边、轴、坐标系等作为定向参照。

使用平面作为定向参照：即将平面的法线方向作为平移方向，如图 5-17（a）所示。

使用曲线、边、轴作为定向参照：即将这些参照的所在直线的方向作为平移方向，如图 5-17（b）所示。

使用坐标系作为定向参照：即选择其中一个坐标轴作为平移方向，如图 5-17（c）所示。

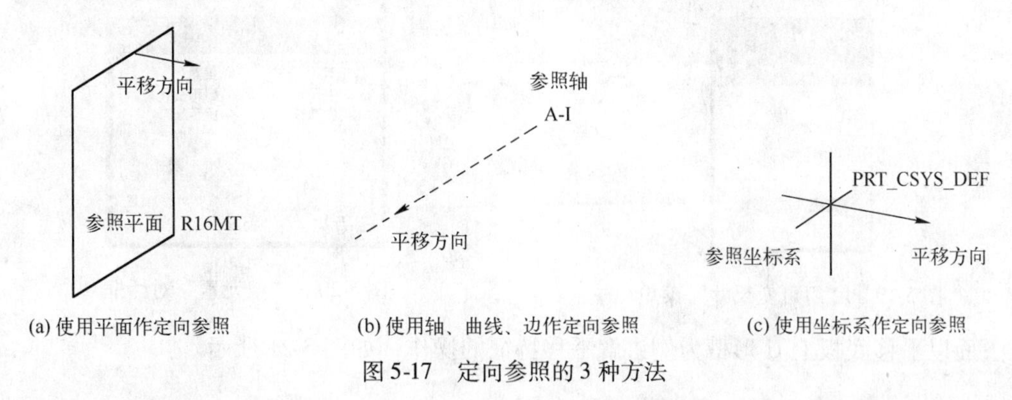

(a) 使用平面作定向参照　(b) 使用轴、曲线、边作定向参照　(c) 使用坐标系作定向参照

图 5-17　定向参照的 3 种方法

当使用“旋转”方法复制特征时，需要指定一个旋转轴和旋转方向。用户也是可以使用平面、曲线、边、轴、坐标系等作为参照。

使用平面作为参照：用户还需要指定平面上一点，平面在该点的法线即被指定为旋转轴；使用曲线、边、轴作为参照：将这些参照所在直线作为旋转轴。

使用坐标系作为参照：选择其中一个坐标轴作为旋转轴。

（3）在用平面进行定义方向时，还需要定义方向的指向。如图 5-18 所示，系统会首先指定一个默认方向，用颜色箭头显示在图形窗口中，如果默认的方向就是所需要的方向，在“方向”菜单中单击“正向”即可；如果所需要方向与默认方向相反，则在“方向”菜单中先单击“反向”，然后再单击“正向”。

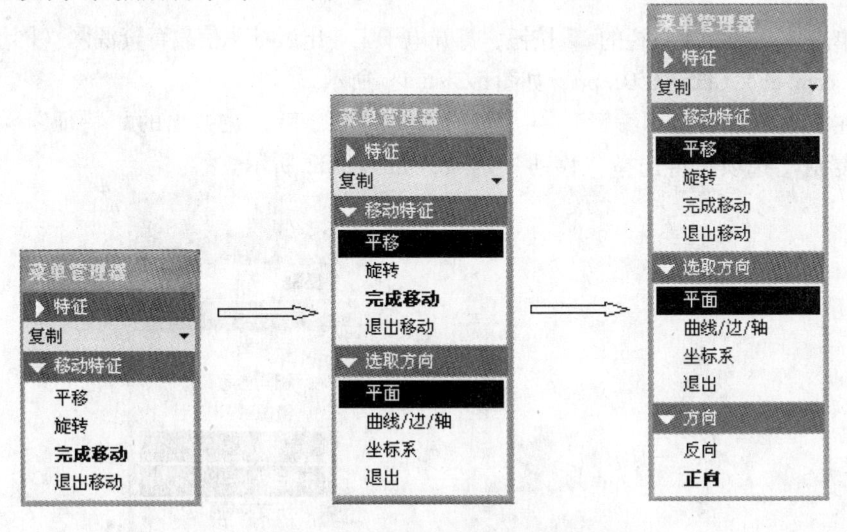

图 5-18　定向参照的顺序菜单

（4）完成平移方向（或旋转方向）定义后，系统在消息区中显示文本框，输入平移长度值（或旋转角度值）后，单击按钮，系统返回“移动特征”菜单，单击“完成移动”即可。

另外，如果在“复制特征”菜单中选择了“独立”选项，系统随后会弹出“组可变尺寸”菜单，其中用 Dim 1、Dim 2、…列出了当前原始特征中的所有驱动尺寸，如图 5-19 所示。用户可以选择这些驱动尺寸并修改，以改变新特征的驱动尺寸值。完成驱动尺寸设定后，单击“完成”，系统弹出“组元素”对话框，如图 5-20 所示，单击“确定”按钮后，系统将生成使用复制方法生成的新特征。

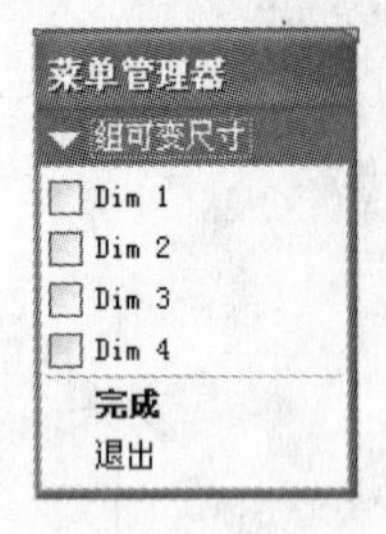

图 5-19 “组可变尺寸”菜单

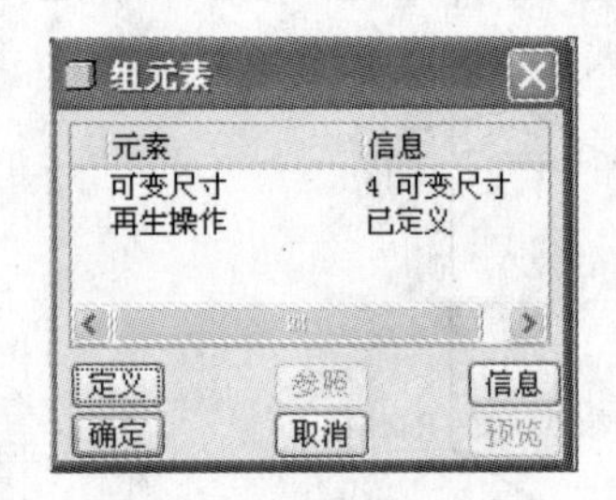

图 5-20 “组元素”对话框

下面以平移底板上 U 形槽为例讲解平移特征的操作，如图 5-21 所示。

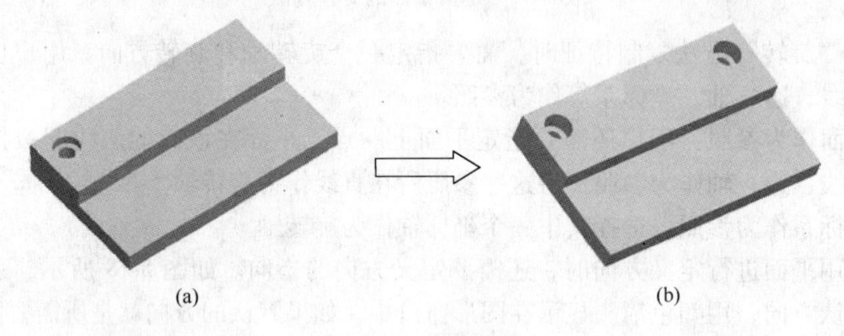

图 5-21 平移特征

操作过程如下：

（1）单击“文件”工具栏的按钮，打开电子工业出版社华信教育资源网（网址：http://www.hxedu.com.cn）CH5\0502.prt，如图 5-21（a）所示。

（2）在主菜单中单击“编辑”→“特征操作”命令后，在弹出的“特征”菜单管理器中选择“复制”选项，再选择“移动”选项，如图 5-22 所示。

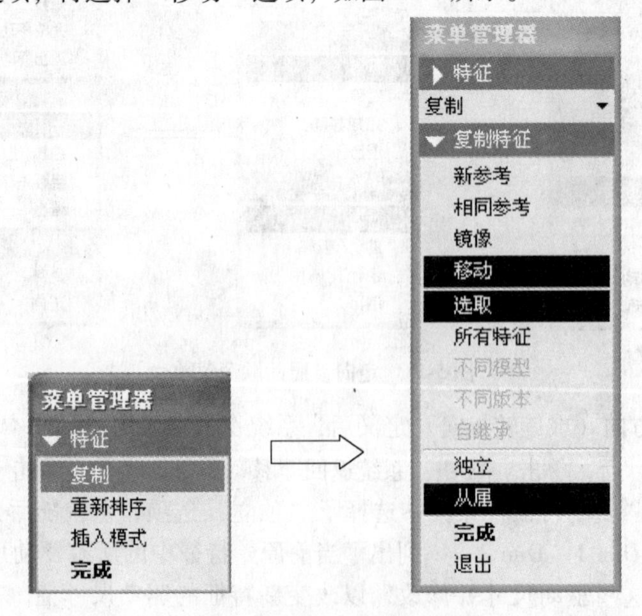

图 5-22 调用移动特征命令

（3）单击“完成”选项，展开“选取特征”菜单，选取阶梯板上的沉头孔，如图 5-23 所示。

图 5-23　选取切槽特征

（4）单击“完成”选项，展开“移动特征”菜单，继续单击“平移”选项，展开“选取方向”对话框，如图 5-24 所示。

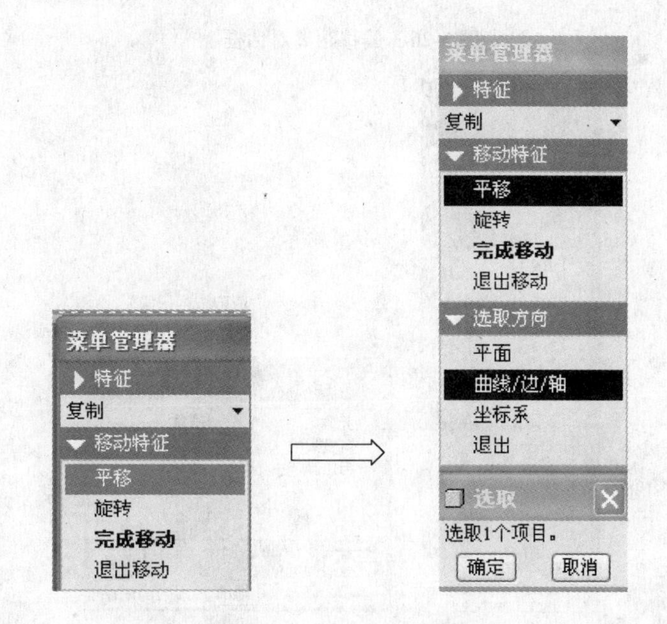

图 5-24　调取平移特征命令

（5）单击“曲线/边/轴”选项，选择如图 5-25 所示的边，展开“方向”菜单。

（6）单击“反向”，再单击“正向”，在消息框出现如图 5-26 所示的偏移距离对话框。

（7）输入偏移距离 160，单击☑，系统回到“移动特征”菜单管理器，单击“完成移动”，系统弹出“组可变尺寸”对话框，如图 5-27 所示。

（8）单击“组可变尺寸”对话框下的“完成”按钮，再单击“组元素”对话框的“确定”，得到复制后的沉孔，如图 5-21（b）所示。

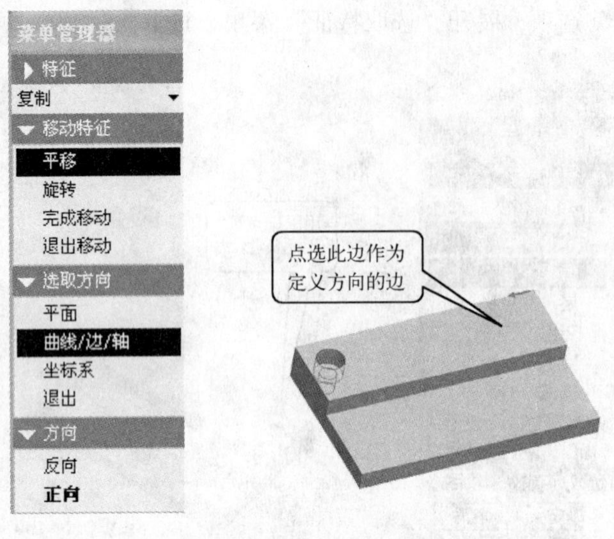

图 5-25　选取平移方向

◇为操作选取方向。
◇选取一边或轴作为所需方向。
◇为操作选取方向。
◇输入偏距距离 0.0000

图 5-26　偏移距离对话框

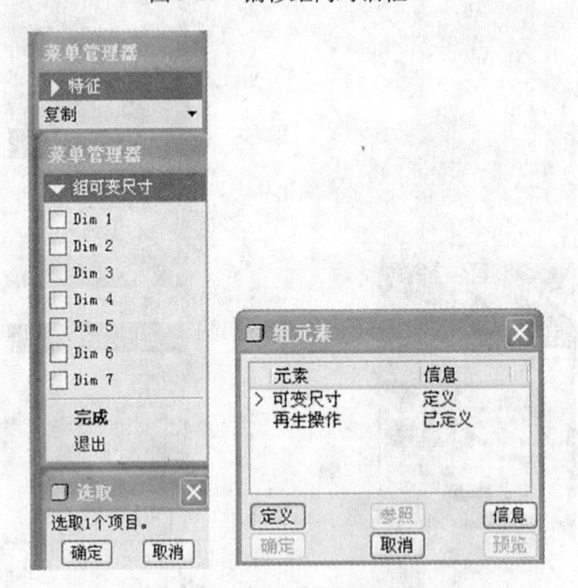

图 5-27　组可变尺寸和组元素对话框

5.2　特征的阵列

特征阵列是指将一定数量的对象按规律进行有序地排列和复制。创建实体模型时，有时候需要在模型上按照一定的规律创建多个完全相同的特征，这时就可以使用特征阵列的方法。使用特征阵列的方法，可以快速、准确地创建大量的按规律排列且几何外形相似的结构。

阵列特征时，结果将得到一个特征阵列，Pro/Engineer 只允许阵列单个特征。要阵列多个特征，可创建一个“局部组”，然后阵列这个组。

5.2.1 阵列术语

为了方便叙述，下面简要介绍几个相关术语：

原始特征：选定的用于阵列操作的特征，它是阵列特征的父特征。

实例特征：根据原始特征创建的一组副本特征。

一维特征（见图 5-24（a））：仅在一个方向上创建阵列实例的阵列方式。

二维特征（见图 5-24（b））：在两个方向上同时创建阵列实例的阵列方式。

线性特征（见图 5-24（c））：使用线性尺寸创建阵列，完成后的阵列特征成直线排列。

旋转特征（见图 5-24（d））：使用角度尺寸可取创建阵列，完成后的特征是指定中心成环状排列。

上述术语中提到的几个相关的阵列类型如图 5-28 所示。

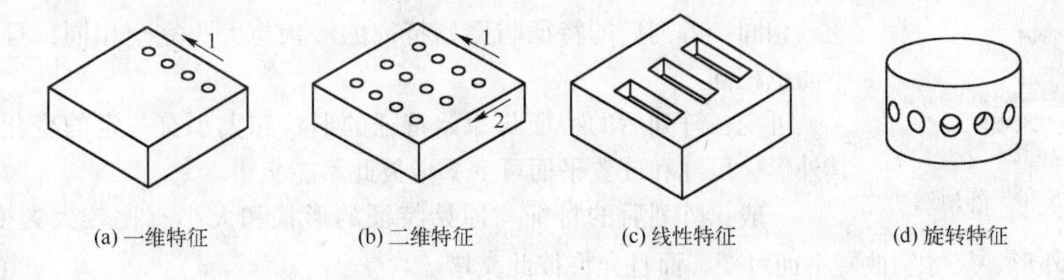

图 5-28　各种特征阵列示意

5.2.2 阵列操控面板

1. 阵列特征的方式

Pro/Engineer 提供了 7 种特征阵列方式：

尺寸：通过使用驱动尺寸并指定阵列的增量变化来控制阵列。尺寸阵列可以为单向或双向。

方向：通过指定方向并使用拖动控制滑块设置阵列增长的方向和增量来创建自由形式阵列。方向阵列可以为单向或双向。

轴：通过使用拖动控制滑块设置阵列的角增量和径向增量来创建自由形式径向阵列。也可将阵列拖动成为螺旋形。

表：通过使用阵列表并为每一阵列实例指定尺寸值来控制阵列。

参照：通过参照另一阵列来控制阵列。

填充：通过根据选定栅格用实例填充区域来控制阵列。

曲线：通过指定沿着曲线的阵列成员间的距离或阵列成员的数目来控制阵列。

选中需要阵列的特征对象后，在主菜单中单击“编辑”→“阵列”，或者单击“编辑特征”工具栏中的按钮，系统进入阵列特征工具操控板，如图 5-29 所示。

图5-29　阵列特征工具操控板

如图5-29中所示，阵列特征工具栏中可分为两部分，其中第一部分下拉列表框用于选择特征阵列方法，可以选择前面所介绍的六种特征阵列方法中的任意一种；第二部分为参照收集器，用于收集阵列参照并设置阵列成员数。

2. 阵列选项

在图5-29所示的操控面板中，单击 选项 按钮，弹出阵列选项，共有“相同”、“可变”和“一般”3个选项，如图5-30所示。

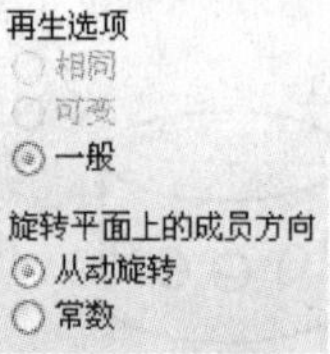

再生选项
相同
可变
一般
旋转平面上的成员方向
从动旋转
常数

图5-30　阵列选项

相同：阵列后的特征与原始特征的形状与大小完全相同，且放置平面也相同。

可变：阵列后的特征与原始特征的形状和大小有一定的变化，即其外形、尺寸和放置平面可变，但彼此不能交错。

一般：阵列后的特征与原始特征的形状和大小有比较大的变化，即其外形、尺寸和放置平面可变，而且允许彼此交错。

5.2.3　特征阵列实例

虽然Pro/Engineer中提供了尺寸、方向、轴、表、参照、填充和曲线等七种方法创建特征阵列，但在实际工作中，使用最多的是前面三种方法。下面结合实例对这三种特征阵列方法做逐一说明。

1. 尺寸式阵列

尺寸阵列是比较常用的特征阵列方法，这种方法以特征的驱动尺寸为基础，使用特征的驱动尺寸参数作为阵列设计的基本参数，用户可以指定这些尺寸的增量变化以及阵列中的特征成员数。

由于尺寸阵列使用原始特征的驱动尺寸作为阵列参数，因此需要注意原始特征的创建方法，特别是对于原始特征参照的选择。下面以整列平板上小圆柱为例讲解尺寸式特征整列的操作，如图5-31所示。

操作过程如下：

（1）单击“文件”工具栏的 按钮，打开电子工业出版社华信教育资源网（网址：http://www.hxedu.com.cn）CH5\0503.prt，如图5-31（a）所示。

（2）选取平板上的小圆柱，然后在“编辑特征”工具栏中单击，打开特征阵列工具操控板，如图5-32所示。

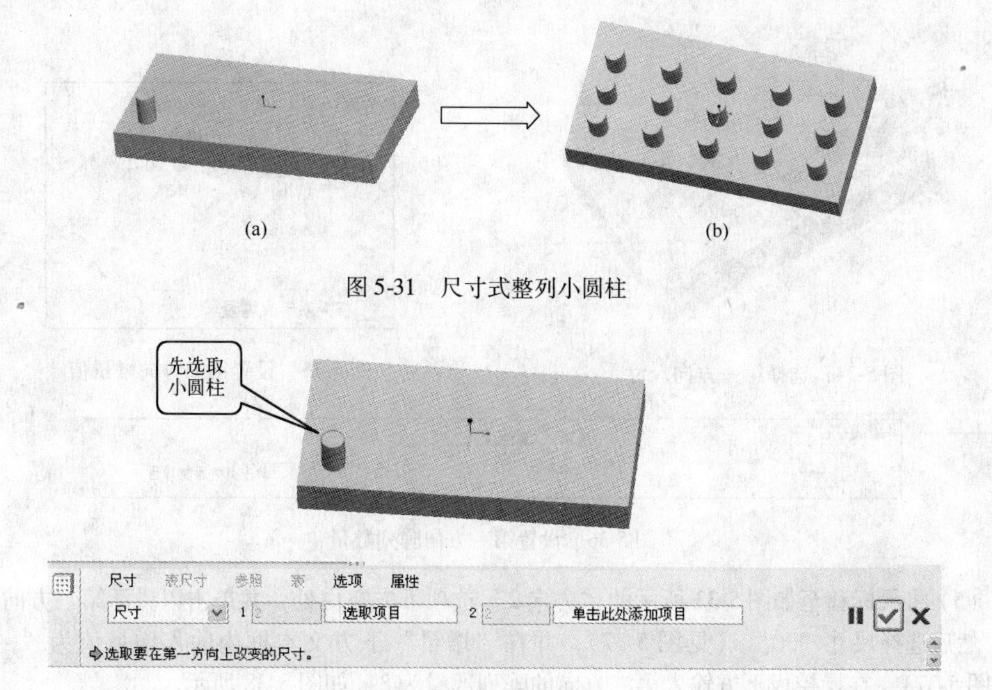

图 5-31　尺寸式整列小圆柱

图 5-32　选取阵列特征

（3）特征阵列工具操控板默认阵列类型设置为“尺寸”，在图 5-32 所示的特征阵列操控板上单击“尺寸”按钮，系统弹出如图 5-33 所示的尺寸上拉菜单。

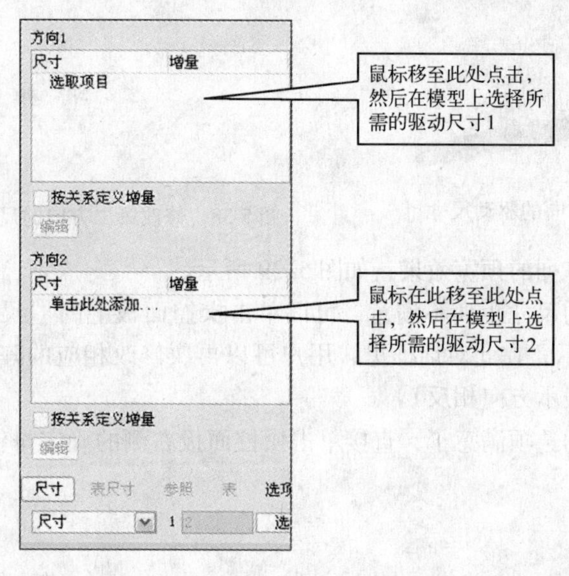

图 5-33　“尺寸”上拉菜单

（4）将鼠标移至如图 5-33 所示的“方向 1”选项下方空白处，并单击以激活第一方向收集器，然后在模型中点选第一方向尺寸“80”（见图 5-34），并在“增量”下方文本框内输入增量值为“-40”（见图 5-35），在操控板下方输入第一方向的阵列数量为 5，如图 5-36 所示。

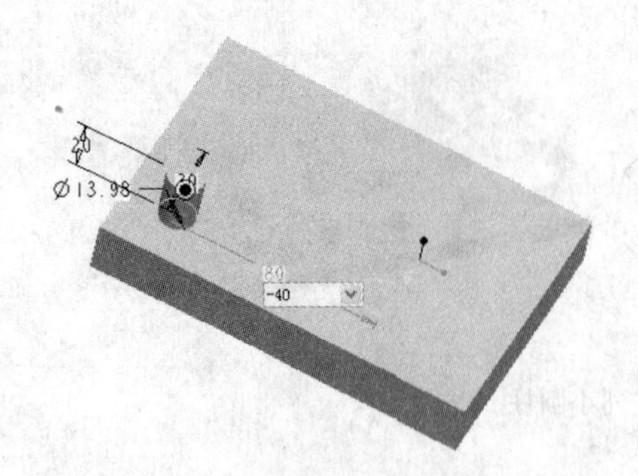

图 5-34　选择第一方向尺寸

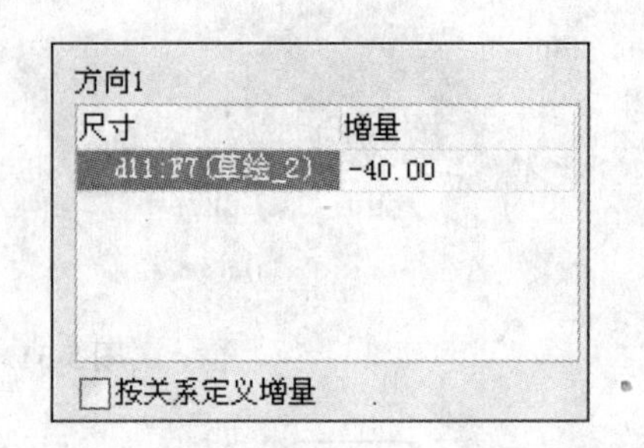

图 5-35　设置第一方向增量值

图 5-36　设置第一方向阵列数量

(5) 将鼠标移至如图 5-33 所示的“方向 2”选项下方空白处，并单击以激活第二方向收集器，然后选择尺寸“30”（见图 5-37），并在“增量”下方文本框内输入增量值为“－25”(见图 5-37)，在操控板下方输入第二方向的阵列数量为 3，如图 5-38 所示。

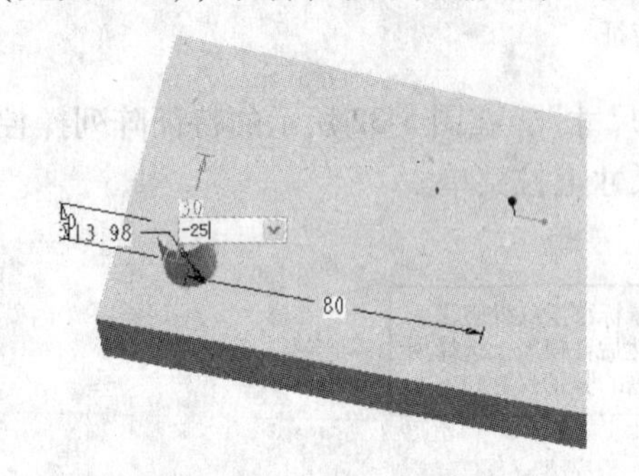

图 5-37　选择第二方向的驱动尺寸

图 5-38　修改第二方向的尺寸值和整列数量

此时，系统显示阵列的预览效果，如图 5-39 所示。

(6) 如果对阵列的尺寸距离不满意，可以单击操控面板上的“尺寸”按钮，打开尺寸对话框，如图 5-33 所示，在此对话框里，用户可以再次修改相应的阵列增量（阵列增量就是阵列的距离，负值表示方向相反）。

(7) 如果对已有的选项满意了，直接单击操控面板右侧的确定按钮☑，即可完成阵列，如图 5-40 所示。

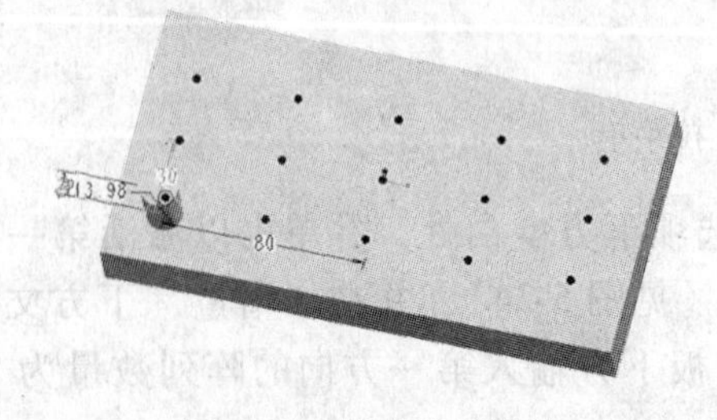

图 5-39　阵列显示效果

图 5-40　阵列结果

2. 方向式阵列

方向式阵列也是在一个或两个选定方向上添加阵列成员。但在确定阵列的方向时，通过选取实体上的直边、直线、轴或面来确定，操作起来十分方便、简洁。

下面以整列平板上 U 形槽为例讲解方向式特征整列的操作。

操作过程如下：

（1）单击“文件”工具栏的按钮，打开电子工业出版社华信教育资源网（网址：http://www.hxedu.com.cn）CH5\0504.prt，如图 5-41 所示。用阵列生成图 5-42 的形式。

（2）选取平板上的 U 形槽，在“编辑特征”工具栏中单击，打开特征阵列工具操控板，系统默认的阵列方式是“尺寸”，单击“阵列方式”下拉按钮，将阵列方式选为“方向”，如图 5-43 所示。

图 5-41　方向式阵列前模型

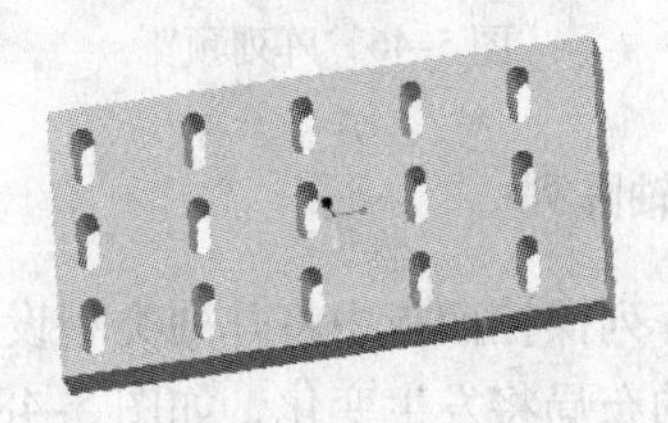

图 5-42　方向式阵列后模型

图 5-43　方向式整列 U 型槽

（3）单击如图 5-43 所示的操控板上 1 选取 1 个项目 ，激活第 1 方向参照的选择，并选择平板上的一条边作为阵列的第一个方向的边参照，如图 5-44（a）所示。

（4）单击如图 5-43 所示的操控板上 2 选取 1 个项目 ，激活第 2 方向参照的选择，然后选择另外一个边，作为第二个阵列的方向参照，如图 5-44（b）所示。

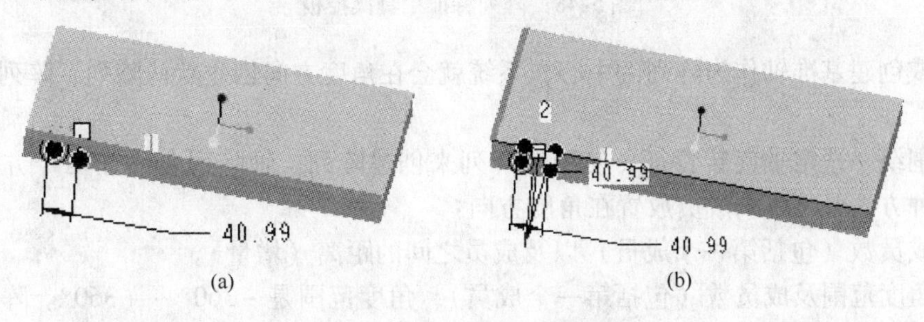

(a)　　(b)

图 5-44　选择平板的边作为阵列参照

（5）用户选取阵列的方向和在这个方向上的成员个数与阵列成员的间距。把第一方向上的个数改成“5”，间距改成“100”，把第二方向上的个数改成“3”，间距改成“80”，如图 5-45 所示。此时系统显示阵列的预览效果，如图 5-46 所示。

（6）如果对已有的选项满意了，直接单击操控面板右侧的确定按钮，即可完成阵列，如图 5-47 所示。

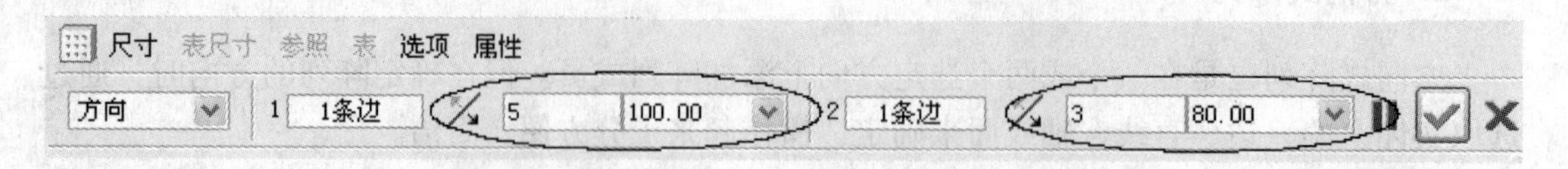

图 5-45　修改两个方向上的尺寸值和整列数量

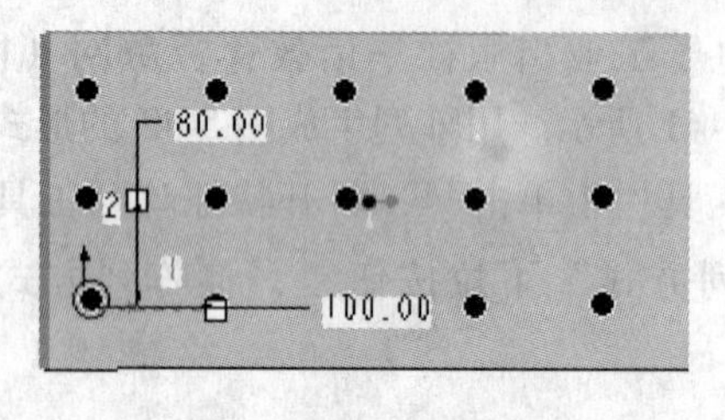

图 5-46　阵列预览

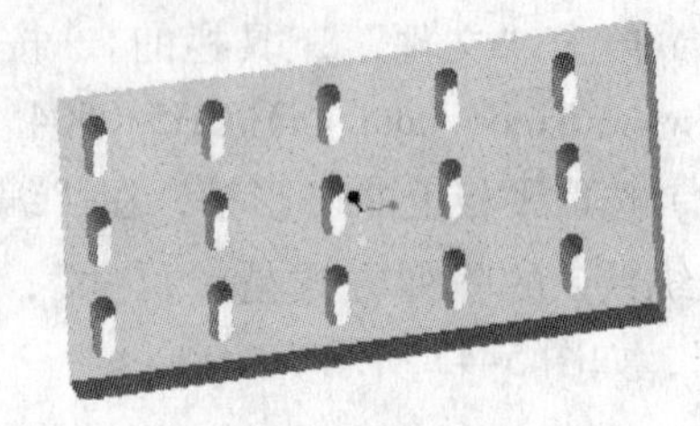

图 5-47　阵列结果

3. 轴阵列

在阵列操控面板中将阵列类型设置为“轴”，即从对话栏的阵列类型列表中选取“轴”，对话栏的布局将发生变化，如图 5-48 所示。

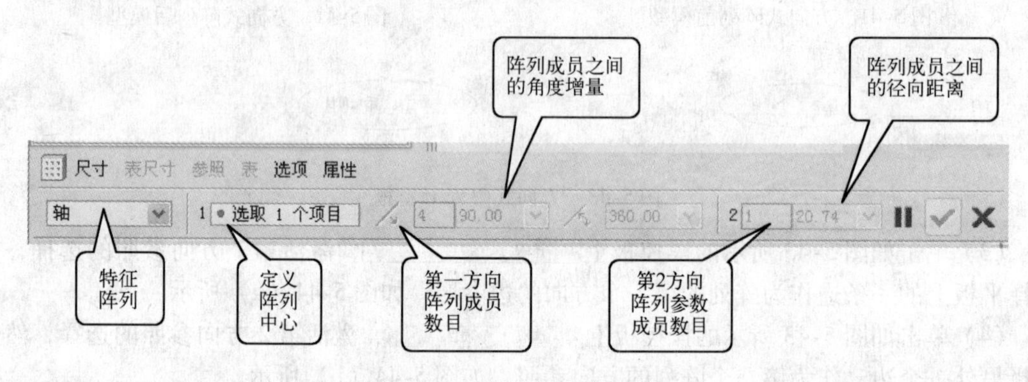

图 5-48　阵列特征工具操控板

选取或创建基准轴作为阵列的中心，系统就会在角度方向创建默认阵列，阵列成员以黑点表示。

通过围绕一选定轴旋转特征，使用轴阵列来创建阵列。轴阵列允许在两个方向放置成员。有两种方法可将阵列成员放置在角度方向：

指定成员数（包括第一个成员）以及成员之间的距离（增量）。

指定角度范围及成员数（包括第一个成员），角度范围是 -360° ~ +360°。阵列成员在指定的角度范围内等间距分布。

下面以绘制耐压座为例讲解轴特征阵列的操作。操作过程如下：

(1) 单击“文件”工具栏的 按钮，打开电子工业出版社华信教育资源网（网址：http://www.hxedu.com.cn）CH5\0505.prt，如图 5-49(a)所示。

(2) 单击模型树中的 旋转 1 特征，或者直接在图形文件中单击旋转特征，如图 5-50 所示。

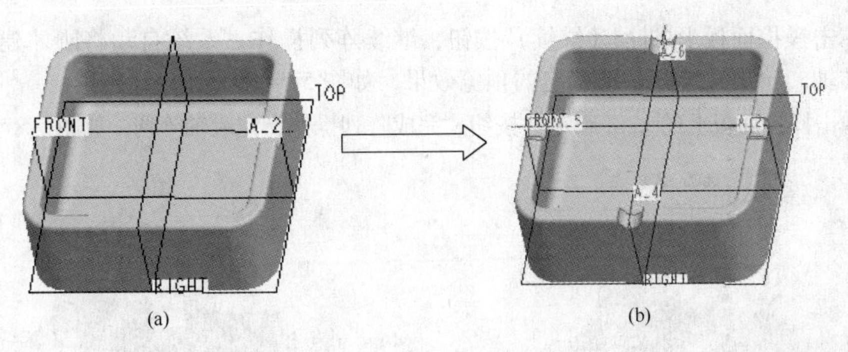

图 5-49　轴阵列圆柱槽

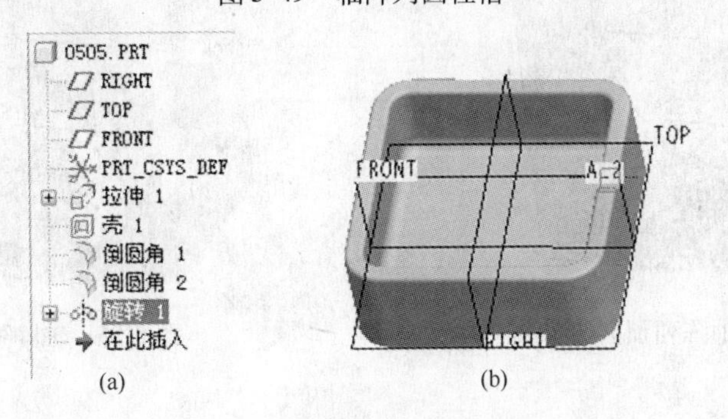

图 5-50　选择选择作为阵列

（3）单击▦（阵列工具）按钮，系统打开“阵列”操控面板，改变阵列方式为［轴］，如图 5-51 所示。

图 5-51　阵列特征工具操控板

（4）单击“基准”工具栏上的／（基准轴工具）按钮，打开“基准轴”对话框，如图 5-52 所示。

（5）按住“Ctrl”键，选择 FRONT 和 RIGHT 基准面，然后单击［确定］按钮，在两个面的交线处建立一条通过这两个基准面的基准轴，如图 5-53 所示。

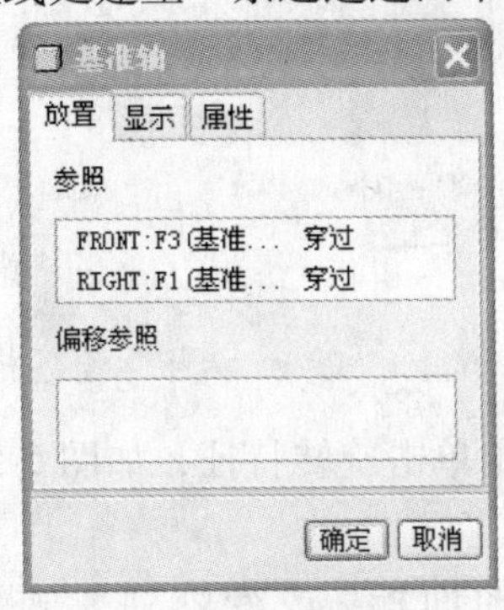

图 5-52　基准轴对话框

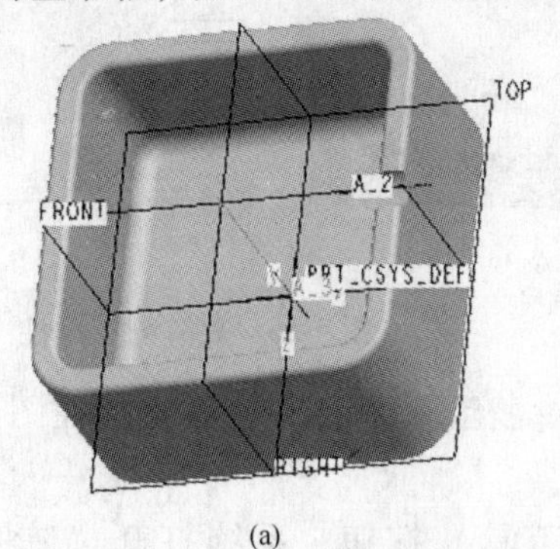

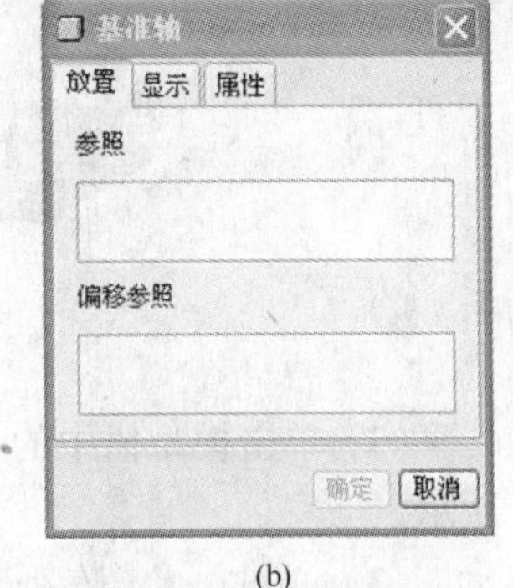

图 5-53　基准轴的创建

（6）单击操控面板上的▶（继续）按钮，继续阵列操作，系统自动将刚才建立的基准轴作为旋转轴，给出系统默认值确定的预览效果，如图 5-54 所示。

（7）单击操控面板上的✓（确定）按钮，完成阵列操作，完成轴阵列，如图 5-55 所示。

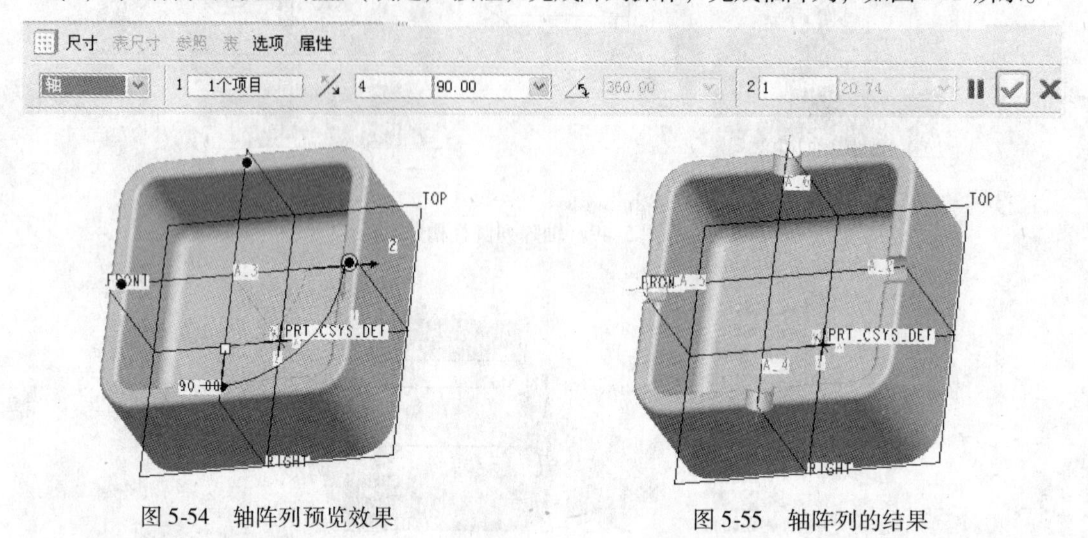

图 5-54　轴阵列预览效果　　　　图 5-55　轴阵列的结果

4. 表阵列

表阵列是一种相对比较自由的阵列方式，常用于创建比较复杂、且不太规则布置的特征阵列或组阵列，在阵列表中，可对每个自特征单独定义，而且可随时修改该表。在装配模式中，可以使用阵列表装配特征或零件。

在创建表阵列之前，首先收集特征的尺寸参照来创建阵列表，然后使用编辑方式编辑该表，为每个阵列特征设置尺寸参照，最后使用这些参数创建特征。

下面用创建端盖的表格阵列实例来讲解表阵列的应用和技巧。

（1）单击“文件”工具栏的📂按钮，打开电子工业出版社华信教育资源网（网址：http://www.hxedu.com.cn）CH5\0506.prt，如图 5-56(a)所示。

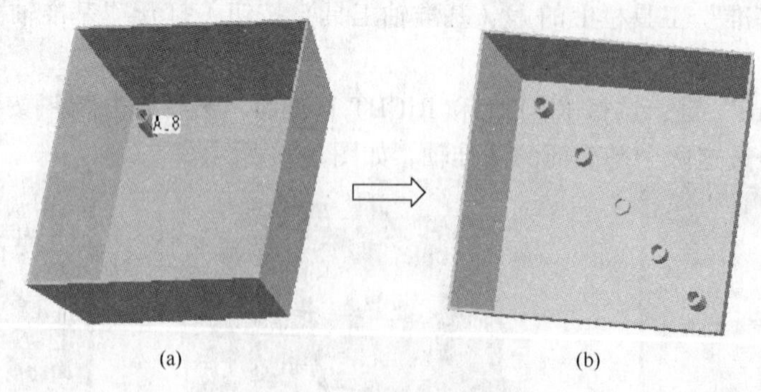

图 5-56　表阵列支撑柱

（2）单击模型树中的 拉伸 2 特征，或者直接在图形文件中单击旋转特征，如图 5-57 所示。

（3）单击▦（阵列工具）按钮，系统打开“阵列”操控面板，改变阵列方式为 表 ，如图 5-58 所示。

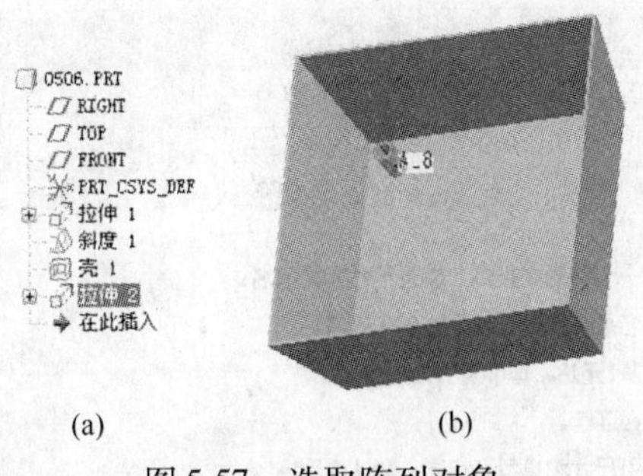

图 5-57　选取阵列对象

图 5-58　阵列操控面板

(4) 按住“Ctrl”键，选取图 5-59 所示的 3 个尺寸标注：10、30 和 30（有一定的顺序要求，这个选择的顺序和下面表里的顺序一一对应）。

(5) 单击操控面板上的 编辑 按钮，打开表格阵列编辑窗口，如图 5-60 所示。

(6) 在该窗口中选择 C1R12 单元格，在该单元格中输入 1，作为顺序编号，如图 5-61 所示。

(7) 选择 C2R12 单元格，并输入数值为 6，如图 5-62 所示。

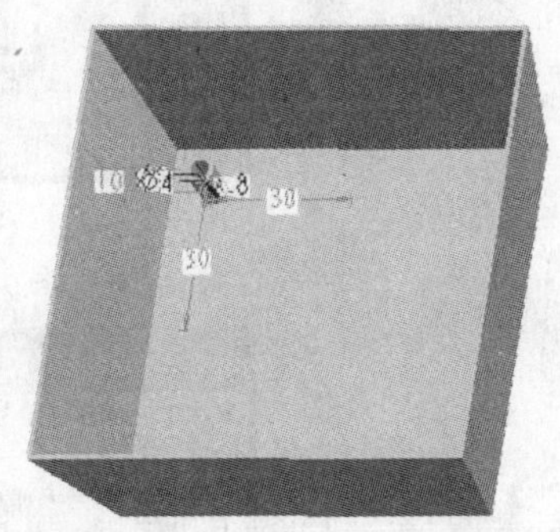

图 5-59　顺序选取阵列尺寸

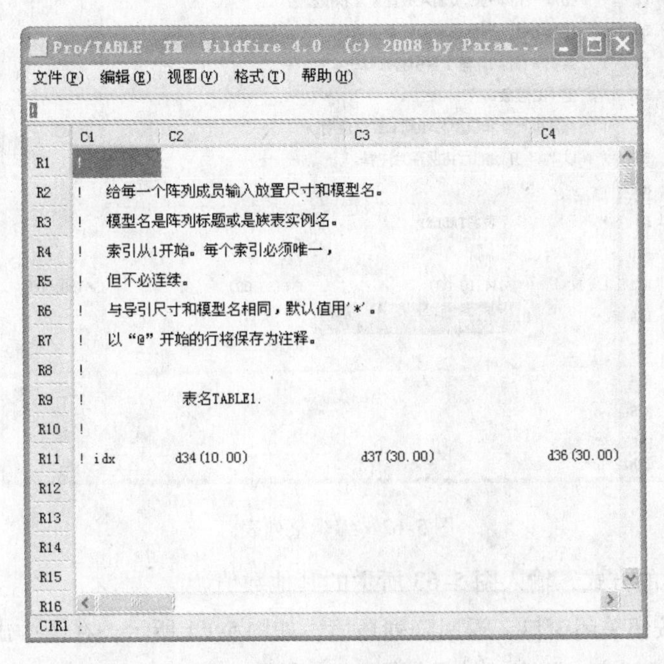

图 5-60　阵列表

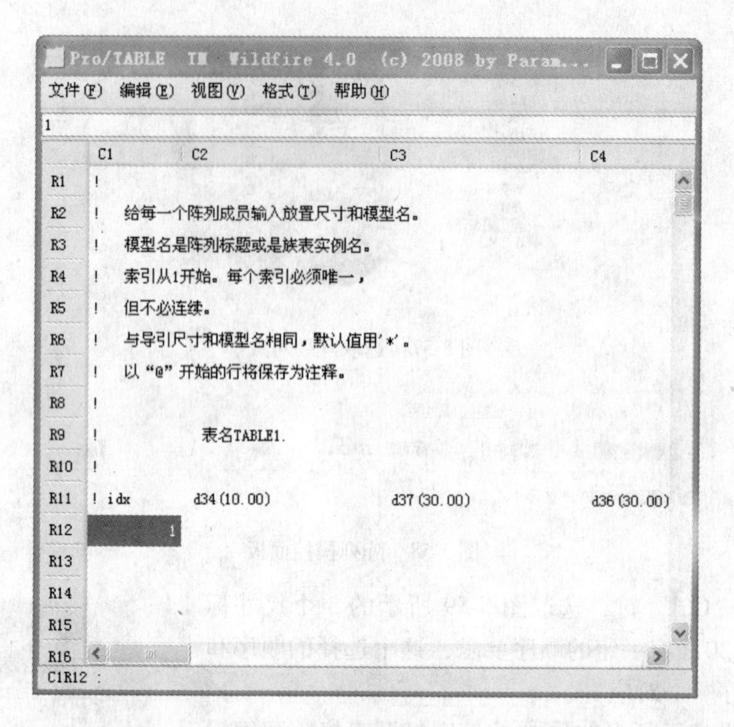

图 5-61 编辑整列表一

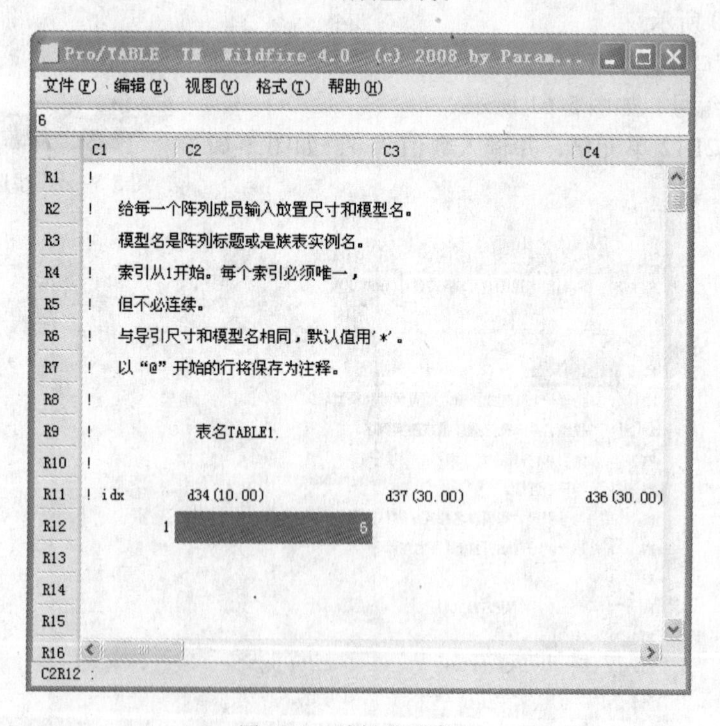

图 5-62 编辑整列表二

（8）使用同样的方式，输入图 5-63 所示的其他数值。

（9）单击☒按钮关闭窗口，返回阵列环境，如图 5-64 所示，在图中出现预览效果。

（10）单击☑按钮完成阵列，结果如图 5-65 所示。

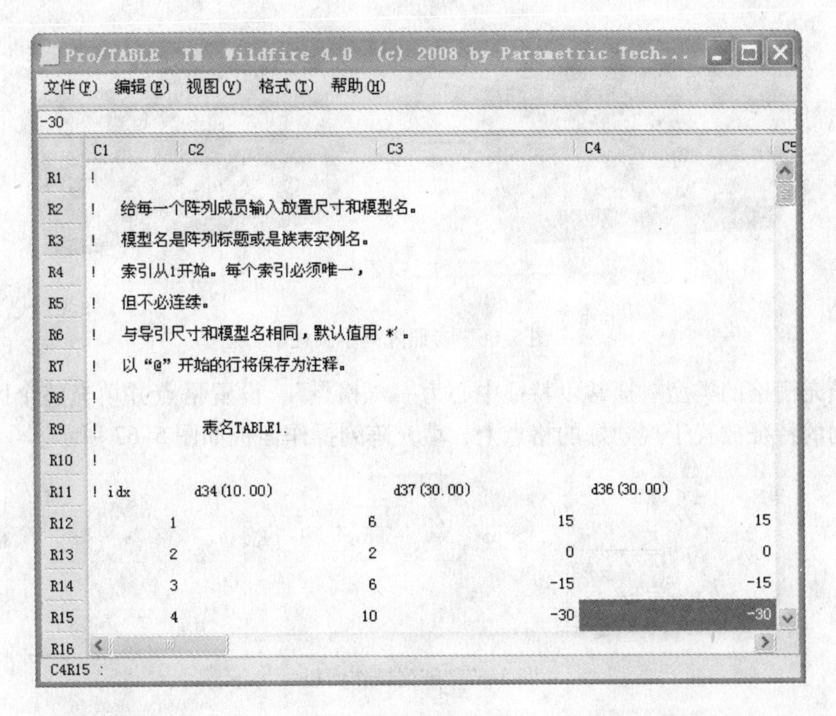

图 5-63 编辑整列表三

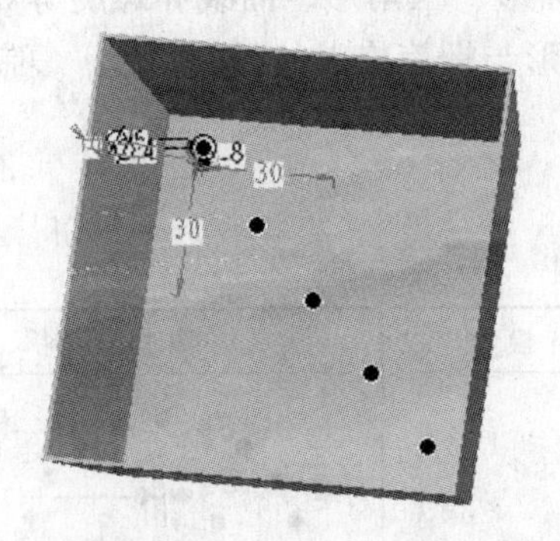

图 5-64 阵列预览效果

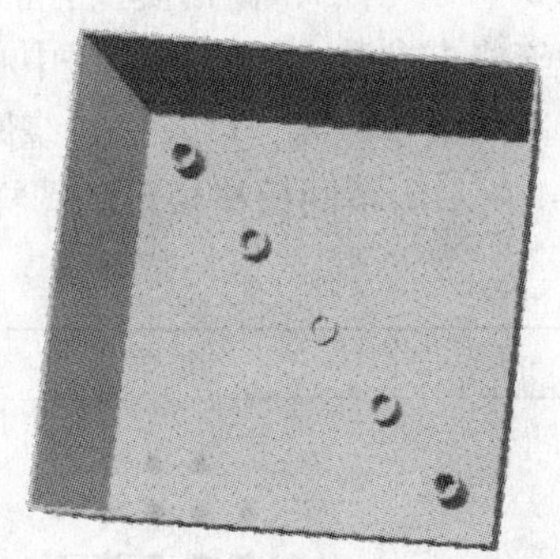

图 5-65 完成阵列

5. 参照阵列

参照阵列即是在特征阵列的基准上产生的特征阵列。建立参照阵列时，其原始样本特征的参考基准必须相对于已有特征阵列的原始样本阵列，否则参照阵列将不能产生。

如图 5-66（a）所示的模型，选择此倒角特征后利用右键快捷菜单执行“阵列”，立即产生参照阵列复制，结果如图 5-66（b）所示。

6. 填充阵列

“填充”阵列为 Pro/Engineer Windfire 的新增功能，是一种操作更加简便、多样化的特征阵列方式。它可以在指定的区域内阵列特征，使特征布满该区域，指定的区域可以通过草绘，或者选择一条草绘的基准曲线来构成该区域。

使用该阵列的方法为：首先设置填充区域，然后设置填充格式，填充格式是以不同的方

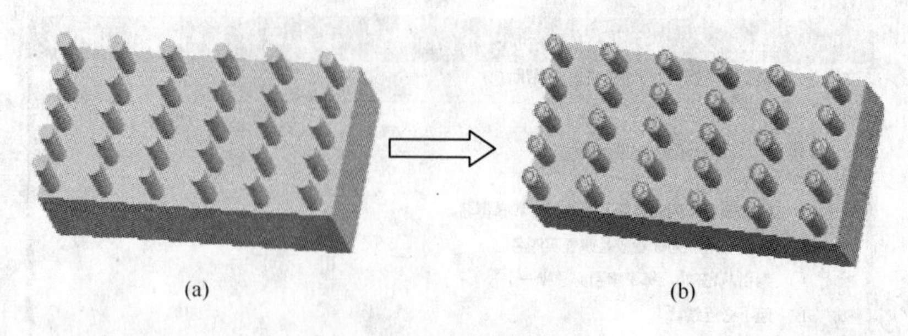

图 5-66　参照阵列小圆柱

式来进行填充栅格的类型。通常以特征中心为一“格点”，设置格点并填充整个区域，最后将需要阵列的特征放置于规划好的格点上，填充阵列操作面板如图 5-67 所示。

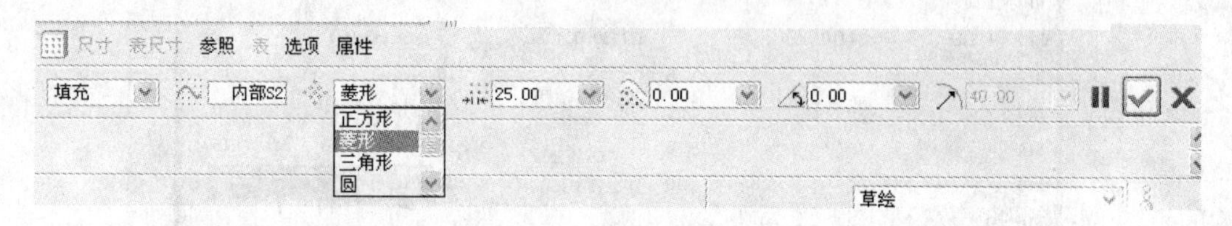

图 5-67　阵列操作面板

如图 5-67 中所示，栅格模型有正方形、菱形、圆形、三角形、曲线和螺旋等 6 种，并可指定填充格点参数，如阵列特征中心间的间距、圆形与螺旋格点的径向间距、复制特征中心与边界间的最小距离，以及格点绕原点的旋转。

表 5-1 所示为不同栅格模型的图样。

表 5-1　栅格模型

栅　　格	图 样 示 例	栅 格 模 型	图 样 示 例
正方形	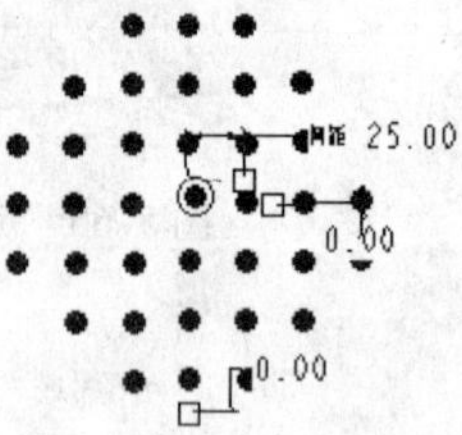	圆形	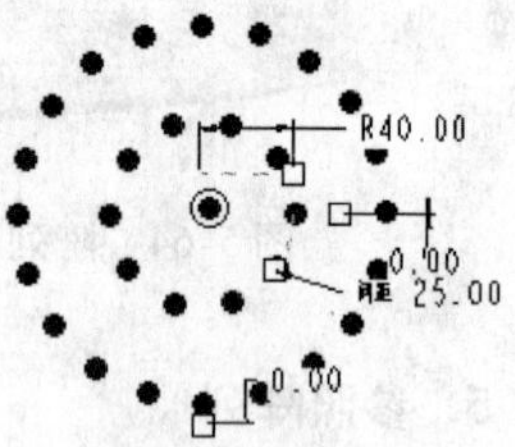
菱形	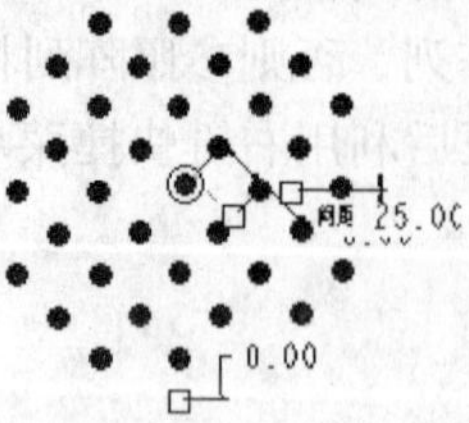	螺旋	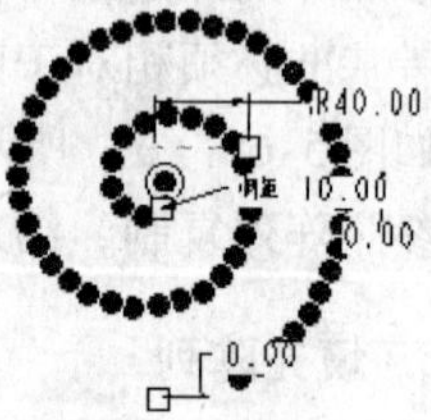

7. 曲线阵列

曲线阵列也是一种操作更多样化的特征阵列方式。可以通过草绘来完成阵列的排布，通过指定沿着曲线的阵列成员间的距离或阵列成员的数目来控制阵列，构成该区域，如图 5-68 所示。

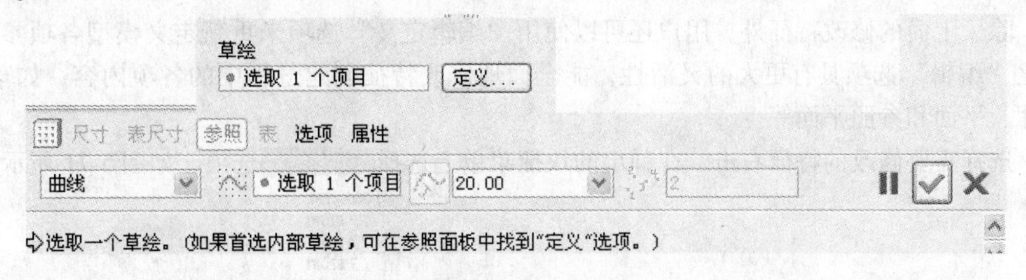

图 5-68 阵列操作面板

5.3 修改和重新定义特征

特征创建完成之后，有时对该特征不满意或者因为其他需要修改该特征，这时用户就可以使用系统提供的特征修改工具对模型中的特征进行修改。修改特征主要有两种方式：编辑和编辑定义。

5.3.1 修改特征

当用户对特征不满意需要修改时，首先选中模型树窗口上的特征，然后右击选择 编辑 选项，此时系统将显示该特征的所有尺寸参数。用户在特征上直接双击尺寸参数修改即可，如图 5-69 所示。

提示：当用户选择的特征是阵列特征时，系统显示该特征的阵列特征数目和尺寸增量，用户修改其中的任意参数即可。

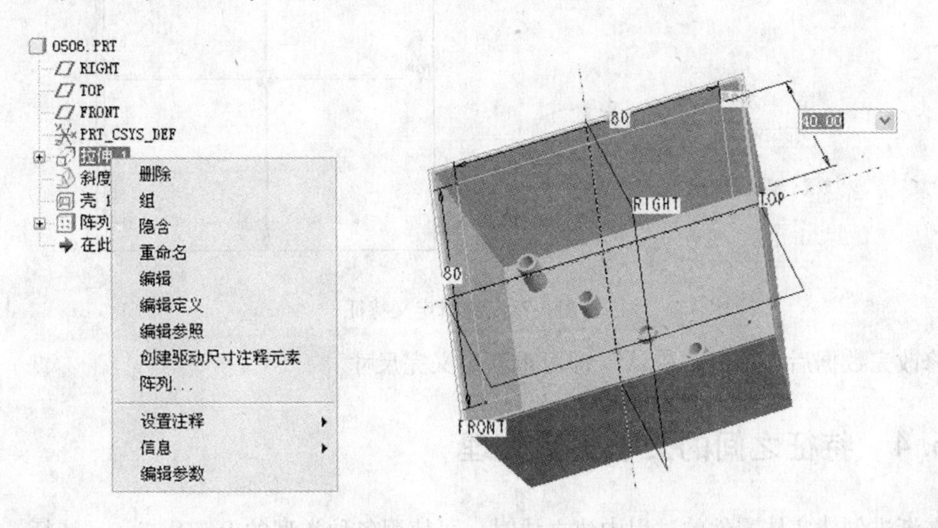

图 5-69 修改参数

修改该参数为 10，然后单击 （再生模型）按钮，模型重新生成，结果如图 5-70 所示。

5.3.2 重定义

除了上面的修改特征外，用户还可以使用“编辑定义”选项来重新定义模型各项参数，它比“编辑”选项具有更大的灵活性，能全面地修改特征创建过程中的各项内容，如草绘尺寸、平面和参照平面等。

选择需要修改的特征右击，在弹出的快捷菜单上选择 编辑定义 选项，如图 5-71 所示。

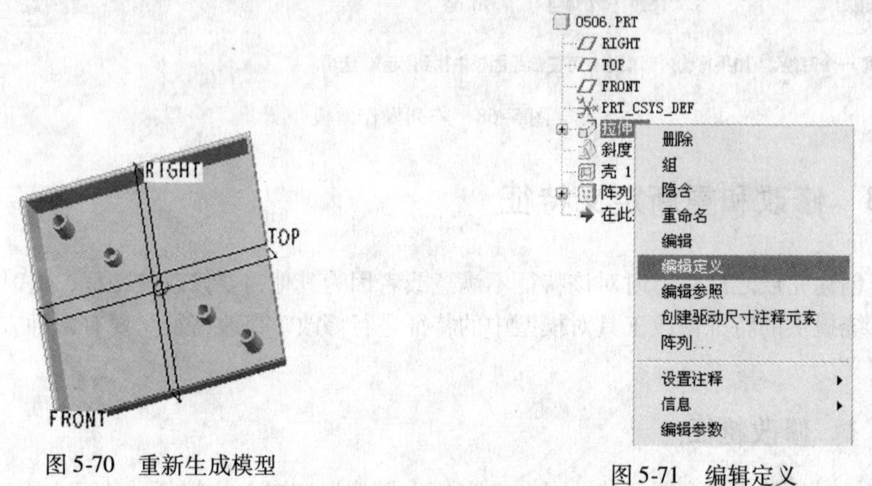

图 5-70　重新生成模型

图 5-71　编辑定义

单击“放置”→“编辑”，系统将自动把选中的特征恢复到设计操控状态，如图 5-72 所示。

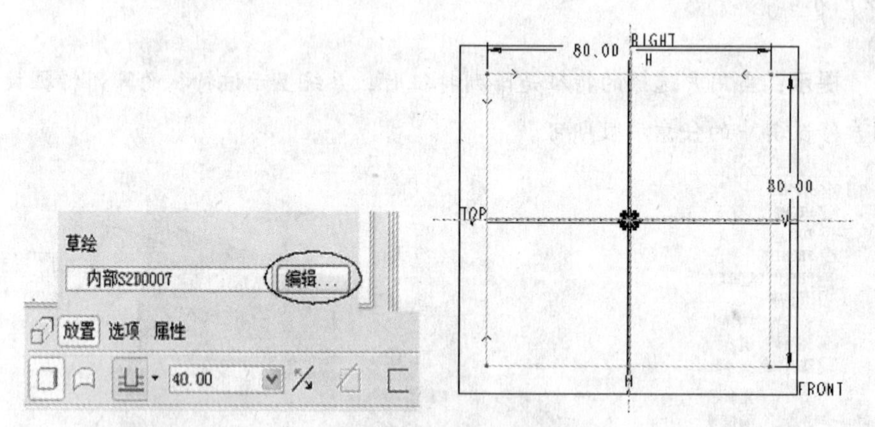

图 5-72　编辑定义特征

修改完数据后，单击“确认”即可重新定义完尺寸。

5.4 特征之间的父子关系处理

在渐进创建实体零件的过程中建立块时，可使用各种类型的 Pro/Engineer 特征。某种特征出于必要性，优先于设计过程中的其他多种从属特征，这些从属特征从属于先前为尺寸和几何参照所定义的特征，这就是通常所说的“父子关系”。

在 Pro/Engineer 中，父子关系是基于特征建模的一个重要方面。

在建立实体零件的过程中，使用 Pro/Engineer 命令来建立模型特征时，一些特征必须优先于其他较具依赖性的特征之前创建，而那些从属特征与几何参照方面都属于先前定义的特征，称为“父子关系”。在进行特征编辑、修改时必须考虑到特征之间的这种关联性。

5.4.1 产生父子关系的几种情况

一般来说，父子关系是 Pro/Engineer 与参数式建模最强大的功能之一，该关系对整个模型设计而言占据了非常重要的角色。

下面简单说明产生父子关系的几种情况。

1. 草绘平面、参考面

在特征的构建过程中，大部分情况都要选择草绘平面和垂直或水平的参照面，所以该特征即是该类平面的子特征。

2. 几何图元对齐

在草绘阶段，常常从一条边来创建图元、偏移一条边来创建图元等，以及运用到共线、共点等约束。

当其中的一个特征被另一个特征当做草绘参照时，这个特征就称为后一个特征的父特征。

3. 尺寸标注或约束参照

当特征 A 以特征 B 作为尺寸标注参照时，特征 A 即成为特征 B 的子关系。另外，在创建实体的过程中，必须指定约束参照。约束参照是用来在两图元之间添加约束条件，则两个图元之间所在的特征具有父子关系。

4. 基准特征的参照特征

建立基准面、基准曲线、基准轴时，会参照现存的基准轴、基准点，该类参照特征即成为基准特征的父特征。

在实际的设计过程中，大部分会选取系统默认的基准面（如 RIGHT \ TOP \ FRONT 基准面）与坐标系统（PRT_ CSYS_ DEF）作为草绘平面、参照面、尺寸标注参照等，这样虽然可能避免了特征之间产生不必要的父子关系，但仍需由“设计意图”来决定。另外，也可以避免将倒圆角特征当成参照。

5. 工程特征的放置面、边

在创建工程特征时，往往需要选择多个放置参照才能准确确定特征的放置位置，这时所有被选为放置参照的图元所在的特征都为该放置实体特征的父特征。

例如，创建孔特征时，选择放置面和尺寸标注参照面或参照边。建立倒圆角特征时，需要选取参照边和面，这些边或面即成为该类型特征的父特征。

5.4.2 父子关系对设计的影响

总的来讲，父子关系是 Pro/Engineer 参数化建模的最强大的功能之一。修改了零件中的某父项特征后，其所有的子项会被自动修改以反映父项特征的变化。如果隐含或删除父特征，Pro/Engineer 会提示对其相关子项进行操作，也可最小化不必要的或非计划中的父子关系实例。

因此，这对于参照特征尺寸非常必要，这样 Pro/Engineer 便能在整个模型中正确地传播设计更改。父项特征可以没有子项特征而存在，使用父子关系时，记住这一点非常有用。但是，如果没有父项，则子项特征不能存在。

特征之间的这种父子关系能保证设计者轻松地实现模型的修改，为设计带来极大的方便。但是，也因为父子关系非常复杂，使得模型的结构变得更加复杂起来。如果修改不当将导致特征再生失败，这在 Pro/Engineer 中是不允许的。

当用户需要对其一特征进行修改，又不影响其他特征时，设计人员就需要学会断开或变更特征之间的这种父子关系。

5.5 特征的删除、隐含和隐藏

模型创建完成后，有时为了观察或者其他要求需要对特征进行删除、隐藏。

5.5.1 特征的删除

删除特征就是将选定的特征删除。用户可以使用以下 3 种方式将选中的特征删除。

(1) 菜单：选择“编辑”→“特征操作”命令，然后在“特征”菜单管理器重选中“删除”选项。

(2) 模型树：在选定的特征上右击，然后在快捷菜单上选择“删除”选项，如图 5-73 所示。

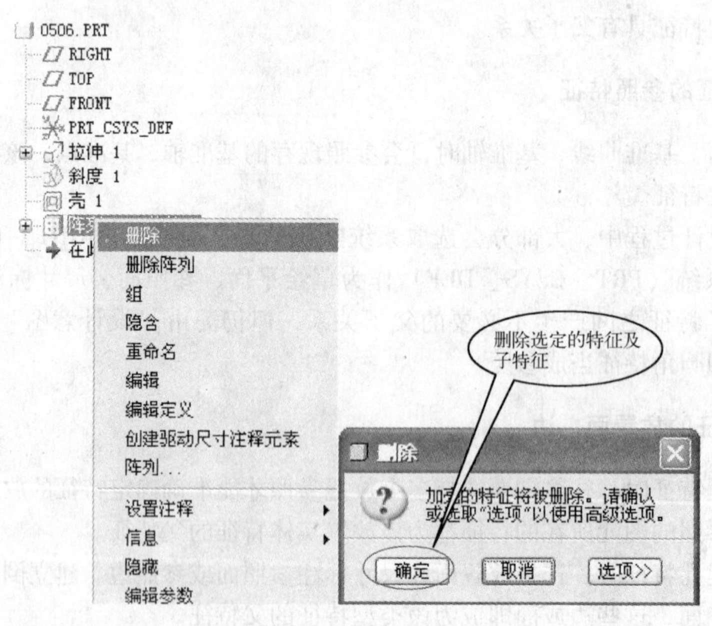

图 5-73 “删除”命令

(3) 绘图窗口：直接选中需要删除的特征，然后单击“Del”键。

当选中特征进行删除时，系统会弹出“删除”窗口让用户确认，如图 5-74 所示。

单击[选项>>]按钮，弹出“子项处理”对话框，用户可以为所有的特征指定一种处理方法，如图5-74所示。

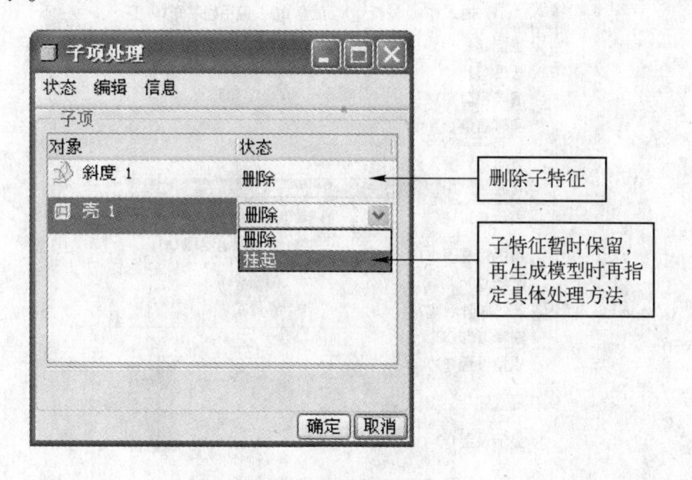

图5-74 子项处理对话框

5.5.2 特征的隐含与隐藏

特征的隐含和隐藏又是控制特征可见性的方法。

隐含是将选定的对象暂时排除在模型之外，系统再生该模型时不会再生该对象；隐藏则是将选定的对象隐藏起来，使用户看不见，但是该对象仍然存在于模型中，系统再生模型时仍然会再生该对象。

隐含对象可以在模型树上右击对象，然后选择“隐含”选项，即可以隐含该对象。如果被隐含的对象具有子特征，系统会弹出“隐含”窗口让用户确认，如图5-75所示。

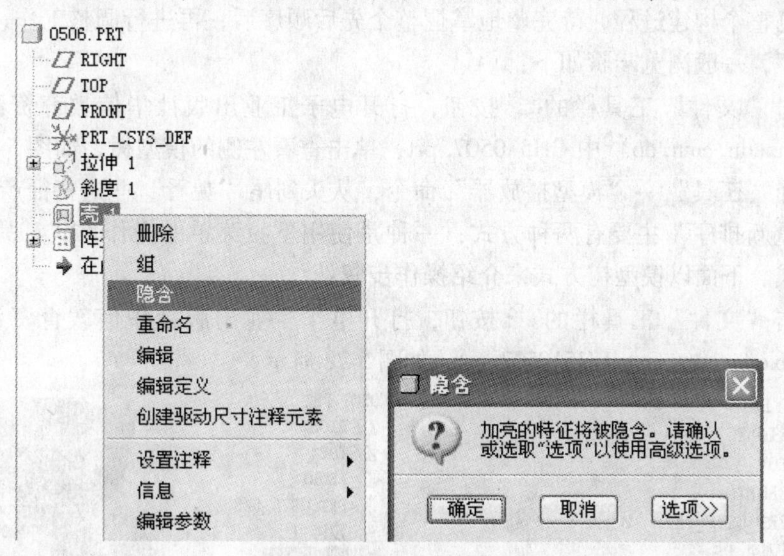

图5-75 “隐含”命令

隐藏对象则需要在模型树中选中需要隐藏的特征，然后选择“视图”→“可见性”→“隐藏”命令，如图5-76所示，被隐藏的特征将以黑色底纹显示在模型树中。可以隐藏的特征有以下几种：基准平面、基准轴、基准点、基准曲线、曲面、面组、元件，以及含有轴、平面和坐标系的特征等。

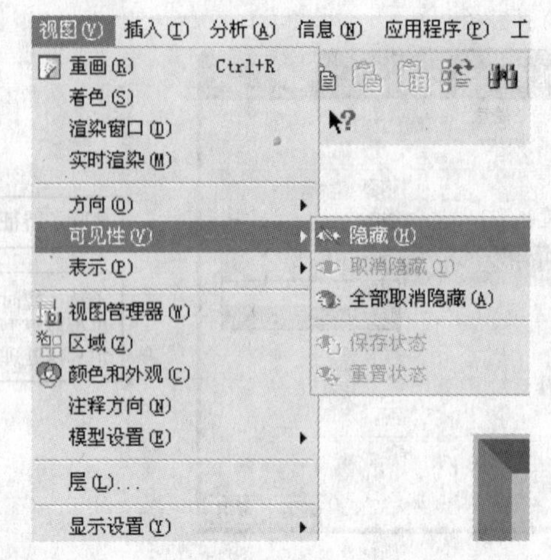

图 5-76 “隐藏”命令

5.6 特征的重新排序和参照

特征创建的过程中，有时候特征的创建顺序不同会影响各种效果，这时用户可以重新对所有特征进行排序和参照。

5.6.1 特征的重新排序

特征的重新排序是指调整特征建立的顺序，以不违背“父子关系”为原则。

通常，若是自己经手设计模型，其构建顺序应该很清楚，但有时由他人完成的模型，建议用户先浏览整个构建过程，待完整地掌握整个先后顺序后，再进行调整工作，这样才是最佳的设计程序，一般浏览步骤如下：

(1) 单击“文件”工具栏的按钮，打开电子工业出版社华信教育资源网（网址：http://www.hxedu.com.cn）中 CH5\0507.prt，单击查看左侧的模型树，如图 5-77 所示。

(2) 选择“工具”→“模型播放器”命令，从头到尾“观看”一遍特征产生的过程。

使用“重新排序”主要有两种方式：一种是使用下拉菜单的操作方式；另一种是使用模型树的方式。下面以模型树方式来介绍操作步骤：

(1) 单击“文件”工具栏的按钮，打开电子工业出版社华信教育资源网（网址：http://www.hxedu.com.cn）CH5\0507.prt，如图 5-78 所示。

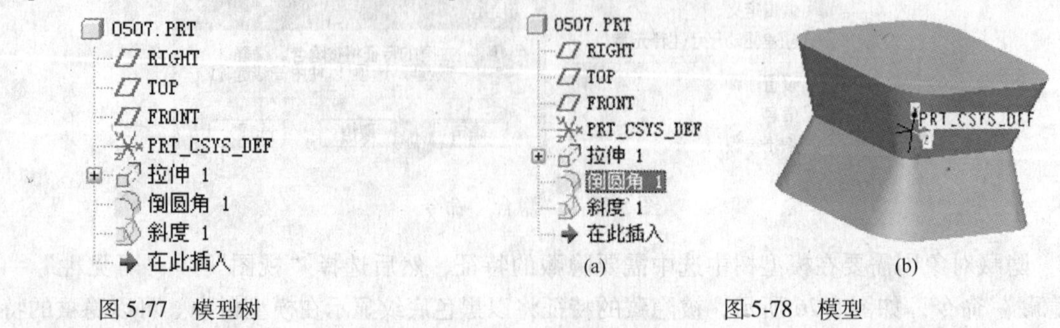

图 5-77 模型树　　　　图 5-78 模型

（2）单击选中 斜度 1，按住该特征拖拽到 倒圆角 1特征之前，在拖拽时会出现一个黑色的横杠，如图 5-79 所示。

（3）更改完成后，模型会自动再生，结果如图 5-80 所示。

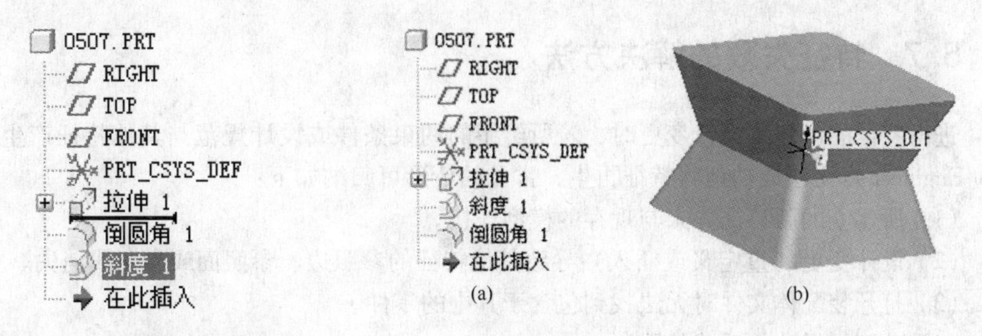

图 5-79　模型树中拖移特征　　　　图 5-80　调整后模型

5.6.2　特征重新参照

特征的重新参照是重新选定特征构件时所使用的参照物，通过更改特征的父子关系，不同的特征会有不同的要求，但是比较常见的有：

草绘平面、参照面。

特征放置面。

截面参照。

特征重新参照功能可以看成是“编辑定义”的一部分，使用方法比较简单，不会出现特征构建的对话框或界面，只要依照系统提示，逐一选择参照物，一步步完成所有的参照物的改变即可，定义菜单如图 5-81（b）所示。

进入“编辑参照”的操作菜单有以下两种方式：

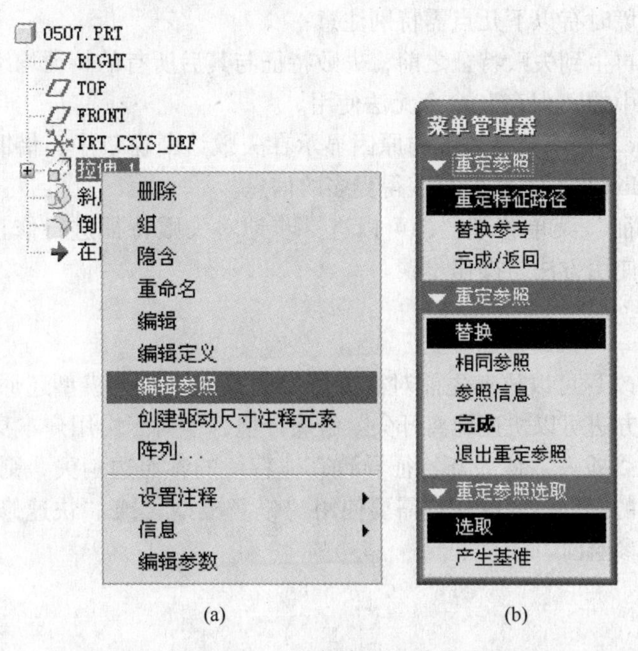

图 5-81　“编辑参照”菜单

（1）通过“模型树”或者在模型对话框中选择要编辑参照的特征，然后右击，选择快捷菜单中的“编辑参照”选项，即可进入“编辑参照”对话框，如图5-81（a）所示。

（2）选中要“编辑参照”的特征，然后选择“编辑”→“参照”命令。

5.7 特征失败的解决方法

进行特征的创建或设计变更时，若所给予的约束条件或设计规范与其他特征产生冲突，Pro/Engineer将无法成功地将特征再生，常见的情形可归纳如下：

（1）所建立的新特征并未与现存的模型连接。

（2）设计变更（重定义或插入）导致其他特征的参照边、参照面或参照线消失。

（3）打开装配体文件时无法找到包含于其中的零件。

（4）破坏了尺寸关系式的限制。

遇到以上情况时，系统会自动打开“诊断失败”对话框，如图5-82（a）所示，同时弹出“求解特征”面板，如图5-82（b）所示。

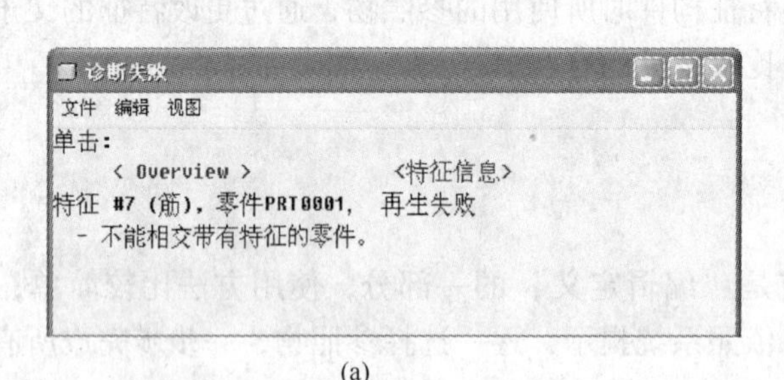

(a) (b)

图5-82 “求解特征”面板

在失效解决环境时有以下几点需特别注意：

（1）模型只会再生到失败特征之前，失败特征与其后所有的特征均维持未再生状态。

（2）文件菜单中的“保存”命令无法使用。

（3）Pro/Engineer会将再生失败的原因显示在失败诊断窗口中，借助单击Overview、特征信息与Resolve Hint各文字链接可获得更多的信息。

利用“求解特征”菜单管理器，可以进一步地对失败特征进行修正或调查失败原因，以下介绍各选项的使用方法与操作步骤。

1. 取消更改

选择“取消更改”可以放弃先前对模型所做的改变，并将模型还原到前一个再生成功的状态下。使用此方法可以快速地离开失效解决环境，但对于由用户本身所做改变所造成的特征失败，如使用“插入”插入新特征导致其他特征的参照边消失，则无法使用“取消更改”解决模型失效的问题。此时用户需要使用“修复模型”或“快速修复”重新定义再生失败特征的尺寸或参照面。

2. 调查模型

使用“调查”选项可以查询导致模型失效的原因，并可将模型返回至上一次再生成功的状态，“调查”面板如图5-83所示，其中各选项所提供的功能简介如下。

当前模型菜单中的各选项含义如下：

当前模型：对当前所显示的模型进行调查。

备份模型：对备份的模型进行调查。选择此选项时系统会打开另一个对话框用来显示备份的模型。

诊断：控制失败诊断对话框的显示与否。

列出修改：显示模型中被修改过的几何尺寸及其相关信息。

显示参考：显示模型中失败特征的所有参照特征。

失败几何形状：显示失败特征中无效的几何尺寸。

转回模型：将模型返回至失败特征、特征失败前、上一次再生成功的状态或指定的特征。其中将模型返回至失败特征仅限用于备份模型上。

3. 修复模型

使用“修复模型”选项可以改变模型中的特征尺寸，以解决模型失效的问题，单击该选项弹出“修复模型”面板，如图5-84所示。

图5-83 菜单管理器

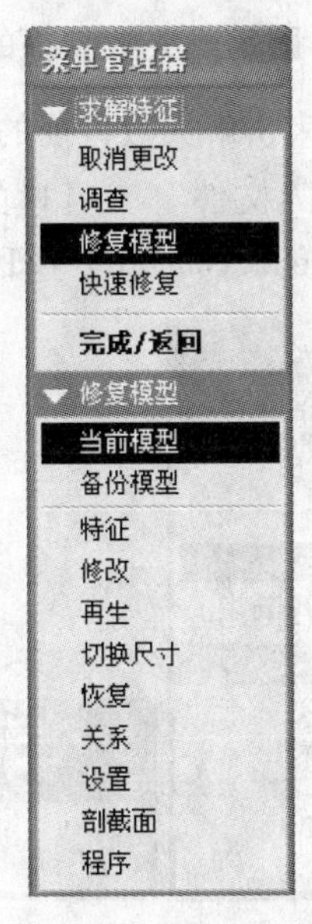

图5-84 菜单管理器

各选项含义如下：

当前模型：对当前所显示的模型进行修复。

备份模型：对备份的模型进行调查。选择此选项时系统会打开另一个对话框用来显示备份的模型。

特征：使用“零件”面板以修复模型。

修改：使用“修改”面板来修改尺寸。

再生：再生修改后的模型。

切换尺寸：切换尺寸的显示方式（符号或数值）。

恢复：恢复所有的改变、尺寸、参数或关系式至模型失败前的状态下。

关系：使用“关系”面板以增加、删除或修改关系式来修复模型。

设置：使用“零件设置”面板进行零件参数设置。

剖截面：使用“截面”面板以增加、删除或修改模型的剖截面图。

程序：进入 Pro/Program 操作环境。

4. 快速修复

使用快速修复可以针对失败特征进行快速的修改，以下为“快速修复”面板所提供的功能，如图 5-85 所示。

各选项含义如下：

重定义：打开模型对话框以重新定义特征的各项参数。

重定次序：重新定义失败特征的参照特征。

压缩：压缩失败特征与其所有的子特征。使用“压缩”仅能将特征抑制，并不能解决模型失败的问题，未来使用“恢复”恢复压缩特征时模型失败的问题仍会存在。

修剪压缩：抑制失败特征及所有建立于其后的特征。

删除：删除失败特征和所有与其相关的特征。

5. 实例：固定阀失败特征的修复

使用实例来讲解失败特征的修复步骤。

(1) 单击“文件”工具栏的 按钮，打开电子工业出版社华信教育资源网（网址：http://www.hxedu.com.cn）CH5\0509.prt，单击查看左侧的模型树，如图 5-86 所示。

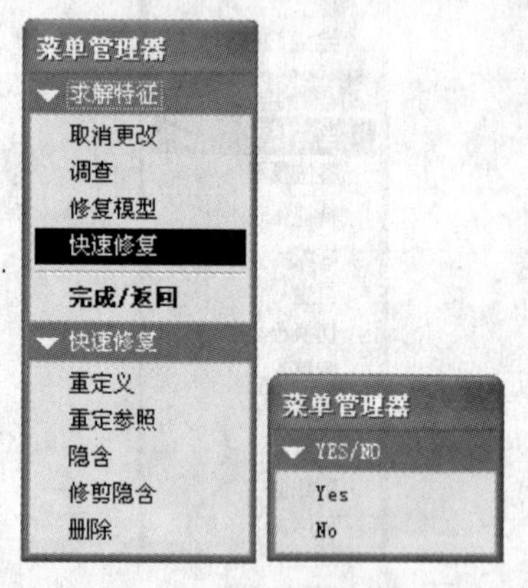

图 5-85 菜单管理器

图 5-86 模型

(2) 单击“工程特征”工具栏上的“倒圆角”按钮，弹出“倒圆角”操控面板，如图 5-87 所示，在模型中选择如图 5-88 所示的边作为倒圆角放置参照。

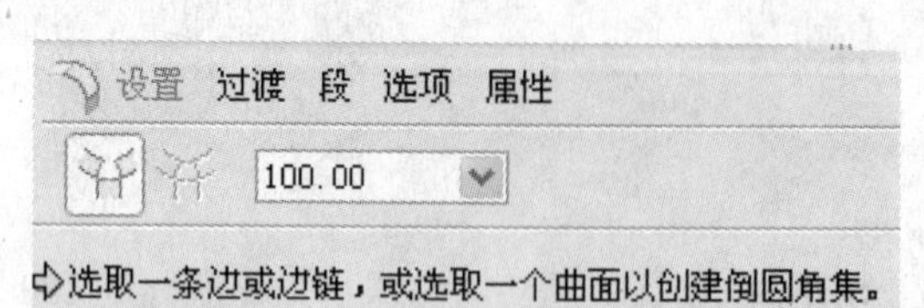

图 5-87 “倒圆角”操控面板

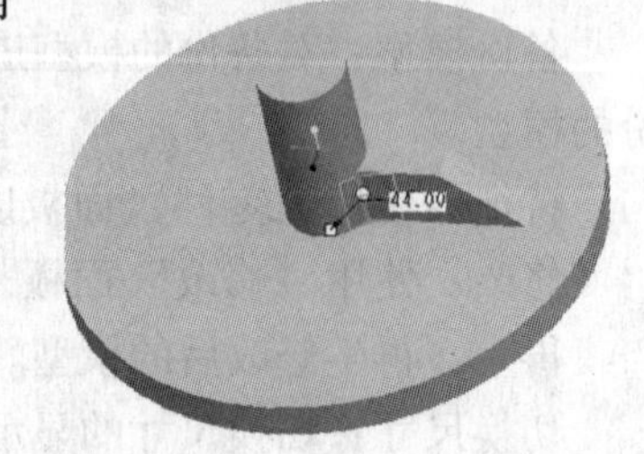

图 5-88 “倒圆角”操控面板

（3）在下面倒圆角半径内输入值为450.00，按“Enter”键，如图5-89所示。

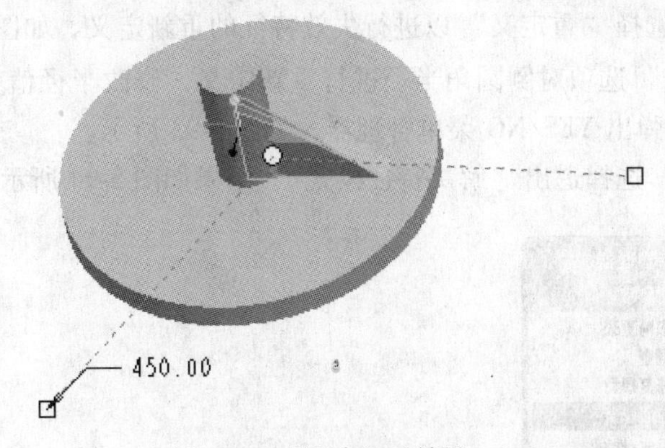

图5-89　倒圆角显示效果

（4）单击按钮完成倒圆角，出现故障排除器对话框，如图5-90所示。

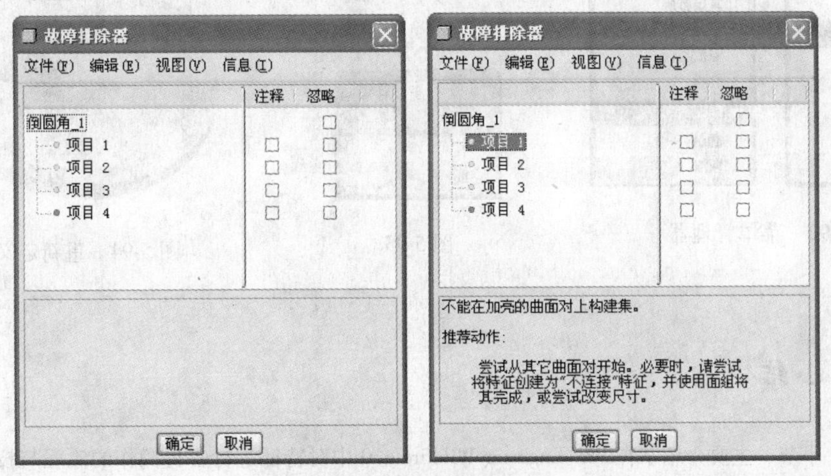

图5-90　“故障排除器”对话框

（5）单击“倒圆角”特征操作面板上的“”按钮，进入环境来解决失败特征，弹出“诊断失败”窗口和“求解特征”菜单管理器，如图5-91所示。

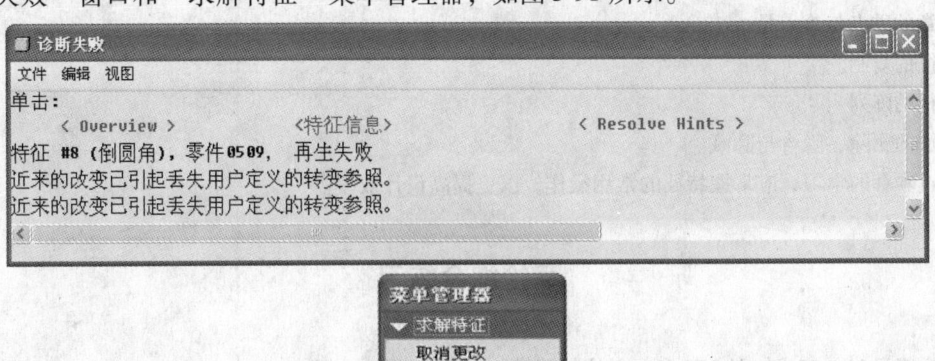

图5-91

(6) 在“求解特征”菜单管理器中选择“快速修复”选项以开始模型的修复工作，在“快速修复”面板中选择“重定义”以进行失效特征的重新定义，如图 5-92 所示。

(7) 单击“确定”选项对倒圆角半径进行重新定义，修改半径值为 200，单击☑按钮，完成重定义，系统将弹出 YES/NO 菜单管理器，如图 5-93 所示。

(8) 选择“Yes”选择退出“解决特征模式”，结果如图 5-94 所示。

图 5-92　菜单管理器

图 5-93

图 5-94　重新定义生成

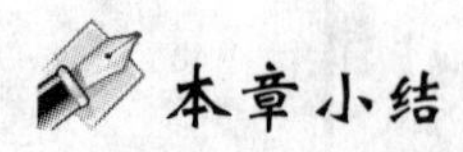

本章小结

本章共 7 小节，主要介绍了在 Pro/Engineer Wildfire 4.0 中对特征进行各种操作的流程与技巧。第 1 节讲述了特征的复制，其中包括特征的镜像和移动；第 2 小节讲述了特征的阵列；第 3 小节讲述了特征的修改和重定义；第 4 小节讲述了特征之间的父子关系；第 5 小节讲述了特征的删除、隐含与隐藏；第 6 小节讲述了特征的重新排序与参照；第 7 小节讲述了特征失败的解决方法。

本章的重点与难点是：

特征的复制。

特征的阵列。

特征的删除、隐含与隐藏。

通过本章的学习，应掌握特征的常用操作，以更提高设计效率。

草绘综合练习

综合练习 11：完成如图 5-95 所示的实体建模。

综合练习 12：完成如图 5-96 所示的实体建模。

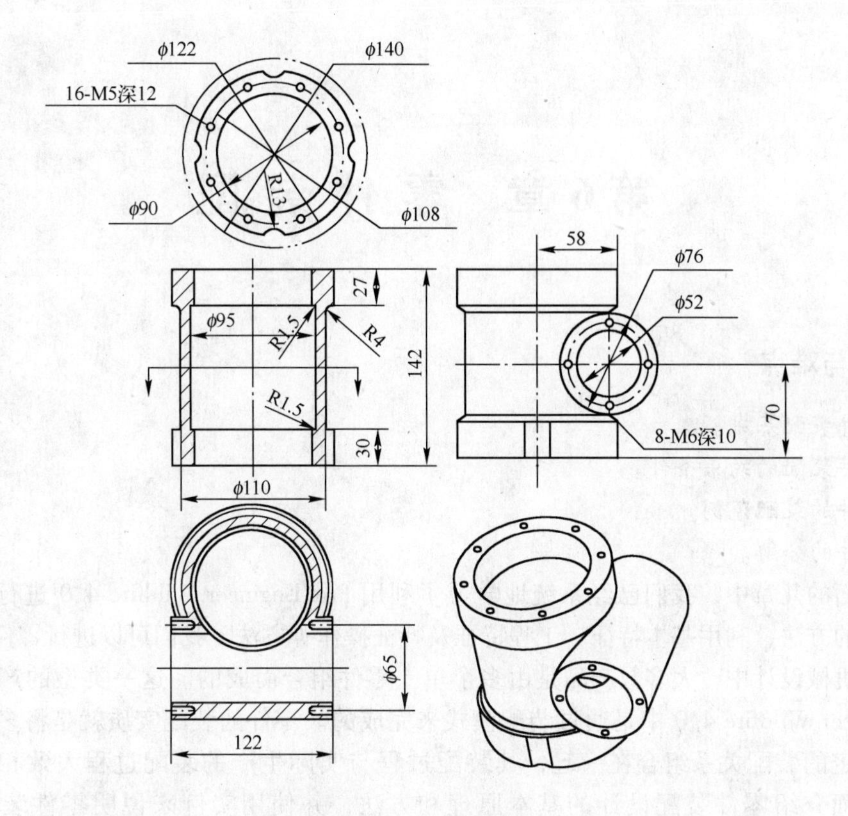

图 5-95　综合练习 11

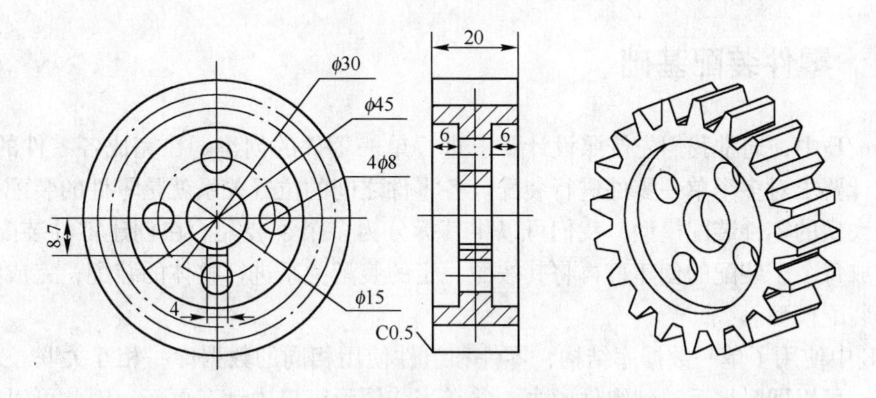

图 5-96　综合练习 12

第6章 零件装配

重点与难点

- 零件装配基础。
- 零件装配的约束条件。
- 零件的装配范例。
- 组件的分解。

在前面的几章中，我们已经系统地学习了利用 Pro/Engineer Wildfire 4.0 进行三维实体模型设计的方法，利用基本特征、工程特征及特征操作等方法，我们可以进行零件的设计和建模。在机械设计中，大多数产品是由多个单一零件组合而成的。这一类型的产品设计在 Pro/Engineer Wildfire 4.0 中是通过装配模式来完成的。零件的装配实质就是将多个单一零件按照一定的装配关系组合在一起，其装配过程与实际生产的装配过程大致相同。本章中，将全面介绍零件装配设计的基本原理和方法，并使用实例来说明零件装配的一般过程。

6.1 零件装配基础

在 Pro/E 中，通常我们先按照设计要求进行单一零件的创建。在完成各零件的创建后，再根据设计要求对多个单一零件进行装配。各零件之间的位置关系就是零件的装配关系。如果是一个大型的零件装配模型，我们可以将其拆分为多个子装配。在创建零件装配模型时，可以先完成每个子装配的创建，再将其按照一定的装配关系进行整体的装配，完成整个大型的零件某装配模型。

Pro/E 中使用了单一数据库结构，零件和组件使用相同的数据库，相互关联。对零件进行更改后，可以即时地反映到组件中去，并在当前图形窗口中动态更新，因此可以很方便地对零件几何外形及组件结构进行修改。

使用零件装配将零件按照一定规律组装完成后，可以直观地观察组件的总体形状，还可以在此基础上进行运动仿真、几何干涉检测等。可以说，Pro/Engineer 的零件装配功能是与普通的单纯三维模型设计软件的最大区别。

在零件装配过程中，常用的装配方法有两种，分别介绍如下。

1. 自下而上的装配设计思想

采用自下而上的装配设计思想时，首先完成最底层部分，也就是零件部分的设计和创建，然后根据虚拟产品的装配关系，将多个零件进行组装，最终完成整个产品的虚拟设计。

自下而上的装配设计思想是一种理念相对简单的方法，它的设计思路比较清楚，设计原理和人脑的习惯性思维相吻合，在简单、传统的设计中得到了广泛应用。但是，由于这种方法对底层关注太多，难以实现整体把握，因此在现代的产品设计中应用不多。这种方法现在主要应用于成熟产品的设计和改进过程中，这样可以得到较高的设计效率。

2. 自上而下的装配设计思想

自上而下的装配设计思想正好相反，它首先从整体方面设计出产品的整体几何尺寸和所需要实现的功能，然后按照功能将整个产品划分为多个功能模块，并对这些功能模块进行几何布局。当需要具体设计某个功能模块时，再根据需要设计该模块中的各个零件。

自上而下的装配设计思想在现代工业设计中应用非常广泛。举例来说，汽车厂商在设计新款汽车时，一般是先由设计师设计出汽车的整体外观轮廓，然后根据经验，将汽车的各个功能模块布局，一般情况下，汽车的基本功能模块都是完全成熟的，完全可以直接使用，对于需要进行新的设计的部分模块来讲，只要根据整体系统的性能和尺寸要求，重新设计零件即可。这样的设计过程既能够满足对汽车款式的要求，又可以大量节约设计时间。

自上而下的装配设计思想由整体控制局部，具有设计思路清楚、整体把握方便的优点，但它的设计方法较难掌握，需要一定的设计经验。

在实际产品设计工作中，通常采用两种设计方法混合使用。在设计整体结构的时候，通常采用自上而下的方法，满足产品对整体功能及外观的要求，将产品分为多个功能模块；而当设计单个的功能模块时，通常采用自下而上的方法，因为这些单个的功能模块往往都已经非常成熟，在设计中已经有了较为固定的设计模式，可以直接使用。这样做，既能够有所创建，又可以兼顾效率，在现代工业设计中使用非常广泛。

在 Pro/Engineer Wildfire 4.0 中，零件的装配主要是在装配模式下完成的，其具体操作的方法如下：

(1) 创建文件。在主菜单中单击“文件”→“新建”，或者在“文件”工具栏中单击按钮，系统弹出如图 6-1 所示的“新建”对话框，选择新建文件“类型”为“组件”，取“子类型”为默认的“设计”，输入所需要的文件名称，并取消“使用缺省模板”选项，单击“确定”按钮。系统显示如图 6-2 所示的“新文件选项”对话框，在模板列表中选择模板类型为“mmns_asm_design”后，直接单击“确定”按钮，进入零件装配环境，如图 6-3 所示。

(2) 加入元件。零件装配环境与零件环境非常相似，但功能更加强大。在零件装配环境中，不但可以使用各种实体特征创建模型，还可以将已经创建完成的零件（或者组件）装配进来。

在零件装配环境中，可以单击“工程特征”工具栏如图 6-4 中所示的按钮，将元件添加到组件，也可以单击按钮，在组件模式下创建元件。在自下而上的装配设计中，往往是首先设计好各个零件后，再使用按钮将各个零件逐次添加到组件中。

在“工程特征”工具栏中，单击按钮，进入元件放置工具操控板，如图 6-5 所示，在该操控板中，用户可以使用前面介绍的放置约束和连接约束为元件定位。

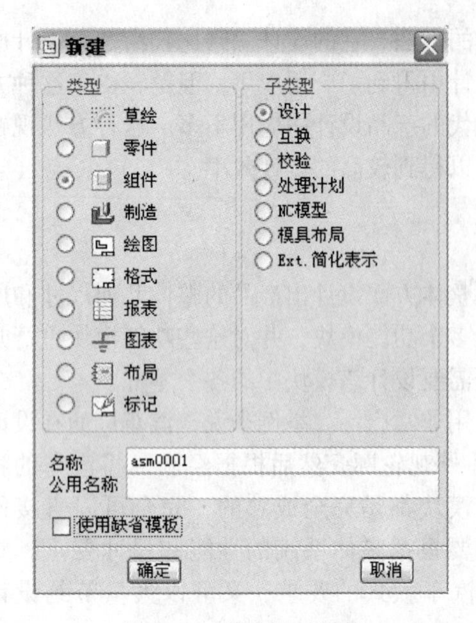

图 6-1 “新建”对话框

图 6-2 “新文件选项”对话框

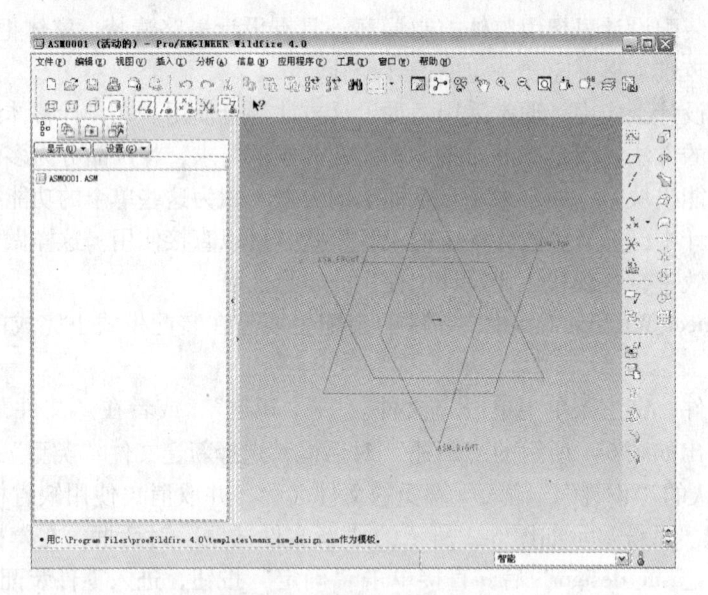

图 6-3 零件装配的界面

“元件放置”工具操控板也可以分为 3 块，分别为“元件放置”工具栏、上滑面板和元件操控键。

使用“元件放置”工具栏，可以定义元件放置方法、元件间连接性质、约束的偏移性质等，还可以将放置约束和连接约束相互转换，其功能在后面将做具体介绍。

“元件放置”工具操控板中包括了 3 个功能性的上滑面板，分别为“放置”上滑面板、“移动”上滑面板和“挠性”上滑面板。

①“放置”上滑面板。“放置”上滑面板如图 6-6 所示，用于启用和显示元件放置和连接定义。它包含以下两个区域：

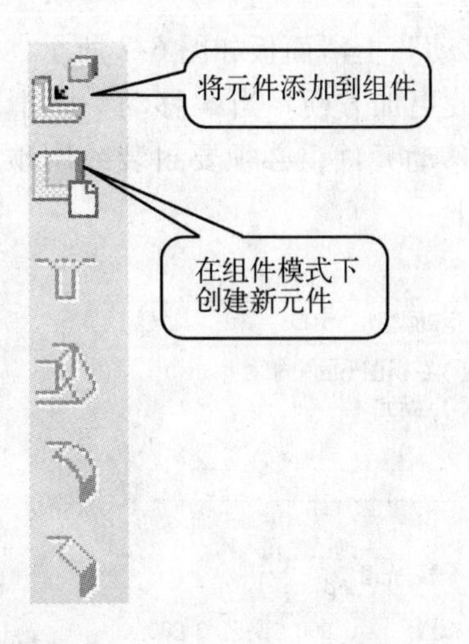

图 6-4 “工程特征”工具栏

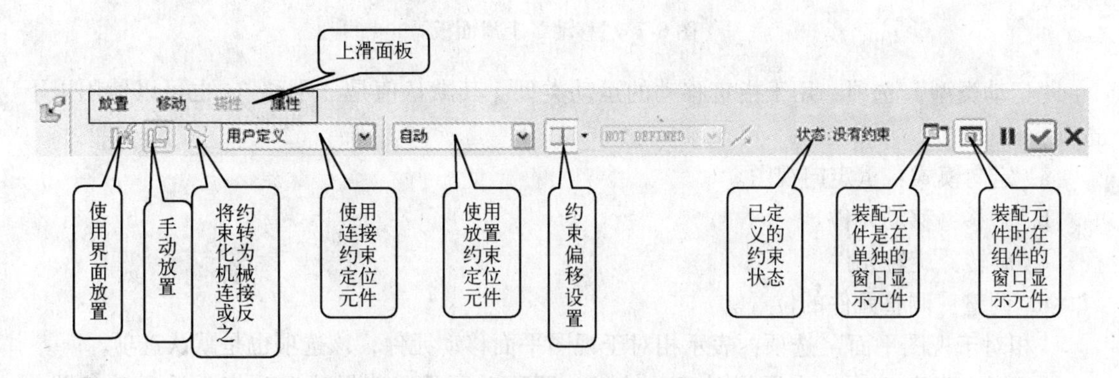

图 6-5 元件放置工具操控板

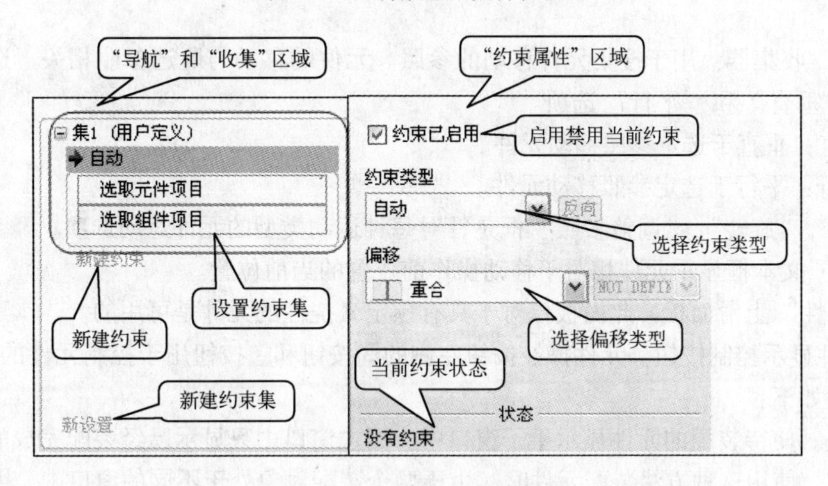

图 6-6 “放置”上滑面板

“导航”和“收集”区域：显示集和约束。将为预定义约束集显示平移参照和运动轴。集中的第一个约束将自动激活，在选取一对有效参照后，一个新约束将自动激活，直到元件被完全约束为止。

“约束属性”区域：与在导航区中选取的约束或运动轴上下文相关。

②“移动”上滑面板。“移动”上滑面板如图6-7所示，使用“移动”上滑面板可移动正在装配的元件，使元件的取放更加方便。当“移动”上滑面板处于活动状态时，将暂停所有其他元件的放置操作。要移动元件，必须要封装或用预定义约束集配置该元件。“移动”上滑面板几个选项含义如下：

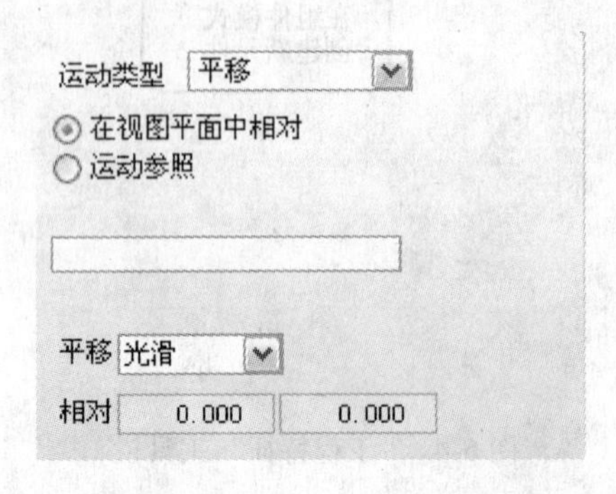

图6-7 “移动”上滑面板

“运动类型”选项：用于指定移动的运动类型。其默认值是“平移”，也可以使用以下选项：

a. 定向模式：重定向视图。

b. 平移：移动元件。

c. 旋转：旋转元件。

d. 调整：调整元件的位置。

“相对于视图平面”选项：表示相对于视图平面移动元件，该选项也是默认选项。

“运动参照”选项：表示相对于元件或参照移动元件，选择此选项将激活运动参照收集器。

“参照”收集器：用于搜集元件移动的参照。元件的移动与所选参照相关，选取一个参照以激活“垂直”和“平行”选项。

a. 垂直：垂直于选定参照移动元件。

b. 平行：平行于选定参照移动元件。

“平移”，“旋转”，“调整参照”框是针对每种运动类型的元件运动选项。

“相对”文本框显示元件相对于移动操作前位置的当前位置。

③“挠性”上滑面板。此面板仅对于具有预定义挠性的元件是可用的。

④ 元件显示控制按钮。元件操控按钮左侧的按钮和按钮用于控制元件的显示方式，其使用方法如下：

按钮。使待装配的元件显示于子窗口中，而主窗口中只显示已经装配完成的组件，如图6-8所示。使用这种方法装配元件时，由于两个装配对象处于不同的窗口中，因此无法实时显示装配结果，但由于两个装配对象分开显示，可以单独为每一个对象设置显示方式，因此适用于两个装配对象的几何尺寸相差较大，或者装配时由于相互重叠难以看清参照的情况。

按钮。将待装配的元件显示于子窗口中，如图6-9所示，这种方式是系统默认的装配显示方式。用这种方式显示，系统会根据所设置的装配约束，实时显示装配结果。在一般情况下，使用这种方式装配较为方便。

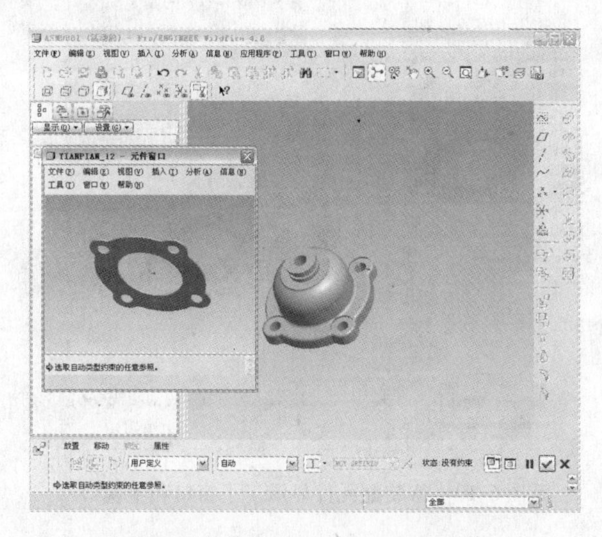

图 6-8　等装配元件显示于子窗口

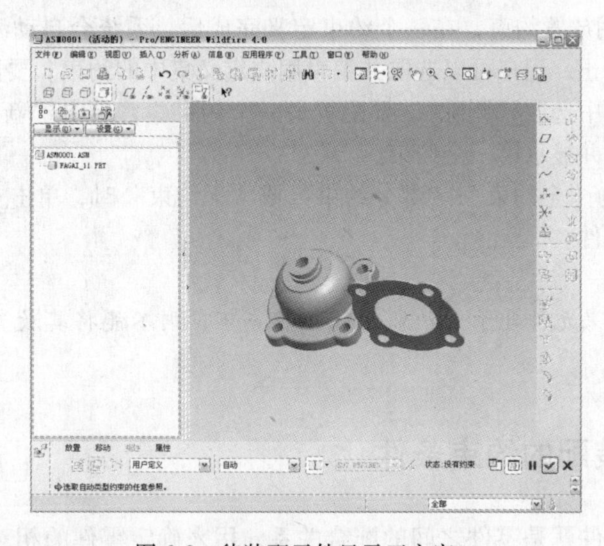

图 6-9　待装配元件显示于主窗口

还可以将按钮和按钮同时按下，此时等待装配的元件同时显示于子窗口和主窗口中，如图 6-10 所示。

（3）添加约束。选取约束类型。可以使用连接约束或者放置约束（默认选项），为元件和组件选取参照，不限顺序。使用系统默认的放置约束的“自动”类型后，选取一对有效参照，系统将自动选取一个相应的约束类型。

提示：也可打开“放置”上滑面板，在“约束类型”列表中选取一种约束类型，然后选取参照。

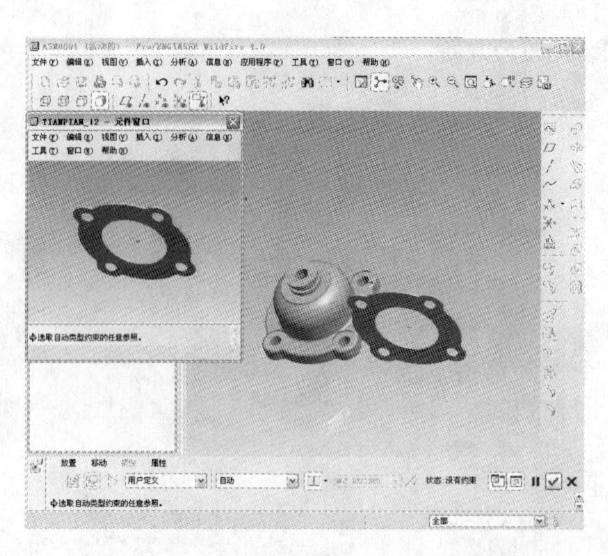

图 6-10　待装配元件显示于子窗口和主窗口

② 从“偏距”列表中选取偏距类型，默认偏距类型为“重合”。

③ 如果用户使用放置约束，在一个约束定义完成后，系统会自动激活一个新约束，直到元件被完全约束为止，用户可以选取并编辑用户定义集中的约束。要删除约束，请右键单击，然后从快捷菜单中选取“删除”。要配置另一个约束集，单击“新建集”，先前配置的集收缩，出现新集，并显示第一个约束。

④ 当元件状态为“全约束”、“部分约束”或“无约束”时，单击☑，系统就在当前约束的情况下放置该元件。

提示：如果元件处于“约束无效”状态下，则不能将其放置到组件中，首先必须完成约束定义。

6.2　零件装配的约束条件

零件装配约束条件就是零件之间的配合关系，用来确定零件的相对位置。通过约束条件，可以指定一个元件相对于组件（装配体）中另一元件的放置方式和位置。在 Pro/E 中，零件装配的约束条件包括匹配、对齐、插入等 11 种类型。当一个元件通过装配约束添加到装配体中后，它的位置会与其有约束关系的元件改变而做出相应的调整，而且约束设置值作为参数可以随时调整，并可以与其他参数建立关系方程。

6.2.1　匹配约束

匹配约束主要用于两个平面重合且法线方向的元件的装配，即其中一个平面的法线是指向与其“匹配”的另外一个平面。一个匹配约束可以将两个选定的参照匹配为重合、定向或者偏移。匹配约束的具体操作方法如下：

(1) 单击“元件放置”操控面板上的“放置”按钮，在上拉面板的“约束类型”列表中选择“匹配”选项，如图 6-11 所示。

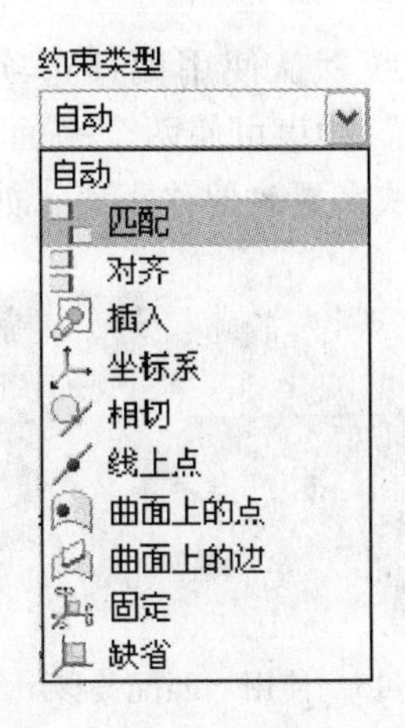

图 6-11　选择“匹配”约束

（2）分别单击两元件上要匹配的平面，如图 6-12 所示。

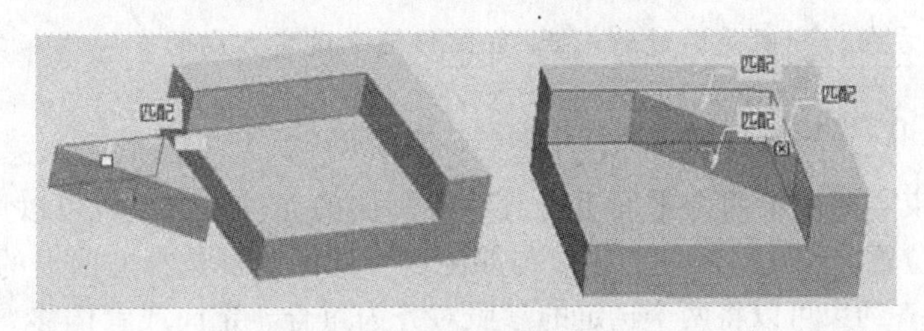

图 6-12　使用“匹配”约束

（3）如果要修改所选择的匹配曲面，可以在“匹配”命令栏中右键单击所要修改的曲面，在弹出的右键菜单中选择“移除”命令，如图 6-13 所示，删除所选中的曲面后再重复上一个步骤重新进行匹配曲面的选择。

（4）单击“元件放置”操控面板右侧的“确定”按钮，完成匹配约束。

“匹配”约束的类型可分为三种：重合、偏距和定向。单击“偏移”选项后弹出如图 6-14所示的下拉列表，通过此下拉列表可以选择不同的匹配类型。

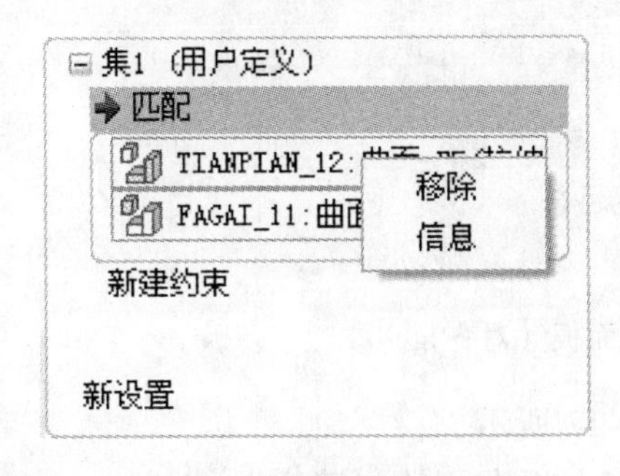

图 6-13　删除选中的匹配曲面

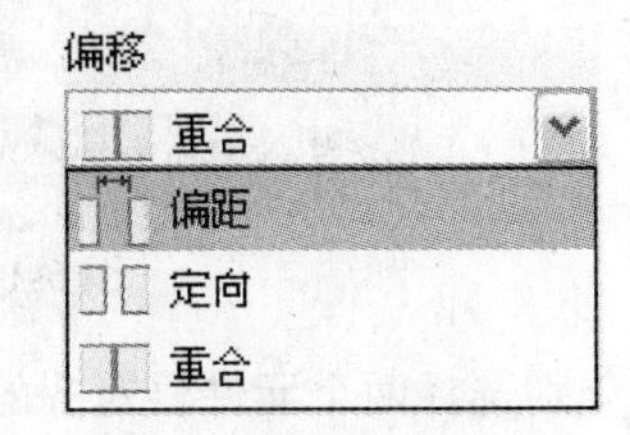

图 6-14　“匹配”约束的分类

重合：表示匹配时两平面位于同一平面上，且法线方向相反。

偏距：表示匹配时，两平面之间可存在一定偏移距离，法线方向平行且方向相反。

定向：与“偏距”选项相似，表示匹配时两平面之间存在偏移距离，但两平面间的偏移距离未定。

使用“匹配”约束定位时，系统默认使用偏移选项为“重合”，还可以使用“偏移”方式定义“匹配”约束。用“匹配”约束可使两个平面平行并相对，偏移值决定两个平面之间的距离，使用偏移拖动控制滑块来更改偏移距离，如图6-15所示。

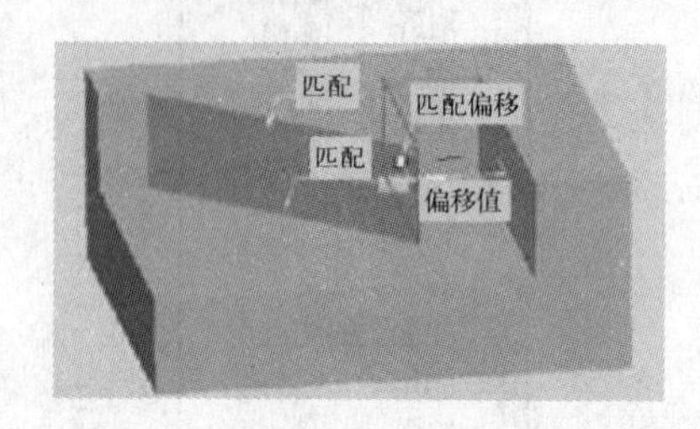

图6-15 使用“匹配偏移”约束

提示： 匹配的两个平面既可以是零件实体的表面平面，也可以是零件的基准面。基准平面有两个方向，一般是通过输入正/负偏移值来设定方向的。

6.2.2 对齐约束

“对齐”约束主要用于两个平面重合且法线同向的元件装配，也可以用于两条中心线（轴线）在空间位置上相互对齐的元件。与匹配所不同的是被选择的曲面的法线方向相同，且互相平行。对齐约束可以将两个选定的参照对齐为重合、定向或者偏移。“对齐”约束的操作方法如下：

（1）单击“元件放置”操控面板上的“放置”按钮，在上拉面板的“约束类型”选项中选择“对齐”匹配，如图6-16所示。

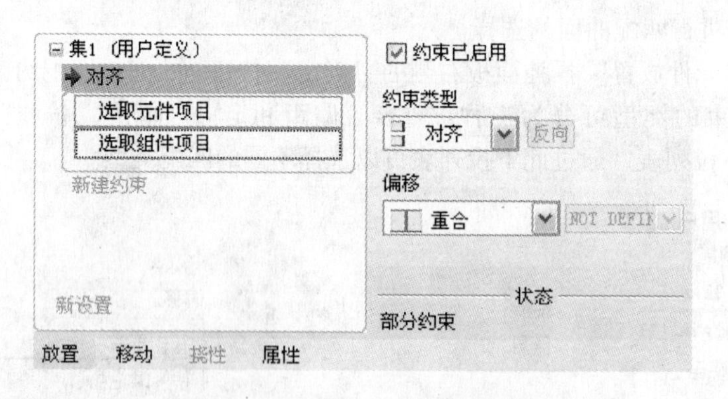

图6-16 “放置”上拉面板（对齐）

（2）分别选择两个元件要对齐的平面，如图6-17所示。

（3）元件选择完成后，单击“元件放置”操控面板右侧的“确定”按钮☑，完成对齐约束。

“对齐”约束有重合、偏距和定向三种类型。单击“偏移”选项后弹出如图6-18所示的下拉列表，通过此下拉列表可以选择不同的匹配类型。

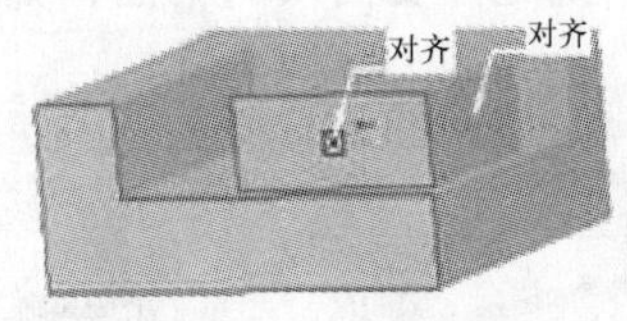

图 6-17　使用“对齐”约束

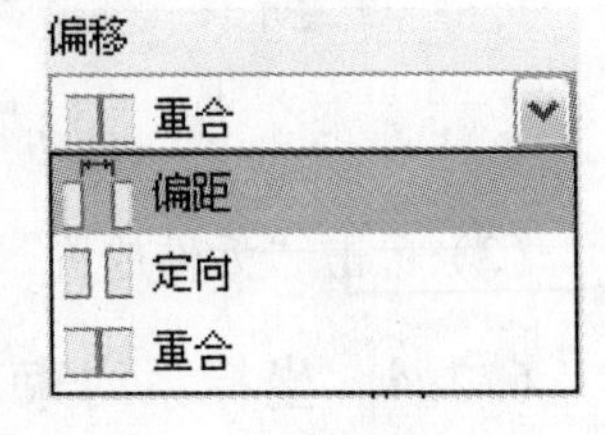

图 6-18　偏移类型下拉菜单

重合：表示对齐时两平面位于同一平面上，且法线方向相同。

偏距：表示对齐时两平面之间可存在一定偏移距离，法线方向平行且方向相同。

定向：与“偏距”选项相似，表示对齐时两平面平行，平面之间存在偏移距离，法线方向相同，但两平面间的偏移距离未定。

使用“对齐”约束定位时，系统默认使用偏移选项为“重合”，还可以使用“偏移”方式定义对齐约束。用对齐约束可使两个平面以某个偏距对齐，平行并朝向相同。使用偏移拖动控制滑块来更改偏移距离，如图 6-19 所示。

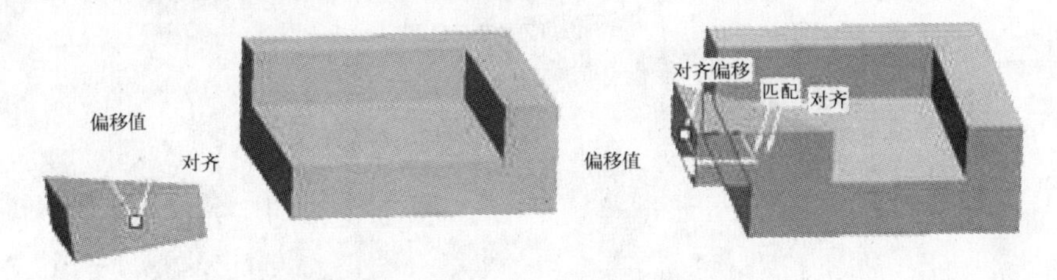

图 6-19　使用“对齐偏移”约束

6.2.3　插入约束

插入约束主要用于两个装配元件中的两个旋转面轴线重合的情况，即轴与孔之间的装配。插入约束的具体操作方法如下：

(1) 单击“元件放置”操控面板中的“放置”按钮，在上拉面板的“约束类型”下拉列表中选择“插入”选项，如图 6-20 所示。

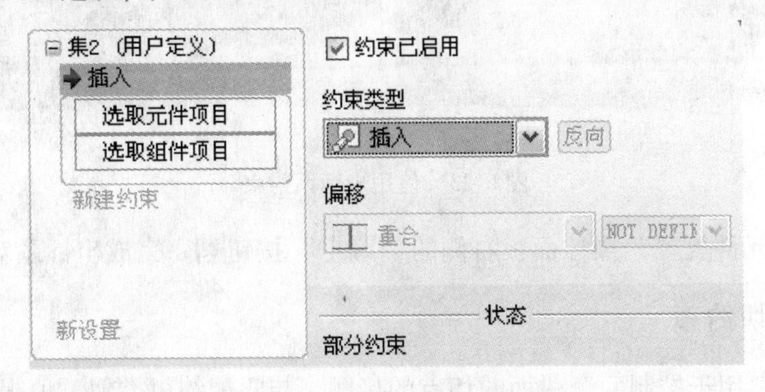

图 6-20　“放置”上拉面板（插入）

（2）分别单击两元件要插入的平面，如图 6-21 所示。

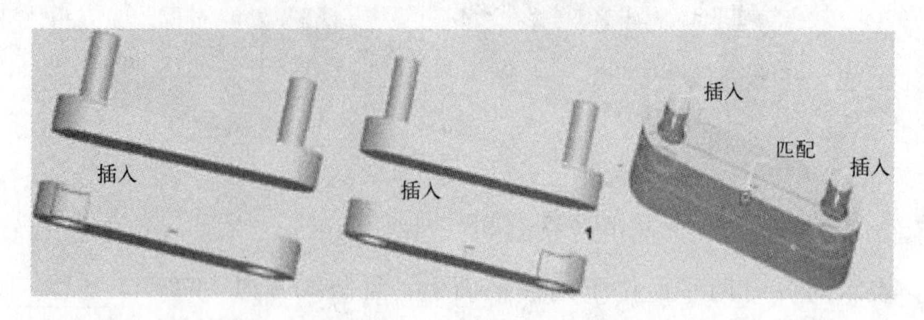

图 6-21　使用“插入”约束

（3）单击“元件放置”操控面板右侧的“确定”按钮☑，完成插入约束。

6.2.4　坐标系约束

坐标系约束主要用于将两个元件的坐标系对齐，或者将元件与组件的坐标系对齐，坐标系对齐其实就是将两个坐标系的 X、Y、Z 各自分别对齐。坐标系约束的具体操作方法如下：

（1）单击“元件放置”操控面板中的“放置”按钮，在上拉面板的“约束类型”下拉列表中选择“坐标系”选项，如图 6-22 所示。

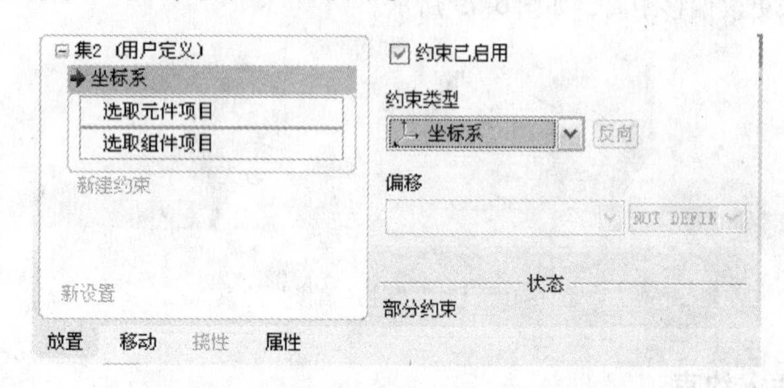

图 6-22　“放置”上拉面板（坐标系）

（2）分别单击两元件要对齐的坐标系，如图 6-23 所示。

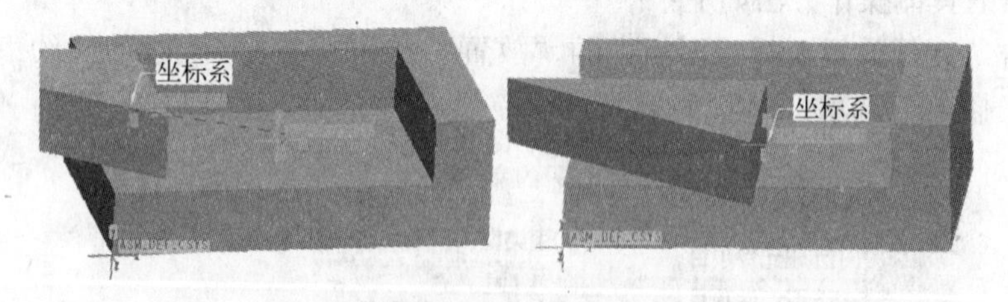

图 6-23　使用坐标系约束

（3）单击“元件放置”操控面板右侧的“确定”按钮☑，完成坐标系对齐约束。

6.2.5　相切约束

相切约束主要用于控制两个曲面的切点的接触，与匹配约束类似。值得我们注意的是相切约束仅匹配曲面，但是不对齐曲面。相切约束的具体操作方法如下：

（1）单击“元件放置”操控面板中的“放置”按钮，在上拉面板的“约束类型”下拉列表中选择“相切”选项，如图6-24所示。

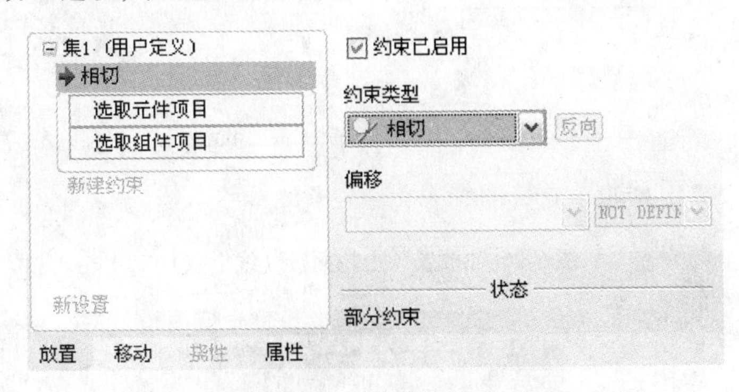

图6-24 “放置”上拉面板（相切）

（2）分别单击两元件要相切的面，系统会自动进行相切约束，如图6-25所示。

（3）单击“元件放置”操控面板右侧的“确定”按钮☑，完成相切约束。

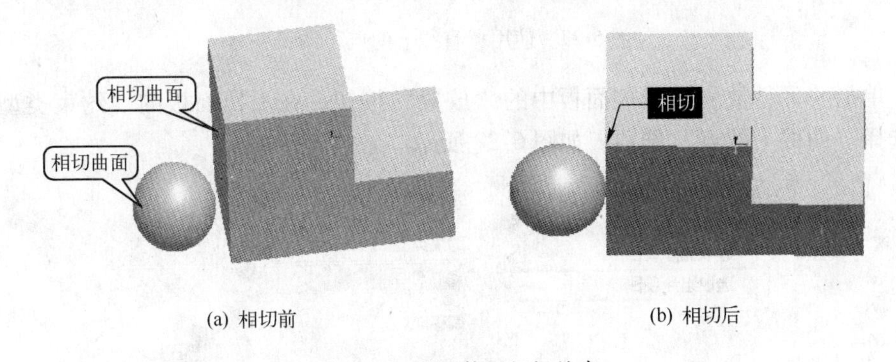

(a) 相切前　　(b) 相切后

图6-25 所示使用相切约束

6.2.6 线上点约束

线上点也就是直线上的点，该约束主要用于控制边、轴或基准曲线与点之间的接触。点可以是零件或装配体上的顶点或基准点。点可以在边线上，也可以在边线的延长线上。具体操作方法如下：

（1）单击“元件放置”操控面板中的“放置”按钮，在上拉面板的“约束类型”下拉列表中选择“线上点”选项，如图6-26所示。

（2）分别选择两元件要对齐的点和线，系统会自动进行约束，如图6-27所示。

（3）单击“元件放置”操控面板右侧的“确定”按钮☑，完成线上点约束。

6.2.7 曲面上的点约束

曲面上的点约束主要用于控制基准平面、曲面特征或零件表面与点之间的接触。点可以是零件或装配体上的顶点或基准点。与线上点约束类似，点可以在平面上，也可以在面的扩展面上。曲面上的点的约束具体操作方法如下：

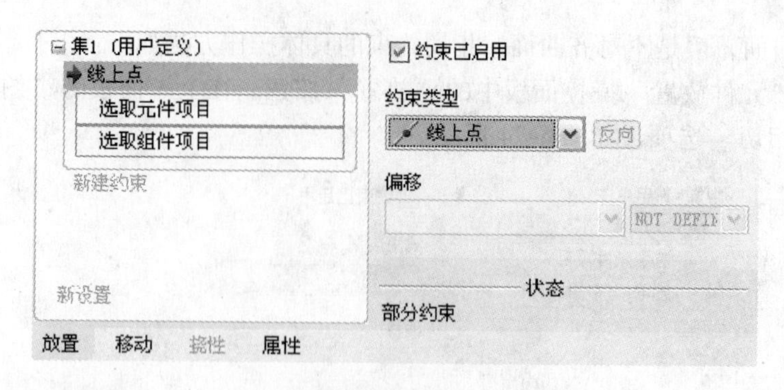

图 6-26 “放置”上拉面板（线上点）

图 6-27 使用“直线上的点”约束

（1）单击“元件放置”操控面板中的“放置”按钮，在上拉面板的“约束类型”下拉列表中选择“曲面上的点”选项，如图 6-28 所示。

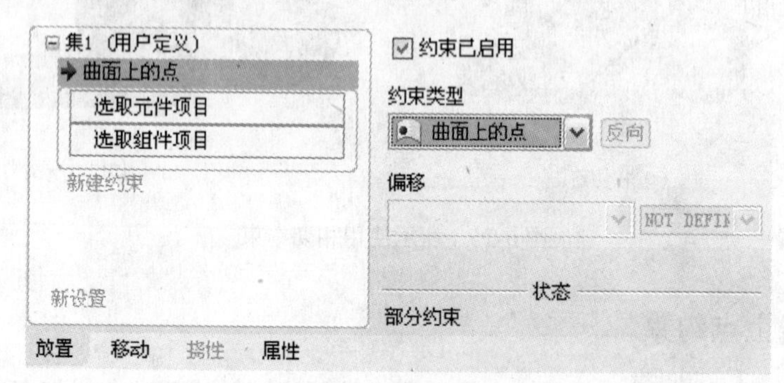

图 6-28 “放置”上拉面板（曲面上的点）

（2）分别选择两元件要对齐的曲面和点，系统会自动进行约束，如图 6-29 所示。

图 6-29 使用“曲面上的点”约束

（3）单击“元件放置”操控面板右侧的“确定”按钮☑，完成曲面上的点约束。

6.2.8 曲面上的边约束

曲面上的边约束主要用于控制基准平面、曲面特征或零件表面与边之间的接触。曲面上的边约束的具体操作方法如下：

（1）单击“元件放置”操控面板中的“放置”按钮，在上拉面板的“约束类型”下拉列表中选择“曲面上的边”选项，如图6-30所示。

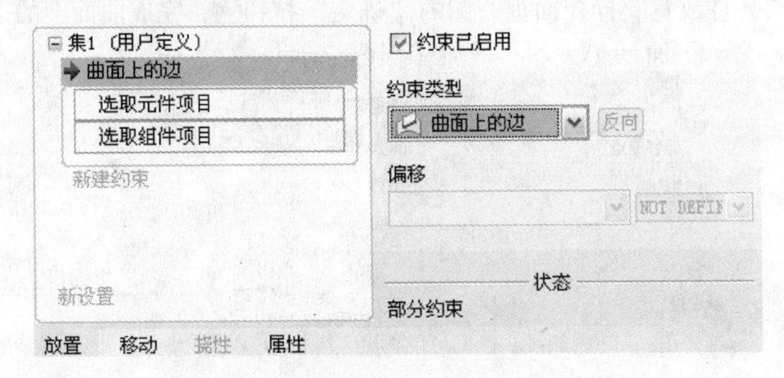

图6-30 “放置”上拉面板（曲面上的边）

（2）分别选择两元件要对齐的曲面和边，系统会自动进行约束，如图6-31所示。

（3）单击“元件放置”操控面板右侧的“确定”按钮☑，完成曲面上的点约束。

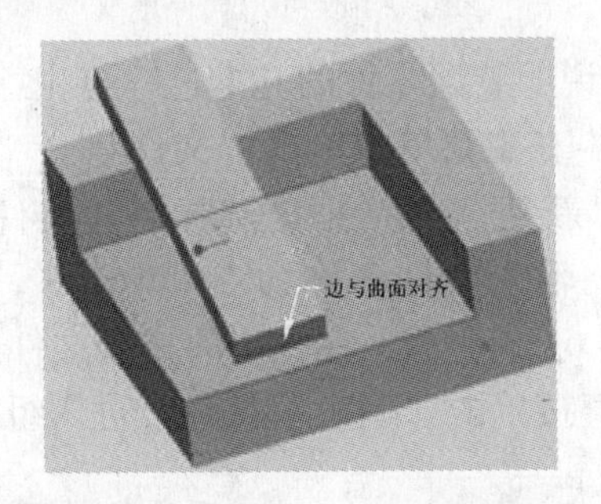

图6-31 使用“曲面上的边”约束

6.2.9 自动约束

自动约束是系统的默认方式，它可以根据实际情况自动选择约束的类型。

提示：自动约束只适用一些比较简单的装配，而对于比较复杂的装配通常很难自动判断其约束类型，所以不是很实用。

6.2.10 默认约束

用“缺省”约束将系统创建的元件的缺省坐标系与系统创建的组件的缺省坐标系对齐，与“坐标系”约束相似。通常在装配体中放置第一个元件时使用此约束。

6.2.11 固定约束

固定约束主要用于将元件固定在图形区的当前位置，通常在装配体中放置第一个元件时使用此约束。固定约束的具体操作方法如下：

(1) 在新建的组件中插入第一个元件。

(2) 单击“元件放置”操控面板中的“放置”按钮，在上拉面板的“约束类型”下拉列表中选择“固定”选项，如图 6-32 所示。

(3) 单击“元件放置”操控面板右侧的“确定”按钮☑，完成曲面上的点约束。

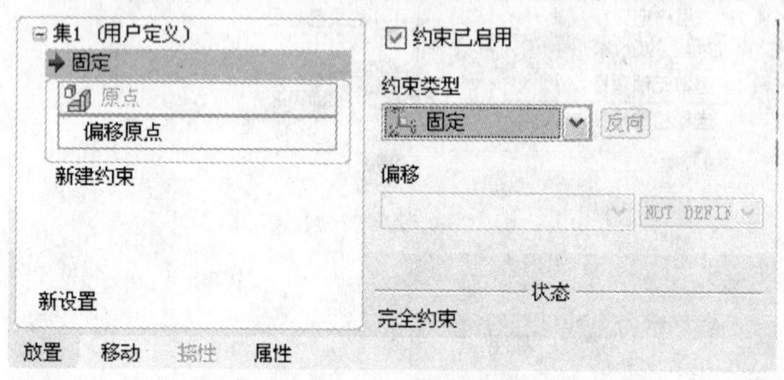

图 6-32 “放置”上拉面板（固定）

6.3 零件的装配范例

本节通过回油阀的装配来说明装配零件的基本过程与注意事项。

(1) 步骤 1：创建新文件。在主菜单中单击“文件”→“新建”，或者在“文件”工具栏中单击□按钮，系统弹出“新建”对话框，选择新建文件“类型”为“组件”后，取“子类型”为默认的“设计”，输入文件名称为“huiyoufa”，并取消“使用缺省模板”选项，单击“确定”按钮，如图 6-33 所示，在弹出的“新文件选项”对话框中选择模板类型为“mmns_asm_design”后，直接单击“确定”按钮，进入组件环境，如图 6-34 所示。

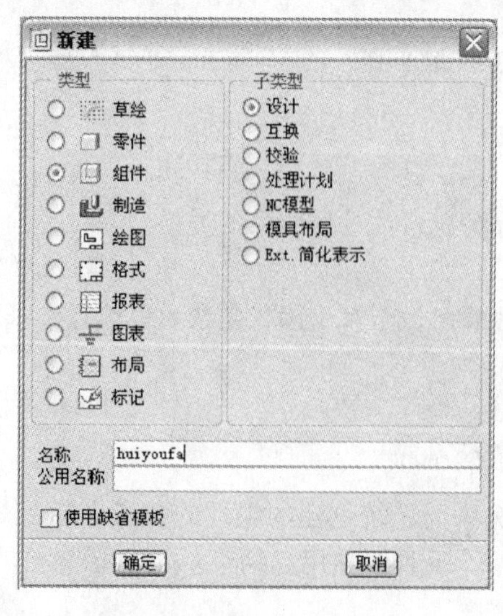

图 6-33 “新建”对话框

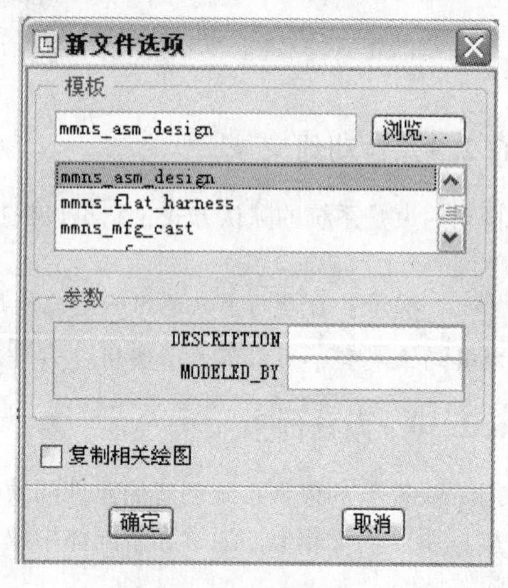

图 6-34 “新建文件选项”对话框

（2）步骤2：设置模型树可见性。在组件环境中，默认情况下，模型树中只显示零件，而不显示特征，这在利用基准平面等装配时很不方便，因此要改变组件环境的显示方法。

在模型树窗口的右上角单击“设置”按钮，如图6-35所示，系统弹出“模型树项目”对话框（见图6-36），选中该对话框左上角的“特征”选项后，单击“确定”，返回主窗口。此时，模型树窗口中将会显示组件中各个零件的所有特征。

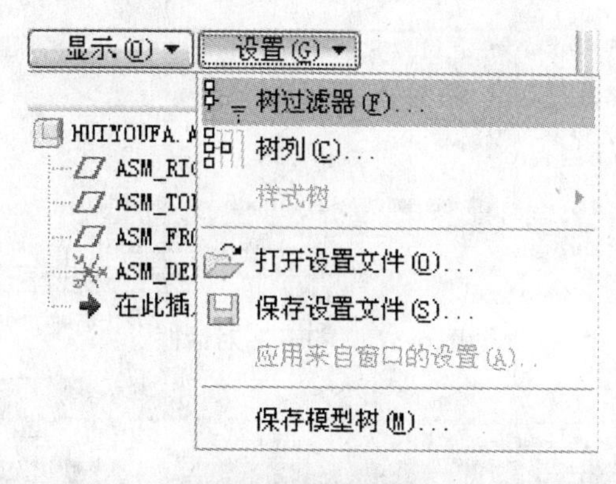

图6-35　设置树过滤器

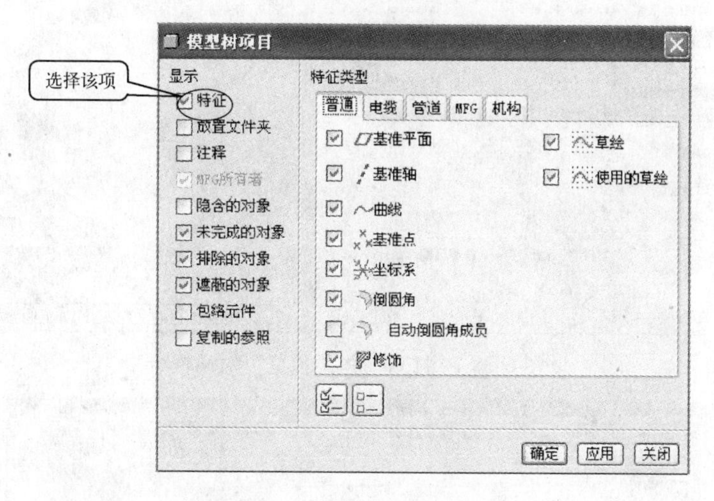

图6-36　“模型树项目”对话框

（3）步骤3：放置阀体。

① 在组件环境中单击“工程特征”工具栏中的按钮，弹出零件“打开”对话框，如图6-37所示。

② 选择“fati_1. prt”零件，单击“预览”按钮，效果如图6-38所示。

③ 单击“打开”按钮打开零件，如图6-39所示。

④ 在“元件放置”工具栏中，选择使用放置约束，设置约束类型为“缺省”，如图6-40所示。

⑤ 单击操控面板上的“完成”按钮☑，完成零件的初始放置，如图6-41所示。

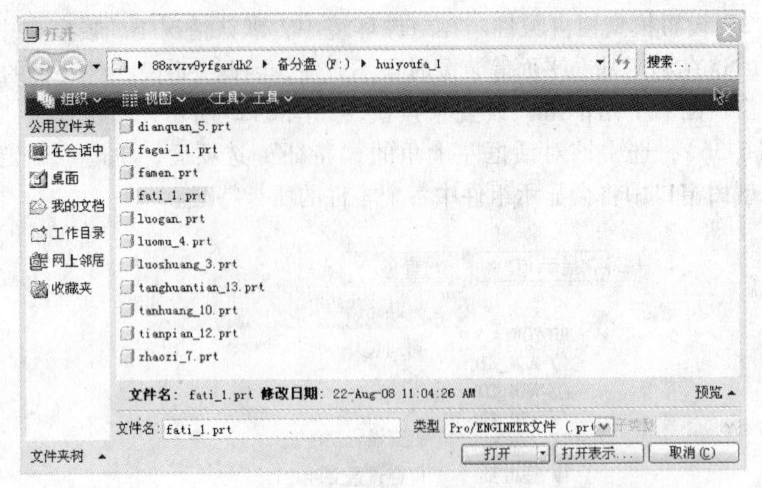

图 6-37 “打开”对话框

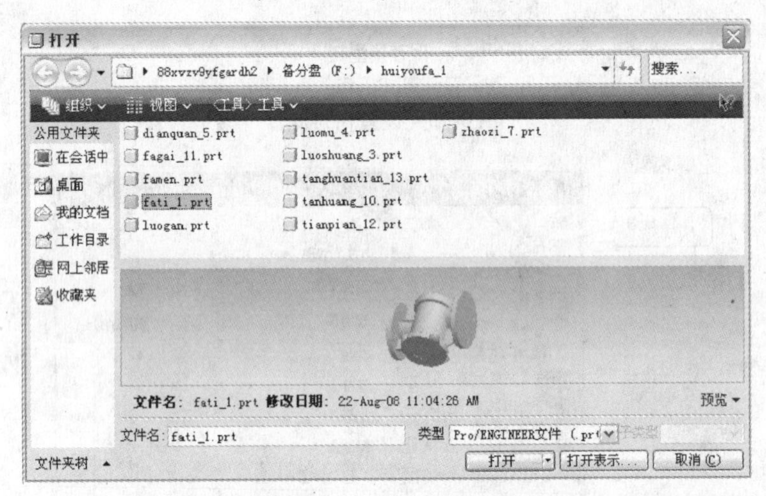

图 6-38 “打开”并“预览”对话框

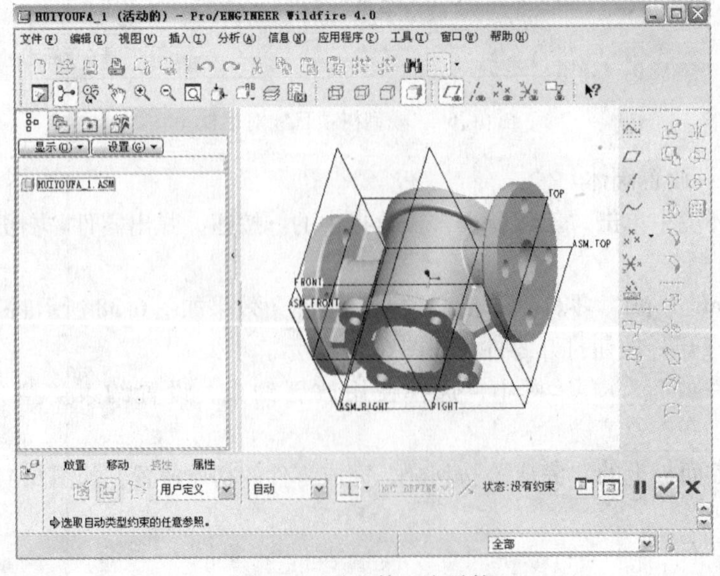

图 6-39 放置第一个零件

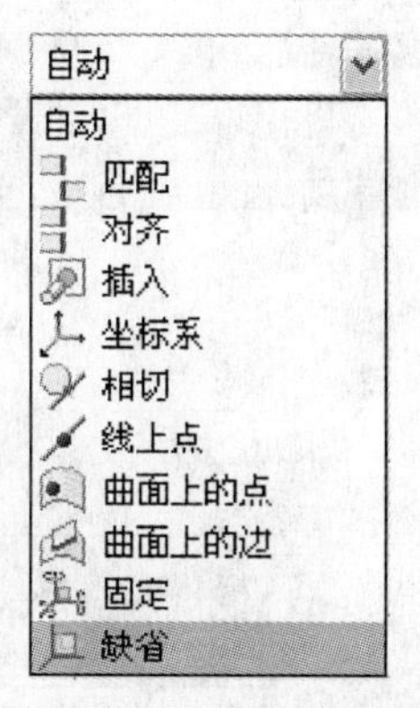

图 6-40　选择约束类型

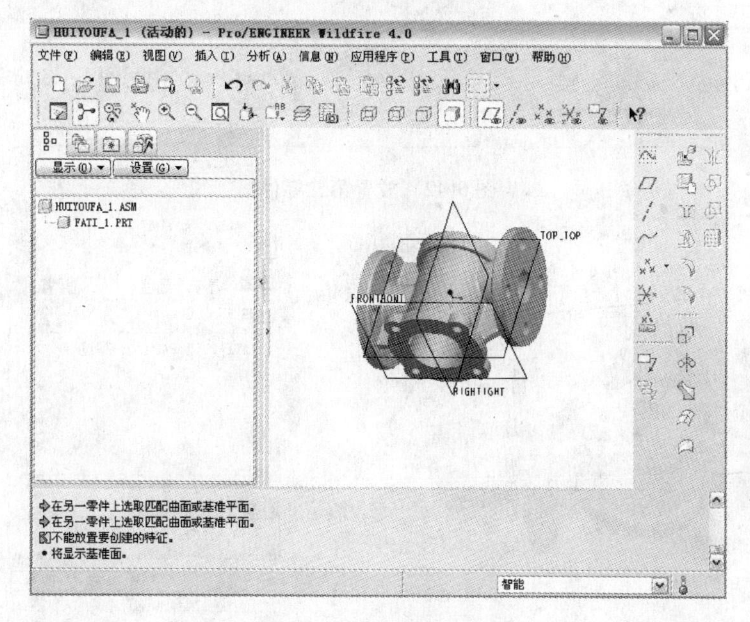

图 6-41　完成零件放置

（4）步骤 4：装配阀门。

① 在组件环境中单击“工程特征”工具栏中的按钮，弹出零件“打开”对话框，选择“famen. prt”零件，然后单击“打开”按钮打开零件，如图 6-42 所示。

② 在第一零件上创建一个基准平面 DTM1，如图 6-43 所示选取曲线，使平面穿过曲线，单击“确定”完成基准平面的创建，然后单击按钮，继续推出暂停模式。

③ 在“元件放置”工具栏中，选择使用放置约束，设置约束类型为“匹配”，然后单击如图 6-45 所示的两个平面，完成第一个约束后如图 6-46 所示。

④ 在放置上拉菜单中选取“新建约束”选项，创建一个新约束，定义约束类型为“插入”，选择两个零件的两个孔壁作为要插入的平面，如图 6-47 所示，完成后效果如图6-48 所示。

（5）步骤 5：装配弹簧。

① 单击“添加”按钮，打开同目录下的“tanhuang”零件，如图 6-49 所示。

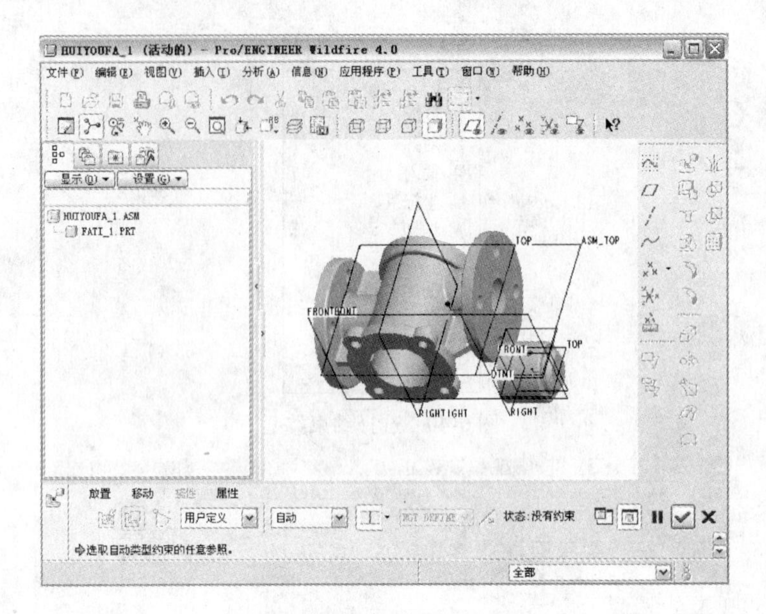

图 6-42　放置第二零件

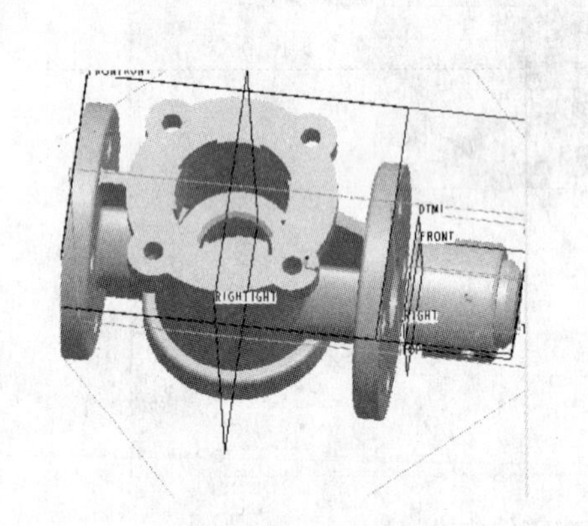

图 6-43　选取曲线

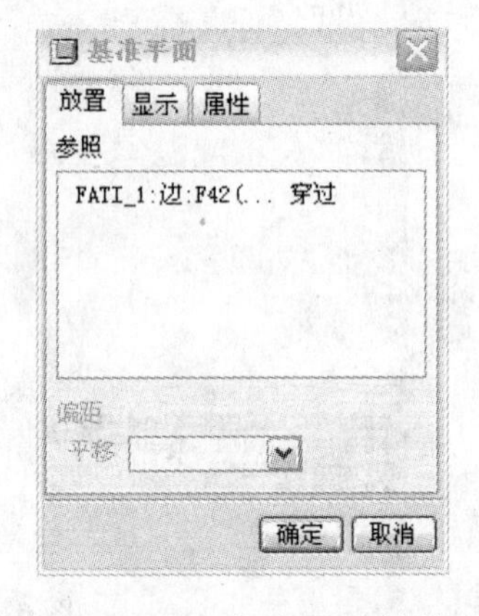

图 6-44　“基准平面”对话框

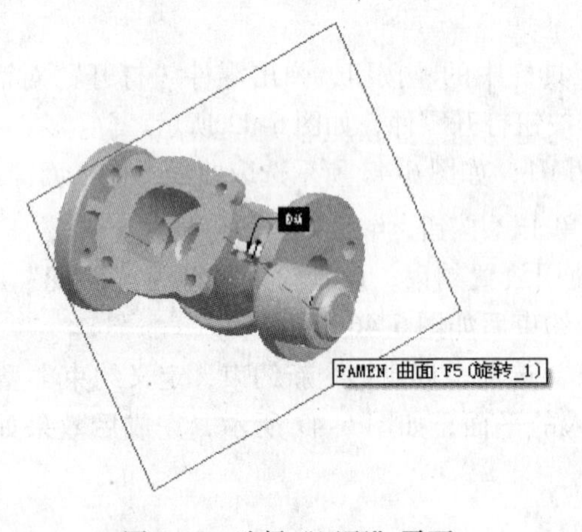

图 6-45　选择“匹配”平面

图 6-46　“匹配”约束

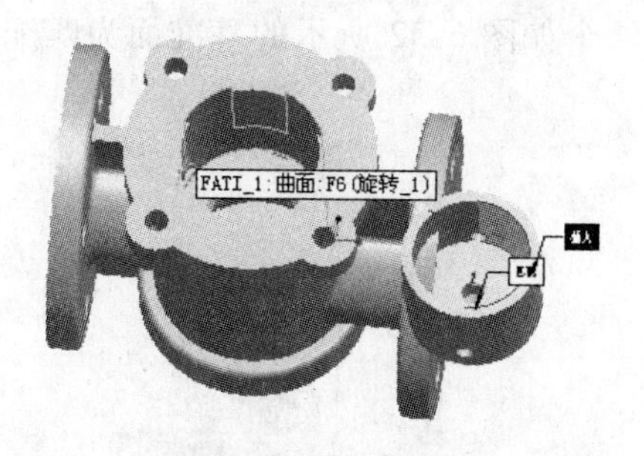

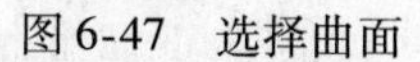
图6-47 选择曲面

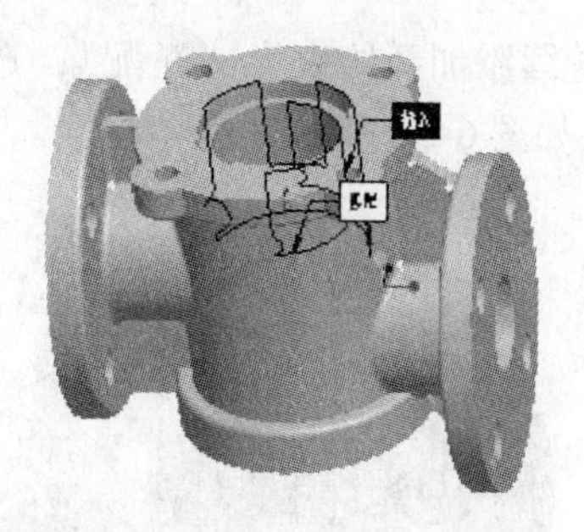

图6-48 匹配放置零件

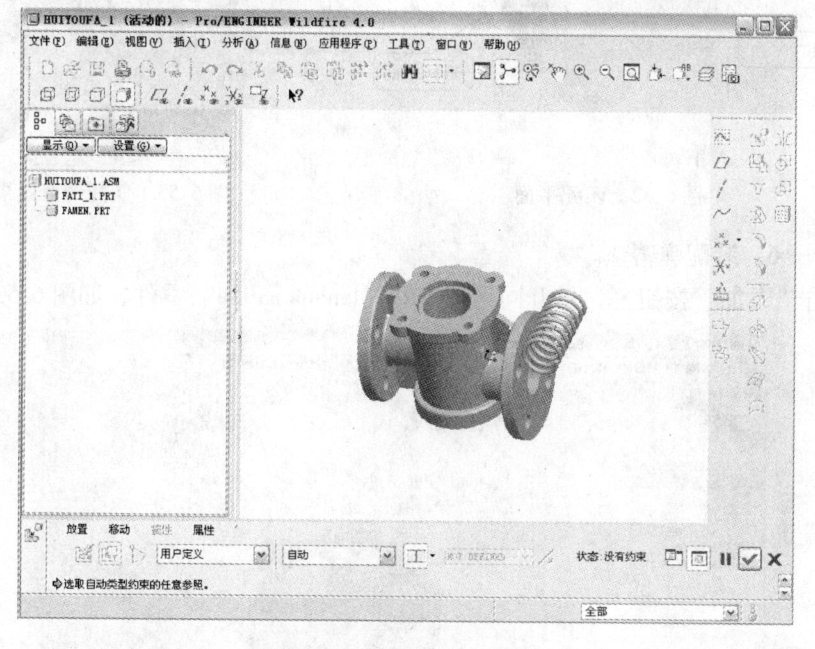

图6-49 放置第三个零件

② 根据上述方法添加“匹配”，选择阀门的底面和弹簧的基准平面作为匹配平面，如图6-50所示。

③ 添加新约束为“匹配”，选取如图6-51所示两个基准面为匹配平面。

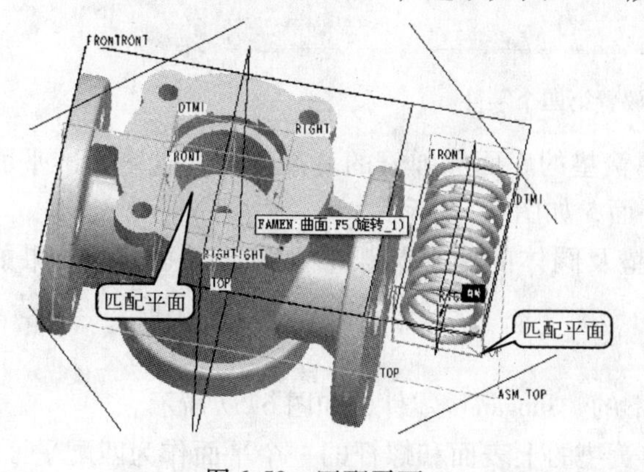

图6-50 匹配平面

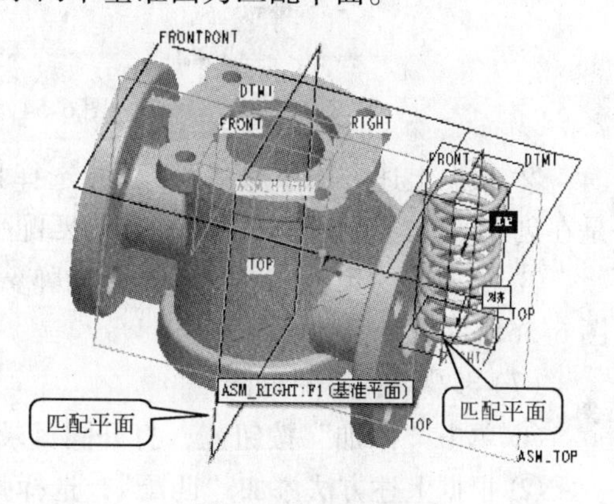

图6-51 匹配平面

④ 继续添加新约束为“匹配”，选取另外两个如图 6-52 所示的基准面为匹配平面。完成后效果如图 6-53 所示。

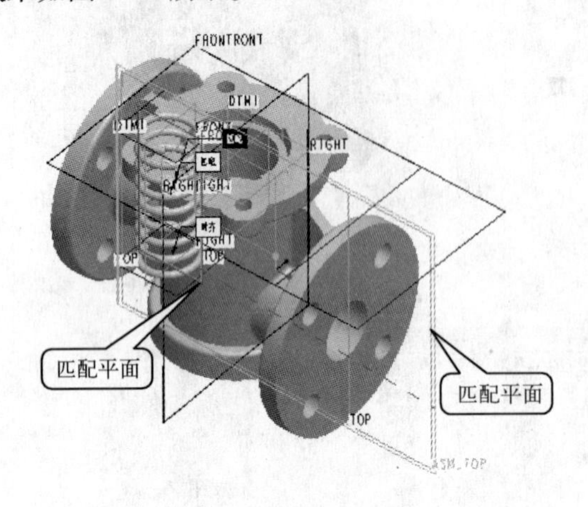

图 6-52　匹配平面

图 6-53　匹配约束效果

（6）步骤 6：装配弹簧垫。

① 单击“添加”按钮，打开同目录下的“tanhuangdian”零件，如图 6-53 所示。

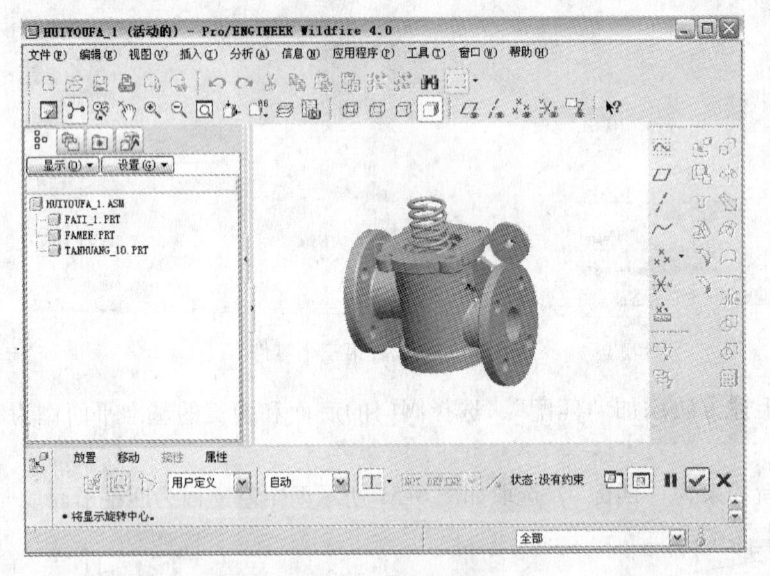

图 6-54　放置第四个零件

② 根据上述方法添加“匹配”，选择弹簧垫的底面和弹簧的基准平面（这个基准平面是在创建实体时就创建好了的）作为匹配平面，如图 6-55 所示。

③ 添加新约束为“插入”，选择弹簧垫及阀体的两个圆弧平面为插入平面，效果如图 6-56所示。

（7）步骤 7：装配螺杆。

① 单击“添加”按钮，打开同目录下的“luogan”零件，如图 6-57 所示。

② 根据上述方法添加“匹配”，选择弹簧垫的上表面和螺杆的一个平面作为匹配平面，如图 6-58 所示。

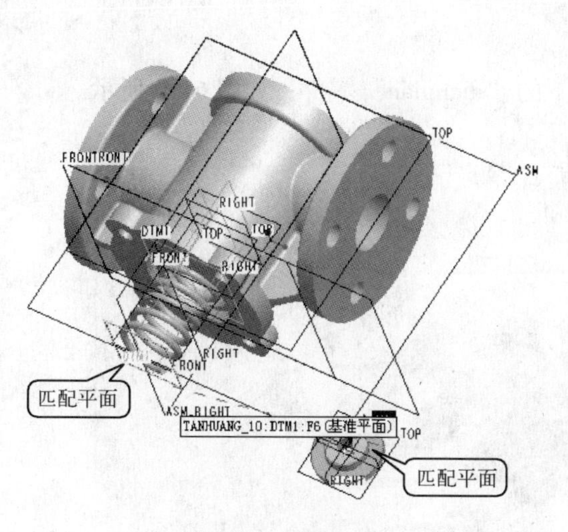

图 6-55　匹配平面

图 6-56　插入约束效果

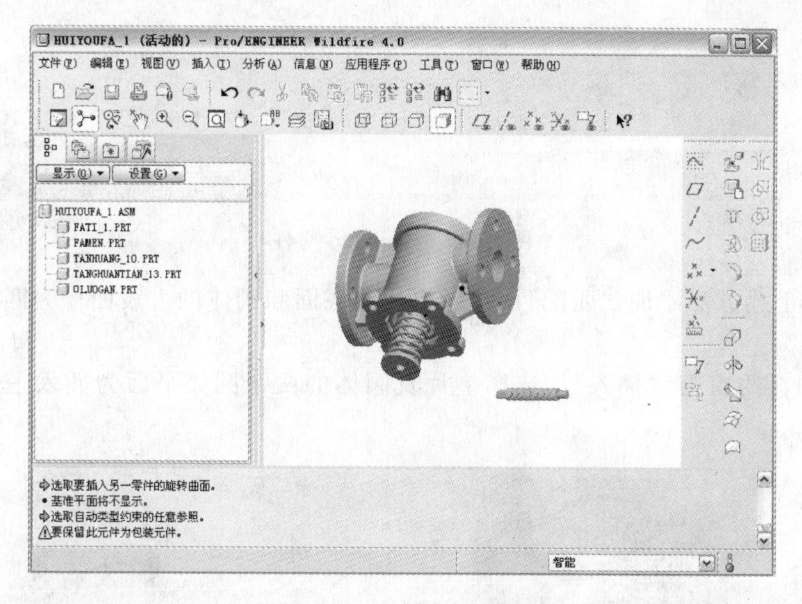

图 6-57　放置第五个零件

③ 添加新约束为“插入”，选择弹簧垫及螺杆的两个圆弧平面为插入平面，效果如图 6-59所示。

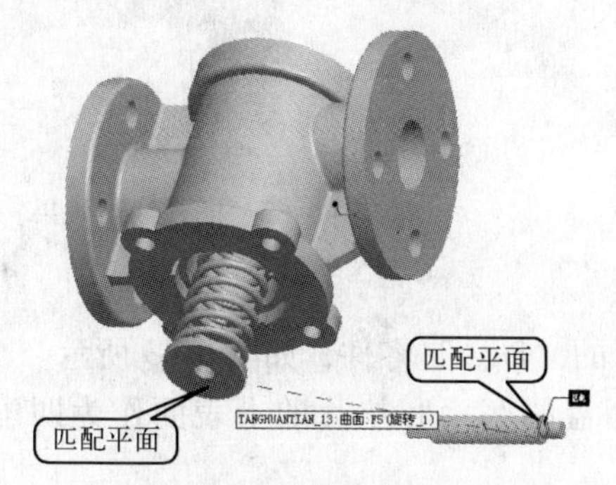

图 6-58　匹配平面

图 6-59　插入约束效果

（8）步骤8：装配垫片。

① 单击“添加”按钮，打开同目录下的“dianpian”零件，如图6-60所示。

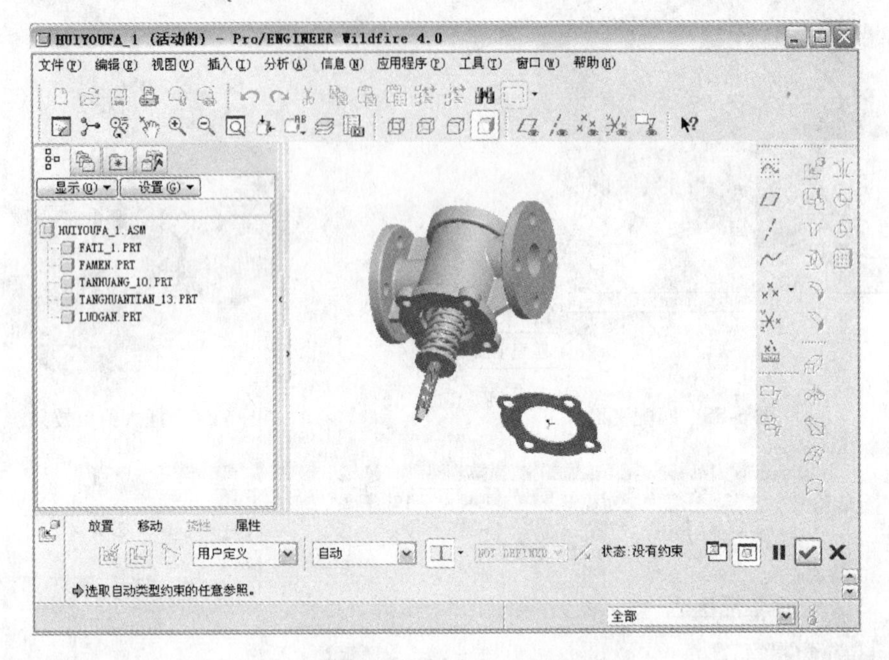

图6-60　放置第六个零件

② 根据上述方法添加“匹配”，选择垫片的底面和阀体的上表面作为匹配平面，如图6-61所示。

③ 添加新约束为“插入”，选择垫片及阀体的两个圆弧平面为插入平面，效果如图6-62所示。

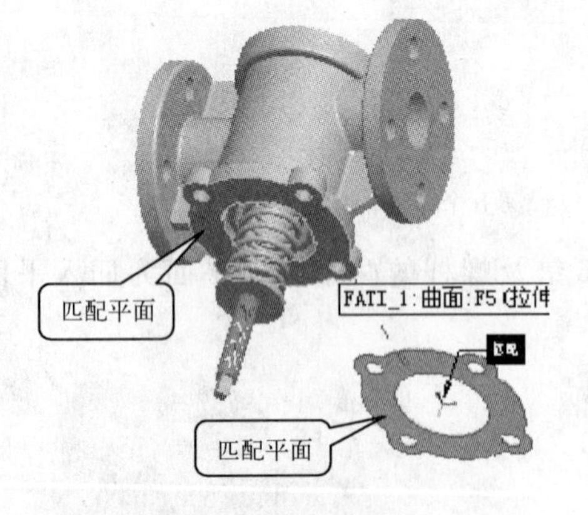

图6-61　匹配平面

图6-62　插入约束效果

（9）步骤9：装配阀盖。

① 单击“添加”按钮，打开同目录下的“fagai”零件，如图6-63所示。

② 根据上述方法添加“匹配”，选择阀盖的底面和垫片的上表面作为匹配平面，如图6-64所示。

③ 添加新约束为“插入”，选择阀盖及阀体的两个圆弧平面为插入平面，效果如

图 6-65所示。

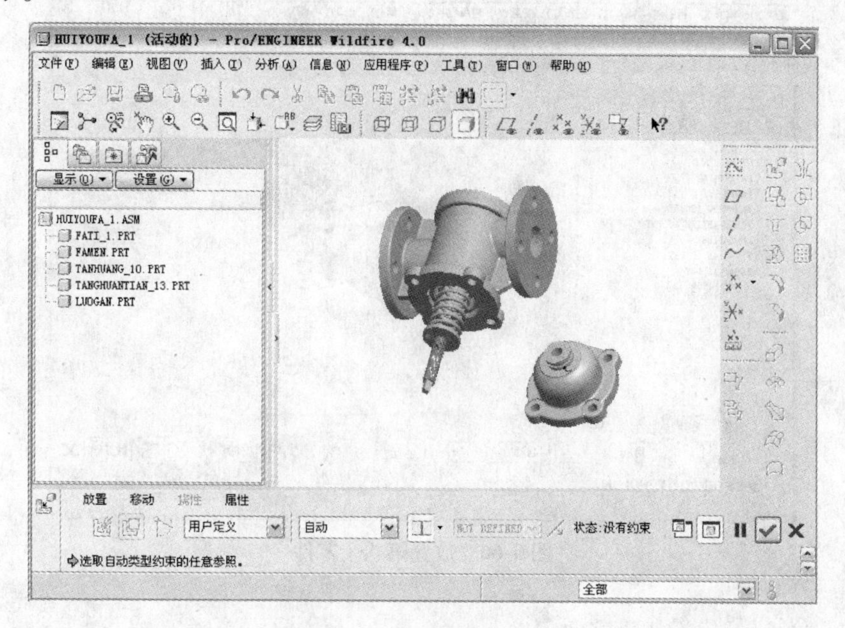

图 6-63　放置第七个零件

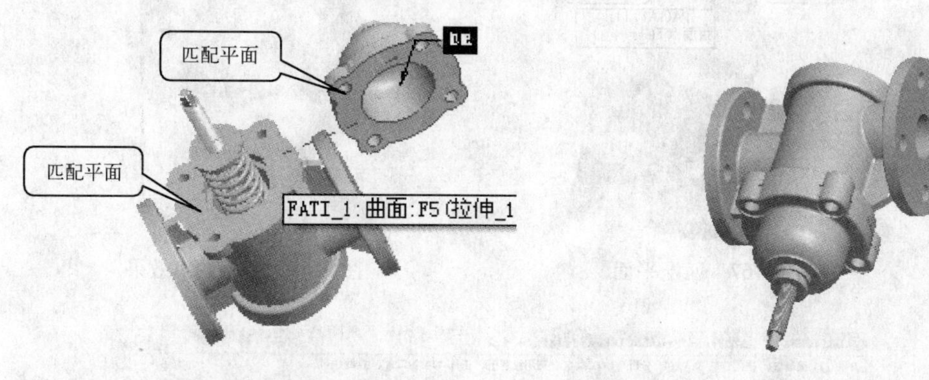

图 6-64　匹配平面　　　　图 6-65　插入约束效果

(10) 步骤 10：装配螺母 2。

① 单击“添加”按钮，打开同目录下的“luomu_2”零件，如图 6-66 所示。

② 根据上述方法添加“匹配”，选择螺母的底面和阀盖的顶面作为匹配平面，如图 6-67所示。

③ 添加新约束为“插入”，选择螺母及阀盖的两个圆弧平面为插入平面，效果如图 6-68所示。

(11) 步骤 11：装配罩子。

① 单击“添加”按钮，打开同目录下的“zhaozi”零件，如图 6-69 所示。

② 根据上述方法添加“匹配”，选择罩子的底面和阀盖的上表面作为匹配平面，如图 6-70所示。

③ 添加新约束为“插入”，选择罩子及阀盖的两个圆弧平面为插入平面，效果如图 6-71所示。

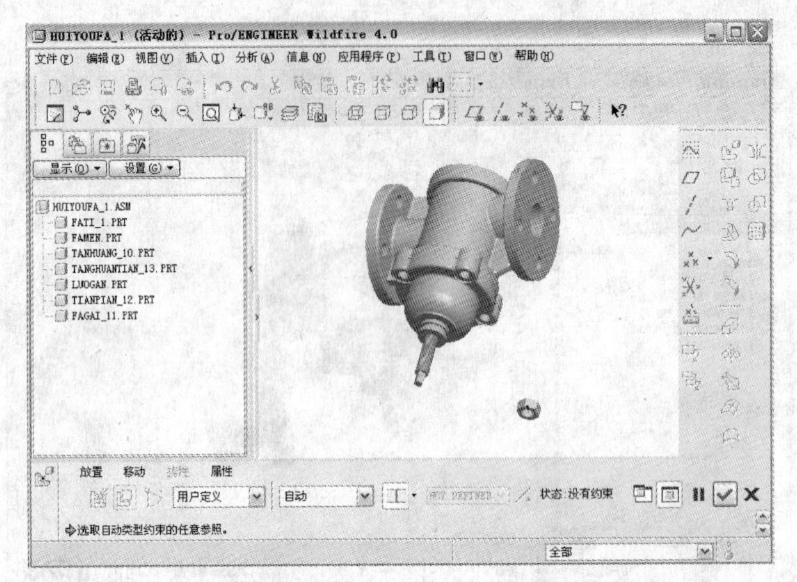

图 6-66　放置第八个零件

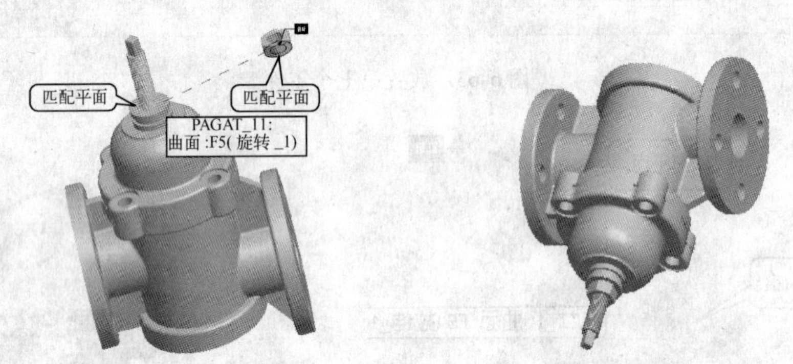

图 6-67　匹配平面　　　　图 6-68　插入约束效果

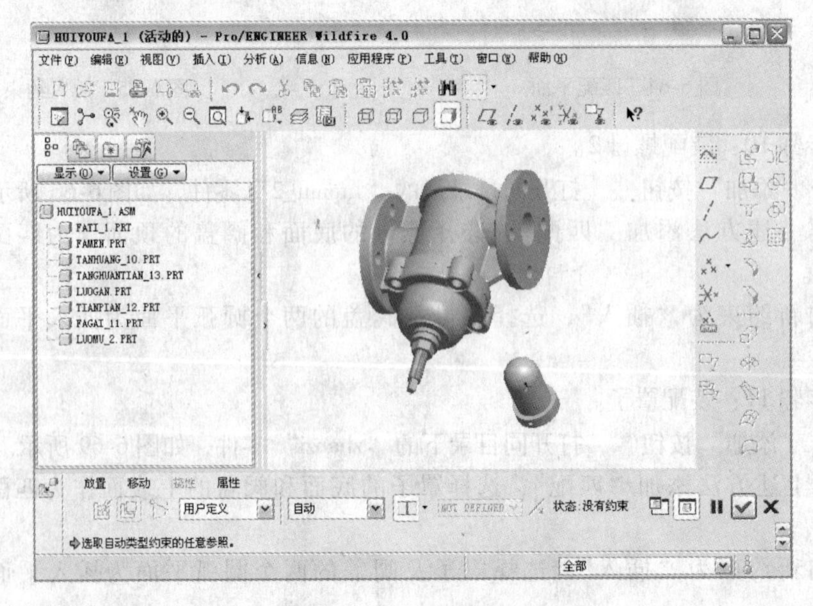

图 6-69　放置第九个零件

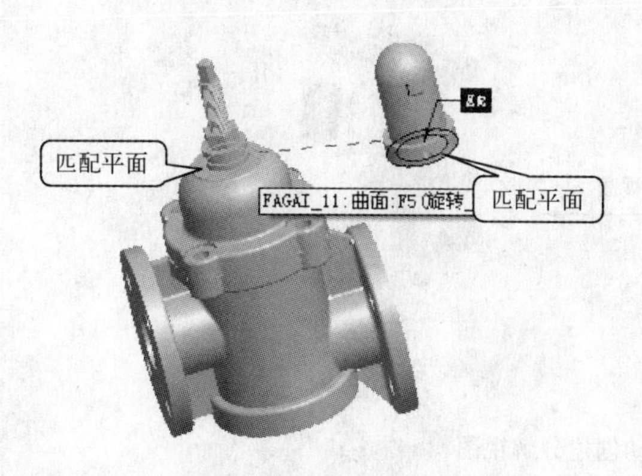

图 6-70　匹配平面

图 6-71　插入约束效果

(12) 步骤 12：装配螺栓、垫圈和螺母。

步骤基本和上面讲的零件的装配一样，这里就不再赘述，最终的装配完成后如图 6-72 所示。

图 6-72　回油阀装配体

6.4　组件分解

6.4.1　组件分解概述

完成模型装配后，可以创建组件的分解视图，说明组件的组成和结构。Pro/E 中，系统提供了两种视图分解方法，分别是：

(1) 自动分解。系统自动生成分解视图

(2) 自定义分解。设计者根据设计需要自己定义分解视图中各个元件的具体位置。

6.4.2　自动分解视图

创建自动分解视图的方法非常简单。在打开装配完成后的组件文件，从主菜单中依次单击“视图”→“分解”→“分解视图”，系统自动生成组件的分解视图，如图 6-73 所示。

如果要取消分解视图，使组件恢复原有形态，可以在分解视图状态下，从主菜单中依次单击“视图”→“分解”→“取消分解视图”，则分解视图取消，恢复原有显示状态。

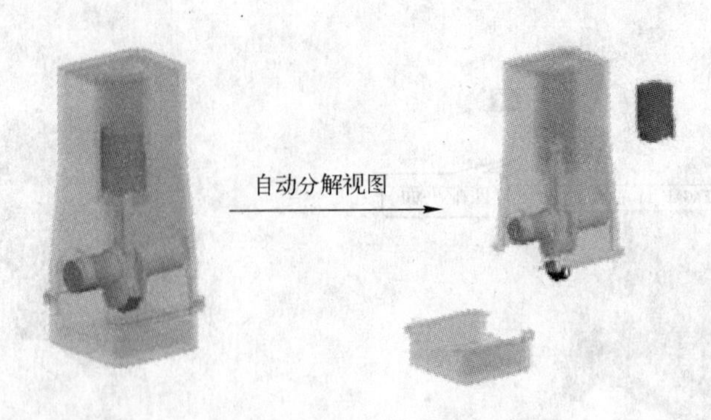

图 6-73　自动创建分解视图

6.4.3　自定义分解视图

很多情况下，系统自动生成的分解视图并不能满足用户的需要，因此用户经常需要自己动手定义分解视图中元件的位置。在分解视图中，元件的位置是使用“分解位置”对话框（见图 6-74）来设定的。

“分解位置”对话框中包括以下 5 大部分。

1. 元件选择

该部分用于选择需要移动的元件，单击按钮后，便可以自由选择所需要移动的元件。

2. 运动类型

该部分用于设置元件的移动类型，系统一共提供了 4 种移动类型，分别为：“平移”、“复制位置”、“缺省分解”和“重置”。

3. 运动参照

该部分用于设置元件移动时候的参照，可以选择多种类型的参照，包括“视图平面”、“选取平面”、“图元/边”、“平面法向”、“2 点”和“坐标系”。

4. 运动增量

该部分用于设置元件移动时候的运动增量值，用户可以将增量设置为“光滑”，使元件光滑移动，也可以输入某一个数字，使元件能够按所输入数字的整数倍进行移动。

5. 位置

该部分用于显示当前所移动元件的移动位置，这个移动位置是相对于重新设置元件位置前的元件位置而言的。

6.4.4　组件分解实例

组件分解实例的创建步骤叙述如下。

（1）步骤 1：打开文件。启动 Pro/Engineer 后直接打开上一节我们创建的回油阀装配体即“huiyoufa_1. asm”文件。

提示： 装配体和各元件一定要放在同一个目录下，要不然装配体是打不开的。

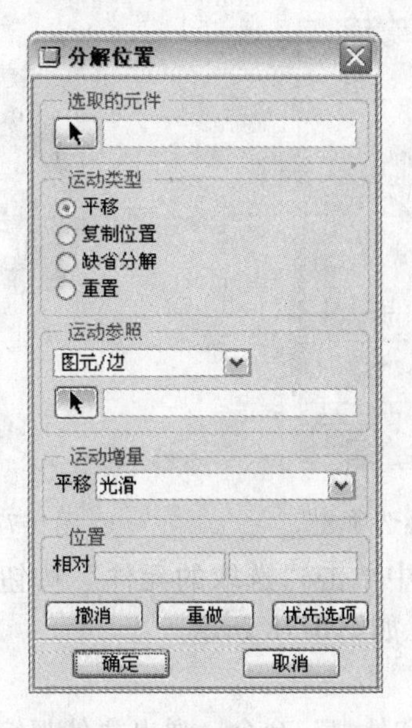

图 6-74 “分解位置”对话框

（2）步骤 2：创建自动分解视图。

① 从主菜单中依次单击“视图”→“分解”→“分解视图”，系统自动生成组件的分解视图，如图 6-75 所示。

② 从主菜单中依次单击“视图”→“分解”→“取消分解视图”，则分解视图取消，恢复原有显示状态。

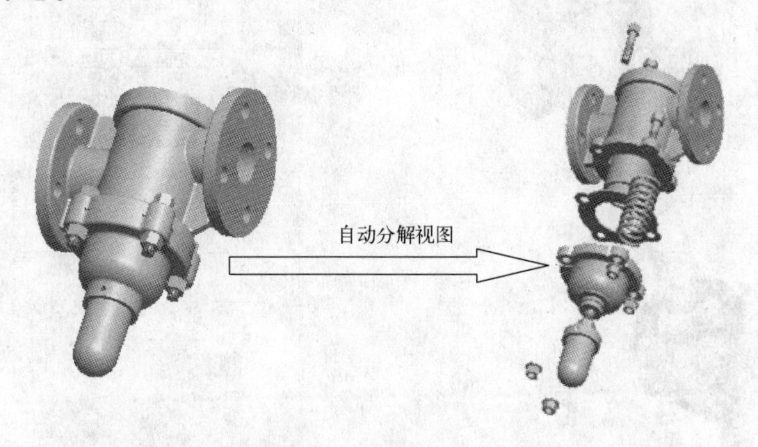

图 6-75 自动创建分解视图

（3）步骤 3：创建自定义分解视图。

① 选择“视图”→“视图管理器”命令，在弹出的“视图管理器”对话框中选择“分解”/“属性”命令，进入“分解”属性选项卡，如图 6-76 所示。

② 单击“编辑位置”按钮，弹出“分解位置”对话框，如图 6-74 所示。

③ 定义“运动类型”为平移，“运动参照”为“图元/边”，选择轴线 A_1 作为各零件

移动的参照方向，如图6-77所示，零件移动方向将沿着此轴线方向进行移动。

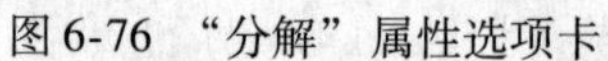
图6-76 “分解”属性选项卡

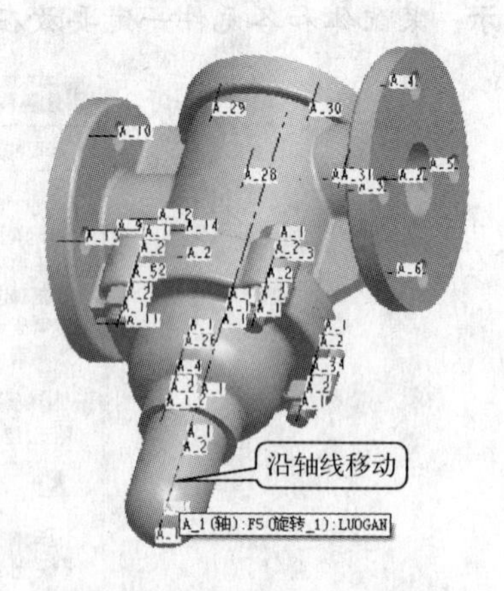

图6-77 选择轴线为移动参照

④ 在“分解位置”对话框中单击“选取的元件”按钮，再单击各需要进行移动的零件进行移动，形成爆炸视图，如图6-78所示。

（4）步骤4：零件着色。

① 选择“视图”→“颜色和外观”命令，弹出“外观编辑器”对话框，如图6-79所示。

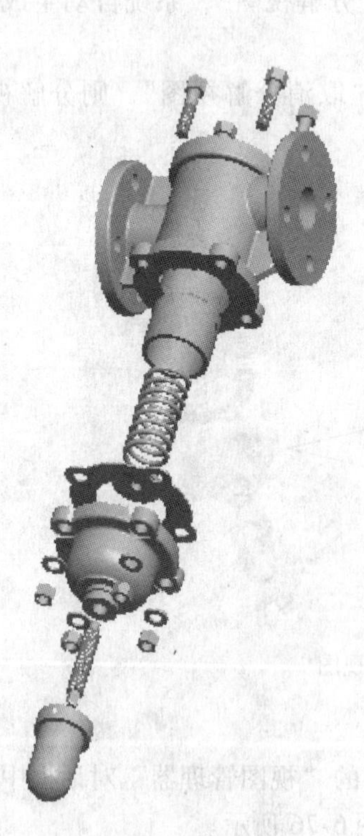

图6-78 形成爆炸视图

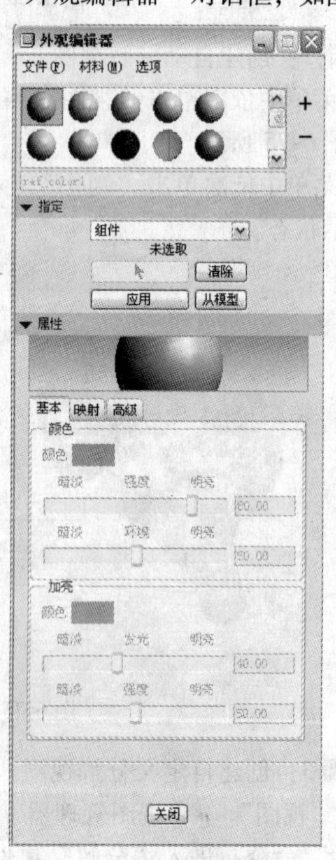

图6-79 “外观编辑器”对话框

提示：如果还要向别的方向移动，在“运动参照”选项可以选择“视面平面”、“选取平面”、“平面法向”、“2 点”和“坐标系”，对零件进行移动，直到移到自己满意的位置为止。

② 在“指定”下拉列表中选择“元件”命令，选择罩子作为材质外观的应用对象，如图 6-80 所示。

③ 如图 6-81 所示，在材质选择框中选择适合的材质，单击“应用”按钮。

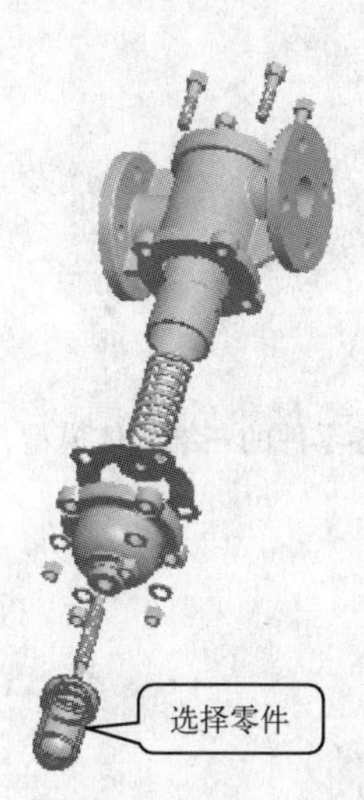

图 6-80　选择零件

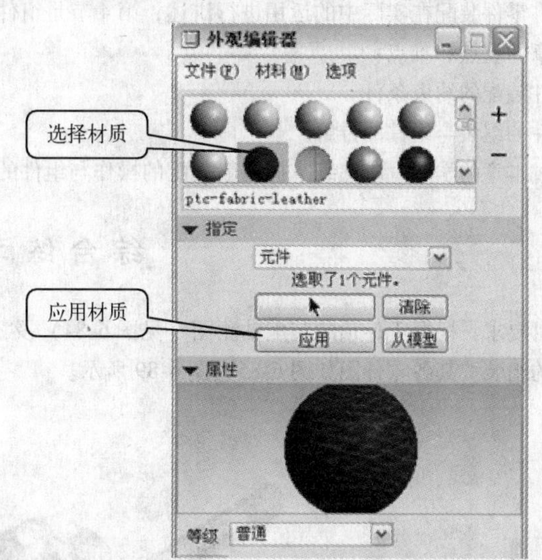

图 6-81　应用材质外观效果

④ 系统将材质效果应用到被选零件罩子上，效果如图 6-82 所示。

⑤ 重复以上步骤，依次为装配总体中的每个零件选择相应的外观，如图 6-83 所示。

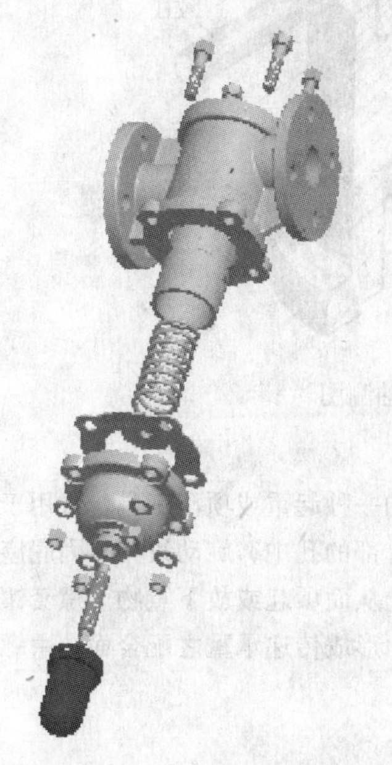

图 6-82　改变罩子外观

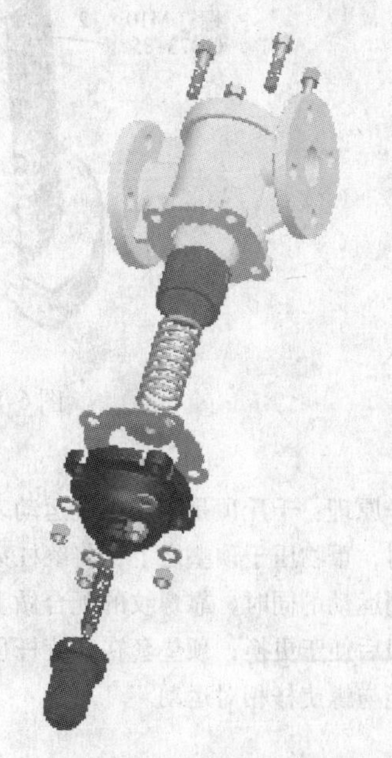

图 6-83　外观材质显示

(5) 步骤5：保存文件。选择“文件”→“保存”命令，保存文件。

本章小结

本章共4小节，主要介绍了利用Pro/Engineer Wildfire 4.0的组件模块进行零件装配的基本方法与技巧，并配以实例进行说明。

第1小节介绍零件装配基础；第2小节讲述零件装配的约束条件；第3小节是零件装配实例，以实例的形式将零件装配在实际中的运用进行讲述；第4节是组件的分解。

本章的重点和难点：

零件装配的约束条件。

零件的组装与组件的分解。

通过本章的学习，应熟练掌握一般装配的操作与组件的分解。

综合练习

题目要求：根据千斤顶的装配轴测图（见图6-84）及零件图，绘制出各零件的三维实体模型，并完成千斤顶的组装。其各零件图如图6-85～图6-89所示。

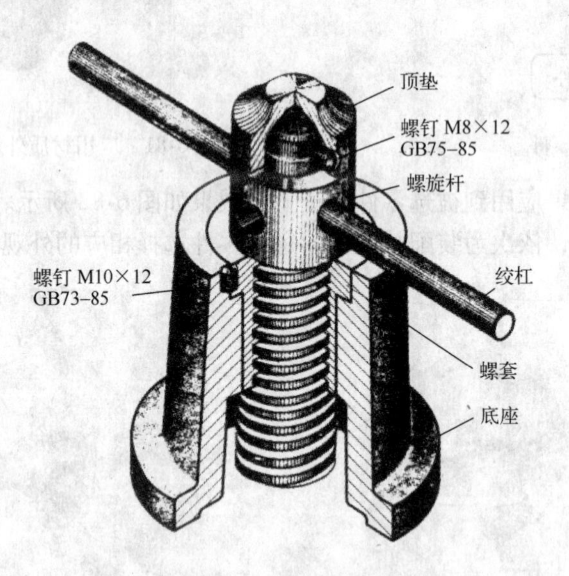

图6-84　千斤顶轴测图

千斤顶工作原理：千斤顶是利用螺旋运动来顶举重物的一种起重或项压工具，常用于汽车修理及机械安装中。工作时，重物压于顶垫之上，将绞杠穿入螺旋杆上部的孔中，旋动绞杠，因底座及螺套不动，则螺旋杆在做圆周运动的同时，靠螺纹的配合做上、下移动，从而项起或放下重物。螺套镶在底座里，并用螺钉定位，磨损后便于更换；顶垫套在螺旋杆顶部，其球面形成传递承重之配合面，由螺钉锁定，使顶垫不至于脱落且能与螺旋杆相对运动。

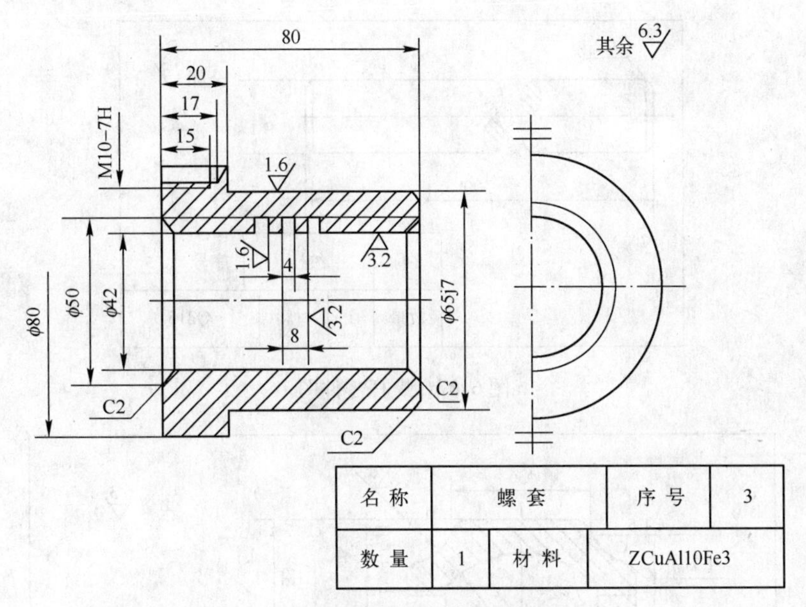

图 6-85　螺套零件图

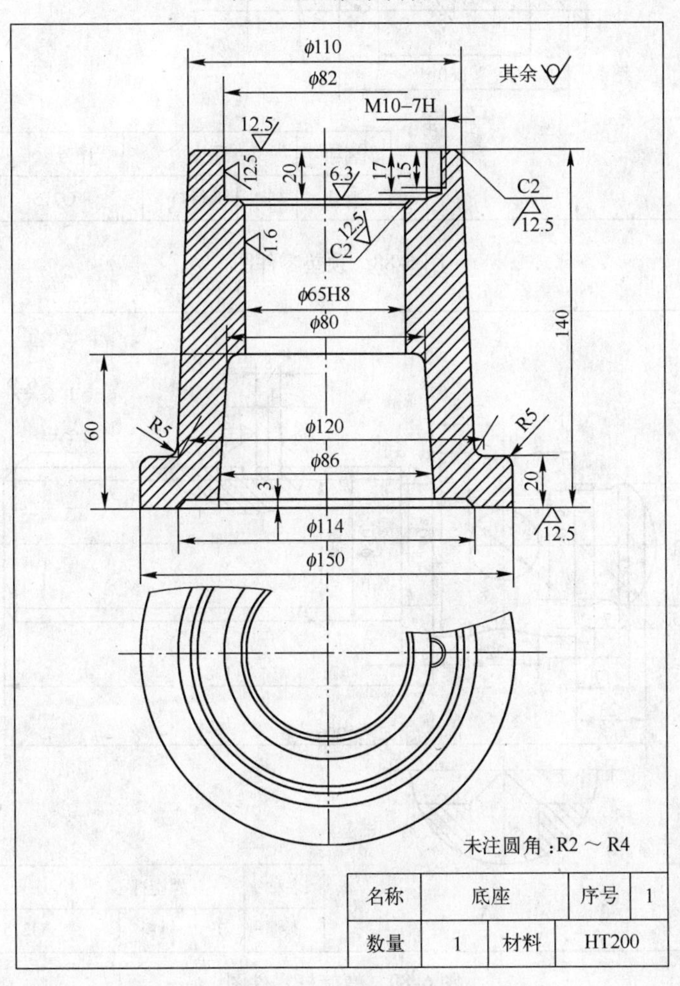

图 6-86　底座零件图

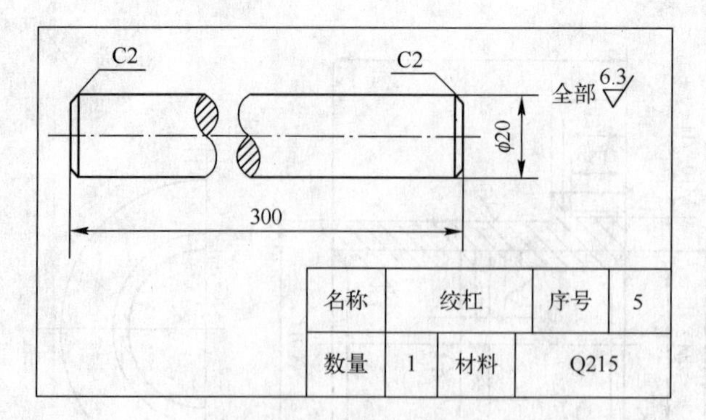

图 6-87　螺杆零件图

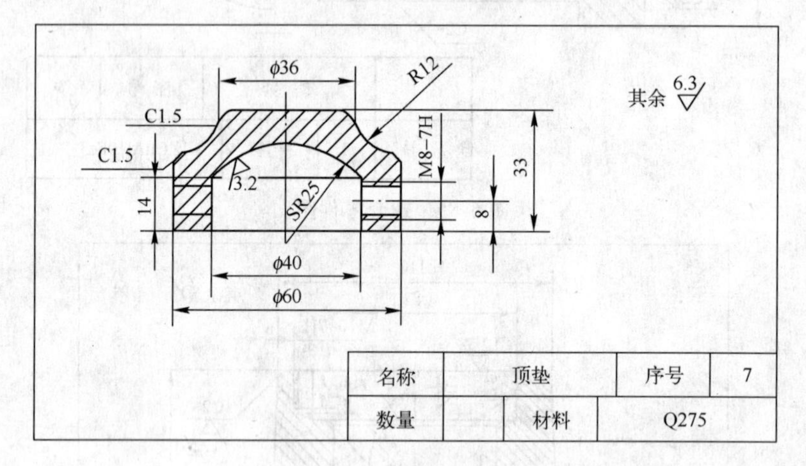

图 6-88　顶垫零件图

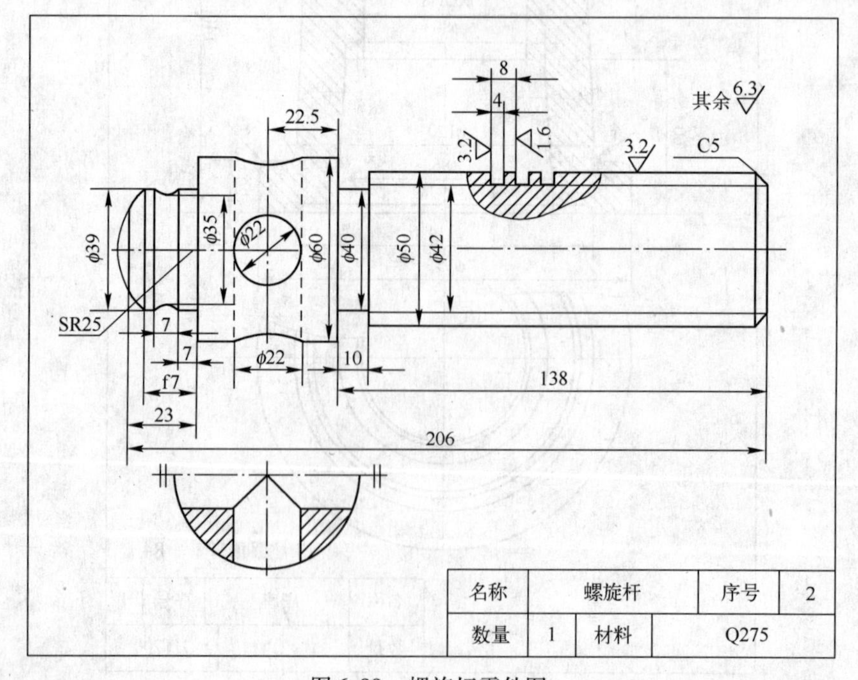

图 6-89　螺旋杆零件图

第7章　工　程　图

重点与难点

- 工程图环境配置
- 定义图纸格式
- 不同类型视图的创建
- 视图的编辑
- 尺寸标注与注解

工程图在产品设计过程中是十分重要的，它一方面体现着设计结果，另一方面也是指导生产的参考依据。对于创建工程图，Pro/Engineer Wildfire 4.0 系统提供了强大的功能，用户可以很方便地借助于零件的三维模型创建所需的各种视图，包括剖视图、局部放大图以及斜视图等。

另外，Pro/Engineer Wildfire 4.0 是建立在单一的数据库基础上的，在工程图和零件三维模型之间提供全相关的功能，因此，用户可以在完成三维模型的设计后，直接根据包括该模型的数据库，方便地绘制出该三维模型的工程图。由于工程图和三维实体模型基于同一个数据库，当用户修改了三维模型后，工程图也会根据实体模型中的修改自动加以修改，大大减少了修改工程图的工作量，提高了工作效率。

7.1　工程图的类型

在表达模型时，仅使用一个视图是很难表达出一个空间模型的全部细节的。因此，要使用多个视图来联合表达一个模型，这些视图类型多样，可以根据设计需要进行选择。

7.1.1　根据视图使用目的和创建原理分类

1. 一般视图

也称主视图，系统默认创建的第一个视图，是其他视图的基础和依据，一般用来表达模型的主要结构。

2. 投影视图

一组与一般视图之间符合正投影关系的视图，用来配合一般视图进一步表达模型。

3. 辅助视图

相当于工程制图中的斜视图，对某一视图进行辅助说明和补充的视图，用于表达零件上的特殊结构。

4. 详细视图

相当于工程制图中的局部放大图，对零件上较细微的结构进行放大的视图。

5. 旋转视图

将不在一个投影平面中的结构旋转到一个平面内进行表达的视图。

7.1.2 根据表达零件的范围分类

1. 全视图

以整个零件作为表达对象的视图，表达零件的全部。

2. 半视图

只表达零件的一半的视图。这种零件往往关于对称中心对称。

3. 局部视图

只表达零件上一个局部范围的视图，常用于对小结构（如凸台等）的补充说明。

4. 破断视图

将尺寸统一（或规则变化）且尺寸较大的零件中的冗长部分破断后再进行表达的视图。

7.1.3 根据是否剖切分类

1. 非剖视图

未对零件剖切，直接投影而得的视图。主要用于表达零件的外形。

2. 剖视图

使用剖截面把零件剖开进行表达。主要用于表达零件的内腔。

在实际设计中，往往将多种视图形式组合起来创建视图。

7.2 新建工程图，进入工程图环境

Pro/Engineer Wildfire 4.0 提供了专门的工程图环境，用于绘制工程图。在工程图环境

中，用户可以自由地创建、修改、删除视图和进行标注。

7.2.1 进入工程图环境

（1）步骤1：选择新建命令。Pro/Engineer Wildfire 4.0 中，在下拉菜单中单击“文件"→“新建”，或者直接在“文件”工具栏中单击□按钮，或者按鼠标 Ctrl + N 组合键，系统弹出“新建”对话框，用于新建文件，如图 7-1 所示。

（2）步骤2：选取文件类型，输入文件名称，取消使用默认模板。在弹出的“新建”对话框中，进行以下操作：

① 选择[类型]区域下的为[⊙ 绘图]。

② 在“名称”文本框中输入所需要的绘图名称。

③ 取消[☑ 使用缺省模板]选项中的“√”。

④ 单击[确定]，弹出“新制图”对话框，如图 7-2 所示。

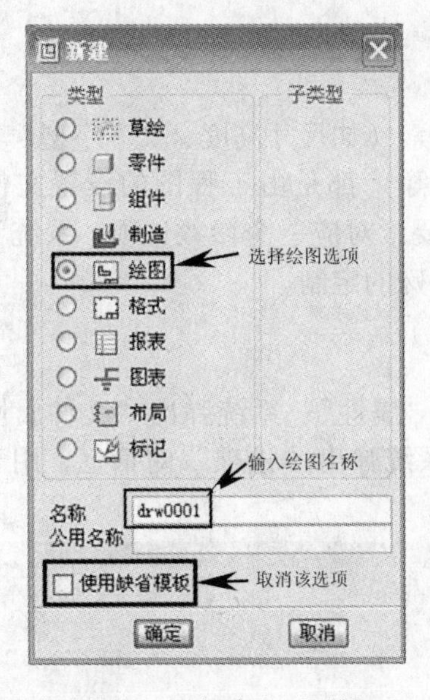

图 7-1 “新建”对话框

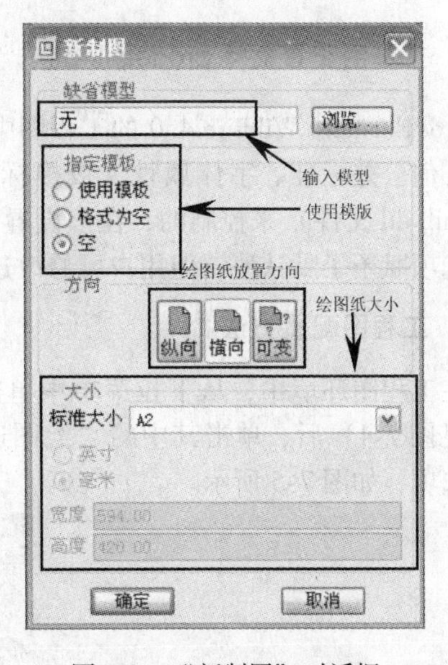

图 7-2 “新制图”对话框

（3）步骤3：选择适当的工程图模板或图框格式。在“新制图”对话框中，进行以下操作：

① 在“缺省模型”区域选择模型，选择要生成工程图的零件或者装配模型，系统会自动选择当前活动的模型，若要选择活动模型以外的模型，需单击[浏览...]按钮，进行模型文件的选择，并打开。

② 在“指定模板”区域选择工程图模板，该区域有 3 个选项：

- [⊙ 使用模板]：创建工程图时，使用某个工程图模板。
- [○ 格式为空]：不使用模板，但使用某个图框格式。
- [○ 空]：既不使用模板，也不使用图框格式。

③ 单击[确定]，进入工程图环境，如图 7-3 所示。

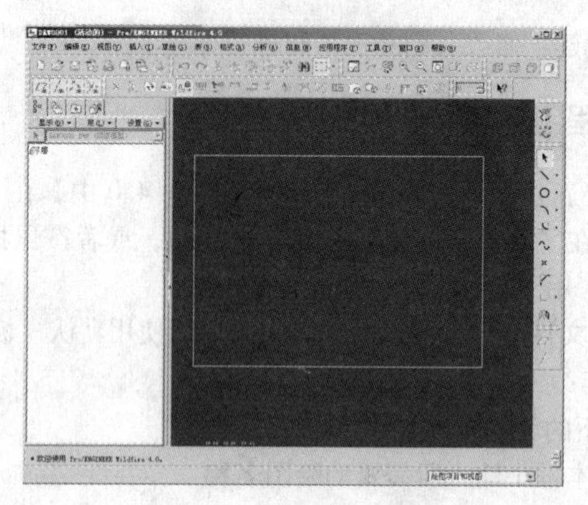

图 7-3　工程图界面

7.2.2　工程图环境的配置

1. 工程图配置文件 prodetail. dtl

Pro/Engineer Wildfire 4.0 的工程图中的许多项目要素（如尺寸高度、文本字型、文本方向、几何公差标准、字体属性、拔模标准、箭头长度等）都是由工程图的设置文件（即 prodetail. dtl 文件）来控制的，在该设置文件中，每个要素对应一个参数选项，系统为这些参数选项赋予了默认值，但用户可修改这些值来进行特殊的定制。

2. 工程图配置方法

在工程图环境中，从下拉菜单中单击“文件”→“属性”，系统弹出“文件属性”菜单（见图 7-4）后，单击其中的“绘图选项”选项，系统弹出“选项”对话框，用于设置绘图选项，如图 7-5 所示。

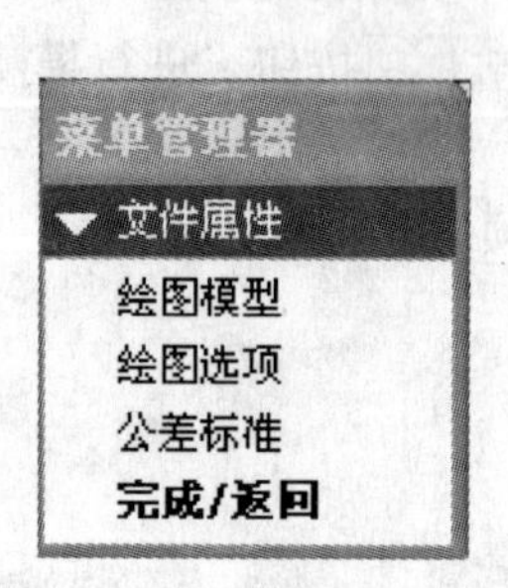

图 7-4　“文件属性”对话框

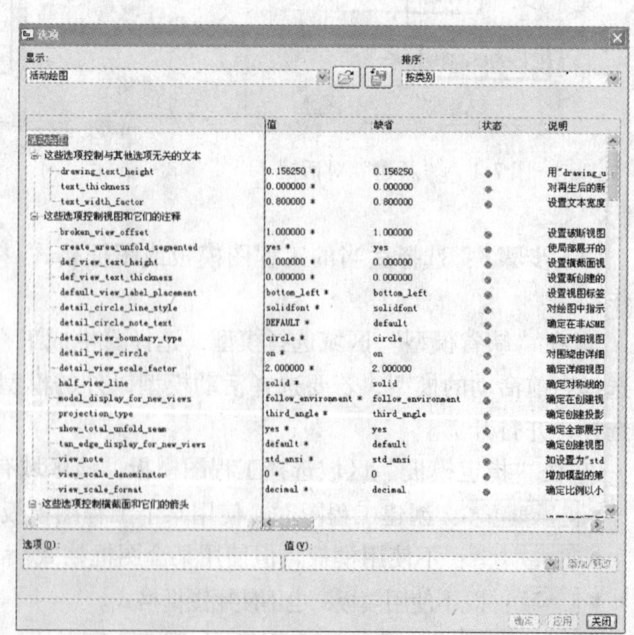

图 7-5　“选项”对话框

根据需要对窗口的相应选项进行设置。以下是几个比较重要的参数设置：

projection_ type　　FIRST_ ANGLE（第一视角投影方式，系统默认为第三视角）

drawing_ units　　mm（绘图单位毫米，系统默认为英制）

drawing_ text_ height　　3.00（字体高度3毫米）

default_ font　　STFANGSO（仿宋体）

prodetail. dtl 文件的系统默认位置为：C：\ Program Files \ proeWildfire 4.0 \ text（这里假设C盘为Pro \ E 的安装盘）。用户也可以将 prodetail. dtl 用 Word 打开进行编辑、保存。

提示：完成工程图配置后，可单击按钮将当前配置保存起来，供以后使用。在硬盘上建立自己的工作目录，将设置好的“prodetail. dtl”文件保存到工作目录下，以后每次开启 Pro/E 会自动采用工作目录下的“prodetail. dtl”设置。

7.3　定义图纸格式

Pro/Engineer Wildfire 4.0 提供了一些常用的图纸格式，但是这些格式不能总是满足用户的个性化需要。为了便于管理和简化操作，用户可以根据自己的需要定义个性化的图纸格式。Pro/Engineer Wildfire 4.0 就提供了将这些标准化的工作一次完成并保存起来的功能，这就是格式模块的功能。

在 Pro/Engineer Wildfire 4.0 中创建图纸格式的方式一共有三种：在格式模块中定义；外部系统导入；使用草绘模块绘制后导入。本节重点讲述在图纸格式模块中定义图纸格式。定义图纸格式的步骤如下。

（1）步骤1：新建图纸格式文件。

① 选择“文件”→“新建”命令，或者直接在工具栏中单击按钮，或者按 Ctrl + N 组合键，系统弹出“新建”对话框，用于新建文件，如图7-6所示。

② 在弹出的“新建”对话框的“类型”区域选择 格式，在“名字”后文本框内输入A4，单击确定按钮，系统弹出现如图7-7所示的“新格式”对话框。

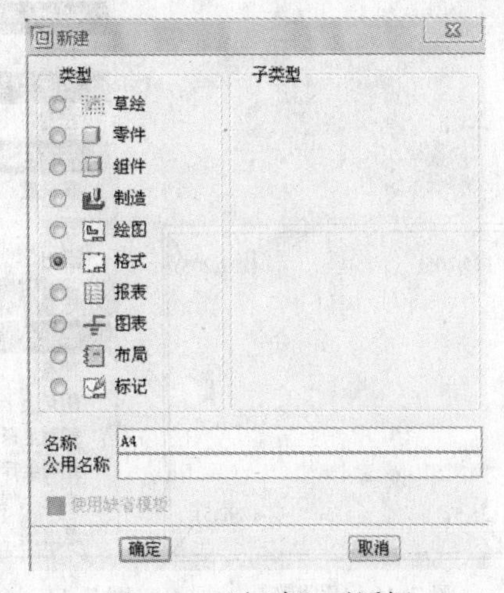

图7-6　“新建”对话框

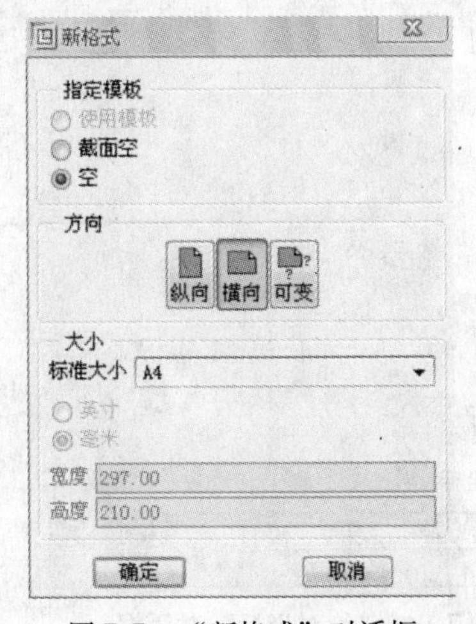

图7-7　“新格式”对话框

③ 在“新格式”窗口中，“指定模板”区域选择，“方向”区域选择，“大小”区域选择 A，单击按钮，进入图纸格式主界面，如图 7-8 所示。

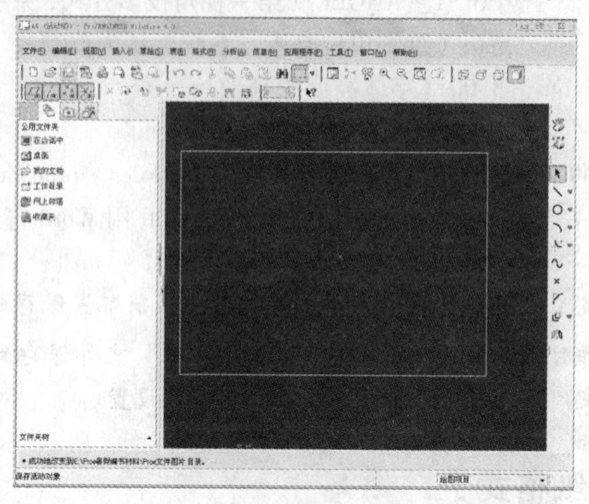

图 7-8　图纸格式主界面

（2）步骤 2：定义图纸格式。

① 绘制图框。

a. 激活草绘工具栏中的“草绘链绘图”命令，选取草绘工具栏上的“直线”命令。

b. 在屏幕绘图区按下鼠标右键不放，在弹出的选单中选取“指定绝对坐标系”命令，系统弹出“绝对坐标”对话框，如图 7-9 所示。

c. 输入第一个图框端点的坐标：(25，5)，如图 7-9 所示，单击完成第一个点。

d. 按上述方法重复输入绝对坐标：(292，5)，(292，205)，(25，205)，(25，5)，完成如图 7-10 所示的图框的绘制。

② 绘制标题栏表格。

a. 选择“表”→“插入”→“表”命令，系统弹出“创建表”菜单管理器，如图 7-11 所示，其中各选项含义如下：

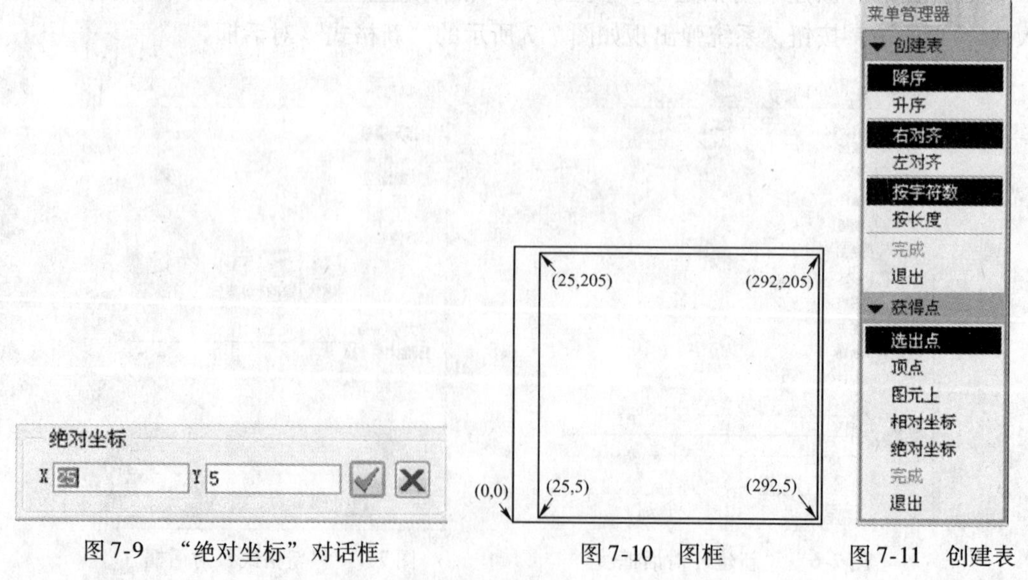

图 7-9　“绝对坐标”对话框　　图 7-10　图框　　图 7-11　创建表

“降序”：表格行向下增加。

“升序”：表格行向上增加。

“右对齐”：表格列向右增加。

“左对齐”：表格列向左增加。

“按字符数”：用字符数和行数来定义表格单元。

“按长度”：用宽度和高度来定义表格单元。

b. 在弹出的“创建表”菜单管理器中，依次选择“升序”→“左对齐”→“按长度”→“顶点”，在界面左下角信息栏中提示“确定表的右下角。”，选择图框的右下角点，如图7-12所示。

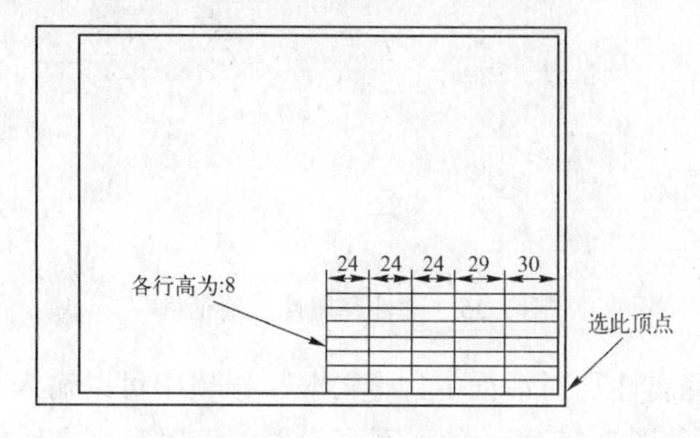

图7-12　创建表格

c. 系统提示输入第一列的宽度“用绘图单位（毫米）输入第一列的宽度[退出]”，输入“30”，单击☑。

d. 系统提示输入下一列的宽度“用绘图单位（毫米）输入下一列的宽度[Done]”，依次输入各列的宽度。28，24，24，24。

e. 完成列宽度的输入后，不用再在“用绘图单位（毫米）输入下一列的宽度[Done]”后的文本框内输入数字，而直接单击后面的☑，以完成列宽度的输入。

f. 系统会提示输入第一行的宽度“用绘图单位（毫米）输入第一行的高度[退出]”，输入“8”，单击☑。

g. 依次输入各行的宽度：8，8，8，8，8，8。

h. 单击☑，完成行宽的输入，生成表格，如图7-12所示。

③ 编辑标题栏表格。如图7-13所示，选择1单元格，按着Ctrl键不放，再单击2单元格，选择“表”→“合并单元格”，完成合并；选择3单元格和4单元格并合并；选择5单元格和6单元格并合并。结果如图7-14所示。

若合并错误，可选中已合并的单元格，再选择“表”→“取消合并单元格”。

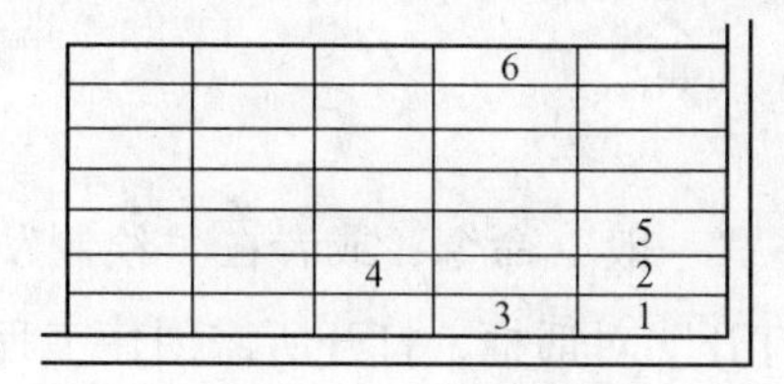

图7-13　合并单元格

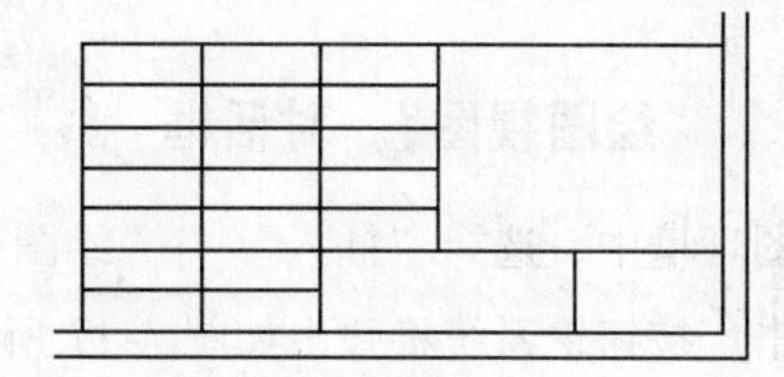

图7-14　合并单元格后

④ 输入文字。

a. 双击所需输入文字的单元格，系统弹出“注释属性”对话框，如图 7-15 所示。

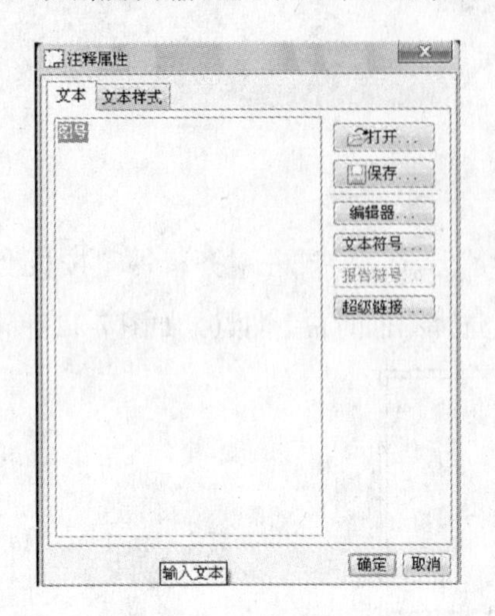

图 7-15 “注释属性”对话框

b. 在弹出的“注释属性”对话框中，“文本”选项中可以输入文字；在“文本样式”选项中可以对文本进行如图 7-15 所示的一系列设置，设置完成之后单击确定，完成文字输入，如图 7-16 所示。

	姓名	日期		
设计				
绘图				
校核				
审定				
材料				图号
比例				

图 7-16 最终标题栏

（3）步骤 3：格式文件的保存。选择“文件”→“保存”，将文件保存，以备后面工程图绘制时调用格式。

7.4 视图的创建

7.4.1 “绘图视图”对话框

在工程图环境中，选择“插入”→“绘图视图”→“一般”命令；或者在“绘制”工具栏中，单击按钮，系统将弹出如图 7-17 所示的“打开”对话框，打开所需创建工程图的三维实体文件，然后在绘图窗口中选择一点放置视图后，系统会弹出如图 7-18 所示的“绘图视图”对话框。

“绘图视图”对话框中，几乎集成了 Pro/Engineer Wildfire 4. 0 中对视图进行设置的所有工具。在“绘图视图”对话框的“类别”区域中，有 8 种不同类型的设计，选择某一种类型后，在对话框右侧的窗口中即可看到相关的参数。这 8 种设计类型分别为：

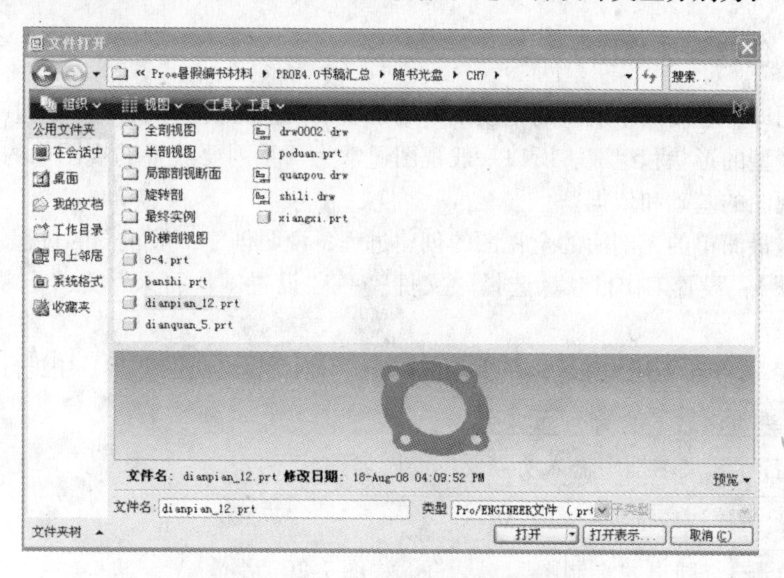

图 7-17　“打开“对话框图

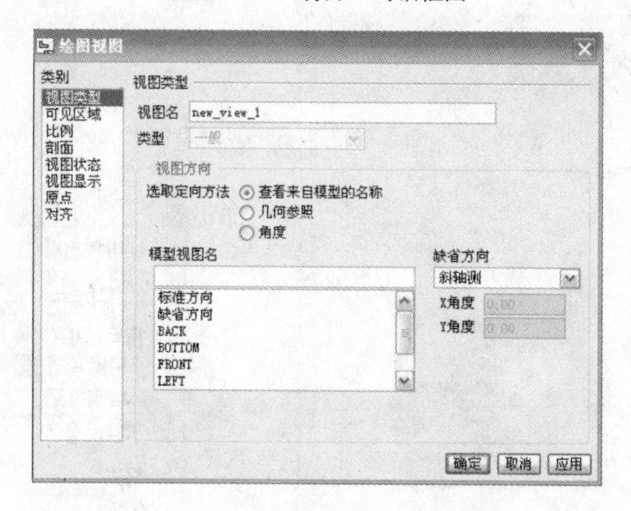

图 7-18　“绘图视图”对话框

（1）视图类型。用于定义所创建视图的名称、类型（一般、投影等）和方向等。

（2）可见区域。定义视图在图纸中所显示的区域，可以选择“全视图”、“半视图”、“局部视图”和“破断视图”四种显示方式，还可以定义在 Z 方向上对视图进行修剪的方式。

（3）比例。定义绘制视图所采用的比例。当采用透视图时，则定义观察距离和视图直径。

（4）剖面。定义视图中有无剖面、及对剖面的选择。

（5）视图状态。定义组件在视图中的显示状态。

（6）视图显示。定义视图元素在视图中的显示情况。

（7）原点。定义视图的原点位置。

(8) 对齐。定义当前编辑视图与已存在视图在图纸中的对齐关系。

创建一个视图时，并不需要将8种类型都进行定义，用户只需要根据实际需要对数个类型进行定义即可。

7.4.2 创建一般视图

一般视图即工程制图中所讲的主视图，用于表示模型的最主要结构，通过一般视图可以直观地看出模型的形状和组成。所以一般视图通常为一系列要放置的视图中的第一个视图，并作为其他视图的基础和依据。

下面通过最简单的无剖面的全视图的创建过程，说明创建一般视图的过程。

(1) 步骤1：设置工作目录。选择“文件”→“设置工作目录”命令，将工作目录设置在所需目录。

(2) 步骤2：单击新建按钮，在弹出的“新建”对话框（见图7-19）中进行以下操作：

① 选择 类型 区域下的为 绘图 。

② 在“名称”文本框中输入所需要的绘图名称。

③ 取消 使用缺省模板 选项中的“√”。

④ 单击 确定 ，弹出“新制图”对话框，如图7-20所示。

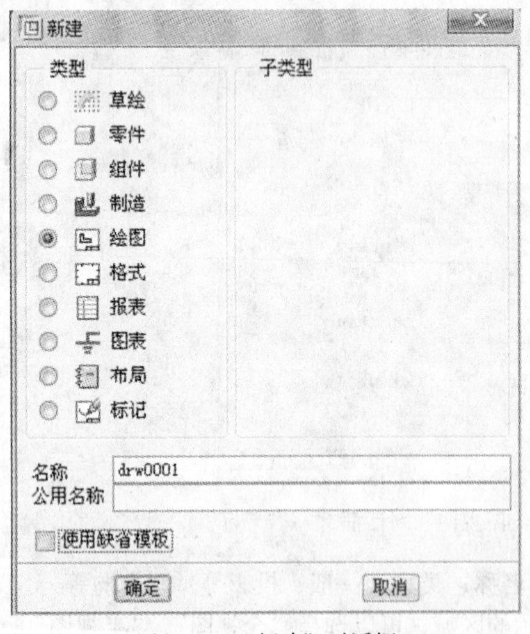

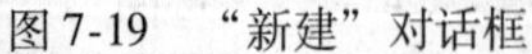
图7-19 “新建”对话框

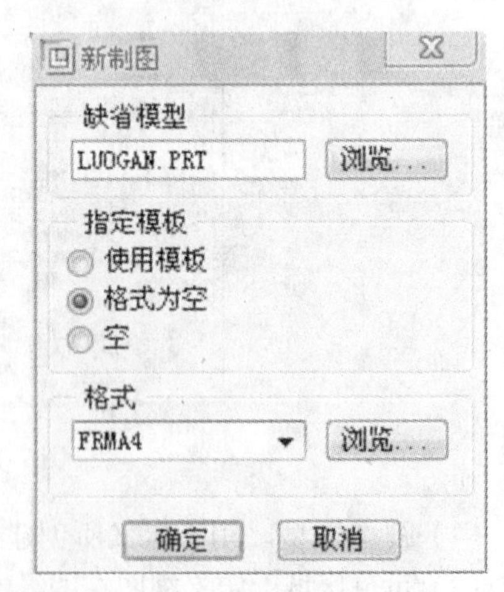

图7-20 “新制图”对话框

(3) 步骤3：在“新制图”对话框中进行以下操作：

① 在“缺省模型”区域，单击 浏览... 按钮，选择需要创建工程图的三维模型文件。

② 在“指定模板”区域选择 格式为空 选项，并在“格式”区域中单击 浏览... 按钮，选择我们在7.3节中所做的frma4图纸格式，进入如图7-21所示的工程绘图环境。

(4) 步骤4：在工程图环境中，选择“插入”→“绘图视图”→“一般”命令；或者在“绘制”工具栏中单击按钮，然后在绘图窗口中选择一点放置视图后，系统会弹出如图7-22所示的“打开”对话框。

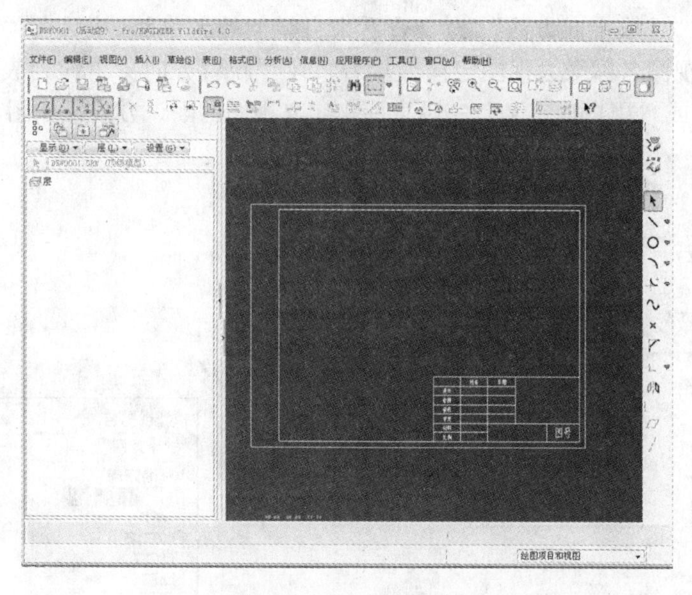

图7-21　工程绘图环境

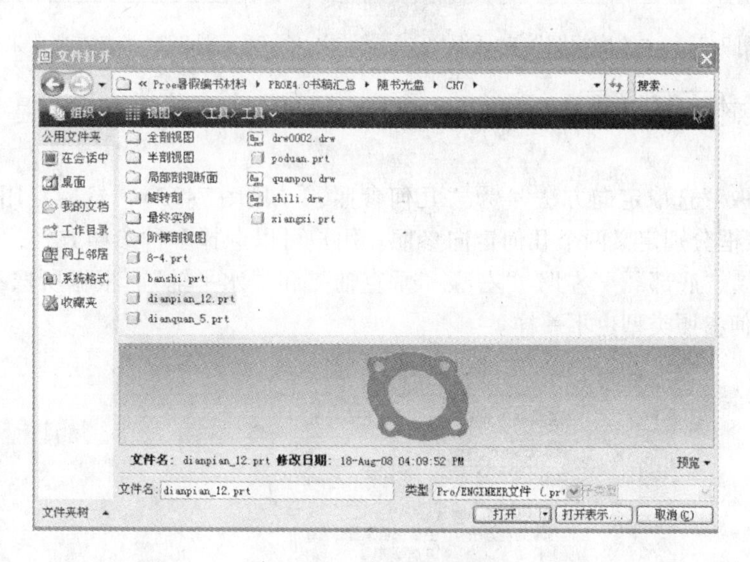

图7-22　“打开“对话框

（5）步骤5：在弹出的“打开”对话框中，选择电子工业出版社华信教育资源网（网址：http://www.hxedu.com.cn）“CH7”中的“dianpian.prt”文件，并在绘图区单击鼠标，系统弹出如图7-23所示的“绘图视图”对话框。

（6）步骤6：在弹出的“绘图视图”对话框中进行以下操作：

① 在“视图名”文本框中输入所需视图名称，也可以直接使用默认的视图名称。

② 在“视图方向”框中，定义视图的定向方法，并采用相应的定向方法为视图定向。系统中提供了三种视图定向方法，分别为：

a. 查看来自模型的名称◎ 查看来自模型的名称。使用系统提供的一组已经命名的方位来为视图定向，这是最简单的定向方法。

首先，选取“选取定向方法”为“查看来自模型的名称”，然后在“模型视图名”列表框中选择一个视图名称来为视图定向，接着，在“缺省方向”下拉列表框中选取“等轴测”、“斜轴测”或“用户自定义”三种之一来定义视图的默认方向，如图 7-24 所示。

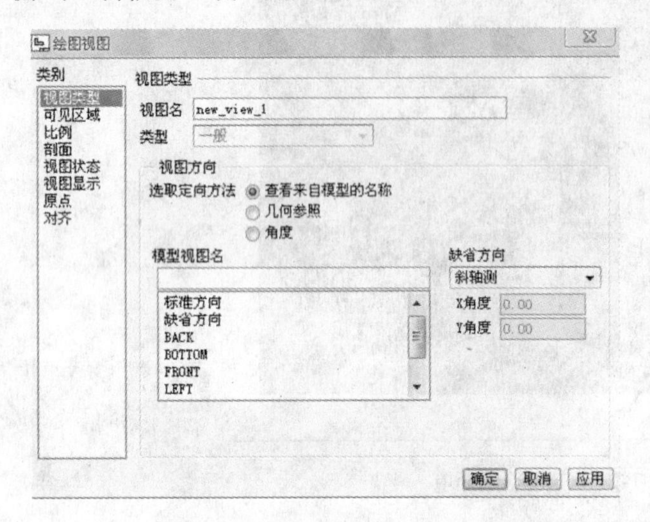

图 7-23 “绘图视图”对话框

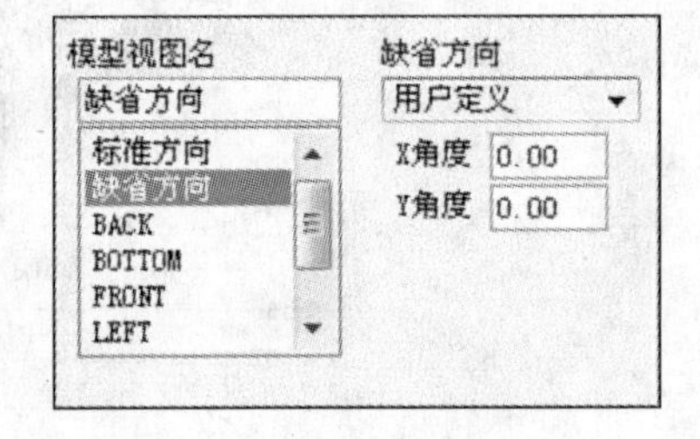

图 7-24 查看那自来模型的名称

b. 几何参照◎ 几何参照。通过选取模型上的几何参照来为视图定向，这是一种常用的定向方式。

首先，选取“选取定向方法”为“几何参照”（见图 7-25），然后利用“参照 1”和“参照 2”列表框分别定义两个几何定向参照。用户可以选择多种参照方式，包括“前面”、“后面”、“顶”、“底部”、“左”、“右”、“垂直轴”和“水平轴”。根据所选参照方式不同，可以使用的几何参照类型也不一样。

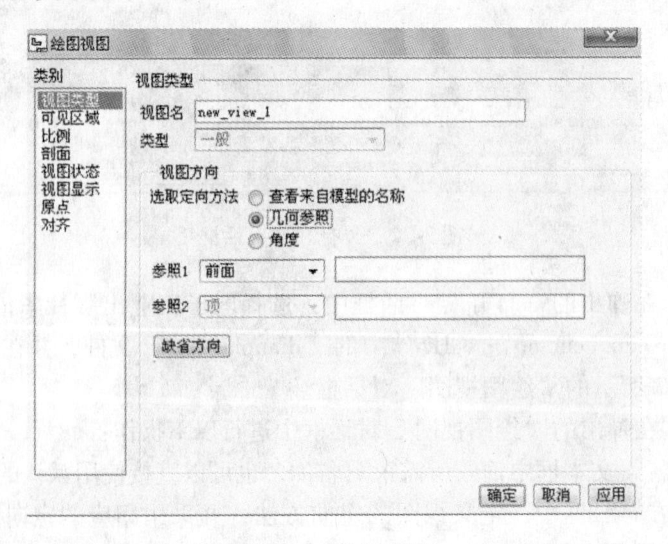

图 7-25 几何参照

c. 角度[◉ 角度]。通过选取参照和旋转角度来为视图定向。

首先，选取“选取定向方法”为“角度”（见图7-26）。在“参照角度”列表中，系统会自动生成一个用于定向的空白参照，用户可以单击[+]按钮和[-]按钮，用于添加或者删除参照角度。Pro/Engineer Wildfire 4.0 提供了四种旋转参照方式，分别为“法向”、“垂直”、“水平”和“边\轴”。用户使用不同的参照方式，从模型中选取几何参照，并指定相应的旋转角度，用于定向。

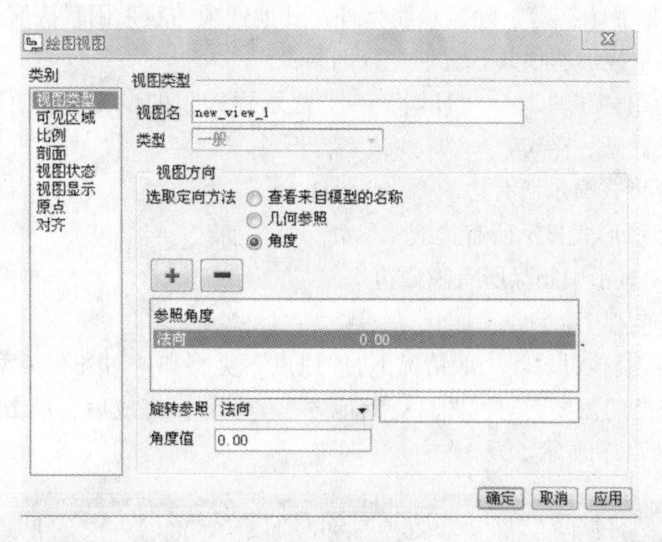

图7-26 角度

在此，我们利用“几何参照”进行定位，操作如下：

① 选取“选取定向方法”为“几何参照”（见图7-25）。

② 选择“参照1”为“前面”，系统进入选择状态，在绘图区选择“FRONT”基准面作为“前面”参照。

③ 选择“参照2”为“顶面”，系统进入选择状态，在绘图区选择“TOP”基准面作为“顶面”参照，完成视图定位，并单击[应用]按钮，如图7-27所示。

图7-27 几何参照的参照选择

（7）步骤7：可见区域设置。在“绘制视图”对话框左侧选择“可见区域”，在右边“视图可见性”选项中选择“全视图”。

（8）步骤8：视图比例选择。选定实体模型和图纸后，系统会根据模型大小及图纸大小自动生成一个默认比例，用户可以选择“页面的缺省比例”选项，使用默认比例；也可以选择“定制比例”选项，在文本框中输入所需要的比例大小。

在“绘制视图”对话框左侧选择“比例”，在右边“比例和透视选择”中选择“定制比例”选项，并设定比例数值为1.0。

(9) 步骤9：剖面设置。在“绘制视图”对话框左侧选择“剖面”，因为该视图无需剖切，在右边“剖面选择”中选择“无剖面”选项。

(10) 步骤10：视图状态设置。因为创建的是单一零件的工程图，并无零件组合，所以该项设置为系统默认选项“无组合状态”。

(11) 步骤11：视图显示方式设置。在“视图显示”类型中用户可以定义“显示线型”、“颜色”、“骨架模型显示”等。除显示线型外，其他选项一般采用默认值。

系统提供的显示线形选项共有五种，分别为：

从动环境：可以使用“工具”→“环境”→“显示样式”的设置，或使用图形窗口中的视图显示样式图标设置显示样式。

线框：以线框形式显示所有边。

隐藏线：以隐藏线形式显示所有边。

无隐藏线：从视图显示中删除所有隐藏边。

着色：显示着色视图。

(12) 步骤12：其他设置。一般情况下，“原点”类型和“对齐”类型都采用默认设置。用户还可以根据自己的需要，对视图进行其他方面的设置。完成后，单击确定按钮，创建一般视图成功，如图7-28所示。

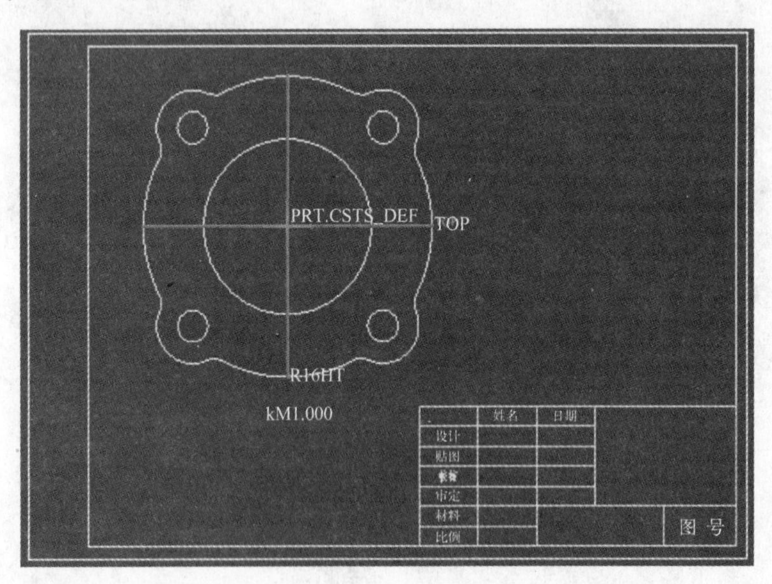

图7-28　一般视图

7.4.3　创建投影视图

投影视图是由某一个已经存在的视图（父视图）经过几何投影得到的，因此，投影视图不能作为工程图中的第一个视图。

投影视图的比例由其父视图决定，不能为投影视图单独指定比例，也不能为投影视图创建透视图。

（1）步骤1：选择父视图。投影视图必须有一个父视图，因此创建投影视图的第一步应该是选择父视图，然后选择“插入”→“绘图视图”→“投影”。

（2）步骤2：选择投影视图并设定其位置。拖移鼠标，在父视图的上、下、左、右都会有相应投影视图出现（黄色矩形框），选择需要的投影视图和位置，单击鼠标，生成投影视图。

（3）步骤3：定义投影视图的各种性质。双击投影视图，弹出“绘图视图”对话框，可以定义投影视图的可见区域、剖面、视图显示方式等，其方法和一般视图基本相同。

7.4.4 创建辅助视图

辅助视图也是一种投影视图，在恰当角度上向选定曲面或轴进行投影。可以用做绘制斜视图、向视图等视图。

下面以图7-29所示的实体模型为例，讲述建立图7-30所示的辅助视图的方法。

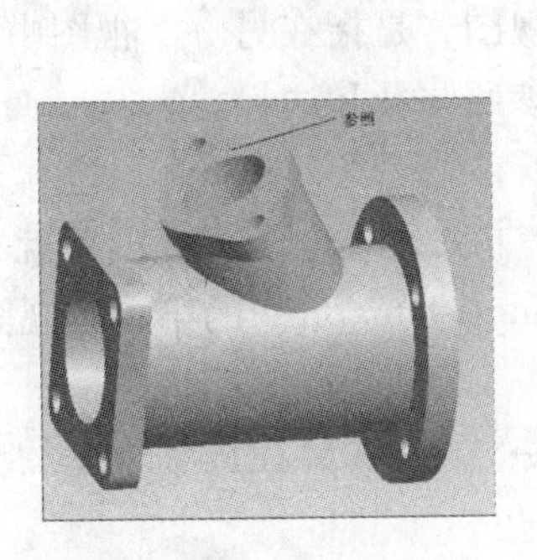

图7-29　实体模型

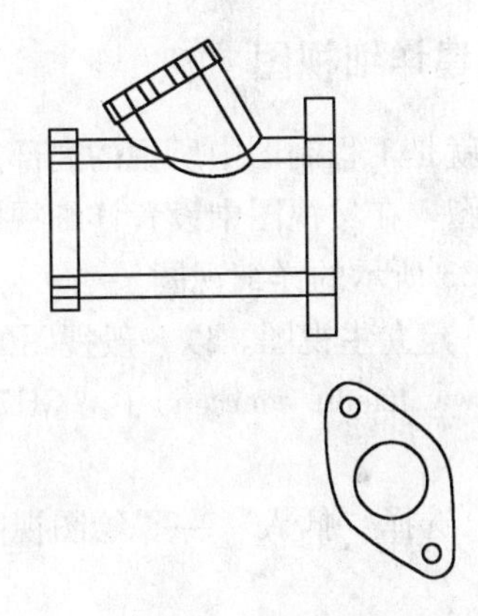

图7-30　辅助视图

（1）步骤1：建立父视图。以一般视图的建立方法建立电子工业出版社华信教育资源网（网址：http://www.hxedu.com.cn）中“CH7 \ fuzhushitu.prt”的第一个视图，如图7-30上方所示。

（2）步骤2：选择辅助视图的参照。辅助视图的方向由所选择的参照来决定。选择图7-29所示的平面作为参照。选择“插入”→“绘图视图”→“辅助”后，系统在消息区显示 ➪在主视图上选取穿过前侧曲面的轴或作为基准曲面的前侧曲面的基准平面。，用户需要在父视图中选择一个参照，以确定辅助视图的方向。

（3）步骤3：定义辅助视图的放置位置。选定参照后，在鼠标上会附着一个矩形框，它随着鼠标的位置而移动，但它只能在由参照决定的直线上沿父视图的中心移动。在合适的位置上单击鼠标，则在该点放置投影视图，如图7-31所示。

（4）步骤4：定义辅助视图的各种性质。将光标放在辅助视图上，双击鼠标，弹出“绘图视图”对话框，在此对话框内设置辅助视图的可见区域、剖面、视图显示方式等，其方法和一般视图基本相同。

在“剖面选项”中，选择“单个零件曲面”选项，并再选择所需留下的曲面，如图7-32所示，完成如图7-30所示的辅助视图。

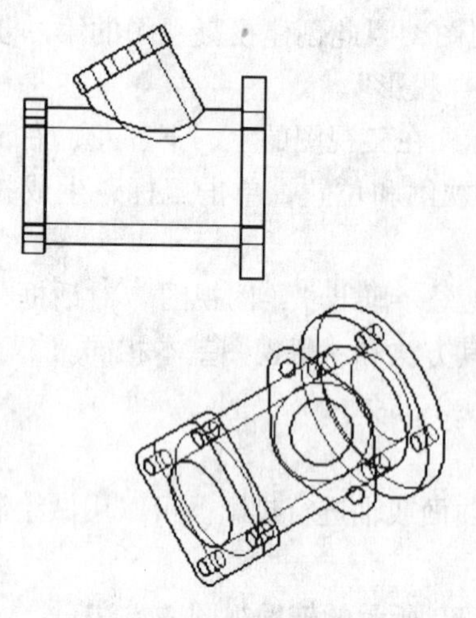

图 7-31　辅助视图 2

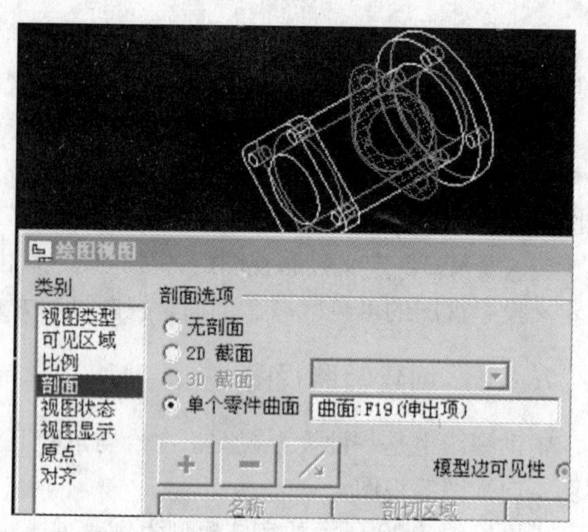

图 7-32　选择单个零件曲面参照

7.4.5　创建详细视图

详细视图也就是工程制图中所说的局部放大视图，是指在另一个视图中放大显示的模型其中一小部分视图。在父视图中设置详细视图的参照注释和边界。

绘制如图 7-33 所示的详细视图。

（1）步骤 1：建立主视图。以一般视图的建立方法建立电子工业出版社华信教育资源网（网址：http://www.hxedu.com.cn）中“CH7 \ xiangxishitu.prt”的第一个视图，如图 7-33左方所示。

（2）步骤 2：选择“插入”→“绘图视图”→“辅助”，在详细视图的父视图中选择视图中心点。

（3）步骤 3：选定视图中心后，草绘样条曲线来定义一轮廓线（见图 7-34），样条曲线草绘完成后，单击鼠标中键，样条曲线自动闭合。

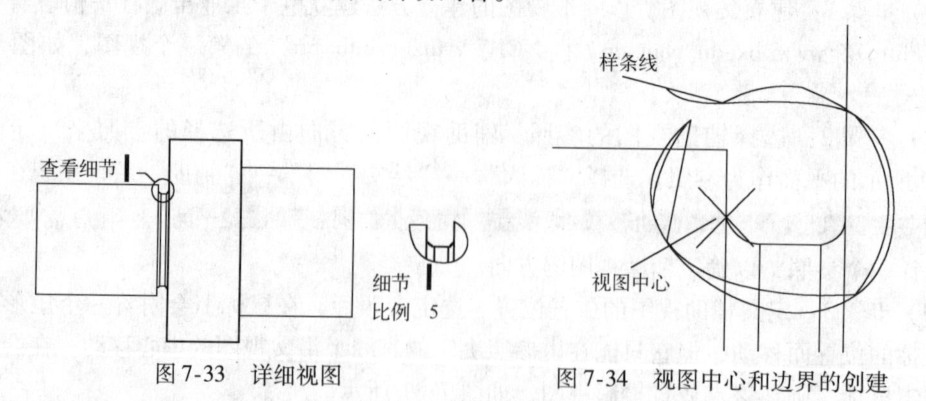

图 7-33　详细视图　　　　图 7-34　视图中心和边界的创建

（4）步骤 4：放置详细视图。在工程图中选择一点，用鼠标单击后，系统即在该点放置详细视图。所创建的详细视图的边界是前面所绘制的样条曲线，而不是父视图中所显示的圆圈。

默认情况下，详细视图的放大比例是其父视图比例的两倍，用户也可以为详细视图重新设置放大比例。

（5）步骤 5：定义详细视图的其他性质。双击“绘图视图”对话框，定义详细视图的其他性质，如前所述。

7.4.6 创建半视图

当零件特征相对于某参考平面对称，可使用半视图来表达。Pro/Engineer Wildfire 4.0 创建半视图是用一个平面切割模型，拭除一部分，显示一部分。切割平面可以是一个平面或一个基准，且在新视图中必须垂直于屏幕。“半视图”命令只对一般、投影和辅助视图有效。

以图 7-35 所示为实体模型，创建如图 7-36 的半视图。创建步骤如下：

(1) 步骤 1：开始创建半视图。新建“绘图”文件，并选择附盘中“CH7 \ banshi. prt"实体文件进行工程图创建。

在“绘图视图”对话框中选中“可见区域”类型，在“视图可见性”下拉列表框中选择“半视图”选项，如图 7-37 所示。

图 7-35 实体模型

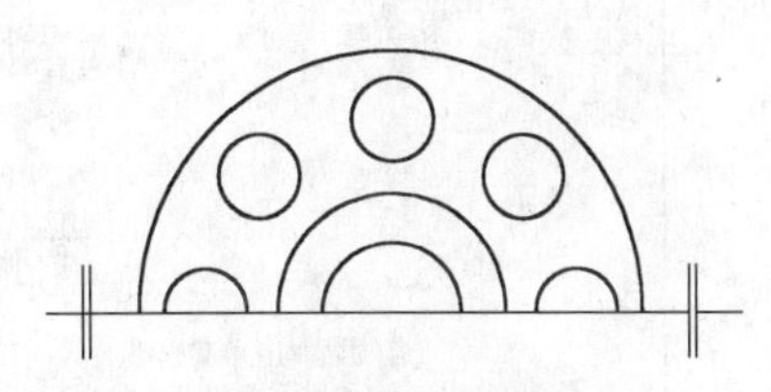

图 7-36 半视图

(2) 步骤 2：选择分割平面和保留方向。从视图中选择几何平面或者基准平面，作为视图的分割平面。选中后，系统自动生成一个保留方向，在图形窗口中用红色箭头表示，如图 7-38 所示。保留方向表示生成的半视图中所保留的部分，如果要调整保留方向，请单击按钮。

单击确定按钮，生成半视图，如图 7-36 所示。

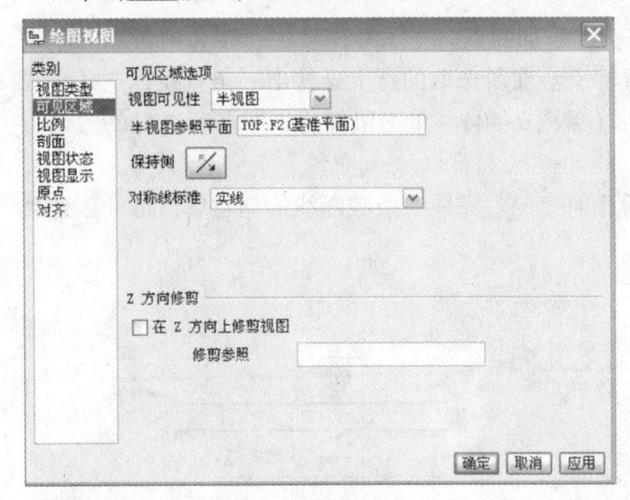

图 7-37 创建半视图

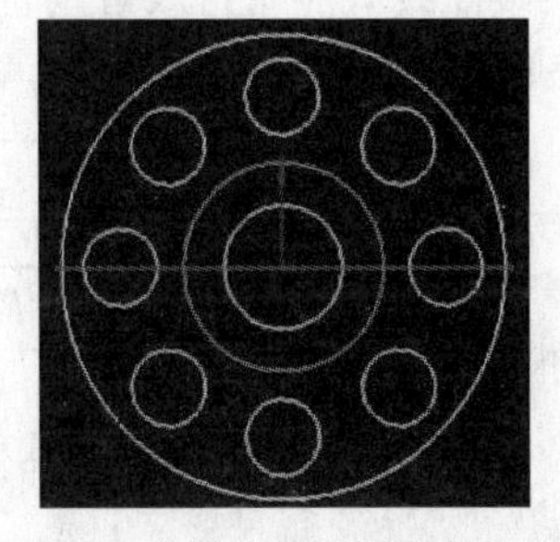

图 7-38 选择分割平面和保留方向

7.4.7 创建局部视图

局部视图显示封闭边界内的模型视图的一部分。显示该边界内的几何，而删除其外的几何。局部视图和详细视图非常相似，它们的主要不同点在于：详细视图是对父视图中某一部分的放大，而局部视图是只显示某一部分。局部视图创建过程和详细视图的创建过程基本相同，在此不再赘述。

7.4.8 创建破断视图

下面以 poduan. prt 零件模型为例，说明创建破断视图的一般过程：

（1）步骤1：开始创建破断视图。新建“绘图”文件，并选择电子工业出版社华信教育资源网（网址：http://www. hxedu. com. cn）中“CH7 \ poduan. prt”实体文件进行工程图创建。

在“绘图视图”对话框中选中“可见区域”类型，在“视图可见性”下拉列表框中选择“破断视图”选项，如图 7-39 所示。

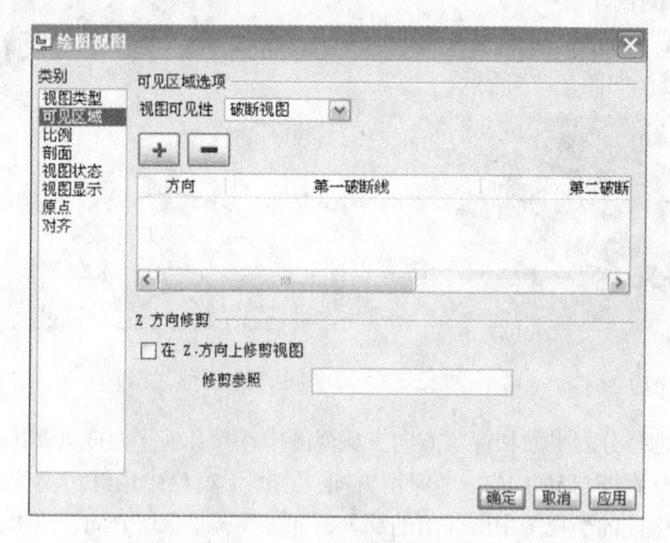

图 7-39 创建破断视图

（2）步骤2：定义破断线。单击 + 按钮，添加断点。在图形窗口中，在几何参照上选取一个点来定义破断线。选取点后，移动鼠标，会在所选取的点上延伸出一条直线，这条直线随鼠标移动，表示要创建的破断线的方向（见图 7-40）。单击鼠标后，即在所选择的方向上创建一条破断线，如图 7-41 所示。

破断线只能平行或者垂直于所选择的几何参照。完成一条破断线的创建后，继续创建第二条破断线。

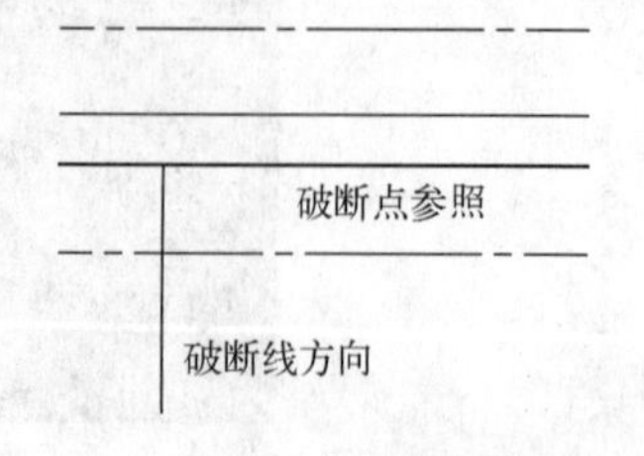

图 7-40 定义断点、破断线的方向

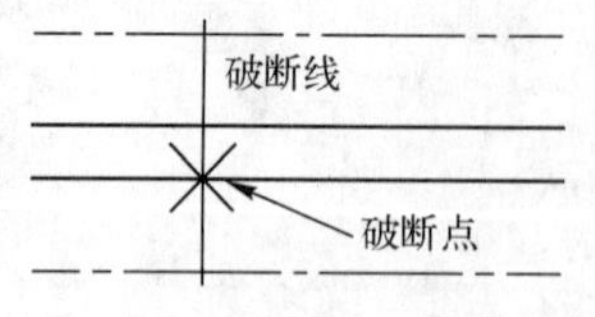

图 7-41 完成的破断线

（3）步骤3：完成破断视图。完成两条破断线的创建后，用户可以选择破断线的样式，系统提供了六种破断线的样式供用户选择，分别是：“直”、“草绘”、“视图轮廓上的 S 曲线”、“几何上的 S 曲线”、“视图轮廓上的心电图形”和“几何上的心电图形”，如图 7-42

所示。选择“几何上的S曲线”并单击[确定]按钮，生成破断视图，如图7-43所示。

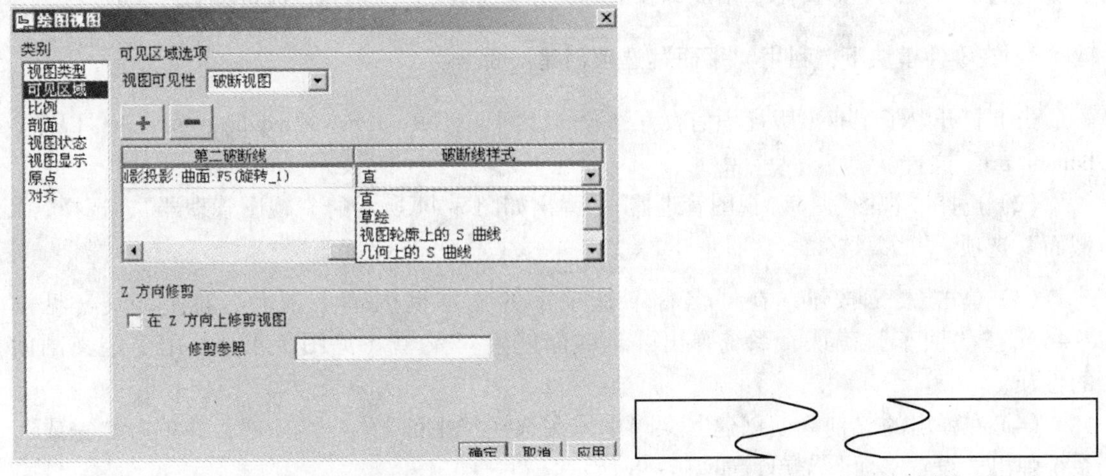

图7-42　破断线样式选择　　　　图7-43　生成的破断视图

7.5　剖视图的创建

剖视是一种表达零件的方法，通过将零件剖开的方法显示模型的内部结构。创建剖视图时，可以使用假想的剖切切开零件，移去观察者和剖切面间的零件部分，而将剩余的部分通过投影的方法来获得剖视图。

7.5.1　创建剖面

在创建剖视图之前必须创建剖面。创建剖面的方法有两种：一是在零件或组建模式下选择“视图”→“视图管理器”，弹出“视图管理器”对话框，如图7-44所示。二是在创建工程图时利用“草绘视图”中的“剖面”选项来创建剖面，如图7-45所示。两种方法类似。

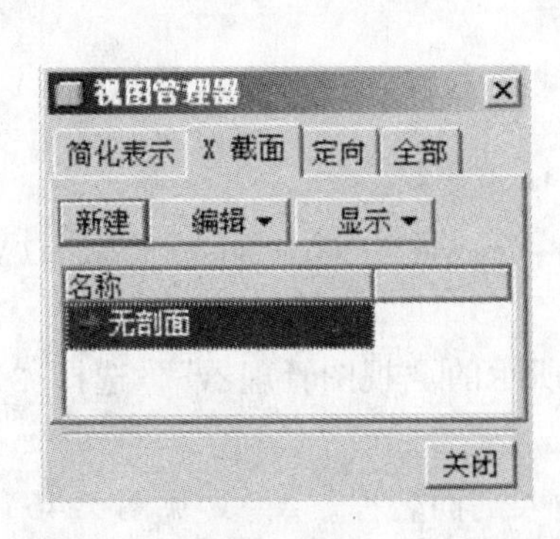

图7-44　“视图管理器”中创建剖面

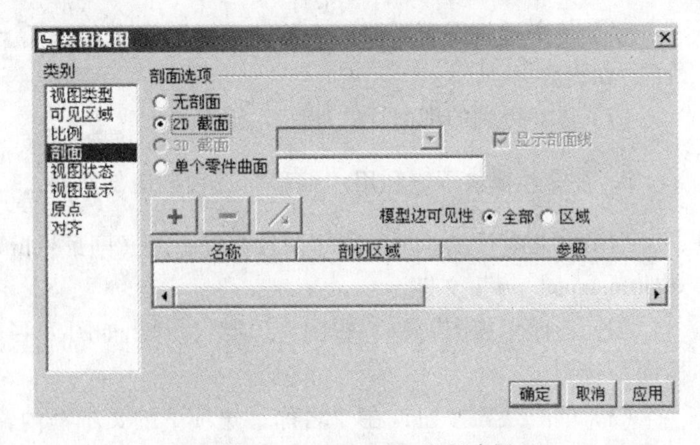

图7-45　“绘图视图”中创建剖面

提示：在零件模式下创建剖面要比在工程图中创建更加方便，尤其是比较复杂的

剖面（如旋转剖视图、阶梯剖视图中的剖面）。因此，在创建工程图时，应事先想好对该零件如何剖切，并做好剖面。在生成工程图时，直接选择已有的剖面对零件进行剖切。

1. 在零件模块下，利用“平面”选项创建剖面

（1）打开电子工业出版社华信教育资源网（网址：http://www.hxedu.com.cn）“CH7\banshi.prt”文件。

（2）选择“视图”→“视图管理器”，弹出如图7-44所示的“视图管理器”，选择“X截面”选项。

（3）单击新建按钮，在“名称”选项下的文本框内输入剖面名称“A”（见图7-46），按“回车”确认，系统弹出“剖截面创建”菜单（见图7-47），用于定义剖面的性质。

（4）在弹出的“剖截面创建”菜单中依次选择“平面”→“单一”，并单击“完成”，系统弹出“设置平面”菜单，如图7-48所示。

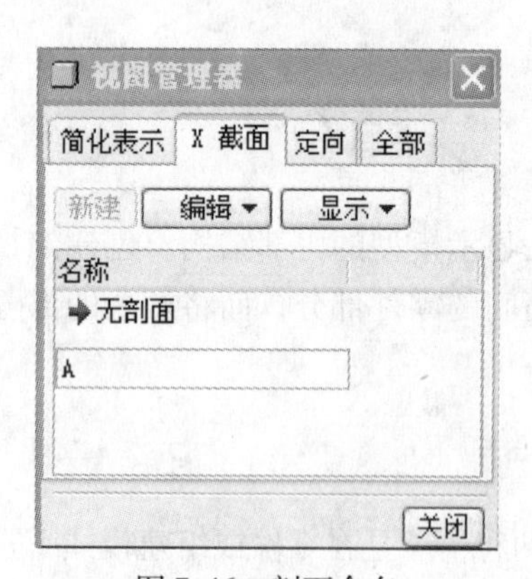

图7-46　剖面命名

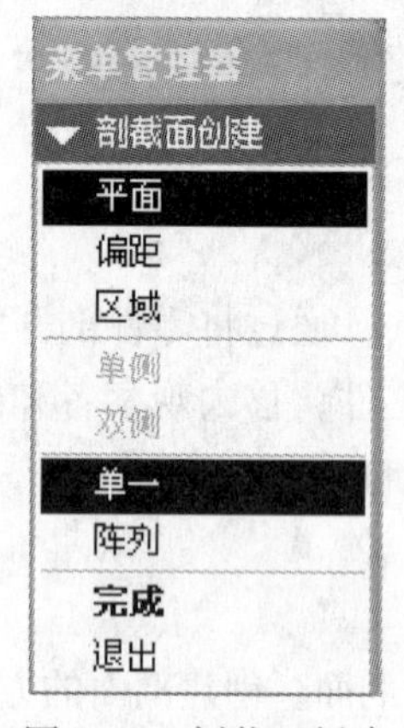

图7-47　剖截面创建

图7-48　设置平面

（5）在绘图器选择“TOP”基准面，剖面创建完成。

（6）单击“视图管理器”中的“显示”选项的三角，并在弹出的菜单中勾选“可见性”，如图7-49所示。

（7）最终得到的剖面样式如图7-50所示。

2. 在零件模块下，利用“偏移”选项创建剖面

（1）打开电子工业出版社华信教育资源网（网址：http://www.hxedu.com.cn）“CH7\xuanzhuanpou.prt”文件。

（2）选择“视图”→“视图管理器”，弹出如图7-44所示的“视图管理器”，选择“X截面”选项。

（3）单击新建按钮，在“名称”选项下的文本框内输入剖面名称“A”（见图7-46），按“回车”确认，系统弹出“剖截面创建”菜单（见图7-51），用于定义剖面的性质。

（4）在弹出的“剖截面创建”菜单中依次选择“偏移”→“单侧”→“单一”（见图7-51），并单击“完成”，系统的弹出“设置草绘平面”菜单，如图7-52所示。

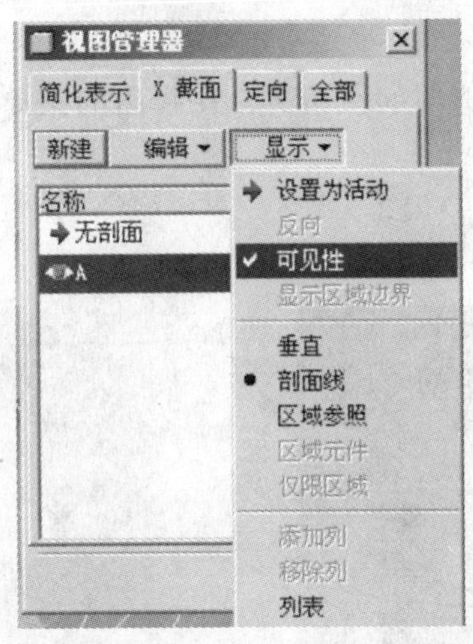

图 7-49 设置剖面可见性

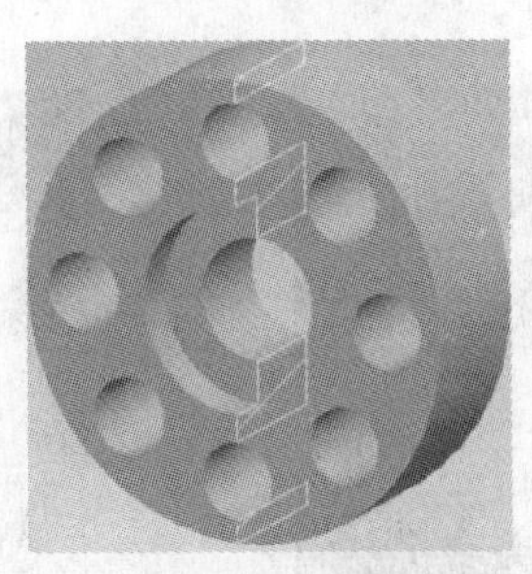

图 7-50 最终剖面效果

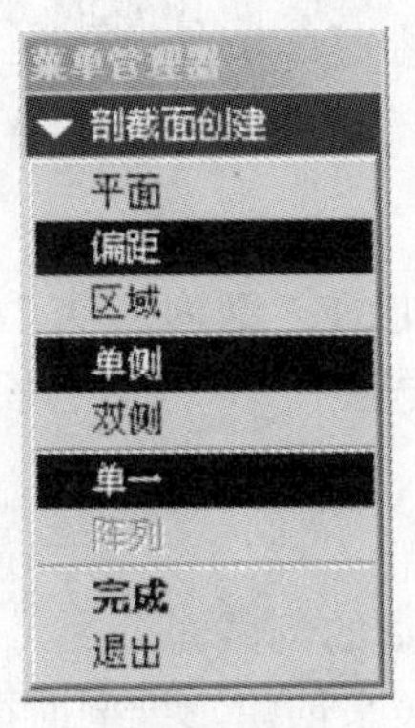

图 7-51 “剖截面创建”菜单

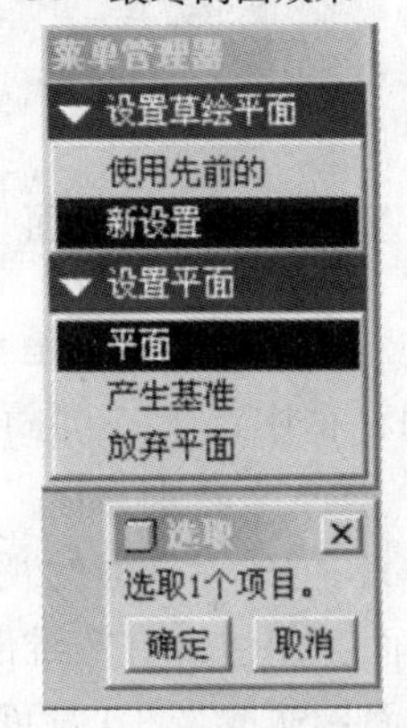

图 7-52 “设置草绘平面”菜单

(5) 在绘图器中选择“FRONT”基准面，绘图区出现的红色箭头为草绘平面的方向(见图 7-53)。在“设置草绘平面”菜单（见图 7-54）中单击“反向”选项，使红色箭头指向实体内部，再单击“正向”，完成草绘平面方向设置。此时“设置草绘平面”变成如图 7-55所示。

(6) 单击图 7-55 所示菜单中的“缺省”选项，系统进入平面草绘状态，如图 7-56 所示。

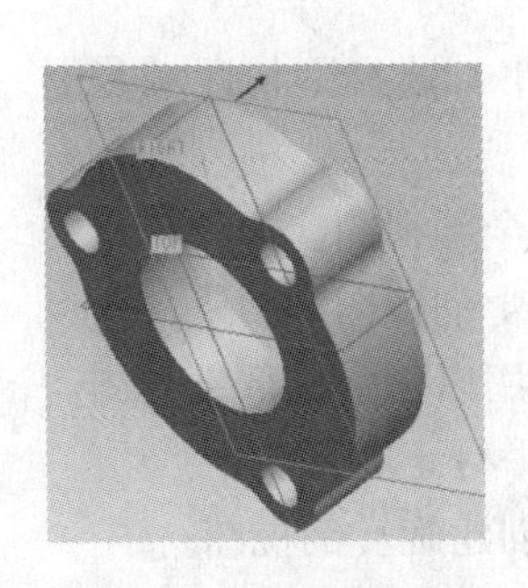

图 7-53 草绘平面方向

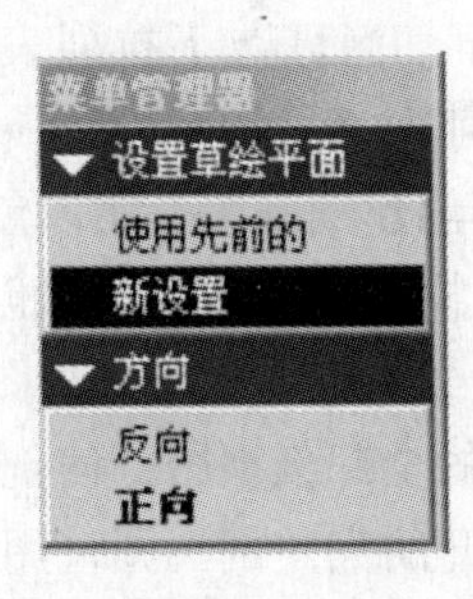

图 7-54 设置草绘平面方向

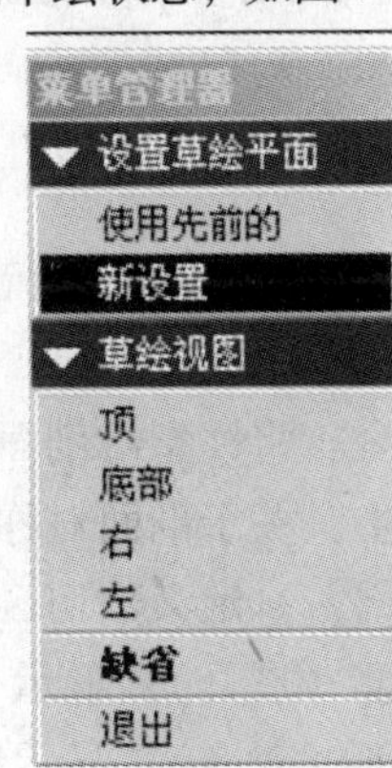

图 7-55 设置草绘平面参照

（7）完成如图 7-57 所示的草图。

（8）单击“视图管理器”中的“显示”选项的三角▾，在弹出的菜单中勾选“可见性”，如图 7-49 所示。

（9）最终得到的剖面样式如图 7-58 所示。

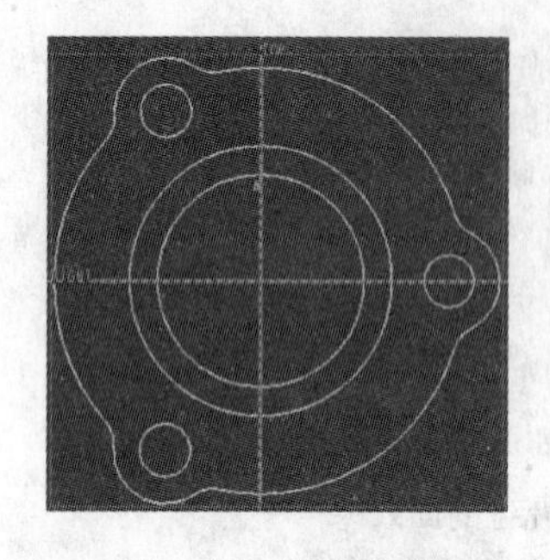

图 7-56　进入草绘

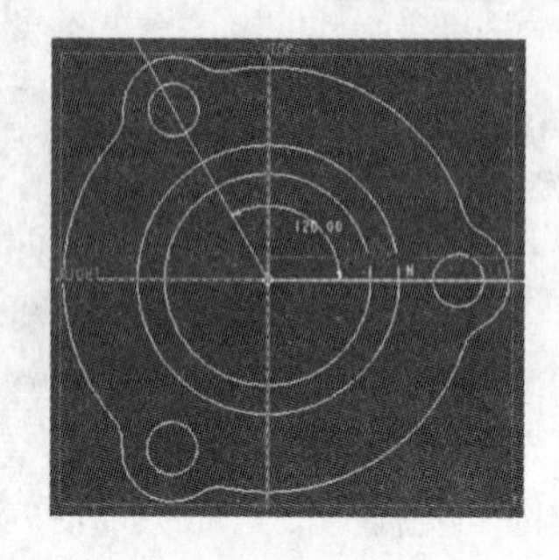

图 7-57　草绘平面

图 7-58　剖面最终效果

3. 在工程图模式下创建剖面

在工程图模式下创建剖面是在“绘图视图”对话框中的“剖面”类型中进行的。在“绘图视图”对话框中选中“剖面”类型后，选择“剖面选项”。“剖面选项”分组框中包括了 4 种选项，其含义分别为：

（1）无剖面：创建无剖面的视图，系统默认为该项。

（2）2D 截面：创建带有二维剖面的视图，需要定义合适的剖截面。

（3）3D 截面：选取带 3D 截面的视图或者区域作为参照来创建二维剖面视图。

（4）单个零件曲面：在视图中以剖面形式显示某一曲面，需要选取实体曲面或者基准面作为参照。

可以使用 2D 截面、3D 截面和零件曲面作为剖面，但使用最多的还是 2D 截面。

工程图模式下创建 2D 截面与在零件模式下创建方法类似，不在赘述。

7.5.2　剖面参数设置

1. 设置剖切区域

在“草绘视图”中“剖面”的“剖切区域”下拉列表框中，选择剖切区域范围，系统提供了五种选项，见图 7-59 所示，分别是：

（1）完全：将模型沿剖面全部剖切创建剖视图，用以创建全剖视图。

（2）一半：关于剖面对称，只剖切模型的一半，用以创建半剖视图。

（3）局部：自定义剖切区域，在局部范围内创建剖视图，用以创建局部剖视图。

（4）全部（展开）：显示一个展开的全部剖视图，使剖面平行于屏幕。

（5）全部（对齐）：显示绕某轴展开的完整剖视图，用以创建旋转剖视图。

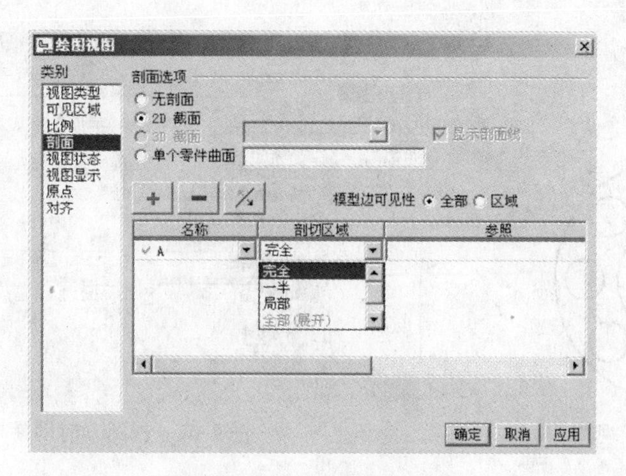

图 7-59　剖切区域

2. 设置剖切区域边的可见性。

如图 7-59 所示，在 2D 截面列表框的右上侧可以定义剖切面上的模型边的可见性，系统提供了两个选项：

（1）全部：按照投影关系显示剖面后的模型边线以及剖面边线。

（2）区域：仅显示剖面边线，不显示剖面后的模型边线。

3. 显示箭头

在所创建截面的某个投影方向上，可以使用箭头来显示剖面位置。具体做法是：单击“箭头显示”文本框，然后选择某一个投影方向上的视图，则在所选择的视图内自动用箭头和线显示剖面位置。

4. 参照

在创建半剖视图或是旋转视图等时，参照用以选择相应的对称平面或旋转轴线等。

5. 边界

在创建半剖视图时，选择需要剖视的一侧（拾取侧），或创建局部剖视图时，用来创建剖切的范围边界。

7.5.3　创建全剖视图

（1）步骤 1：用 7.4.2 节中所讲的创建一般视图的方法，创建电子工业出版社华信教育资源网（网址：http://www.hxedu.com.cn）中的“CH7 \ banshi.prt”文件的一般视图，如图 7-60 所示。

说明：在创建一般视图时，“视图类型”中的“视图方向”按如图 7-61 所示的方式进行设置。

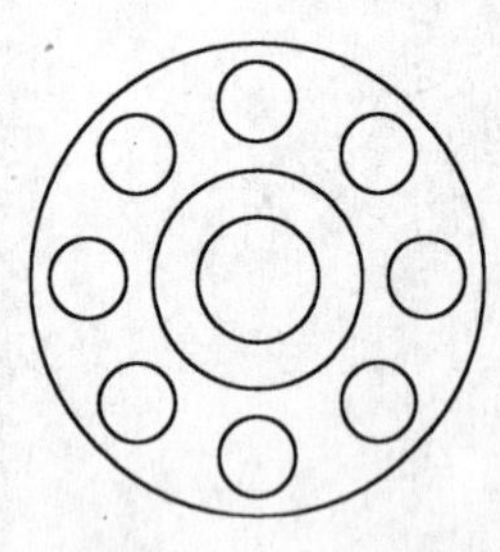

图 7-60　一般视图

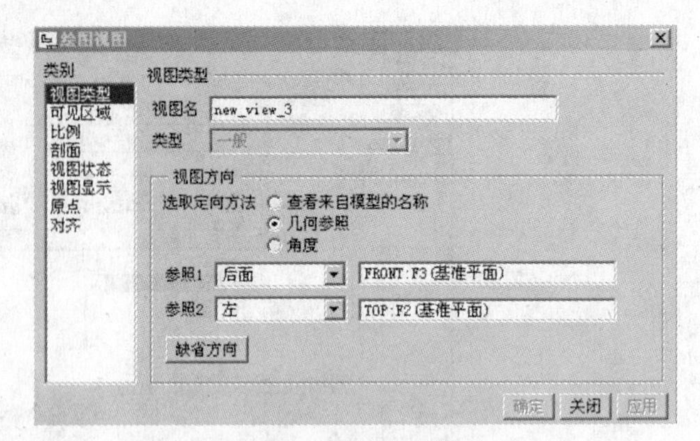

图 7-61　视图方向设置

(2) 步骤2：选择“插入”→“草绘视图”→“投影”命令，在一般视图左侧单击鼠标，生成投影视图。

(3) 步骤3：剖面设置。

① 双击投影视图，弹出“绘图视图”对话框，选择“剖面”，在“剖面选项”中选择 2D 截面，单击 + 按钮，选择已创建好的剖面 A。

② 在“剖切区域”选择“完整”。

③ 单击“箭头显示”下的文本框，再在绘图区单击“一般视图”，生成剖面位置与箭头。最终生成如图 7-62 所示的工程图。

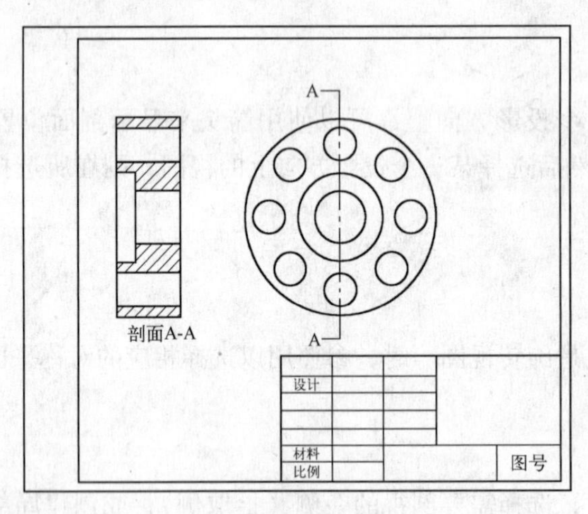

图 7-62　工程图

7.5.4　创建半剖视图

步骤 1 和步骤 2 与 7.5.3 节创建全剖视图完全相同。

步骤 3：剖面设置。

① 双击投影视图，弹出“绘图视图”对话框，选择“剖面”，在“剖面选项”中选择 2D 截面，单击 + 按钮，选择或者新建剖面。在此，选择已创建好的剖面 A。

② 在“剖切区域”选择“一半”，此时下面信息栏提示 为半截面创建选取参照平面。，同时“参照”下文本框 选取平面 被激活。

③ 在绘图区选择“RIGHT”基准面，此时下面信息栏提示[⇨拾取侧]，同时“边界”下文本框[拾取侧]被激活，在“RIGHT”基准面之上单击鼠标。

④ 单击“箭头显示”下的文本框，再在绘图区单击“一般视图”，生成剖面位置与箭头。最终生成如图7-63所示的工程图。

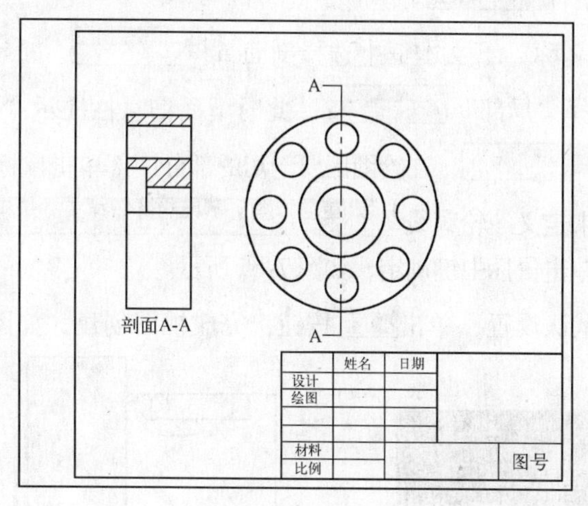

图 7-63　工程图

7.5.5　创建阶梯剖视图

打开电子工业出版社华信教育资源网（网址：http://www. hxedu. com. cn）中的“CH7\阶梯剖\jietipou. prt”文件，创建阶梯剖视图。

阶梯剖视图的创建方法与全剖视图类似，不同的只是剖面是多个平行剖面组合而成。阶梯剖视图的剖面可利用“偏移”来创建，在此不再赘述，读者可自行练习。

7.5.6　创建局部剖视图

(1) 步骤1：新建“绘图”文件，进入绘图环境。

(2) 步骤2：选择“插入”→“绘图视图”→“一般”命令，在弹出的“打开”对话框中选择附盘文件“CH7\局部剖视断面\jbpdm. prt”，并在绘图区适当位置单击鼠标。

(3) 步骤3：在弹出的“绘图视图对话框”中进行如下设置。

①“视图类型”：“视图名”选择“缺省”；“视图方向”中，“参照1”选择“前面”、“TOP”基准面，“参照2”选择“顶”、“FRONT”基准平面，如图7-64所示。

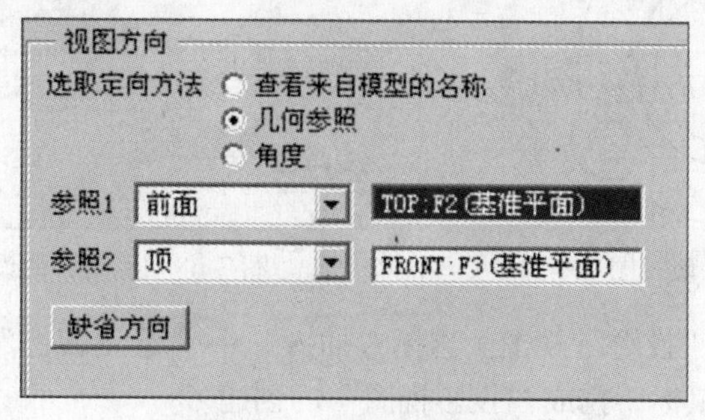

图 7-64　视图类型设置

②“可见区域”：“视图可见性”选择“全视图” 视图可见性 全视图。

③“比例”：“比例和透视选项”选择 页面的缺省比例 (2.000)。

④“剖面”：选择如下：

a.“剖面选项”选择 2D 截面。

b. 单击，在“名称”下文本框中选择剖面 A 名称 A。

c.“剖切区域”选择“局部” 剖切区域 局部，此时下面信息栏提示“选取截面间断的中心点<A>” 选取截面间断的中心点< A >。，在绘图区要剖切的部分中部单击鼠标，信息栏提示“草绘样条，不相交其他样条，来定义一轮廓线” 草绘样条，不相交其它样条，来定义一轮廓线。，将要剖切的部分用样条线圈起，单击鼠标中键确定，如图 7-65 所示。

⑤ 其余选择全为默认设置，单击 确定 按钮，完成视图创建，如图 7-66 所示。

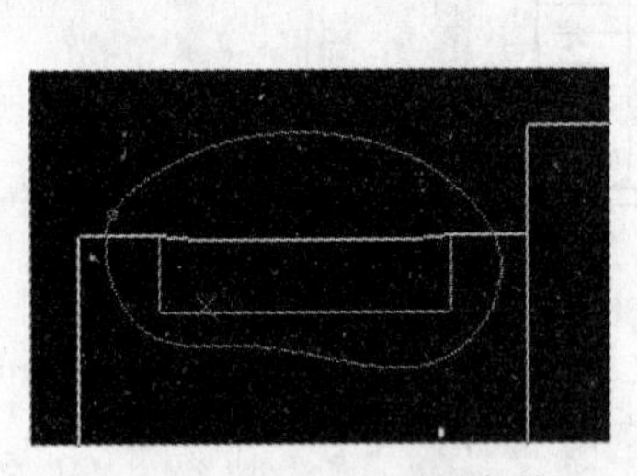

图 7-65　中心点及样条线

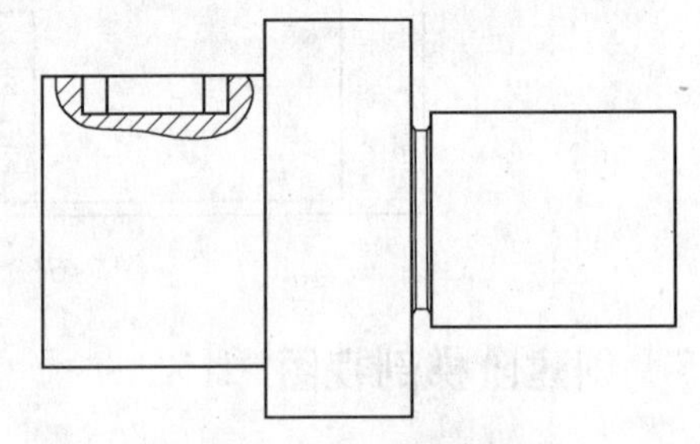

图 7-66　局部剖视图

7.5.7　创建旋转剖视图

(1) 步骤 1：新建“绘图”文件，进入绘图环境。

(2) 步骤 2：选择“插入”→“绘图视图”→“一般”命令，在弹出的“打开”对话框中选择电子工业出版社华信教育资源网（网址：http://www.hxedu.com.cn）文件“CH7\旋转剖\xuanzhuanpou.prt”，并在绘图区适当位置单击鼠标。

(3) 步骤 3：绘制如图 7-67 所示的“一般视图”。在“视图类型”的“视图方向”选项中按图 7-67 所示设置。其他选项默认设置。

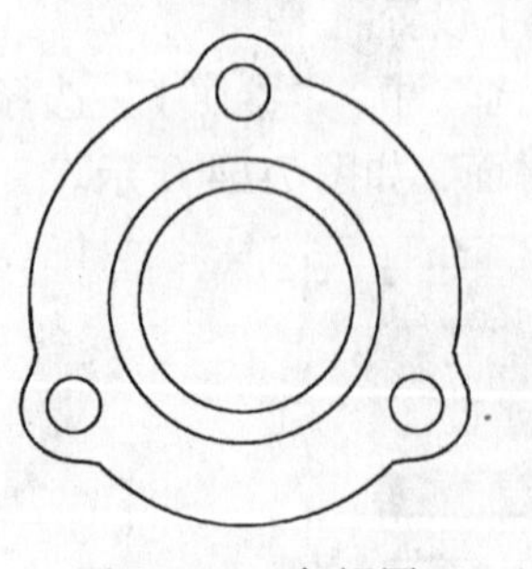

图 7-67　一般视图

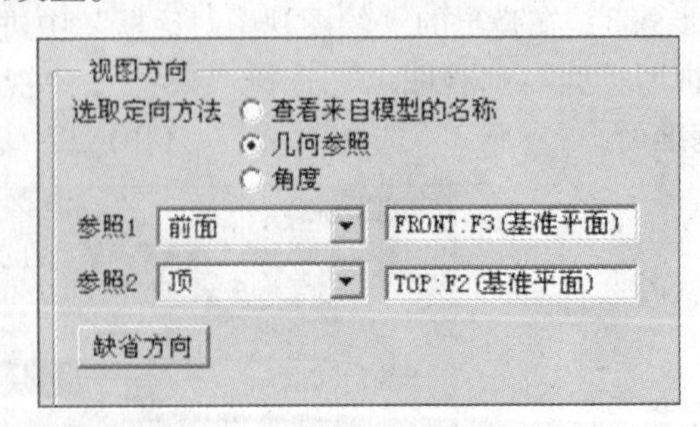

图 7-68　视图方向设置

(4) 步骤 4：绘制“投影”视图。选择“插入”→“绘图视图”→“投影”命令，在“一般视图”左侧单击鼠标，完成“投影视图”的创建。

(5) 步骤 5：修改“投影”视图为旋转剖视图。双击“投影”视图，在弹出的“绘图视图”对话框中进行如下设置：

①“剖面”。

a. “剖面选项”选择 ⊙ 2D 截面 。

b. 单击 + ，在“名称”下文本框中选择剖面 A 名称 A 。

c. “剖切区域”选择“全部（对齐）”，此时下面信息栏提示“选取轴（在轴线上选取）” ⇨选取轴（在轴线上选取）。，在绘图区选择旋转中心轴（剖面 A 的交线）。

d. 单击“箭头显示”下对话框，激活“箭头显示”，在绘图区单击“一般视图”，生成剖面位置和投影方向箭头。

②“视图显示”：“显示线框”选项选择“无隐藏线” 显示线型 无隐藏线 。

③“绘图视图”对话框中的其他选项按默认设置。单击 确定 按钮，完成视图创建，如图 7-69 所示。

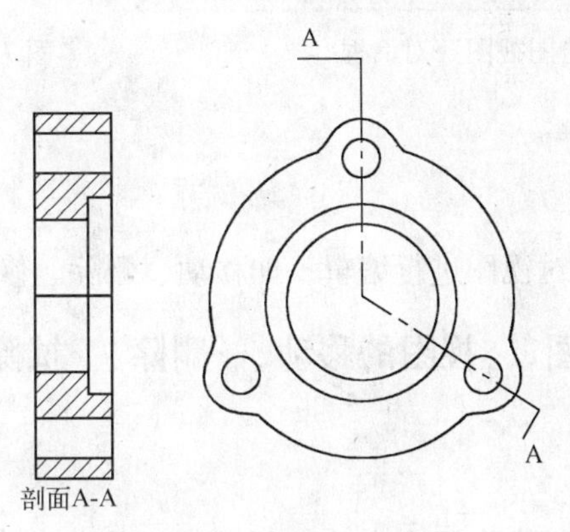

图 7-69　旋转剖视图

7.5.8　创建断面图（旋转视图）

旋转视图是现有视图的一个断面，它绕切割平面投影旋转 90°，用于显示剖开后的模型截面。旋转视图和剖视图的不同点在于：它包括了一条标记视图旋转轴的线，旋转视图只能沿旋转轴平行移动。

创建过程如下：

（1）步骤 1：打开电子工业出版社华信教育资源网（网址：http://www.hxedu.com.cn）文件“CH7\局部剖视断面\jbps.drw”。

（2）步骤 2：“插入”→“绘图视图”→“旋转”命令，下面信息栏提示“选取旋转界面的父视图” ⇨选取旋转界面的父视图。。

（3）步骤 3：单击“一般视图”，使其作为“旋转视图”的父视图，下面信息栏提示“选取绘制视图的中心点” ⇨选取绘制视图的中心点。。

（4）步骤 4：在“一般视图”上方单击鼠标，以确定“旋转视图”的放置位置，系统弹出“绘图视图”对话框，如图 7-70 所示。

（5）步骤 5：在“绘图视图”对话框中进行如下设置：

①“视图类型”：“旋转视图属性”→“截面”旋转剖面 B，如图 7-70 所示。

② 其余选项按默认设置。

单击[确定]按钮，完成视图创建，如图 7-71 所示。

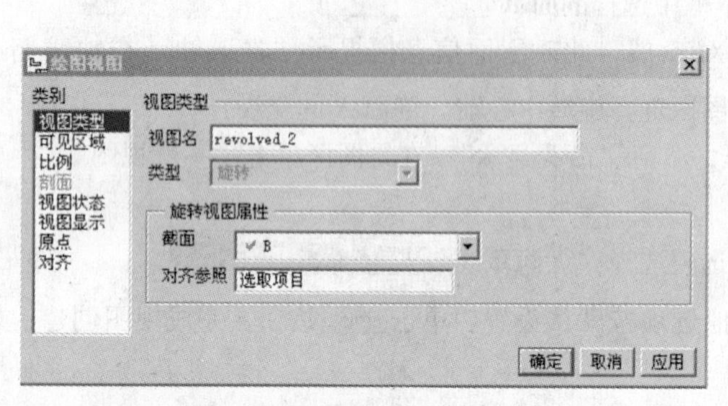

图 7-70 “绘图视图”对话框

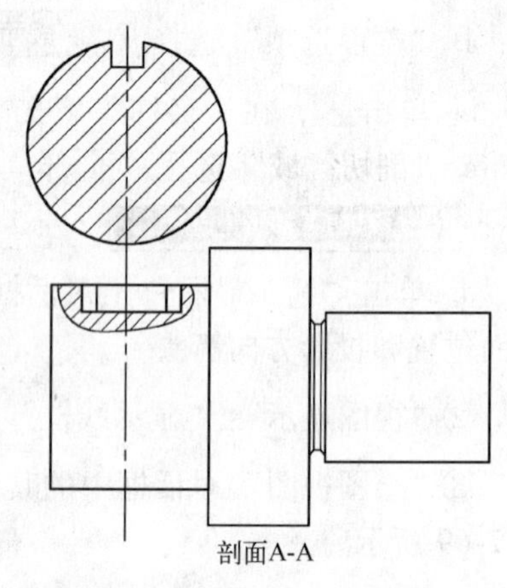

图 7-71 旋转视图（断面图）

7.6 视图的编辑

视图创建完成之后可以对视图进行编辑，如移动、删除、修改等。

7.6.1 锁定移动视图、视图的移动、删除、拭除、恢复

1. 锁定移动视图

默认情况下，视图是被锁定在屏幕中的，不能进行移动。如想在屏幕中重新摆放视图，可长击鼠标右键，在弹出的快捷菜单中取消“锁定视图移动”选项，如图 7-72 所示。

2. 视图的移动

鼠标按住需要移动的视图不放，光标变成带箭头的十字光标，此时移动鼠标，就会出现新的视图放置位置。若移动父视图，其子视图也会相应移动，以保持视图对齐。可将一般视图和详细视图移动到任何新位置，因为它们与其他视图不存在关系投影。

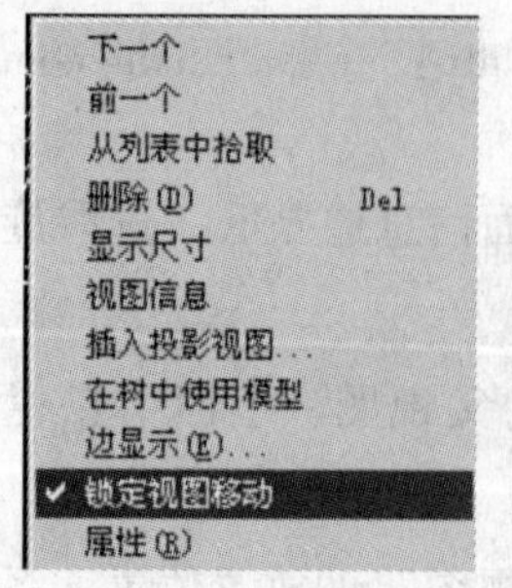

图 7-72 解锁移动

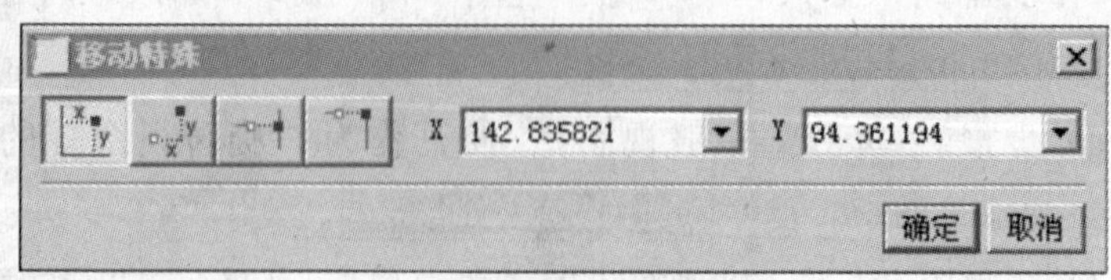

图 7-73 “移动特殊”对话框

若需将视图锁定在确定位置时，可使用“编辑”→“移动特殊”命令，来准确确定视图的移动距离和位置。也可长按右键所要移动的视图，在弹出的快捷菜单中选择“移动特

殊”选项，系统弹出如图 7-73 所示的“移动特殊”对话框。

视图的移动分为以下几种模式，可根据不同的需要进行移动：

：表示将视图移动到所输入的 X、Y 坐标位置。

：表示将视图移动到在 X、Y 方向上的相对坐标位置。

：表示将视图移动到捕捉好的参照点上。

：表示将视图移动到捕捉好的点上。

3. 删除视图

单击所需删除的视图，长按右键，在弹出的如图 7-72 所示菜单中，选择“删除”，或者直接单击键盘上 Delete 键，完成视图的删除。

4. 拭除视图

拭除不同于删除，只是在处理一些大型和复杂工程图时，对某些视图进行暂时的隐藏操作，这样可以方便绘图和提高重画速度，以提高绘图效率。与其相关的视图并不会因为拭除而受到影响。

选择“视图”→“视图显示”→“绘图视图可见性”命令，弹出如图 7-74 所示的“视图”菜单管理器。选择所要拭除的视图，单击鼠标中键完成选择，视图将变成只是方框显示的空视图。

5. 恢复视图

对于已经拭除的视图，可通过恢复的方法使其可见。选择“视图”→“视图显示”→“绘图视图可见性”命令，如果工程图中已经有视图被拭除，则在弹出的如图 7-75 所示的“视图”菜单管理器中的“恢复视图”命令将变为有效。

选择所要恢复的视图，选择“完成选择”，单击鼠标中键完成视图恢复。

也可以选中被拭除的视图，长按右键，在弹出的快捷菜单中（见图 7-76）选择“恢复视图”选项，视图将被恢复显示。

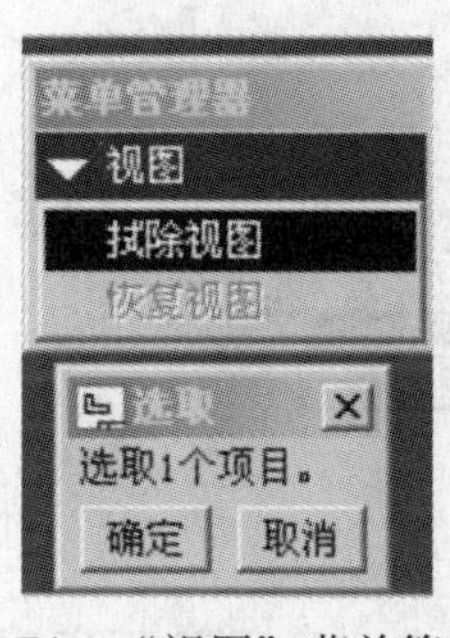

图 7-74 “视图”菜单管理器

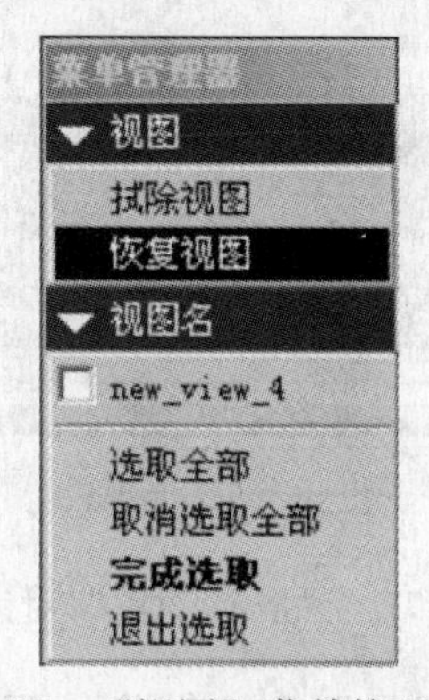

图 7-75 “视图”菜单管理器

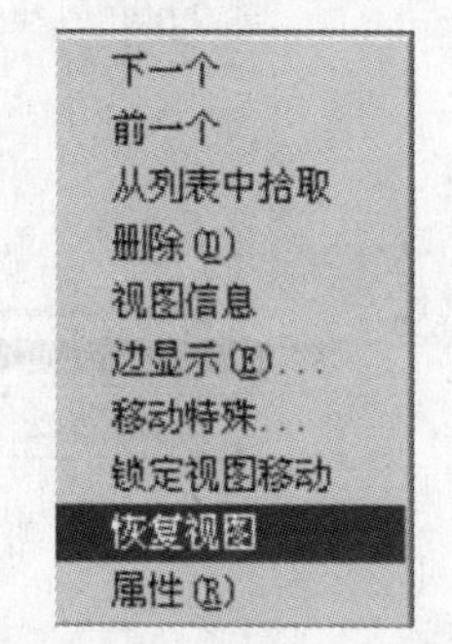

图 7-76 “恢复视图“快捷菜单

7.6.2 视图的修改

双击所需修改的视图，系统弹出“绘图视图”对话框，在此对视图进行修改。与前面的讲述一样，不再赘述。

7.7 创建标注

一幅完整的工程图中，不仅要有各种不同作用的标注，还需要有一定数量的标注对视图进行解释和说明等。

7.7.1 创建尺寸标注

由于工程图模型和实体模型使用相同的数据库，因此工程图中所有的几何尺寸值在一开始的时候就已经存在，用户所创建的尺寸标注，只是将已经存在的尺寸值显示出来。

1. “显示/拭除”对话框

在工程图环境中，创建尺寸标注最重要的工具是“显示/拭除”对话框。在“绘制”工具栏中单击“显示及拭除”按钮，或者在主菜单中单击“视图”→“显示及拭除”后，系统都会弹出“显示/拭除”对话框，如图7-77所示。

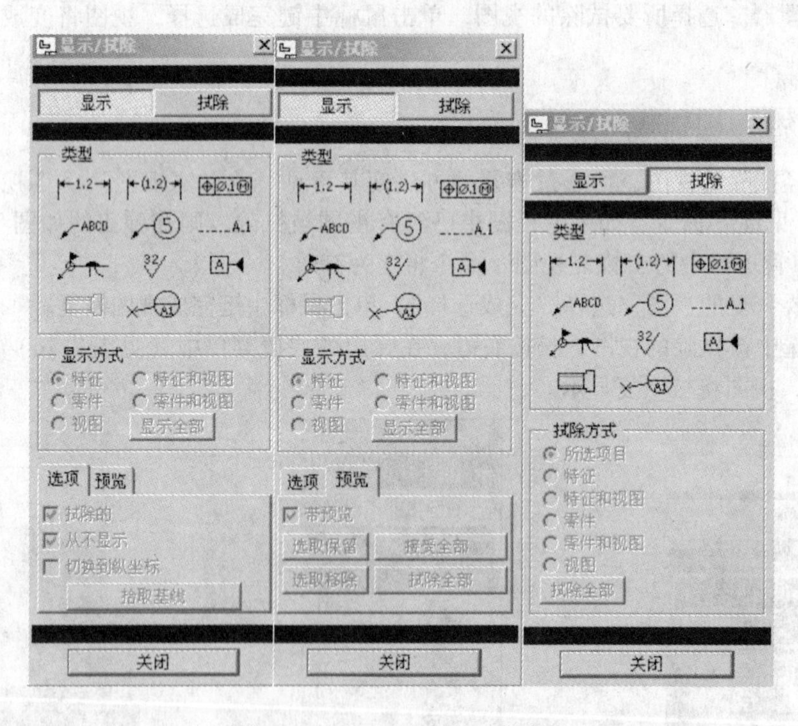

图7-77 “显示/拭除”对话框

“显示/拭除”对话框包括了“显示”和“拭除”两个面板，其中“显示”面板用于设置视图上需要显示的项目，而“拭除”面板用于设置需要从视图上删除的项目。

“显示”面板可以分为三个区域，分别用于设置“显示类型”、“显示方式”、“显示选项及预览”。

在“显示类型”区域中，用户可以选择所需要显示的项目类型，其中包括了十一个按钮，每一个按钮表示一种显示类型，分别是：“尺寸”、“参照尺寸”、“几何公差”、“注释”、“球标”、“轴”、“符号”、“曲面精加工”、“基准平面”、“修饰特征”和“基准目标”。

在“显示方式”区域中，用户选择所需要的项目显示类型，系统提供了如下选项：

“特征”：针对绘图中的特殊特征显示尺寸。

“零件”：针对绘图中的特殊零件显示尺寸。

“视图”：针对特定绘图视图中的特征和零件显示所有尺寸。

“特征和视图”：针对选定视图中将在多个视图内出现的特征显示尺寸。

“零件和视图”：针对选定视图中将在多个视图内出现的零件显示尺寸。

“显示全部”：显示绘图中的所有尺寸。

“选项”选项卡中的选项可过滤要在绘图中显示的尺寸：

“拭除的”：显示先前拭除的项目。

“从不显示”：显示尚未在绘图中显示的项目。

“切换到纵坐标”：转换线性尺寸以纵坐标的形式进行显示。

“预览”选项卡中的选项用来对预览尺寸进行过滤：

“选取保留”：选取要在绘图中显示的单独尺寸。所有未选定的尺寸都会被拭除。

“选取移除”：选取要从绘图中移除的尺寸。所有未选定的尺寸都将保留在绘图中。

“接受全部”：保留所有预览的尺寸。

“拭除全部”：拭除所有预览的尺寸。

在“显示/拭除”对话框中单击“拭除”按钮，则转到“拭除”面板，在“拭除”面板中，可以将不需要的项目删除，基本用法和“显示”面板相似。

2. 添加新的尺寸标注

如果还需要向工程图中添加新的尺寸的方法标注，可以单击“绘制”工具栏中的新参照按钮，向视图中添加新的尺寸标注。

在工程图中标注尺寸的方法和在二维草图中标注尺寸的方法相类似。在标注尺寸过程中，根据所选择参照的不同，系统有时会显示如图7-78所示的“依附类型”菜单，其中包括了五种依附类型选项，分别为：

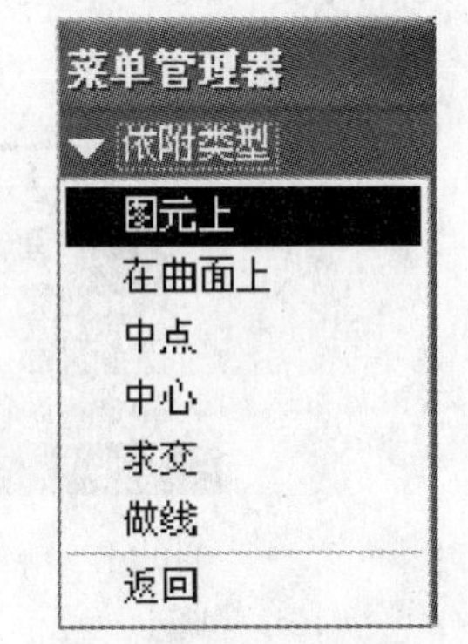

图7-78　依附类型

“图元上”：根据创建常规尺寸的规则，将该尺寸的方法附着在图元的拾取点处。

“中点”：将尺寸附着到所选图元的中点。

“中心”：将尺寸附着到圆边的中心。

“求交”：将尺寸附着到所选两个图元的最近交点处。

“做线”：参照当前模型视图方向的 X 和 Y 轴。

7.7.2　创建几何公差

在“绘制”工具栏中单击几何公差按钮，或者在主菜单中单击“插入”→“几何公差”后，系统弹出“几何公差”对话框，如图7-79所示，用于在工程图中标注几何公差。

“几何公差”对话框中有四个选项卡，其中“模型参照“选项卡用于设置公差标注的位置；“基准参照”选项卡用于设置公差标注的基准；“公差值”选项卡用于设置公差的数值；“符号”选项卡用于设置公差符号。

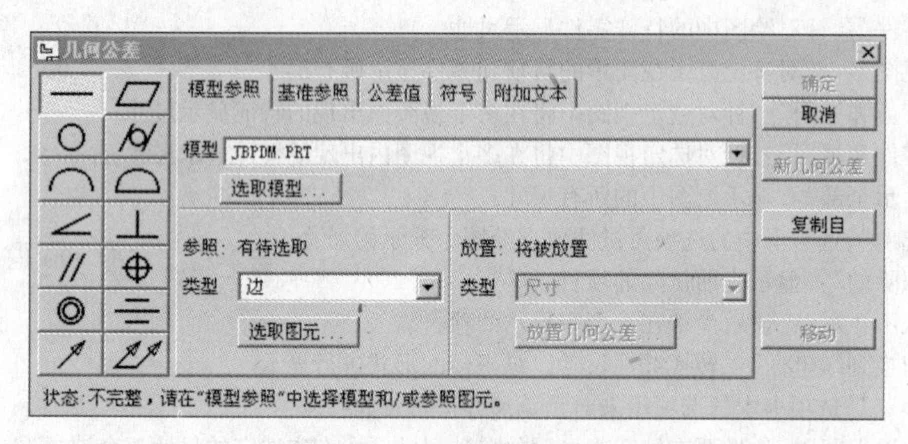

图7-79 “几何公差”对话框

7.7.3 创建尺寸公差

Pro/Engineer Wildfire 4.0系统默认状态下不显示公差，双击尺寸数值，在弹出的“尺寸属性”对话框中公差模式一项为灰显状态。

要显示公差，只要将“绘图选项”中的tol_ display参数的值设置为yes，就可以使用公差模式调整公差的显示。具体操作如下：

(1) 在工程图绘图区长按右键，在弹出的菜单（见图7-80）中单击“属性”，系统弹出“文件属性”菜单管理器（见图7-81）。

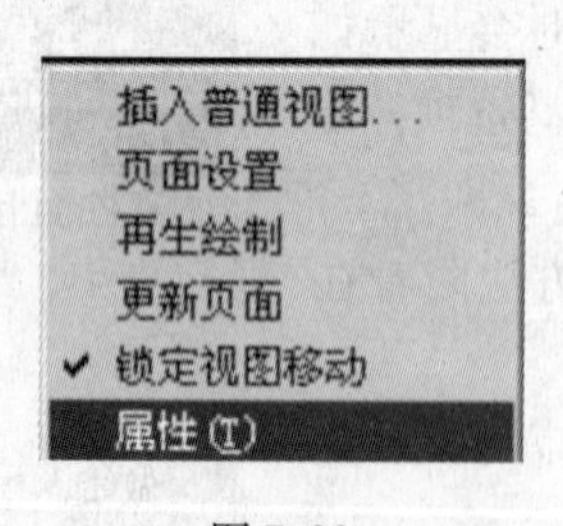

图7-80

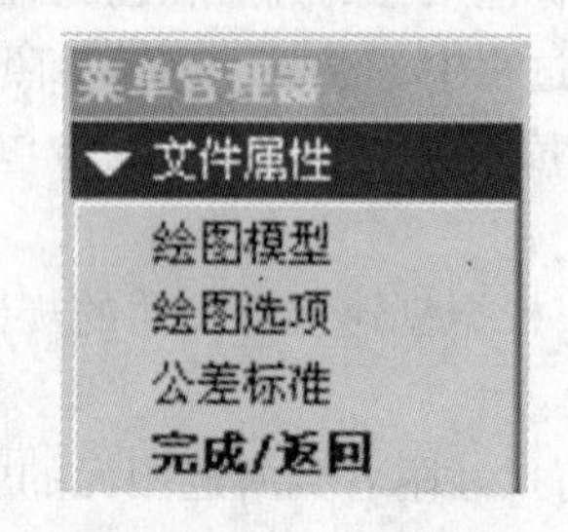

图7-81 “文件属性”

(2) 选择“绘图选项”，弹出“选项”对话框（见图7-82）。

(3) 在“选项”对话框的“选项”下的文本框内输入tol_ display，在右边“值”文本框选择“yes”，如图7-82所示，单击确定完成设置。

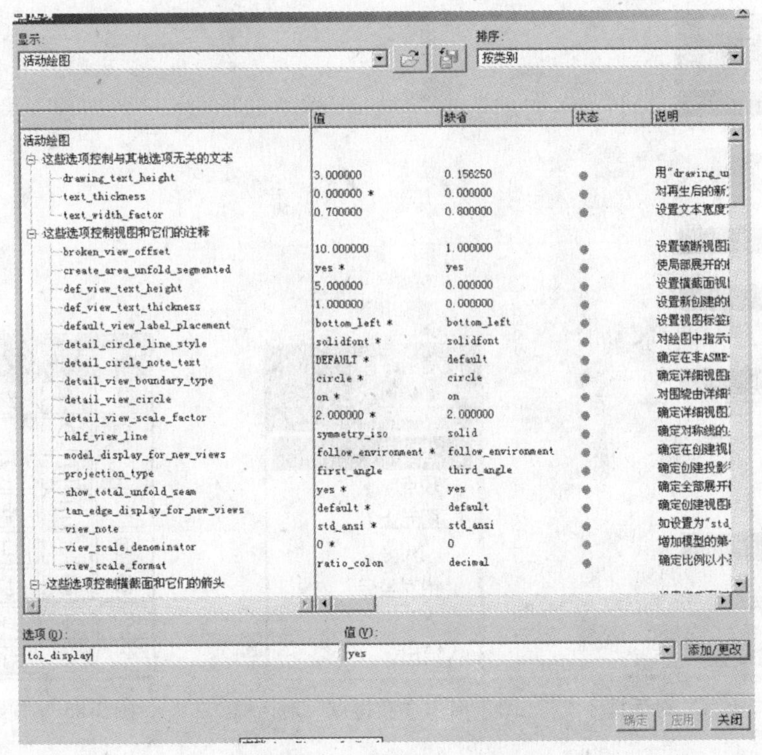

图 7-82 “选项”对话框

公差的默认显示方式为“限制”，当使用 tol_ display 设置 yes 后，所有的尺寸都会按默认方式显示公差。要改变默认公差的显示方式，可以在 config. pro 文件中设置 tol_ mode 参数：

limits　　限制

nominal　　象征

plusminus　　加减

plusminussym　　加减对称

如果不希望所有尺寸都显示公差，可以将参数设置为“nominal”选项，随后标注出的尺寸将不再显示公差，对于需要显示公差的尺寸，可以使用尺寸属性对话框调整显示方式。

7.7.4 创建注释

在“绘制”工具栏中单击注释按钮，或者在主菜单中单击“插入”→“注释”后，系统弹出“注释类型”菜单，如图 7-83 所示。

在“注释类型”菜单中，用户可以设置导引线、注释内容输入方法、注释放置角度、注释对齐方式等，设置完成后，单击“制作注释”选项，系统弹出“获得点”菜单（见图 7-84），同时鼠标变成形状。使用鼠标在图形窗口中选择一点，便可开始创建注释内容。

系统在消息区中显示一个文本框，供用户输入注释内容用。同时系统还弹出“文本符号”框（见图 7-85），其中包括了常用的文本符号，用户若要使用，直接在“文本符号”框中单击即可。在文本框中输入一行后，即可单击按钮，进入下一行。若已经完成最后一行的输入，直接单击按钮即可回到主窗口中。

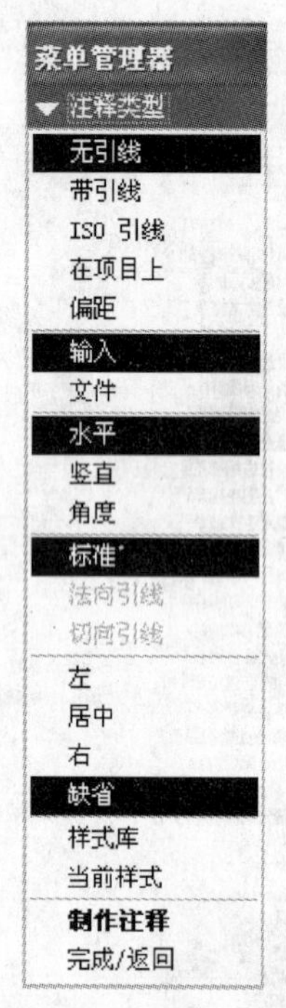

图 7-83 “注释类型”对话框

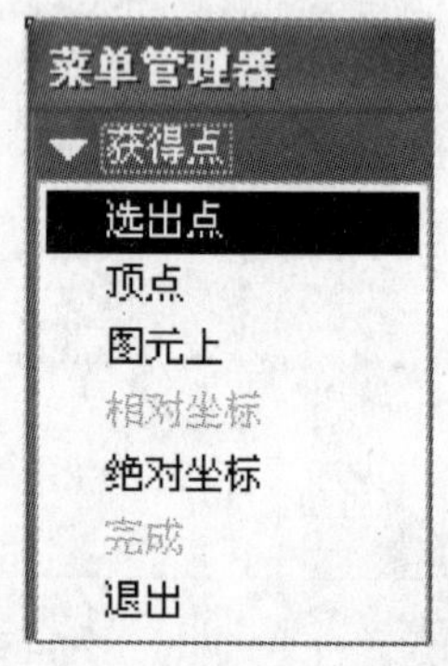

图 7-84 “获得点”对话框

图 7-85 “文本符号”框

7.8 创建工程图实例

前面已经对工程图环境中的相关命令和用法作了一些介绍，下面以图 7-86 所示工程图为例，介绍创建工程图的一般过程。

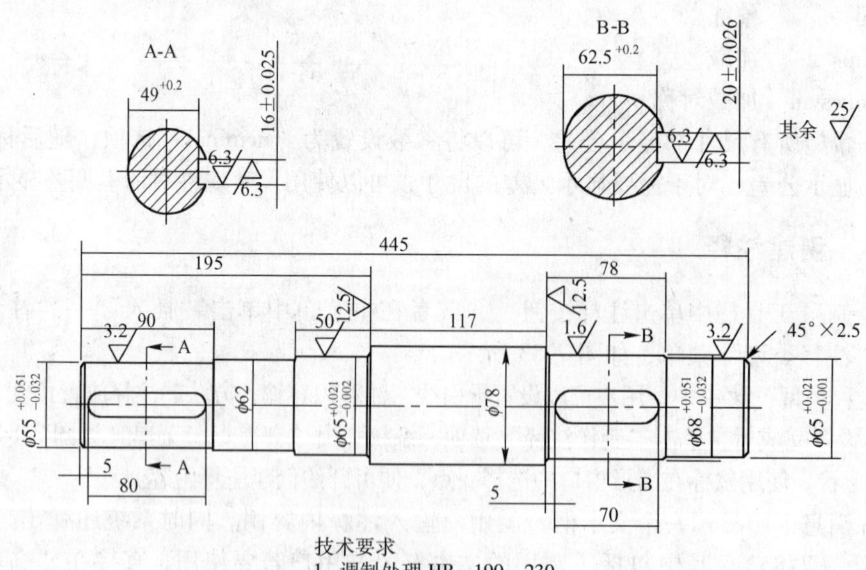

图 7-86 工程图实例

（1）步骤 1：创建工程图文件。在“文件”工具栏中单击□按钮，系统弹出“新建”对话框，在“类型”分组框中选择“绘图”选项，取消“使用缺省模板”选项，单击“确定”按钮。

系统弹出“新制图”对话框，单击“浏览”按钮，打开电子工业出版社华信教育资源网（网址：http://www.hxedu.com.cn）中的文件“CH7\最终实例\shili.prt”，在“指定模板”分组框中选择“空”选项后，选择“方向”为“横向”，“大小”为“A2”，单击“确定”按钮，进入工程图环境。

（2）步骤2：创建主视图。单击“绘制”工具栏中的按钮，在图纸上选取一点作为绘制视图的中心点，同时系统打开“绘图视图”对话框。

“视图方向”：选取“几何参照”选项，接着在“参照1”下拉列表框中选取“前面”选项，然后在工作区中选取FRONT平面作为参照；在“参照2”下拉列表框中选取“右”选项，然后在工作区中选取RIGHT平面作为参照（见图7-87），完成后单击“应用”按钮。

“比例”：在对话框右侧选取“定制比例”选项，并输入绘图比例为0.6。

“绘图视图”对话框中的其他选项按默认设置。

设置完成后单击“绘图视图”对话框中的“确定”按钮，生成如图7-88所示的主视图。

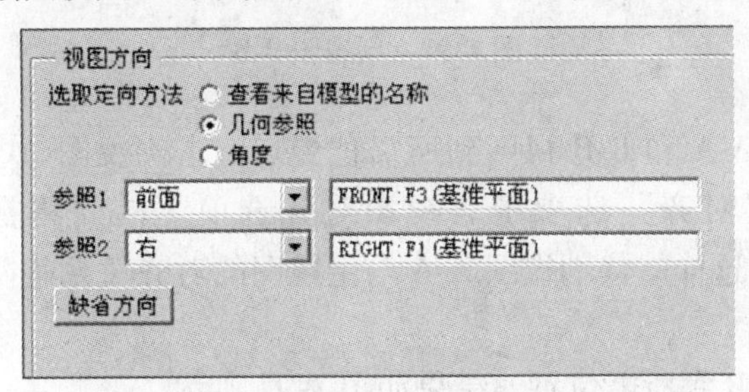

图7-87　视图方向设置

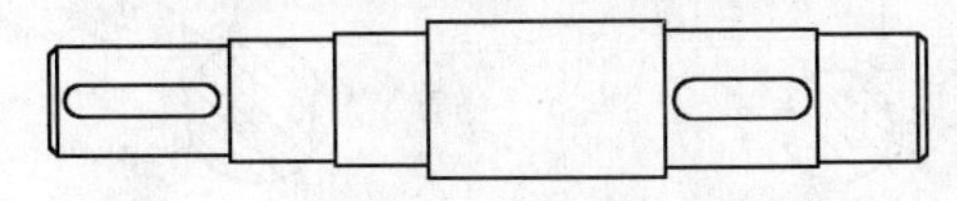

图7-88　主视图

（3）步骤3：创建剖视图A-A。在主菜单中，依次单击“插入”→“绘图视图”→“投影”，在主视图右侧单击鼠标，生成左视图。双击左视图弹出“绘图视图”对话框（见图7-89），通过设置将左视图修改成剖视图A-A。

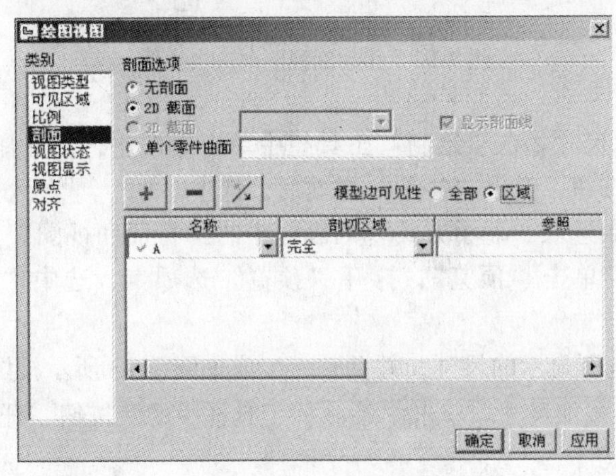

图7-89　剖面设置

“剖面”：在“剖面选项”选择 2D 截面，在“模型边可见性”选择“区域” 区域，单击 + 并选择剖面 A，单击 确定 完成设置，生成如图 7-90 所示剖视图 A-A。

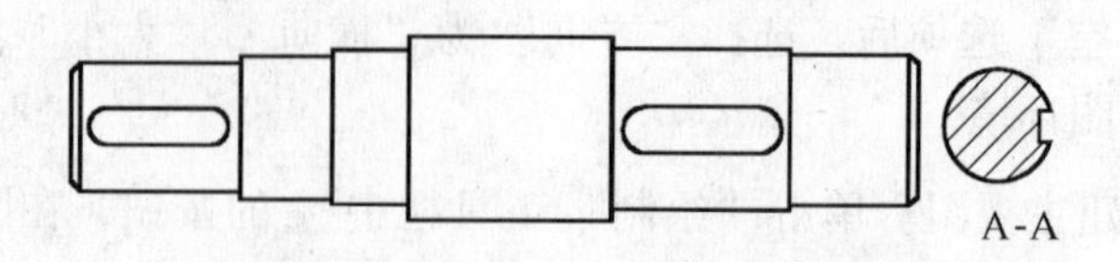

图 7-90　剖视图 A-A

（4）步骤 4：创建剖视图 B-B。如步骤 3 所述，创建剖视图 B-B，如图 7-91 所示。

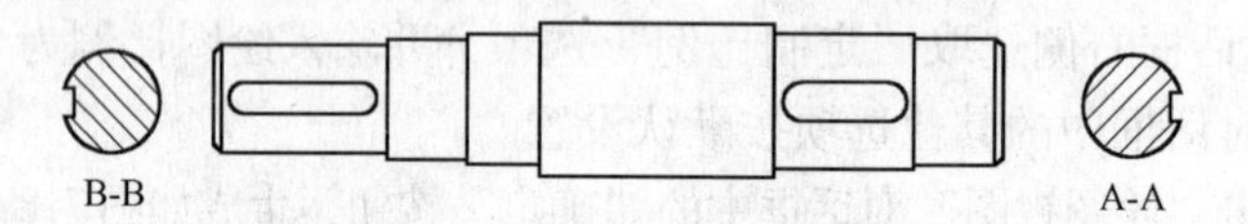

图 7-91　剖视图 B-B

（5）步骤 5：移动 A-A 和 B-B 视图到所需位置。双击剖视图 A-A，在弹出的“绘图视图”对话框中，去除“对齐”选项中“视图对齐选项”的“将视图与其他视图对齐” ☑将此视图与其它视图对齐 中的√。这样就将剖视图 A-A 与主视图的对齐关系解除了。然后将剖视图 A-A 移动到所需位置。

同样移动剖视图 B-B 到所需位置，结果如图 7-92 所示。

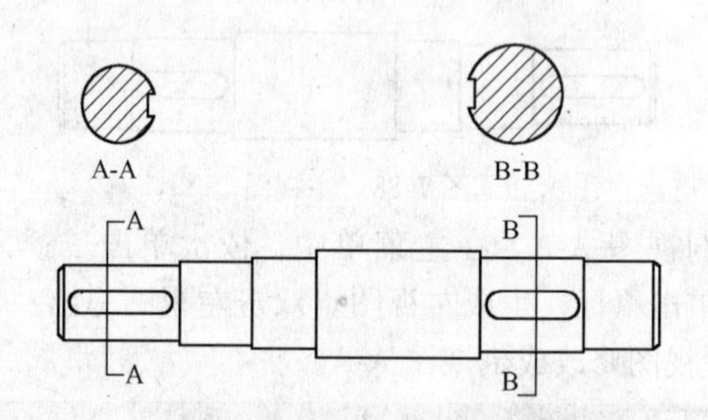

图 7-92　移动剖视图到适当位置

（6）步骤 6：显示尺寸。在“绘制”工具栏中单击按钮，系统弹出“显示/拭除”对话框，单击“显示”按钮，弹出“显示”界面后，选中。

在“显示”界面中选取“显示方式”列表框中的“特征和视图”选项，然后在主视图中逐次选取两个键槽，单击“预览”，打开“预览”选项卡，选中“接受全部”选项后，单击“关闭”按钮。

同样再选择轴体上所显示的尺寸，并调整，生成如图 7-93 所示视图。

（7）步骤 7：手工添加尺寸。单击“绘制”工具栏中的按钮，开始在视图中手工添加尺寸值。

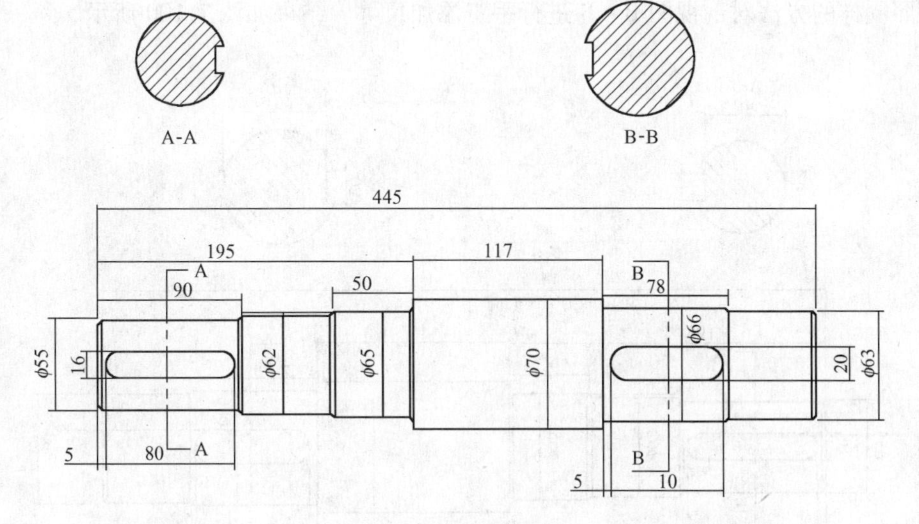

图 7-93　显示尺寸

单击按钮，系统弹出“依附类型”菜单（见图 7-94），选取其中的“中心”选项后，并选择 A-A 左边圆弧和右边竖直线，系统自动捕捉到它们的中点作为尺寸标注的起点和终点（见图 7-95），拖动鼠标在放置尺寸数字的位置单击中键，系统弹出尺寸方向菜单（见图 7-96），完成标注，如图 7-97 所示。

图 7-94　依附类型

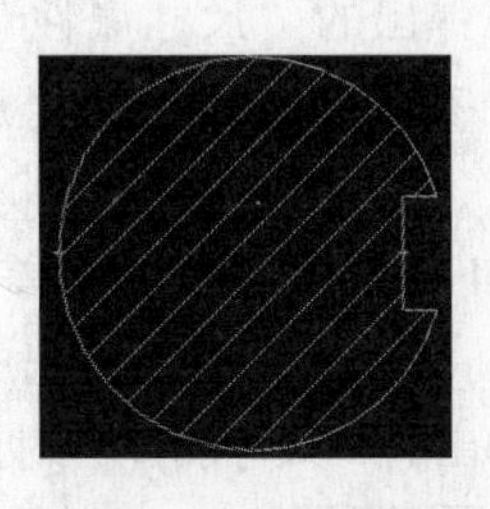

图 7-95　标注参照

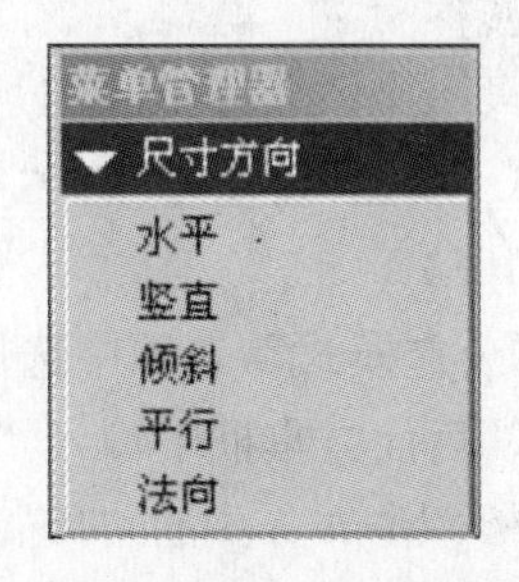

图 7-96　尺寸方向

再次选择“依附类型”终点“图元上”选项，并选择 A-A 中键槽宽度的两边（见图 7-98）做标注参照，单击鼠标中键，在弹出的“尺寸方向”菜单中选择“垂直”选项，完成尺寸的添加，如图 7-99 所示。

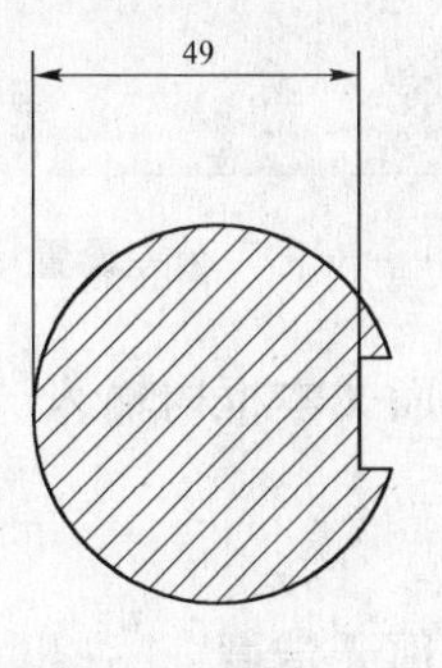

图 7-97　插入尺寸图

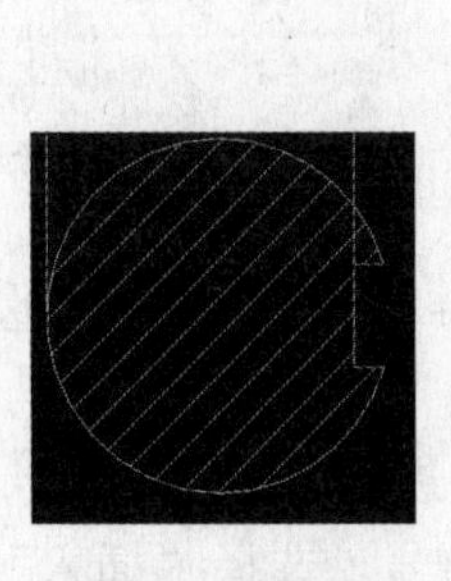

图 7-98　标注参照

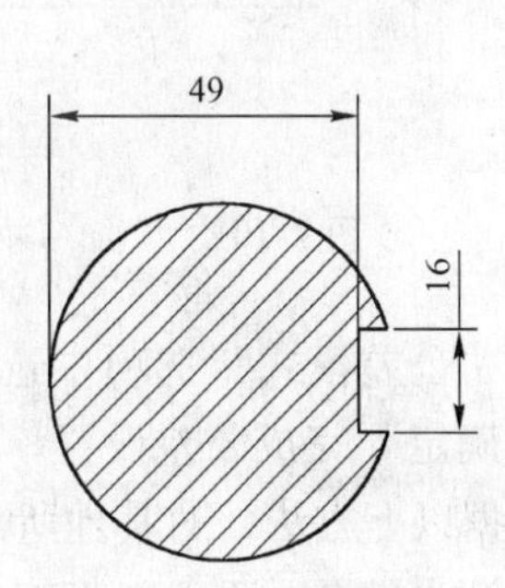

图 7-99　插入尺寸

依照同样的方法对剖视图 B－B 进行手工添加尺寸，结果如图 7-100 所示。

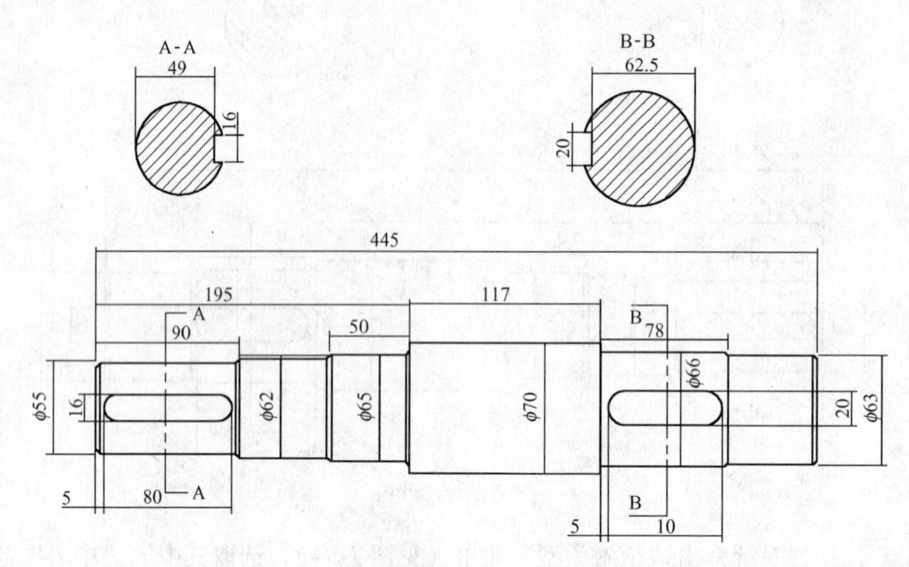

图 7-100　添加尺寸后视图

(8) 步骤 8：添加尺寸公差。首先设置显示公差，只要将"绘图选项"中的 tol_display 参数的值设置为 yes，才可以使用公差模式调整公差的显示。具体操作如 7.7.3 节中所述。

双击要添加公差的尺寸数字，在弹出的"尺寸属性"对话框中正确设置公差形式与数值。例如，双击 A-A 中的"49"，在弹出的"尺寸属性"对话框中进行以下设置（见图 7-101）。

在"公差模式"选项中选择"加－减"，在"上公差"后面文本框内输入"0.20"，在"下公差"后面文本框中输入"0.00"，单击"确定"完成公差设置。

又如，双击 A-A 中的"16"，在弹出的"尺寸属性"对话框中进行设置（见图 7-102）：

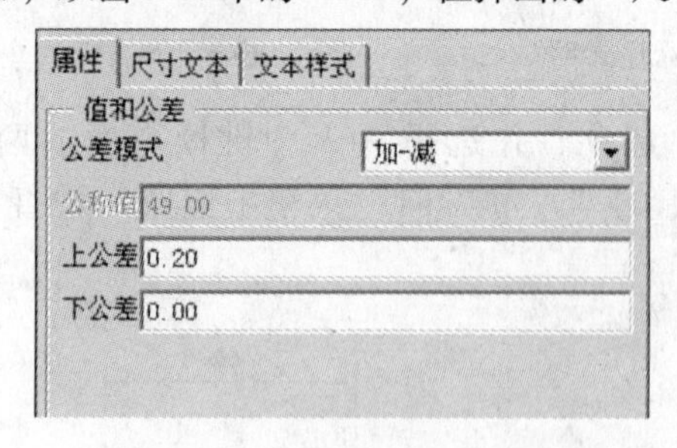

图 7-101　"加－减"公差设置

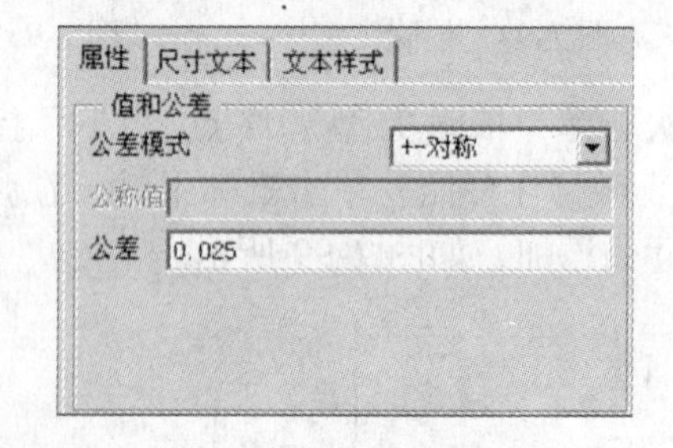

图 7-102　"＋－对称"公差设置

在"公差模式"选项中选择"＋－对称"，在"公差"后面文本框内输入"0.025"，单击"确定"完成公差设置。

依据以上方法，对其他所需公差进行设置，如图 7-103 所示。

(9) 步骤 9：插入表面粗糙度符号。选择"插入"→"表面光洁度"，弹出"得到符号"菜单（见图 7-104），选择"检索"选项，弹出"打开"对话框，从中选择"\ ma-

chined \ stadard1. sym”，弹出“实例依附”菜单（见图7-105），选择“图元”选项，系统提示“选择一个边，一个像素，或一个尺寸”，选择图元（例如，零件的一个边），系统提示“输入 roughness_ height 的值”，根据需要输入相应的粗糙度数值。

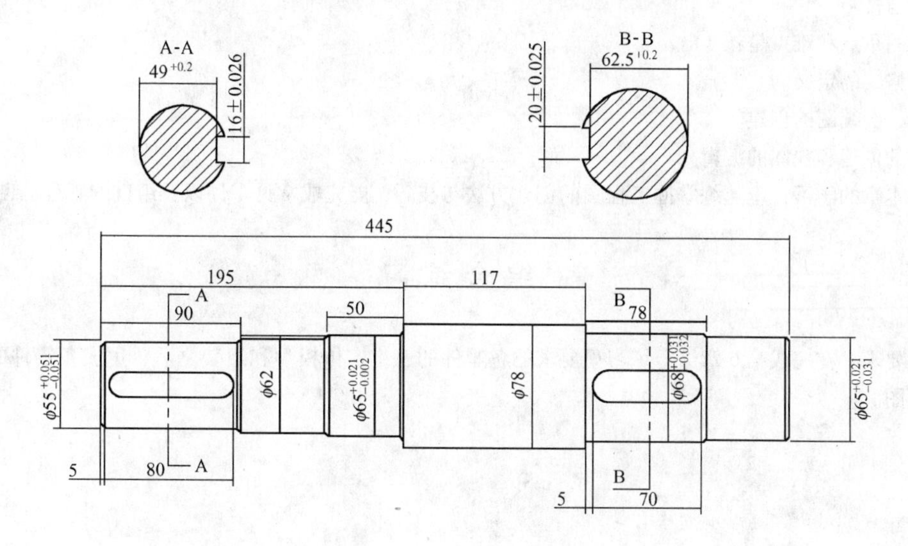

图 7-103　添加尺寸公差

图 7-104　“得到符号”菜单

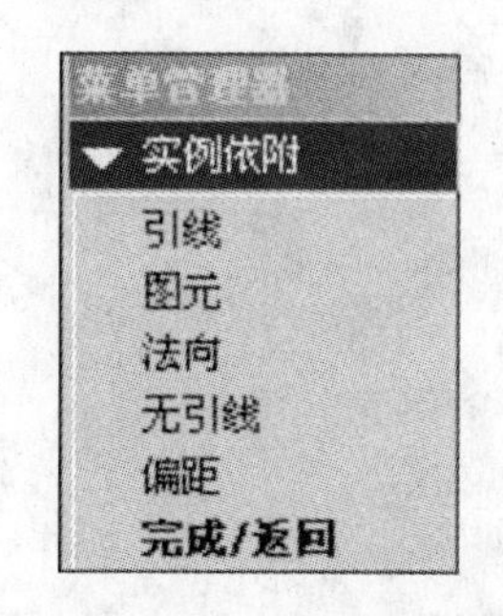

图 7-105　“实例依附”菜单

（10）步骤10：插入注释。单击“绘制”工具栏中的按钮，系统弹出“注释类型”菜单，接受所有默认选项后，单击“制作注释”选项。

系统显示“获得点”菜单，同时用户的鼠标指针变成形状，用鼠标在工作区中选择注释起始点后，系统在消息区中显示文本框，用于注释内容的输入。输入注释内容后，单击“确定”按钮，返回工作区。

在工作区中双击注释内容，系统弹出“注释属性”对话框，单击“文本样式”后，打开“文本样式”选项卡，去除“字符”分组框中“高度”文本框后“缺省”选项上的“√”后，在文本框中输入字符的高度为6，单击“确定”按钮，完成注释创建。

本章小结

本章共 8 小节，主要介绍了自定义图纸格式以及不同类型视图的创建方法，视图的编辑以及对视图的标注等。第 1 小节简要介绍工程图的类型；第 2 小节简要介绍新建工程图的方法；第 3 小节详细讲述了图纸格式的定义；第 4 小节详细讲述了视图的创建方法与过程；第 5 小节详细讲述了剖视图的创建方法与过程；第 6 小节讲述了视图的编辑；第 7 小节讲述了标注的创建；第 8 小节以实例的形式综合讲述创建工程图的步骤与技巧。

本章的重点和难点是：

图纸格式的定义。

视图、剖视图的创建。

标注的创建和视图的编辑。

通过本章的学习，应熟练掌握工程图的创建方法与技巧，能完成常见零件以及组件的工程图创建。

综 合 练 习

题目要求：在完成第 6 章综合练习里要求的各零件的三维实体模型和组装之后，生成各零件的零件图和总装配图。

第 8 章　实　　训

实训题目 1

题目要求：

（1）根据给出的铣刀头装配示意图和各零件图，完成铣刀头各零件的三维实体建模，并进行组装。

（2）由生成的三维实体模型在 Pro/Engineer 中生成零件图和装配图。

（3）将第（2）步中生成的零件图和装配图另存为 DWG 格式文件，并在 AutoCAD 中完善零件图和装配图。在 AutoCAD 中完成线型宽度的修整、尺寸标注、技术说明、标题栏的绘制等。

（4）所需图纸如图 8-1 ~ 8-8 所示。

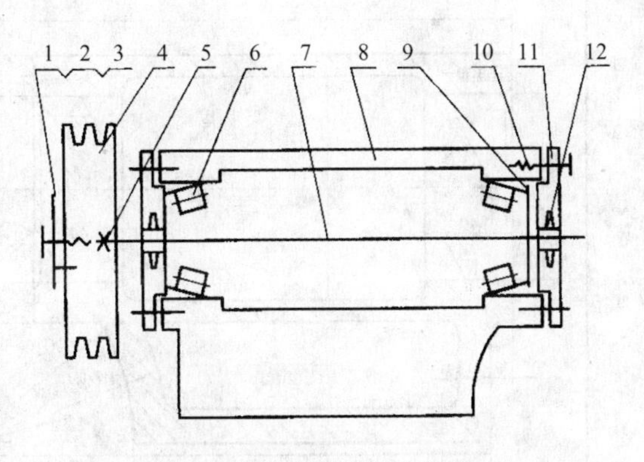

图 8-1　铣刀头装配示意图

12	毡　圈	2	羊毛毡	
11	端　盖	2	HT200	
10	螺　钉	12	35	GB/T70-M8
9	调 整 环	1	35	
8	座　体	1	HT200	
7	轴	1	45	
6	轴　承	2	GCr15	30307GB/T297-1994
5	键	1	45	GB/T1096-1979-8
4	皮带轮A型	1	HT150	
3	销3m6X10	1	35	GB/T119
2	螺　钉	1	35	GB/T68-M6
1	挡　圈	1	35	GB/T891-1986-35
序号	名　称	件数	材料	备注
铣 刀 头		比例		（图样代号）
		件数		
制图	（签名）（年月日）	重量		共 张 第 张
描图		（学校名称）		
审核				

图 8-2　明细栏

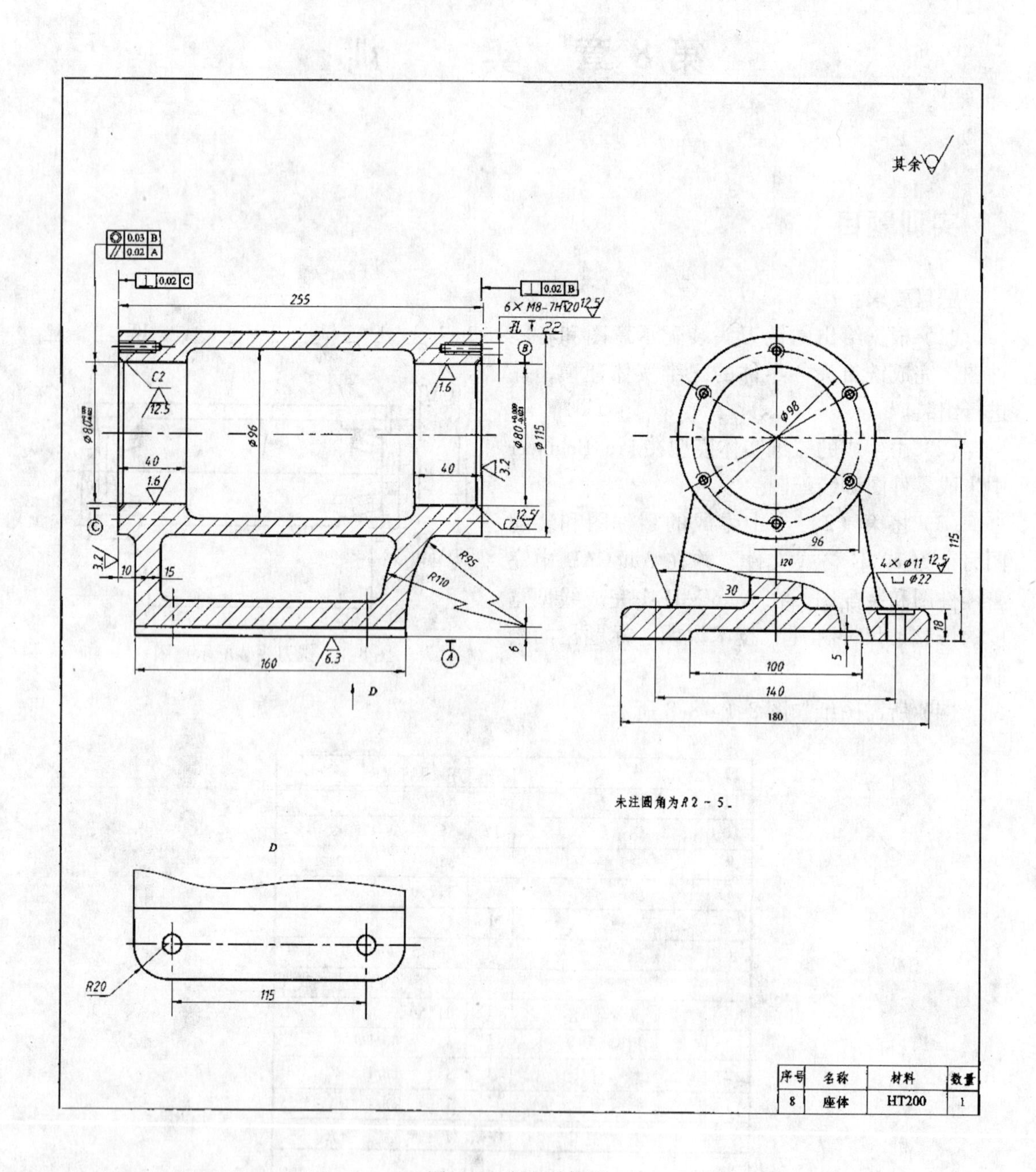
其余
6×M8-7H
孔
255
C2
12.5
1.6
3.2
40
φ96
φ80
φ115
R95
R110
10
15
160
6.3
6
D
φ98
96
120
30
4×φ11
φ22
115
18
5
100
140
180
未注圆角为R2～5。
R20
序号
名称
材料
数量
8
座体
HT200
1

图 8-3　底座零件图

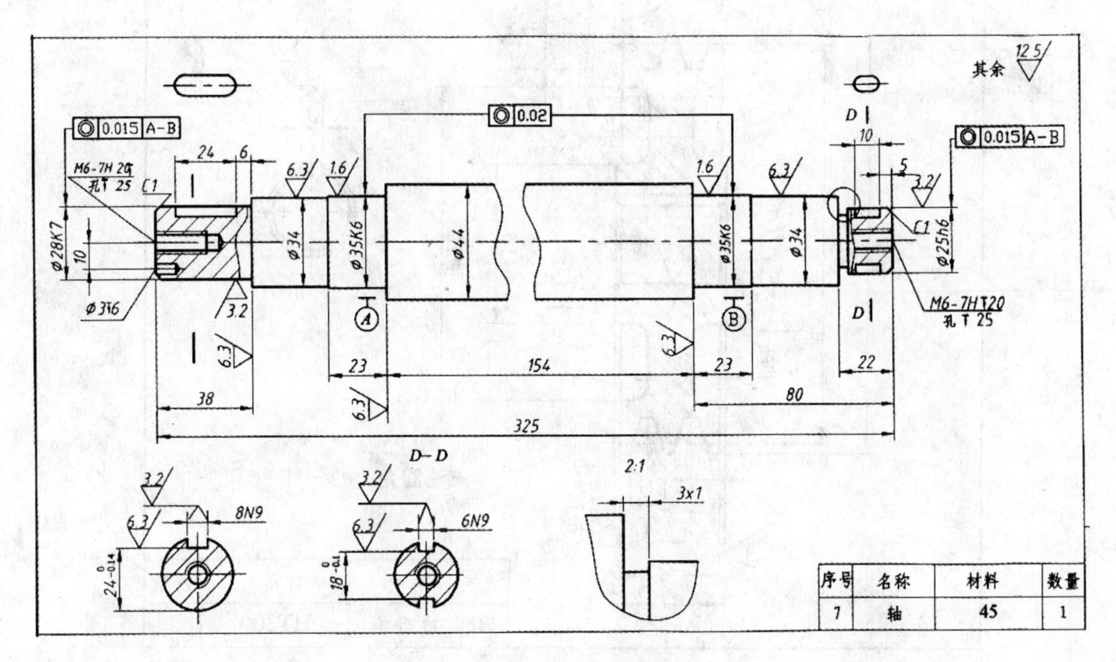

图 8-4　轴零件图

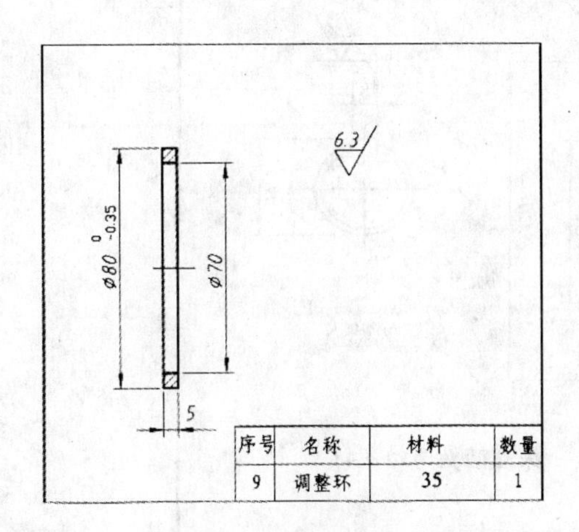

图 8-5　调整环零件图

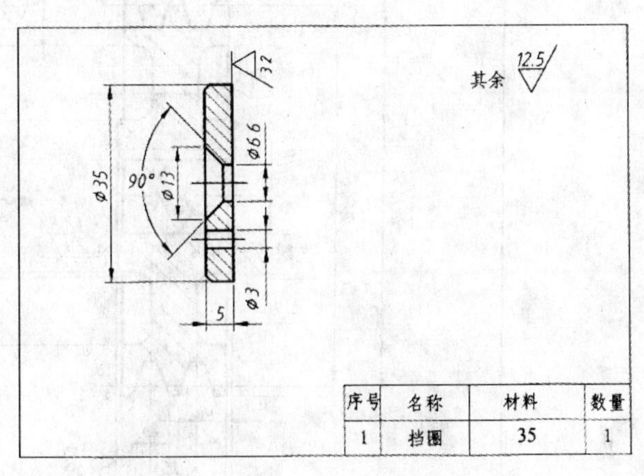

图 8-6　挡圈零件图

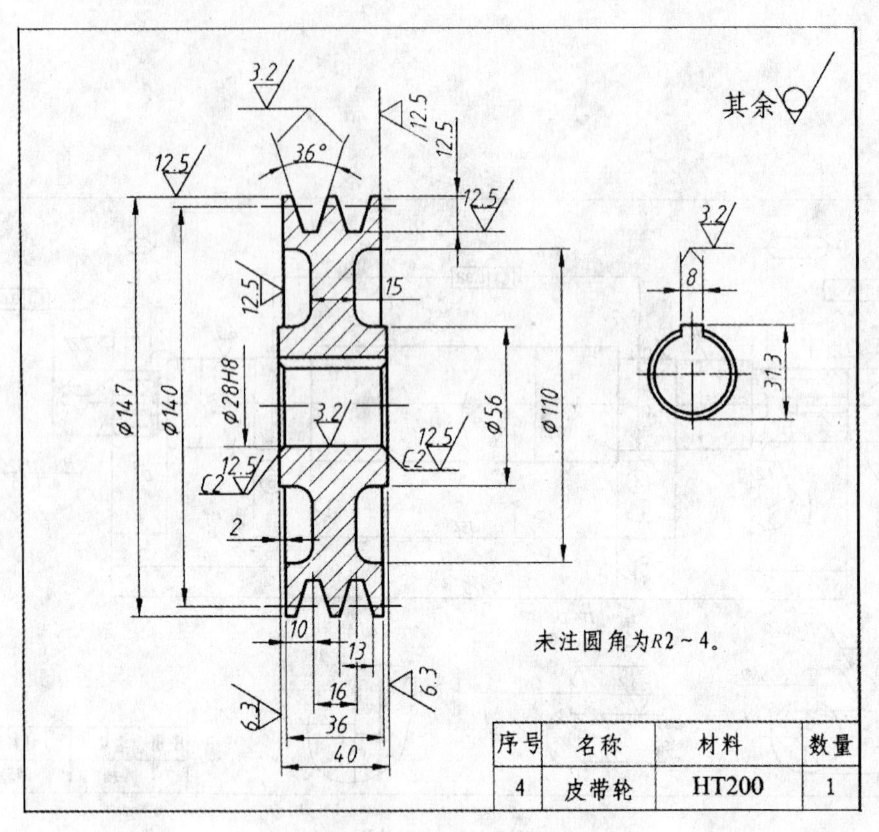

图 8-7　皮带轮零件图

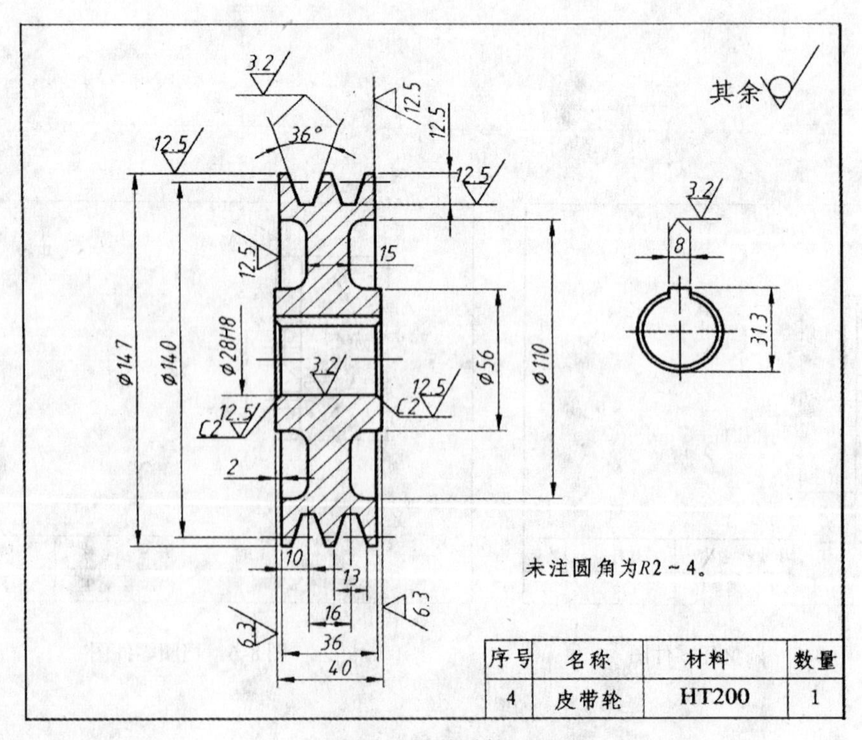

图 8-8　端盖零件图

实训题目 2

题目要求：

（1）根据给出的回油阀装配示意图和各零件图，完成回油阀各零件的三维实体建模，并进行组装。

（2）由生成的三维实体模型在 Pro/Engineer 中生成零件图和装配图。

（3）将第（2）步中生成的零件图和装配图另存为 DWG 格式文件，并在 AutoCAD 中完善零件图和装配图。在 AutoCAD 中完成线型宽度的修整、尺寸标注、技术说明、标题栏的绘制等。

（4）所需图纸如图 8-9 ~ 8-17 所示。

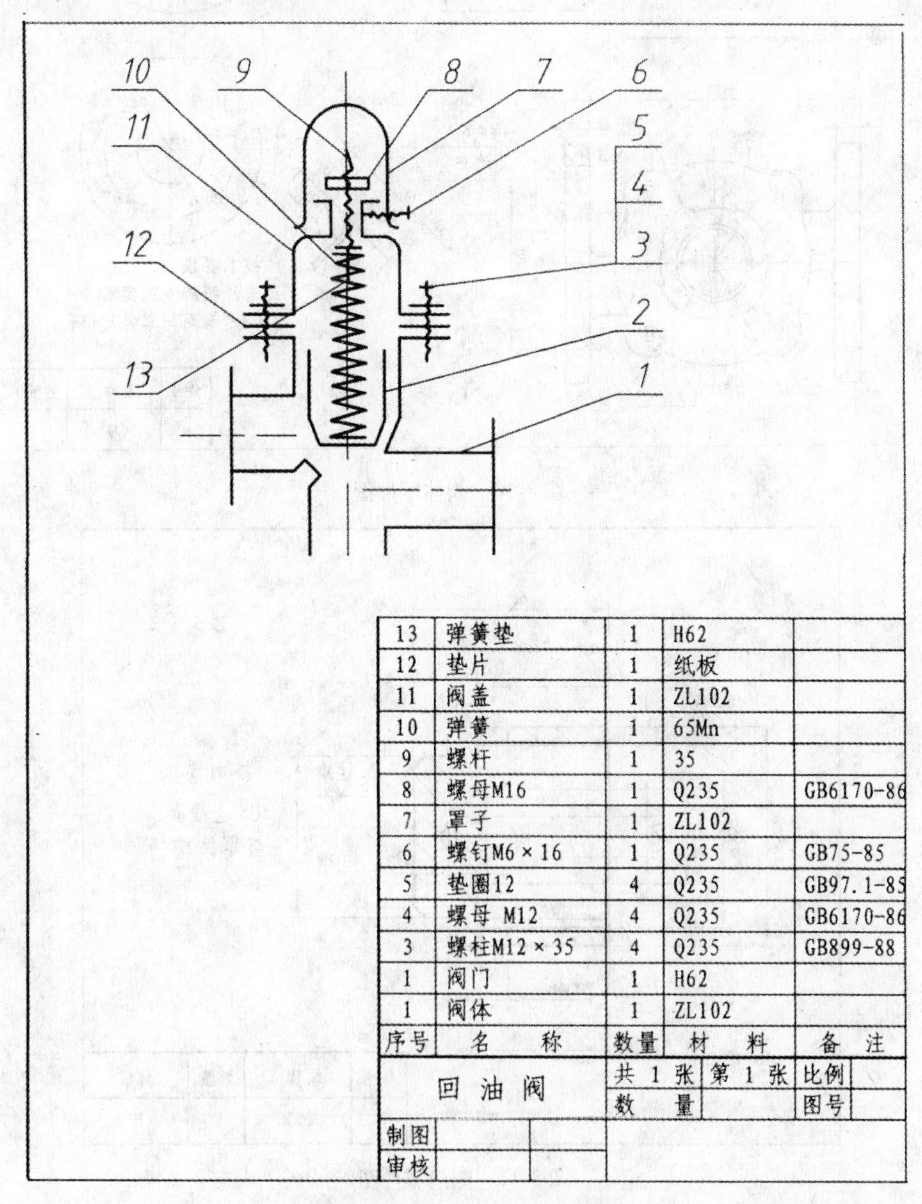

序号	名　称	数量	材　料	备　注
13	弹簧垫	1	H62	
12	垫片	1	纸板	
11	阀盖	1	ZL102	
10	弹簧	1	65Mn	
9	螺杆	1	35	
8	螺母M16	1	Q235	GB6170-86
7	罩子	1	ZL102	
6	螺钉M6×16	1	Q235	GB75-85
5	垫圈12	4	Q235	GB97.1-85
4	螺母 M12	4	Q235	GB6170-86
3	螺柱M12×35	4	Q235	GB899-88
1	阀门	1	H62	
1	阀体	1	ZL102	

回油阀	共 1 张	第 1 张	比例	
	数　量		图号	
制图				
审核				

图 8-9　回油阀装配示意图

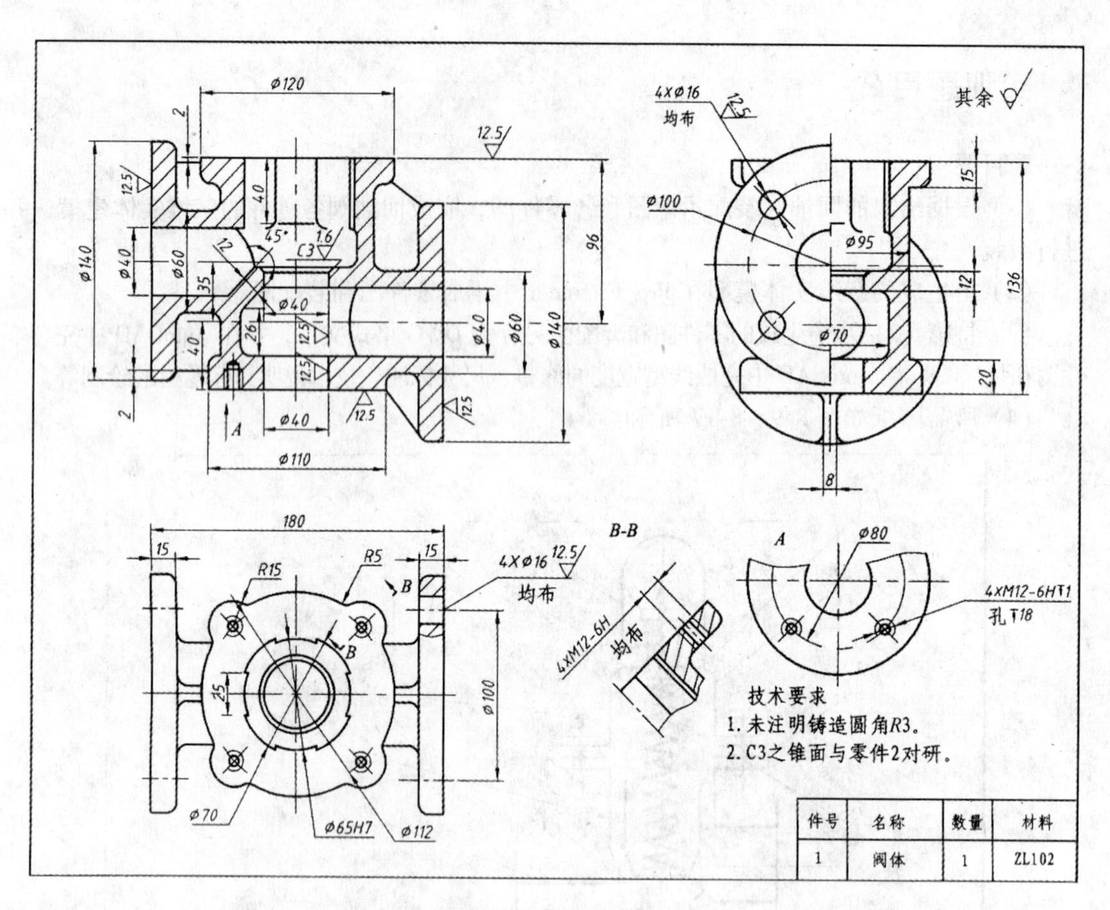

图 8-10　阀体零件图

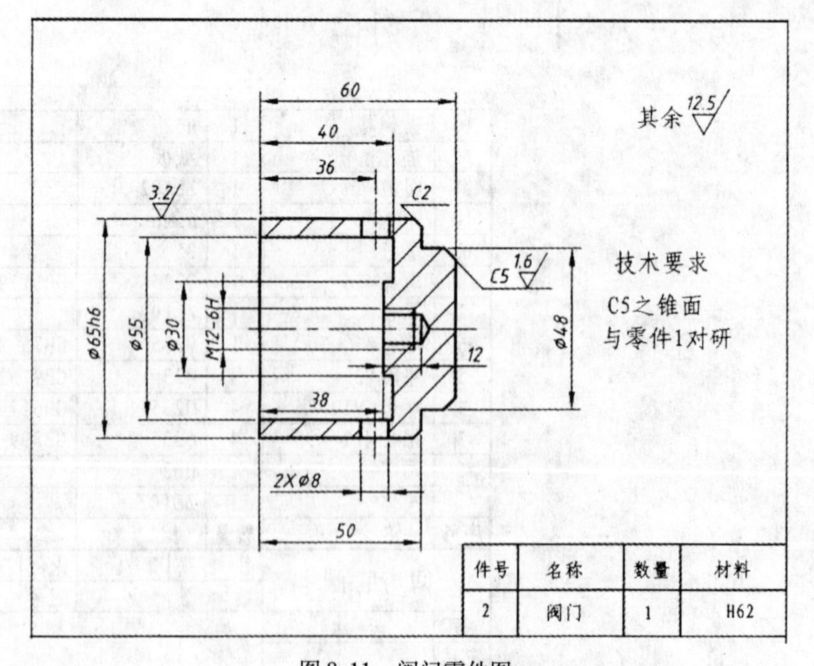

图 8-11　阀门零件图

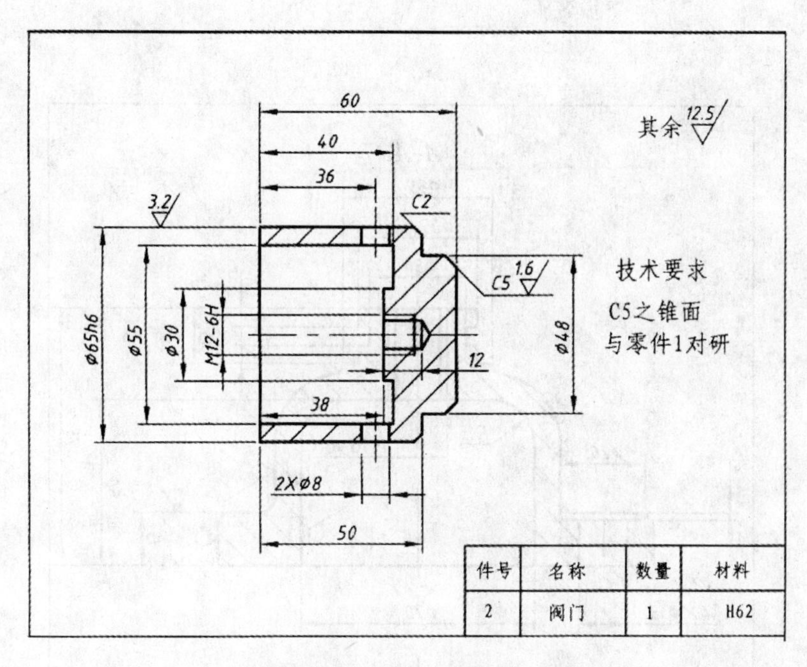

图 8-12　罩子零件图

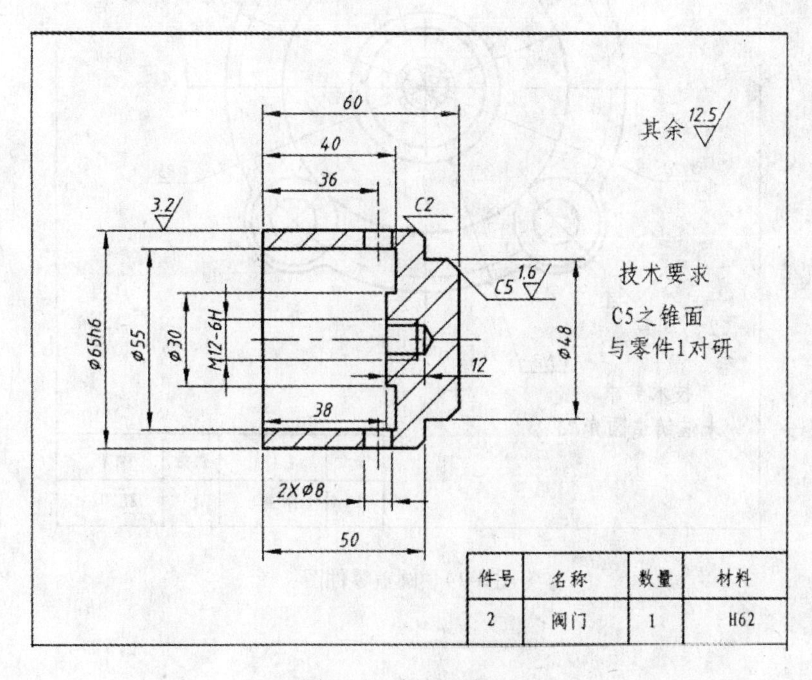

图 8-13　螺杆零件图

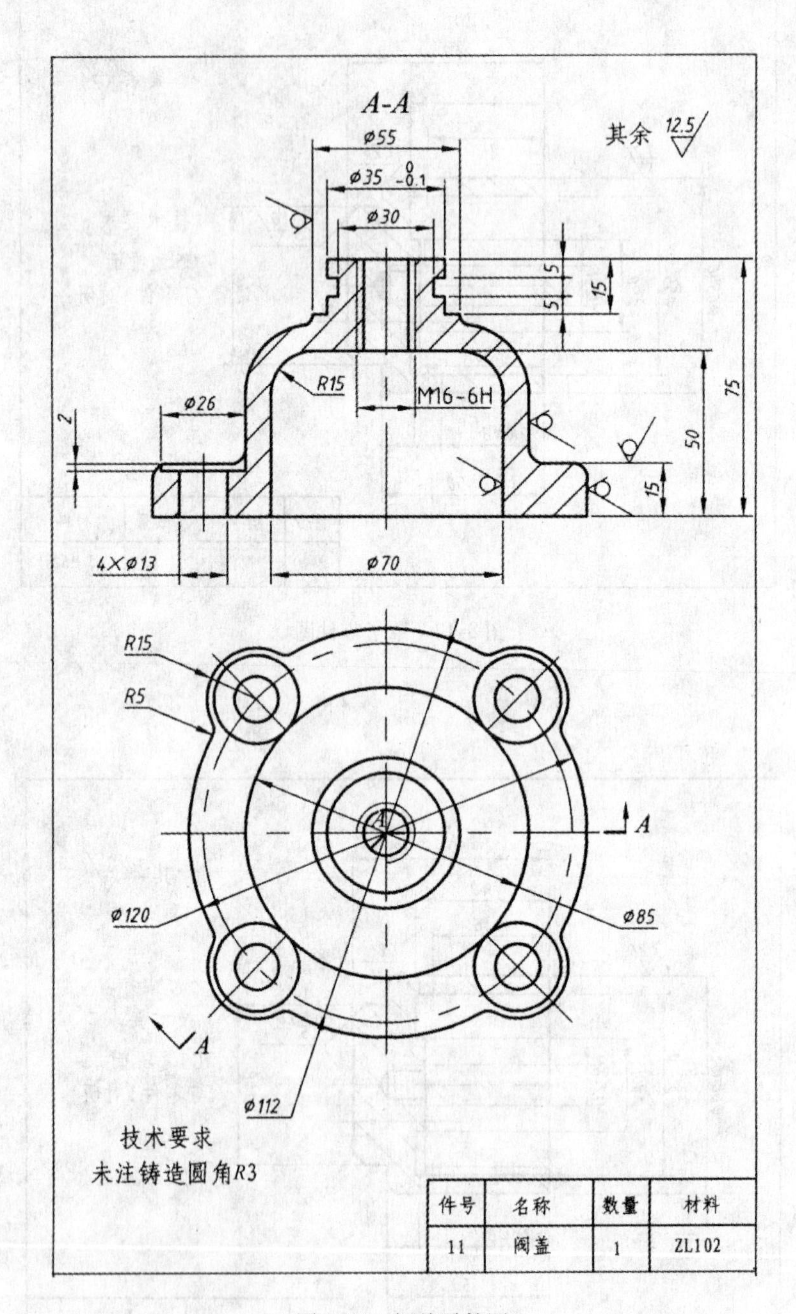
A-A
其余 12.5
ϕ55
ϕ35 0 -0.1
ϕ30
5
5
15
75
R15
M16-6H
ϕ26
2
50
15
4×ϕ13
ϕ70
R15
R5
A
ϕ120
ϕ85
A
ϕ112
技术要求
未注铸造圆角R3
件号 名称 数量 材料
11 阀盖 1 ZL102

图 8-14　阀盖零件图

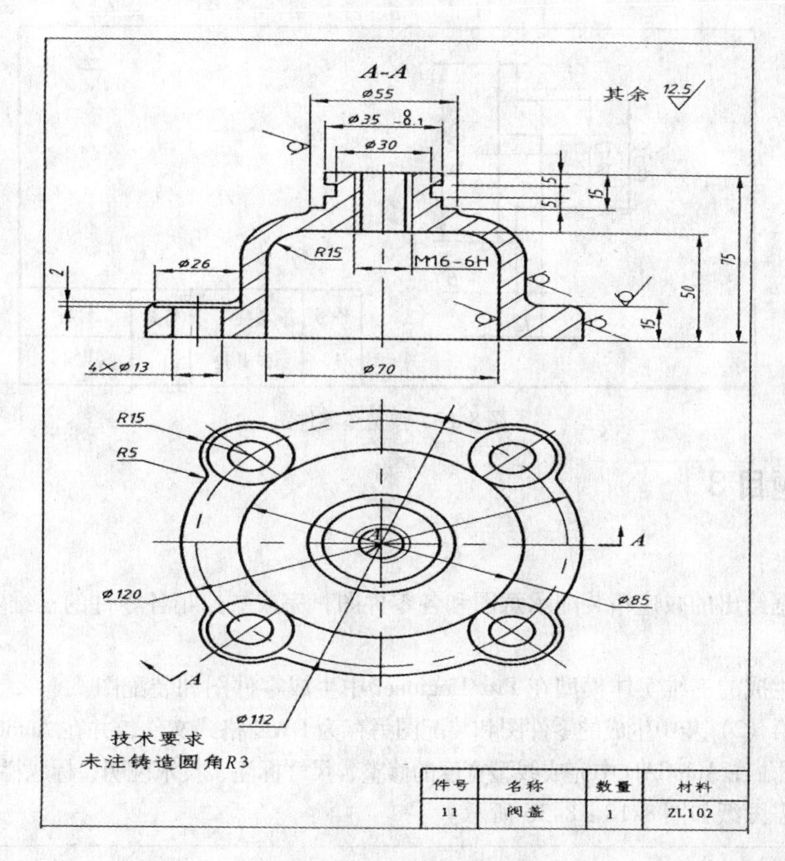

图 8-15　垫片零件图

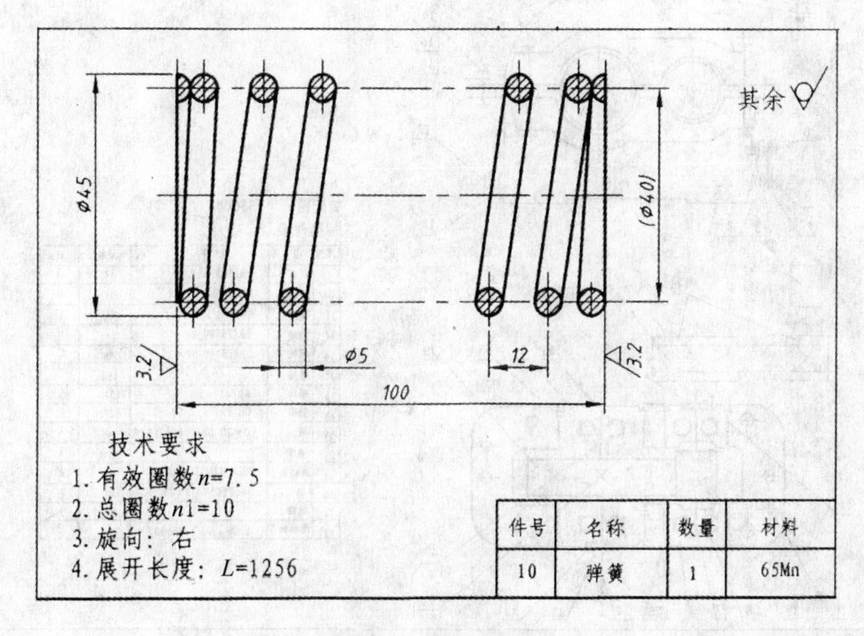

图 8-16　弹簧零件图

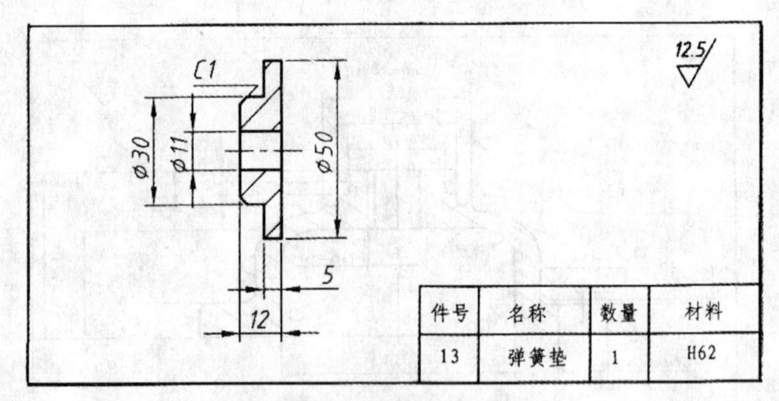

图 8-17　弹簧垫零件图

实训题目 3

题目要求：

（1）根据给出的减速箱装配示意图和各零件图，完成减速箱各零件的三维实体建模，并进行组装。

（2）由生成的三维实体模型在 Pro/Engineer 中生成零件图和装配图。

（3）将第（2）步中生成的零件图和装配图另存为 DWG 格式文件，并在 AutoCAD 中完善零件图和装配图。在 AutoCAD 中完成线型宽度的修整、尺寸标注、技术说明、标题栏的绘制等。

（4）所需图纸如图 8-18 ~ 8-36 所示。

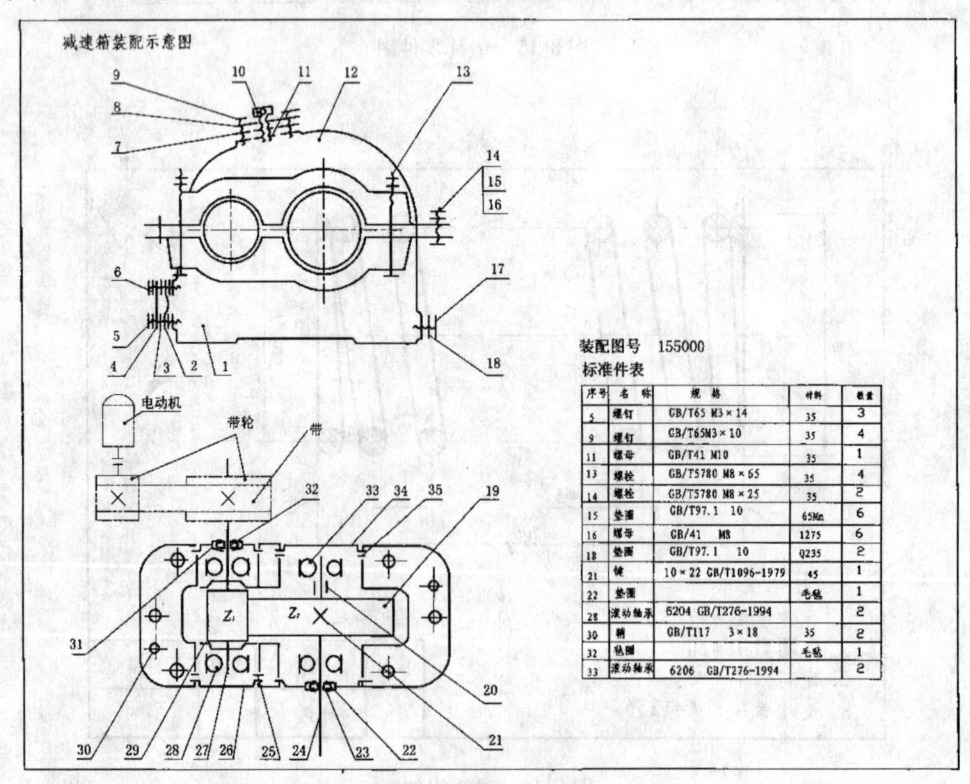

序号	名　称	规　格	材料	数量
5	螺钉	GB/T65 M3×14	35	3
9	螺钉	GB/T65M3×10	35	4
11	螺母	GB/T41 M10	35	1
13	螺栓	GB/T5780 M8×65	35	4
14	螺栓	GB/T5780 M8×25	35	2
15	垫圈	GB/T97.1　10	65Mn	6
16	螺母	GB/41　M8	1275	6
18	垫圈	GB/T97.1　10	Q235	2
21	键	10×22 GB/T1096-1979	45	1
22	垫圈		毛毡	1
28	滚动轴承	6204 GB/T276-1994		2
30	销	GB/T117　3×18	35	2
32	毡圈		毛毡	1
33	滚动轴承	6206　GB/T276-1994		2

图 8-18　减速箱装配示意图

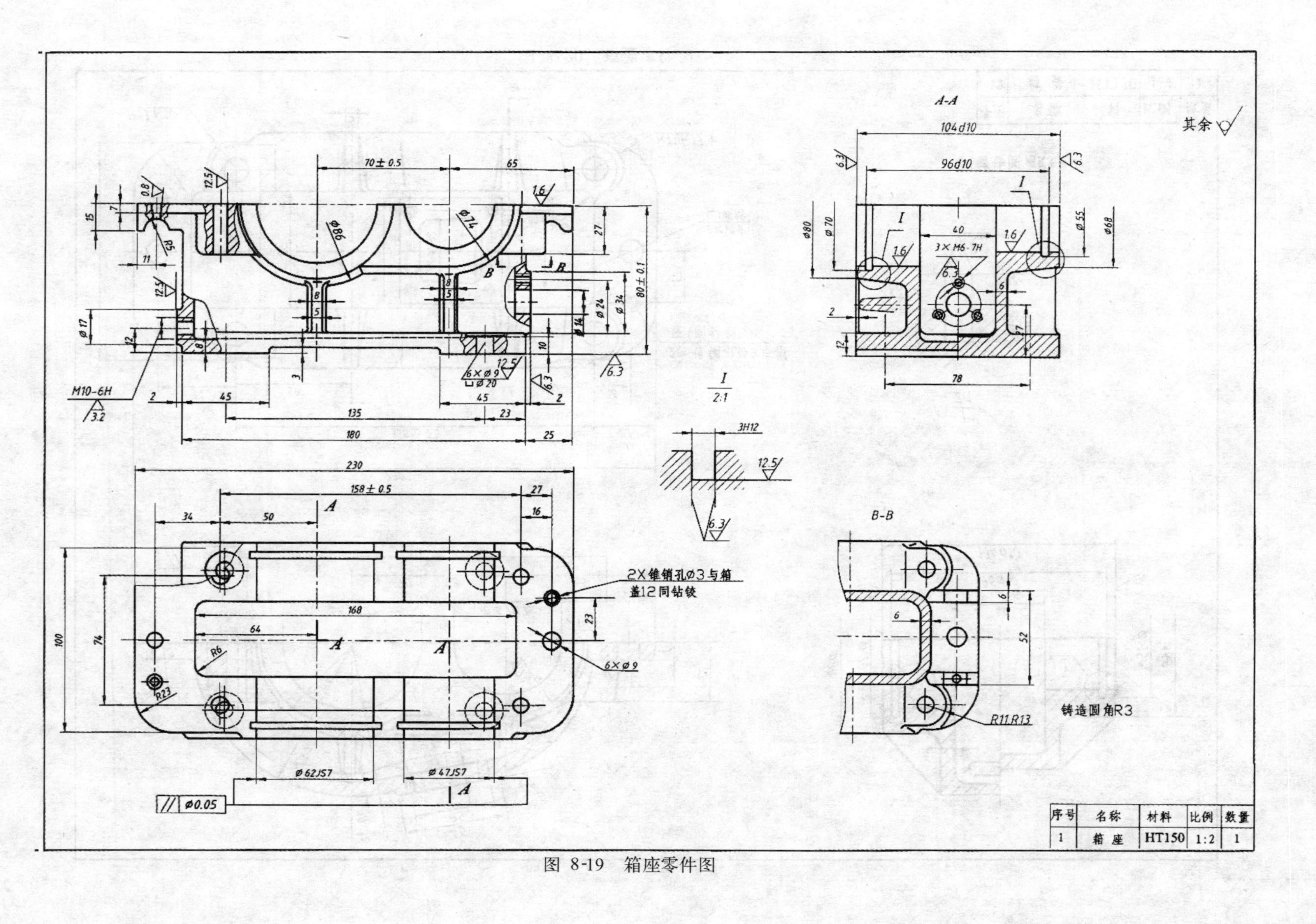

序号	名称	材料	比例	数量
1	箱 座	HT150	1:2	1

图 8-19　箱座零件图

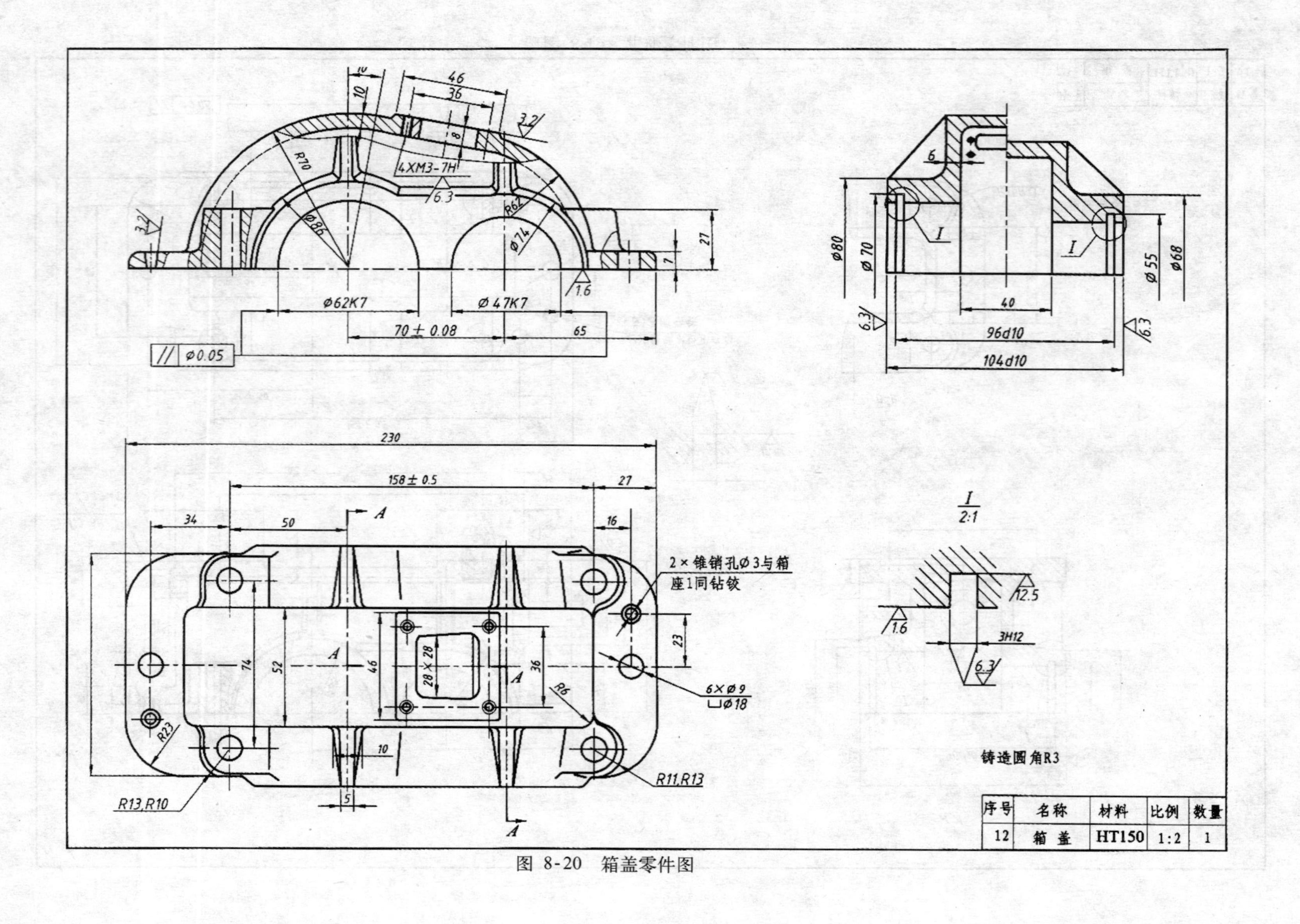

46
36
10
3.2
R70
8
4XM3-7H
6.3
R62
Ø86
Ø74
27
7
1.6
Ø62K7
Ø47K7
70 ± 0.08
65
// Ø0.05
6
Ø80
Ø70
I
Ø55
Ø68
40
96d10
104d10
230
158 ± 0.5
34
50
16
A
2×锥销孔Ø3与箱
座1同钻铰
74
52
46
28×28
36
23
R6
6×Ø9
⌴Ø18
R23
10
5
R11,R13
R13,R10
I
2:1
12.5
1.6
3H12
铸造圆角R3
序号 名称 材料 比例 数量
12 箱盖 HT150 1:2 1

图 8-20 箱盖零件图

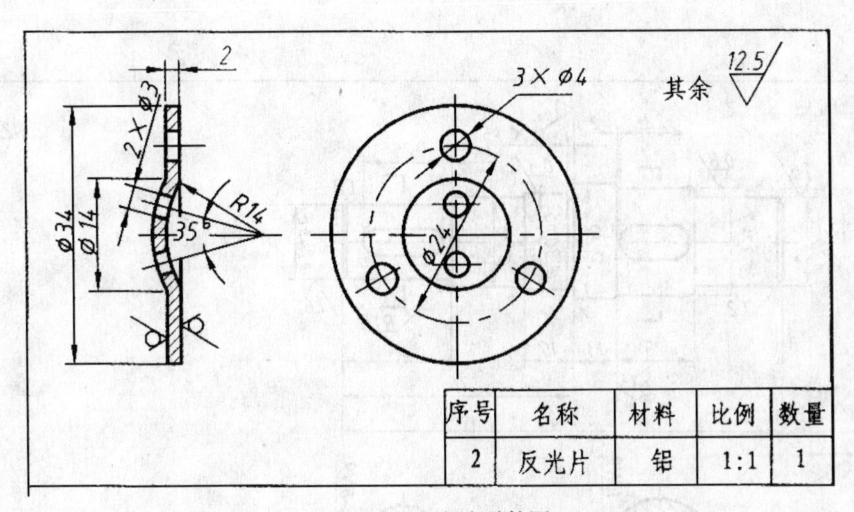

图 8-21　反光片零件图

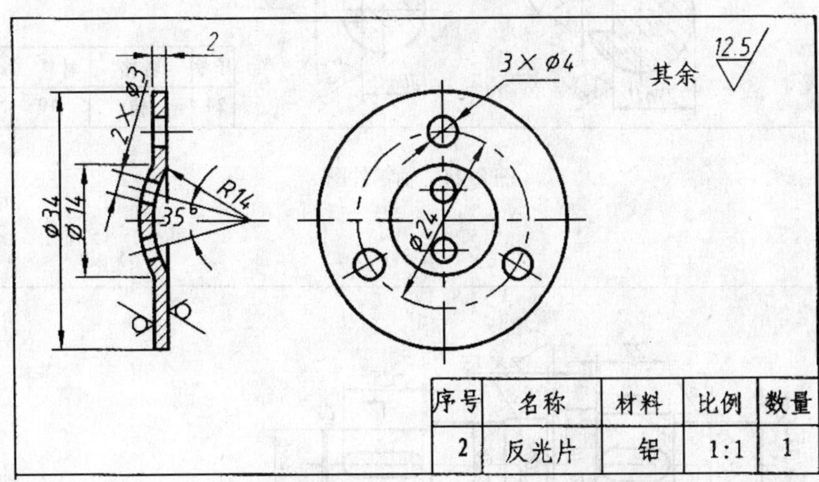

图 8-22　油面只是片零件图

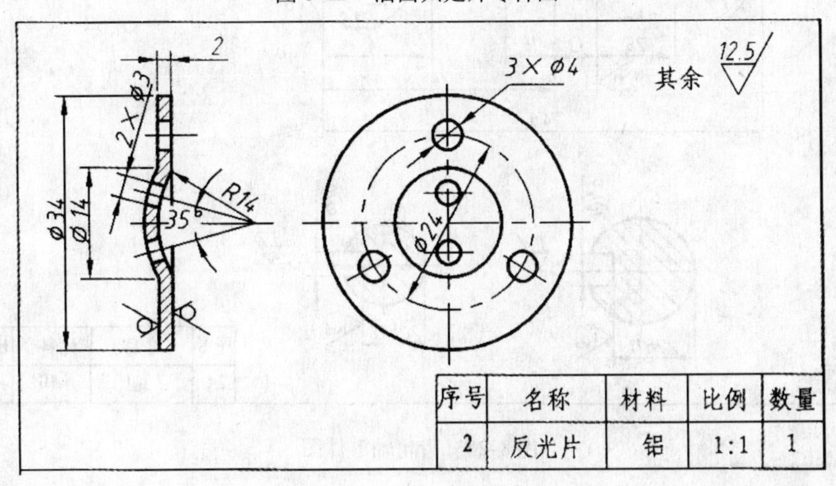

图 8-23　小盖零件图

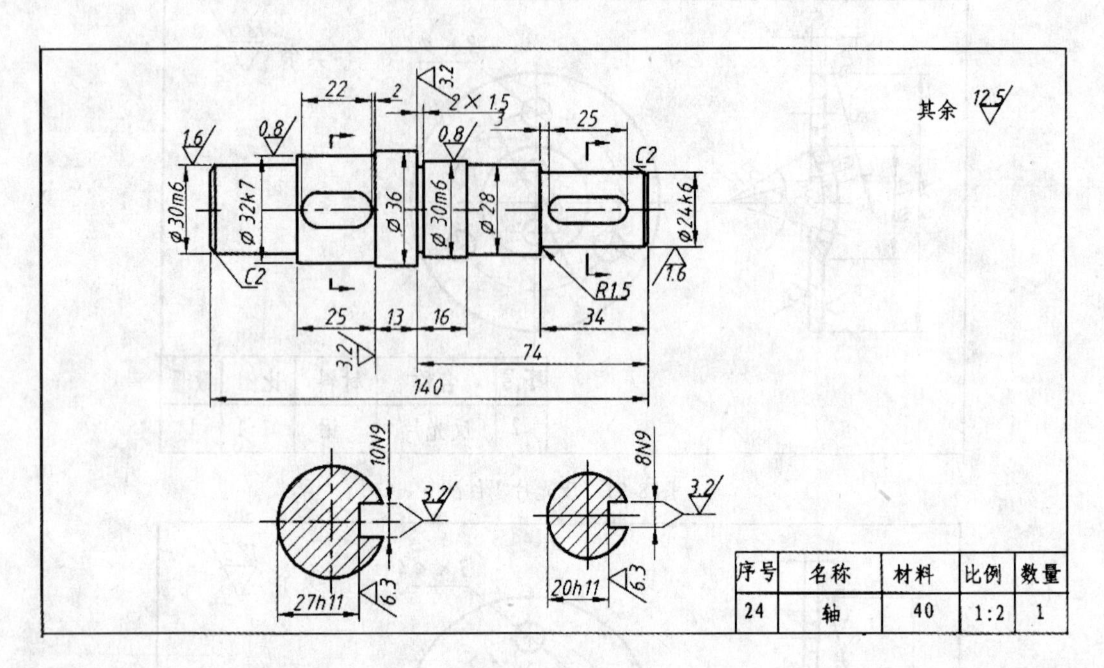

图 8-24　轴零件图

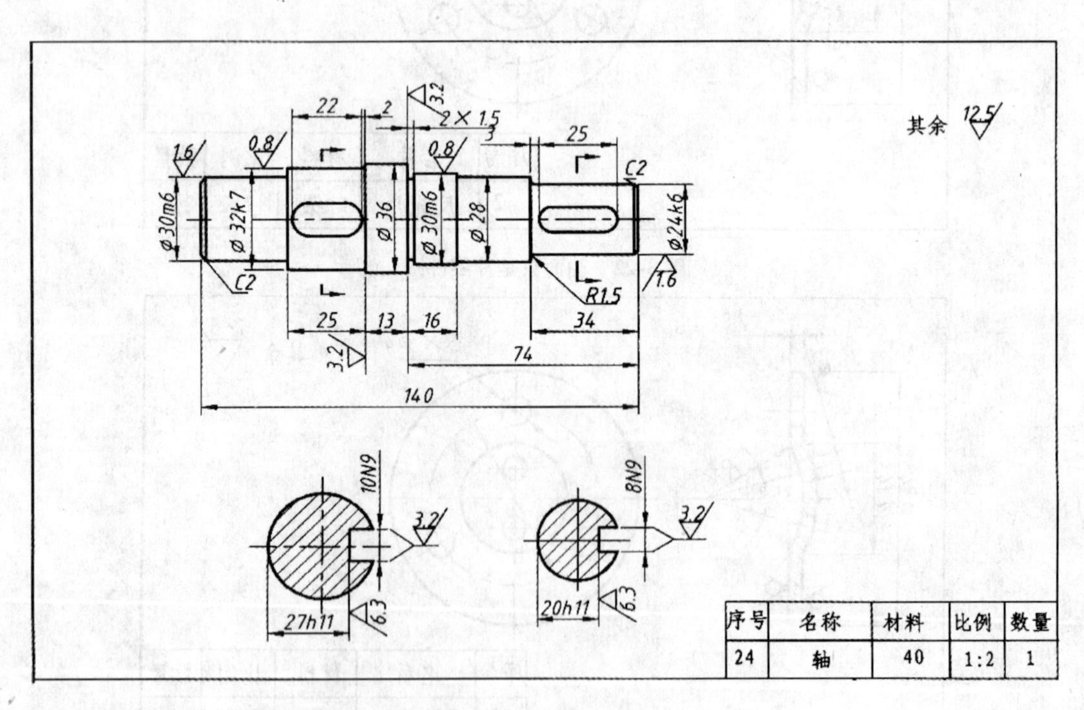

图 8-25　齿轮轴零件图

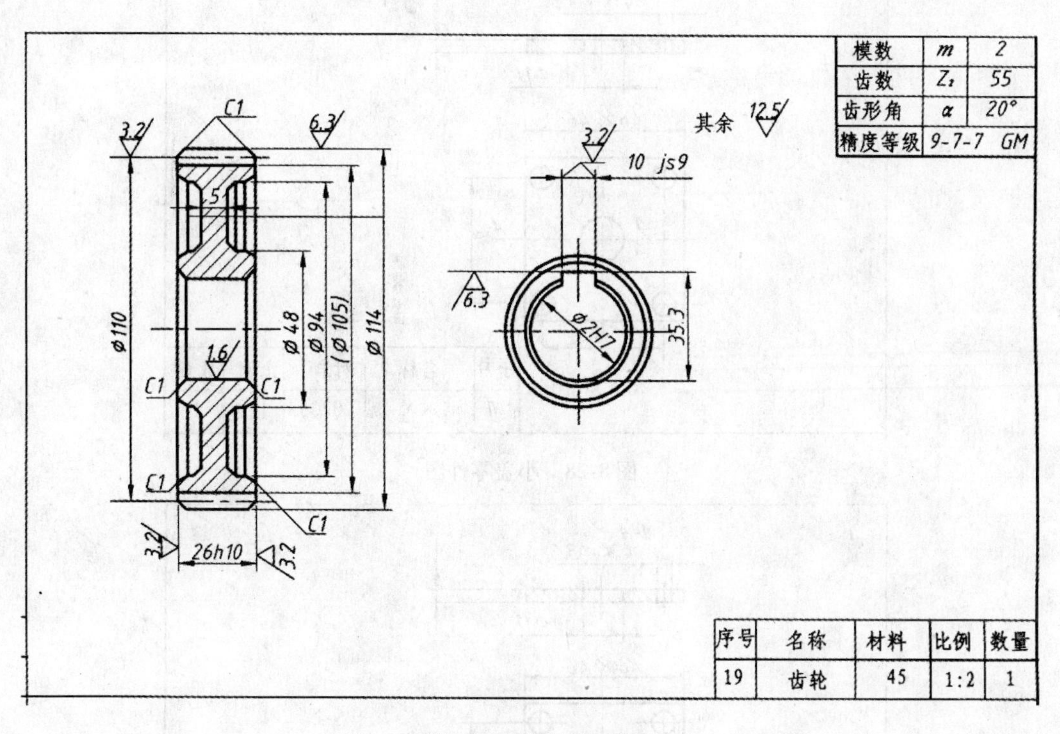

图 8-26 齿轮零件图

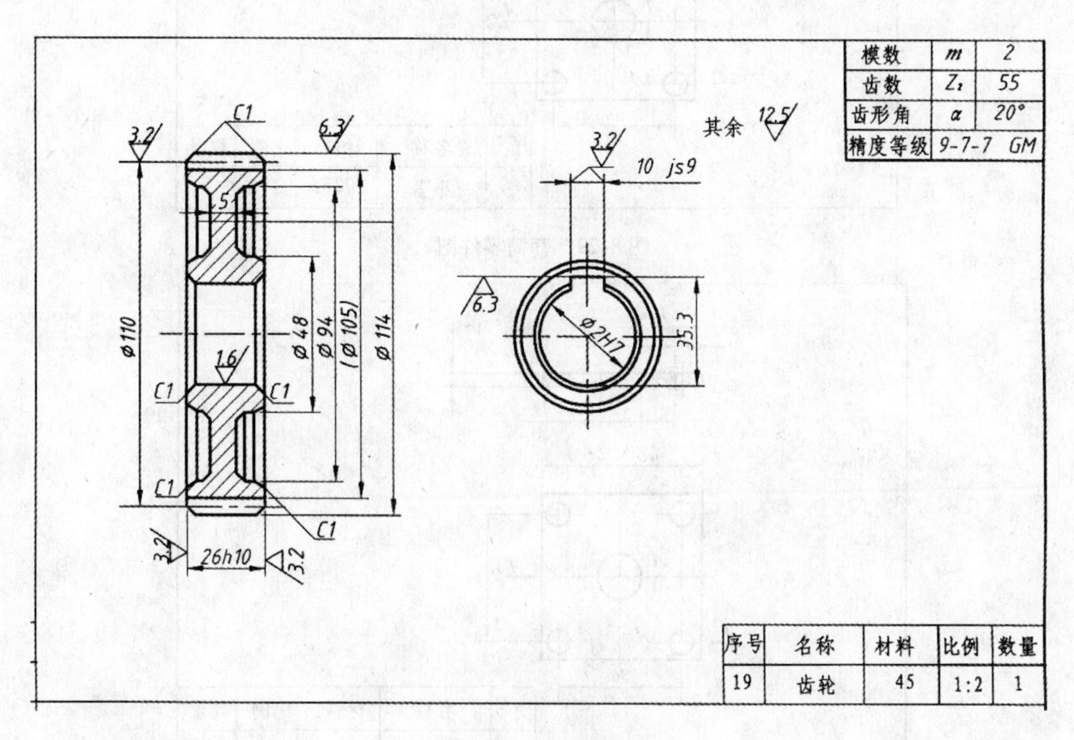

图 8-27 端盖零件图

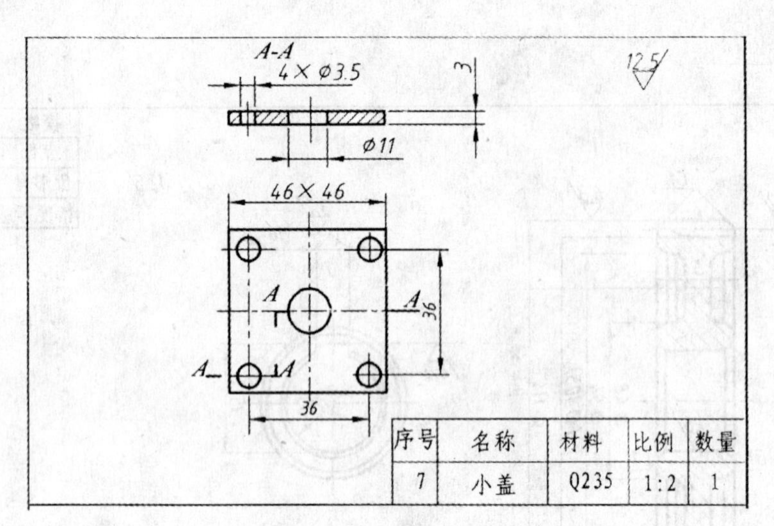

图 8-28　小盖零件图

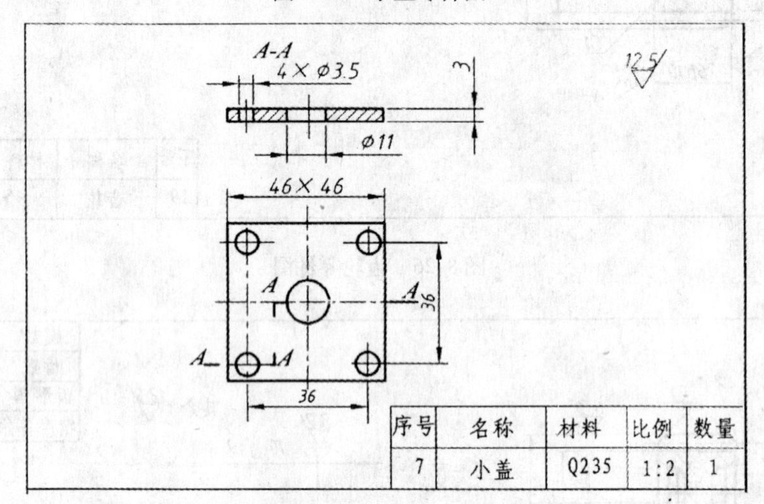

图 8-29　套筒零件图

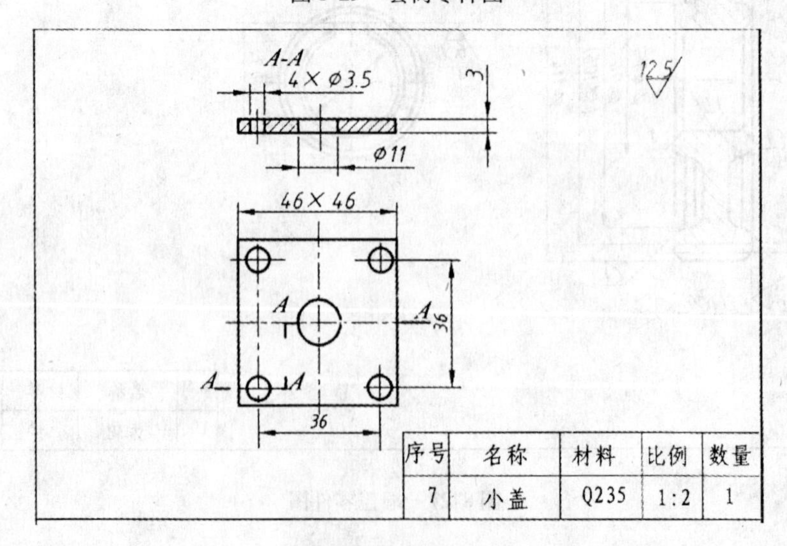

图 8-30　调整环零件图

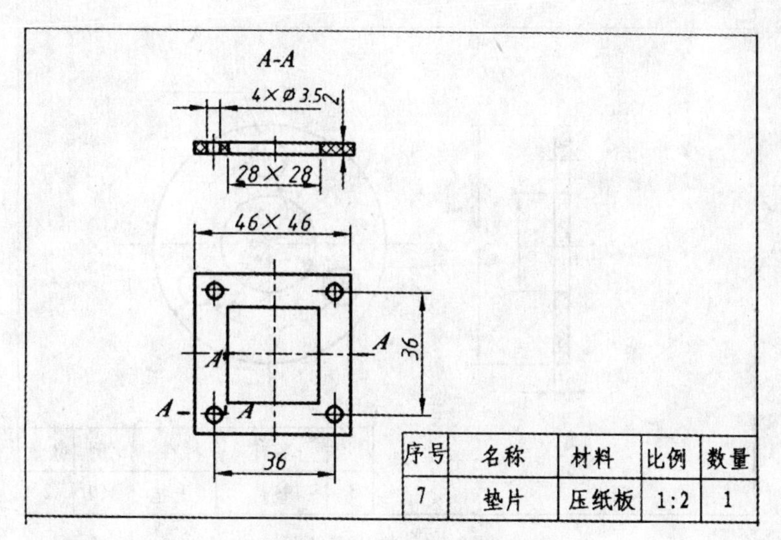

图 8-31　垫片零件图

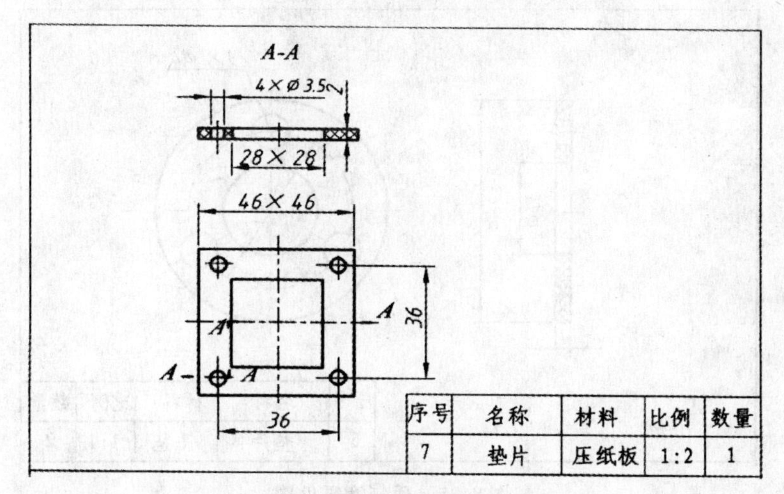

图 8-32　螺塞零件图

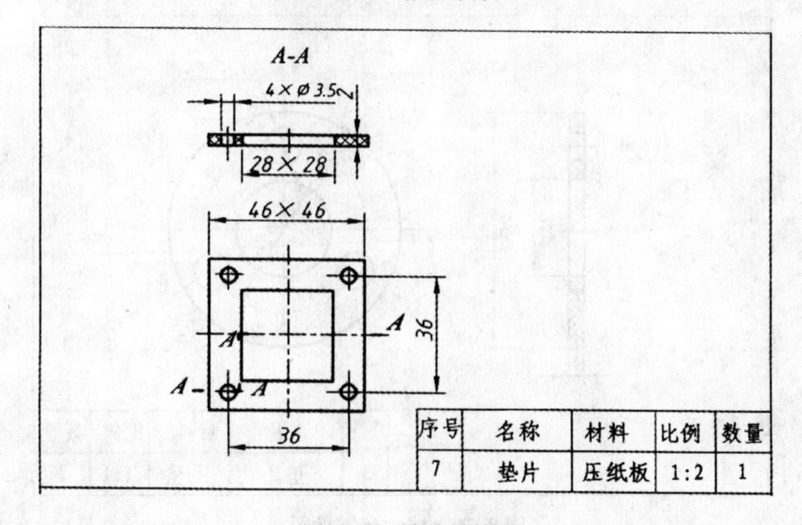

图 8-33　端盖零件图

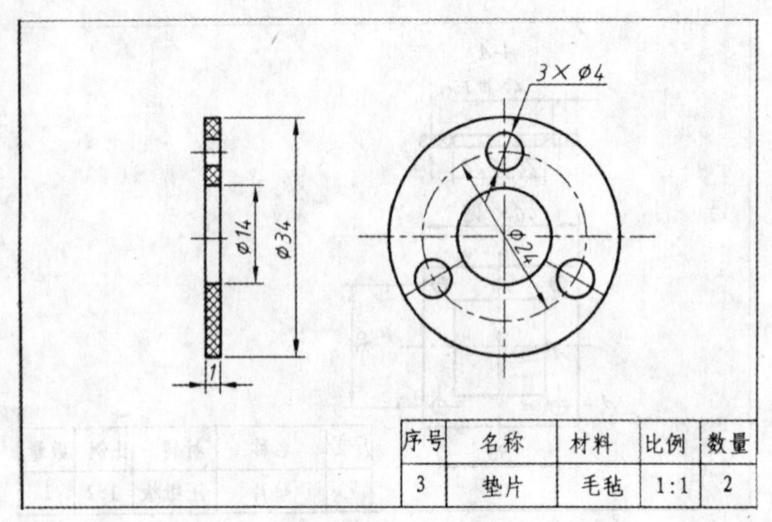

图 8-34　垫片零件图

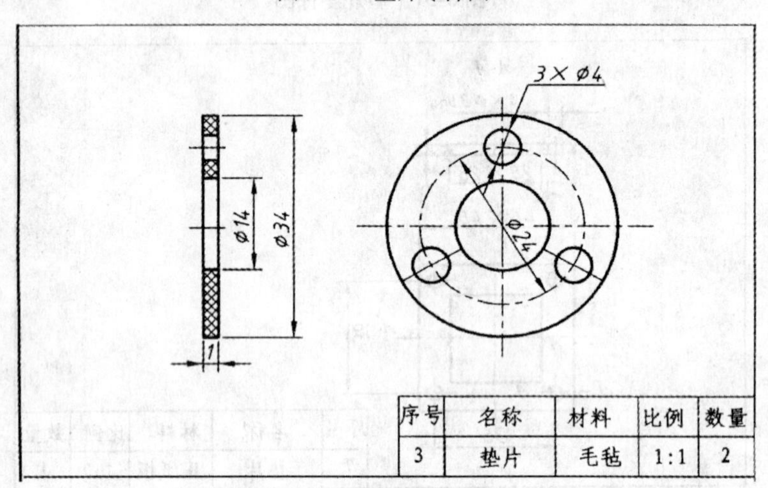

图 8-35　通气塞零件图

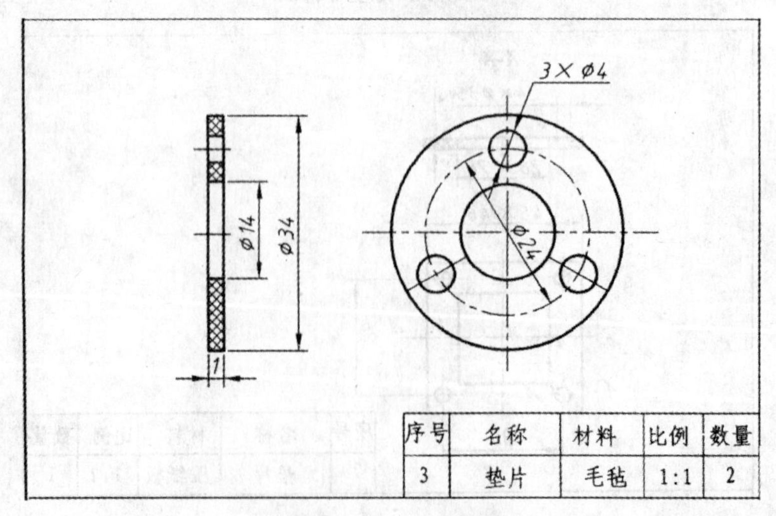

图 8-36　挡油环零件图

参 考 文 献

1 许小荣 . Pro/Engineer Wildfire 4. 0 零件设计技术指导 . 北京：电子工业出版社，2008
2 周四新 . Pro/Engineer Wildfire 3. 0 基础设计 . 北京：电子工业出版社，2007
3 刘跃峰 . 2001 基础教程. 北京：电子工业出版社，200
4 祝凌云 . Pro/Engineer 新手必问 . 北京：人民邮电出版社，2004
5 王雷 . Pro/Engineer（野火版）应用基础与产品造型实例 . 北京：人民邮电出版社，2003
6 佟河亭 . Pro/Engineer 机械设计习题精解 . 北京：人民邮电出版社，2004

反侵权盗版声明

举报电话：（010）88254396；（010）88258888

传　　真：（010）88254397

E-mail：dbqq@ phei. com. cn

通信地址：北京市海淀区万寿路 173 信箱

电子工业出版社总编办公室

邮　　编：100036

《Pro/Engineer Wildfire 4.0 中文版零件设计》读者意见反馈表

尊敬的读者：

感谢您购买本书。为了能为您提供更优秀的教材，请您抽出宝贵的时间，将您的意见以下表的方式（可从 http://www.hxedu.com.cn 下载本调查表）及时告知我们，以改进我们的服务。对采用您的意见进行修订的教材，我们将在该书的前言中进行说明并赠送您样书。

姓名：________________ 电话：________________

职业：________________ E-mail：________________

邮编：________________ 通信地址：________________

1. 您对本书的总体看法是：

   □很满意　□比较满意　□尚可　□不太满意　□不满意

2. 您对本书的结构（章节）：□满意　□不满意　改进意见________________

3. 您对本书的例题：　□满意　□不满意　改进意见________________

4. 您对本书的习题：　□满意　□不满意　改进意见________________

5. 您对本书的实训：　□满意　□不满意　改进意见________________

6. 您对本书其他的改进意见：

7. 您感兴趣或希望增加的教材选题是：

请寄：100036　北京市万寿路 173 信箱高等职业教育分社　陈晓明　收

电话：010－88254575　　E-mail：chxm@phei.com.cn

全国信息化应用能力考试介绍

考试介绍

全国信息化应用能力考试是由工业和信息化部人才交流中心组织、以工业和信息技术在各行业、各岗位的广泛应用为基础，检验应试人员应用能力的全国性社会考试体系，已经在全国近1000所职业院校组织开展，每年参加考试的学生超过100000人次，合格证书由工业和信息化部人才交流中心颁发。为鼓励先进，中心于2007年在合作院校设立“国信教育奖学金”，获得该项奖学金的学生超过300名。

考试特色

* 考试科目设置经过广泛深入的市场调研，岗位针对性强；
* 完善的考试配套资源（教学大纲、教学PPT及模拟考试光盘）供师生免费使用；
* 根据需要提供师资培训、考前辅导服务；
* 先进的教学辅助系统和考试平台，硬件要求低，便于教师模拟教学和考试的组织；
* 即报即考，考试次数和时间不受限制，便于学校安排教学进度。

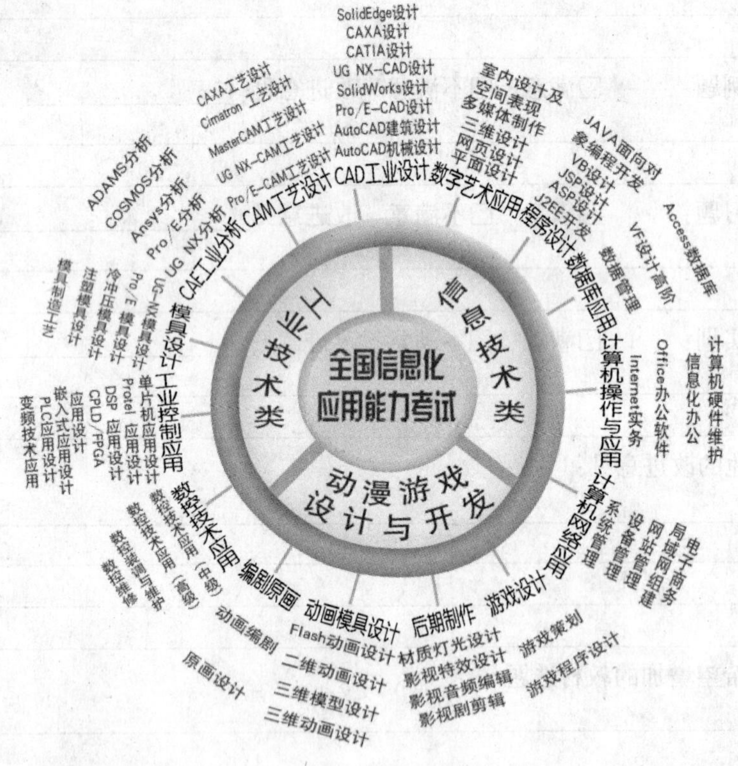

欢迎广大院校合作咨询

工业和信息化部人才交流中心教育培训处

电话：010-88252032转850/828/865

E-mail：ncae@ncie.gov.cn

官方网站：www.ncie.gov.cn/ncae